L. A. LJUSTERNIK · W. I. SOBOLEW

ELEMENTE DER FUNKTIONALANALYSIS

MATHEMATISCHE LEHRBÜCHER UND MONOGRAPHIEN

HERAUSGEGEBEN VON DER
DEUTSCHEN AKADEMIE DER WISSENSCHAFTEN ZU BERLIN
INSTITUTE FÜR MATHEMATIK

I. ABTEILUNG
MATHEMATISCHE LEHRBÜCHER

BAND VIII

ELEMENTE DER FUNKTIONALANALYSIS

VON

L. A. LJUSTERNIK - W. I. SOBOLEW

AKADEMIE-VERLAG · BERLIN
1960

L. A. LJUSTERNIK - W. I. SOBOLEW

ELEMENTE DER FUNKTIONALANALYSIS

MIT 4 ABBILDUNGEN

ZWEITE, UNVERÄNDERTE AUFLAGE

AKADEMIE-VERLAG · BERLIN
1960

Л. А. Люстерник / В. И. Соболев
Элементы функционального анализа
Erschienen im Staatsverlag für techn.-theor. Literatur der UdSSR 1951
Durch die Deutsche Akademie der Wissenschaften zu Berlin,
Forschungsinstitut für Mathematik,
besorgte Übersetzung

Erschienen im Akademie-Verlag GmbH, Berlin W 1. Leipziger Straße 3—4
Lizenz-Nr.: 202 • 100/759/60

Offsetdruck: VEB Druckerei „Thomas Müntzer" Bad Langensalza
Bestellnummer: 5141
Printed in Germany
ES 19 B 4

AUS DEM VORWORT ZUR RUSSISCHEN AUFLAGE

In den letzten Jahrzehnten fanden die Methoden der Funktionalanalysis — besonders durch Arbeiten sowjetischer Mathematiker — weitgehende Anwendung auf verschiedenen Gebieten der reinen und angewandten Mathematik. Die Grundlagen der Funktionalanalysis sind zu einem unentbehrlichen Bestandteil der mathematischen Ausbildung auf den Universitäten geworden. Als erste zusammenfassende Darstellung der Funktionalanalysis erschien ein Bericht von L. A. LJUSTERNIK in der ersten Ausgabe der Zeitschrift «Успехи математических наук». Er war eine Einführung zu einer Reihe von Artikeln, die in den «Успехи» abgedruckt wurden. Daher erhob er keinen Anspruch auf Vollständigkeit, nicht einmal in den dort behandelten Abschnitten der Funktionalanalysis. Auf dieser Arbeit baute W. I. SOBOLEW eine Vorlesung über Funktionalanalysis auf, die er mehrmals an der Woronescher Staatlichen Universität gehalten hat.

Diese Vorlesung behandelt eine Reihe von Fragen, die in dem oben erwähnten Artikel nicht betrachtet wurden, wie zum Beispiel das Prinzip der kontrahierenden Abbildung, die allgemeine Form linearer Funktionale, die Räume mit Basis, die Theorie der vollstetigen Operatoren, die Spektralzerlegung beschränkter selbstadjungierter Operatoren usw. Diese Vorlesung bildet die Grundlage des vorliegenden Buches. Der letzte Paragraph jener Arbeit, der die Variationsrechnung funktionalanalytisch behandelt, wurde im letzten Kapitel des vorliegenden Buches von L. A. LJUSTERNIK erweitert.

Das erste Kapitel ist den metrischen Räumen gewidmet. Sie werden unter einem anderen Gesichtspunkt behandelt, als z. B. in dem Buch von P. S. ALEXANDROW «Введение в общую теорию множеств и функций» oder in F. HAUSDORFFS „Mengenlehre“. Das erste Kapitel ist in gewissem Sinne eine Ergänzung dieser Bücher.

Die beiden folgenden Kapitel sind den linearen normierten Räumen und den linearen Operatoren gewidmet.

Das kurze vierte Kapitel bringt die Theorie der vollstetigen Operatoren in Räumen mit Basis. Alle für die Funktionalanalysis wichtigen Räume sind damit erfaßt.

Das folgende Kapitel bildet eine Einführung in die Spektraltheorie selbstadjungierter Operatoren. Sie ist fundamental in der modernen Analysis, und es wurde viel darüber geschrieben. Einiges davon ist im Literaturverzeichnis am Ende des Buches angegeben. Wir begnügen uns daher mit einer Einführung und betrachten nur die beschränkten selbstadjungierten Operatoren, denn schon daran kann man die Methoden der Spektraltheorie kennenlernen.

Das letzte Kapitel ist den Operationen für abstrakte Funktionen gewidmet. In der Hauptsache werden die Differentiation und ihre Anwendungen betrachtet.

Die Verfasser haben sich bemüht, die Theorie durch Anwendungen in den verschiedenen Gebieten der Mathematik — Theorie der Differential- und Integralgleichungen, Näherungsmethoden der Analysis, Theorie der fastperiodischen Funktionen, Variationsrechnung usw. — zu illustrieren.

Einige Beispiele nehmen ganze Paragraphen des Buches ein. Sie sind geeignet, die Beziehungen der Funktionalanalysis zu anderen Gebieten der Mathematik zu klären.

Die Verfasser

INHALTSVERZEICHNIS

EINFÜHRUNG

Verallgemeinerungen von Grundbegriffen aus Analysis, Geometrie und Algebra

Zu Beginn dieses Jahrhunderts entwickelte sich eine neue Disziplin der Analysis, die sogenannte *Funktionalanalysis*.

Die fundamentalen Begriffe und Methoden der Funktionalanalysis entstanden allmählich in den ältesten Gebieten der Analysis: in der Variationsrechnung [34], in der Theorie der Differentialgleichungen, in der Approximationstheorie von Funktionen, in der praktischen Analysis und besonders in der Theorie der Integralgleichungen [35]. Die Entwicklung der Funktionalanalysis machte besonders in den letzten Jahrzehnten große Fortschritte. Eine führende Rolle spielten die sowjetischen Mathematiker.

Das Wesen der Funktionalanalysis besteht darin, daß Begriffe und Methoden der elementaren Analysis sowie benachbarter Gebiete der Algebra und Geometrie auf allgemeinere Objekte übertragen werden. Weitgehend werden geometrische und algebraische Gedankengänge verwendet. Eine derartige Verallgemeinerung erlaubt es, von einem einheitlichen Gesichtspunkt an Fragen heranzugehen, die früher in den speziellen analytischen Disziplinen isoliert betrachtet wurden. Ferner lassen sich Zusammenhänge zwischen entfernten mathematischen Theorien herstellen und dadurch wird die Entdeckung neuer mathematischer Erkenntnisse ermöglicht. Um sich von der Richtigkeit dieser Behauptung zu überzeugen, genügt es, auf gewisse Existenzsätze bei Differential- und Integralgleichungen usw. zu verweisen, die in den letzten Jahren mit Hilfe der Funktionalanalysis [25], [8] gefunden wurden.

Diese Verallgemeinerungen wurden möglich, da sich im Verlauf der Entwicklung die Grundbegriffe der Analysis als sehr allgemein erwiesen. Dabei fanden diese Begriffe und Methoden oft Analoga in Algebra und Geometrie. So wird durch sukzessive Approximation die Lösung verschiedener Aufgaben aus Algebra und Analysis gefunden. Ferner sind die Definitionen eines Funktionals, eines Extremums des Funktionals und die Bedingungen für die Existenz eines Extremums in der Variationsrechnung völlig analog den Definitionen einer Funktion (von einer oder mehreren Veränderlichen), eines Extremums der Funktion und den Existenzbedingungen solch eines Extremums in der Differentialrechnung.

Allgemein bekannt sind die Analogien zwischen den linearen gewöhnlichen Differentialgleichungen und den linearen Differenzengleichungen einerseits und den linearen algebraischen Gleichungssystemen andererseits. Noch besser treten diese Analogien in der historisch später entstandenen Theorie der Integralgleichungen zutage.

Parallel zur Analysis wurde im 19. Jahrhundert auch die Geometrie verallgemeinert. Den Anstoß gab die Entdeckung der nichteuklidischen Geometrie durch N. I. LOBATSCHEWSKIJ. Die Schaffung der n-dimensionalen Geometrie erlaubt es, Funktionen von mehreren Veränderlichen geometrisch zu deuten. Gleichzeitig wurden neue Beziehungen zwischen Analysis und Geometrie aufgedeckt. Diese Verknüpfungen zwischen Geometrie und Analysis erforderten neue Erweiterungen der geometrischen Begriffe. Hier einige Beispiele. Die Menge aller Lösungen einer linearen homogenen gewöhnlichen Differentialgleichung n-ter Ordnung ist isomorph dem n-dimensionalen Vektorraum. Für die Menge der Lösungen einer linearen homogenen partiellen Differentialgleichung ist das geometrische Analogon der unendlichdimensionale Vektorraum. Ein bemerkenswertes Beispiel einer weitgehenden Analogie zwischen Analysis und Geometrie stellt die Entwicklung von Funktionen nach Elementen von Orthogonalsystemen dar. Diese Systeme ähneln den Orthogonalsystemen von Vektoren des Euklidischen Raumes. Diese Analogie wird durch die Bezeichnung unterstrichen. Der Zerlegung eines Vektors in Komponenten entspricht die Zerlegung einer Funktion in eine Fourierreihe, dem Satz des Pythagoras die Vollständigkeitsrelation usw. Die geometrische Darstellung eines unendlichen Orthogonalsystems von Funktionen erfordert den unendlich dimensionalen Euklidischen Raum. Manche Begriffe, wie z. B. Funktion, Limes, Umgebung, Metrik, treten in verschiedenen Formen in diesen Verallgemeinerungen auf.

Für die Funktionalanalysis ist nicht nur die Verallgemeinerung, sondern auch die Geometrisierung von Grundbegriffen und Methoden der klassischen Analysis charakteristisch. Funktionen mit bestimmten Eigenschaften betrachtet man als Elemente von „Funktionenräumen". Wie wir schon früher erwähnten, erfordern solche Betrachtungen Erweiterungen der Begriffe — wie z. B. unendlich dimensionaler Raum, metrischer Raum usw. Dies führt dann zum „abstrakten Raum", der sowohl die geometrischen als auch die Funktionenräume umfaßt.

Die abstrakten Räume gestatten es, Fragen der Analysis geometrisch zu behandeln. Eine solche geometrische Darstellung analytischer Theorien ist in der mathematischen Literatur, aber auch in Physik und Mechanik weit verbreitet. Vieles wurde dabei durch Analogien zur n-dimensionalen Geometrie erraten. Die Beweise mancher Sätze erhielt man auf geometrischem Wege. So wurde in der Analysis eine neue geometrische Methode gewonnen.

Im 19. Jahrhundert verlief gleichzeitig mit der Verallgemeinerung geometrischer Begriffe die der algebraischen.

Algebraische Zahlenoperationen wurden auf Objekte allgemeinerer Natur übertragen (Matrizen, Operatoren usw.). Es entstehen die Begriffe Gruppe, Ring, Körper, lineare Mannigfaltigkeit usw.

Im Zusammenhang mit der Anwendung algebraischer Begriffe in der Analysis beginnt man, algebraische Abbildungen zu betrachten, in denen Grenzübergänge vorkommen. So entstand im letzten Jahrhundert eine besondere Disziplin — die topologische Algebra (A. HAAR, A. KOLMOGOROW, L. S. PONTRJAGIN u. a.), die von einem einheitlichen Gesichtspunkt aus algebraische Gebilde mit einem auf ihnen definierten Limes untersucht (topologische Gruppen, Ringe, Körper usw.).

Begriffe der Analysis entstehen durch Grenzübergang aus algebraischen Operationen. Elementare Kapitel der Algebra spielen für die gewöhnliche Analysis dieselbe Rolle wie die ihnen zugehörigen Verallgemeinerungen für die Funktionalanalysis.

So entspricht der linearen Algebra die Theorie der linearen Operatoren, der ein großer Teil dieses Buches gewidmet ist.

Ein wesentliches Verfahren der Analysis — die Approximation nichtlinearer Objekte durch lineare — wird auch auf die Funktionalanalysis übertragen (siehe Kap. VI). Dem Übergang von Polynomen mit Zahlargument zu beliebigen Funktionen entspricht der Übergang von „Polynomen auf Ringen" (Matrizenringen, Operatoren usw.) zu beliebigen Funktionen dieser Argumente. Darauf gründen sich wichtige Disziplinen, wie z. B. die Matrizen-, die Operatorenrechnung und die Spektraltheorie linearer Operatoren (siehe Kap. V).

In der ersten Entwicklung der Funktionalanalysis spielte die verallgemeinerte lineare Algebra eine große Rolle. In der letzten Zeit wurden dank der Arbeiten sowjetischer Mathematiker (I. M. GELFAND, D. A. RAIKOW, M. A. NEUMARK u. a.) in der Funktionalanalysis die Methoden und Begriffe aus den verschiedenen Gebieten der algebraischen Topologie eingeführt [7]. Diese Methoden gestatten, eine Reihe schwieriger Aufgaben der Analysis zu lösen.

Eine geometrische und algebraische Einführung in die Funktionalanalysis findet man in den §§ 2, 12, 13, 15, 17.

KAPITEL I

METRISCHE RÄUME

§ 1. Funktionen (Operatoren). Grenzübergang

Ein fundamentaler Begriff der Analysis ist der der Funktion. Man definiert ihn folgendermaßen: X und Y seien zwei Mengen reeller Zahlen. Wenn jeder Zahl x aus X nach einer Vorschrift eindeutig eine Zahl y aus Y zugeordnet ist, so sagt man, daß auf der Menge X eine *eindeutige Funktion* $y = f(x)$ definiert sei, deren *Wertebereich* in der Menge Y liegt. Die Menge X heißt *Definitionsbereich* der Funktion.

Wie man leicht sieht, ist es für das Wesen der funktionalen Zuordnung nicht notwendig, daß X und Y Mengen von reellen Zahlen sind. Wenn man unter X und Y beliebige Mengen versteht, gelangt man zu einem weit allgemeineren Funktionsbegriff. Beispiele gibt es in verschiedenen Zweigen der Analysis.

Beispiele. 1. Es sei $y = f(x_1, x_2, \ldots, x_n)$ eine reelle Funktion von n reellen Veränderlichen. Dann ist X eine Menge von n-tupeln reeller Zahlen, Y eine Menge reeller Zahlen.

2. Es sei $\mathfrak{y} = f(x)$ eine Vektorfunktion, die den reellen Zahlen x n-dimensionale Vektoren zuordnet. Hier ist X eine Menge reeller Zahlen, Y eine Menge n-dimensionaler Vektoren.

3. In der Variationsrechnung betrachtet man die Funktionale

$$I(\gamma) = \int_a^b F(x, y, y')\, dx,$$

wobei γ eine durch eine Gleichung $y = f(x)$ gegebene Kurve ist, die erstens der Klasse C_1 derjenigen Funktionen angehört, die eine stetige Ableitung besitzen, und die zweitens durch zwei gegebene Punkte $A(a, y_a)$ und $B(b, y_b)$ geht. In diesem Fall ist X die Menge der Kurven mit den angegebenen Eigenschaften, und Y ist eine Menge reeller Zahlen.

4. In der Theorie der Integralgleichungen betrachtet man Ausdrücke der Form

$$y(s) = \int_a^b K(s, t)\, x(t)\, dt.$$

Man setzt voraus, daß der Kern $K(s, t)$ definiert und stetig im Quadrat $a \leqq s \leqq b$, $a \leqq t \leqq b$ ist. Dann kann man obige Gleichung als eine Vorschrift betrachten, durch die jeder auf $[a, b]$ stetigen Funktion $x(s)$ eine andere Funktion zugeordnet ist, die auf demselben Intervall stetig ist. Hier sind X und Y Mengen stetiger Funktionen.

Wir führen jetzt eine allgemeine Definition der Zuordnung ein.

Es seien zwei beliebige Mengen X und Y gegeben und eine Vorschrift, durch die jedem Element $x \in X$ ein eindeutig bestimmtes Element $y \in Y$ zugeordnet ist. Dann sagen wir, es sei eine *abstrakte Funktion* (oder ein *Operator*) $y = f(x)$ oder $y = fx$ gegeben, die auf der Menge X definiert ist und deren Wertebereich in der Menge Y gelegen ist. *) Sind speziell die Werte des Operators reelle Zahlen, so heißt der Operator ein *Funktional*.

Über die Eigenschaften dieser so allgemein definierten Operatoren ist fast nichts zu sagen. Wir machen jetzt einige zusätzliche Voraussetzungen.

Grenzübergang und abstrakte Räume. Zusammen mit dem Funktionsbegriff erscheint ein anderer wichtiger Begriff der Analysis, der Grenzwert und im Zusammenhang damit die Stetigkeit. Eine Menge, in der irgendein Grenzwert einer Folge definiert ist, heißt ein *abstrakter Raum*. Abstrakte Räume, deren Elemente Funktionen oder Zahlenfolgen sind, heißen *Funktionenräume*. Das Studium gewisser Klassen von Operatoren, die in Funktionenräumen definiert sind, ist der wesentliche Inhalt der Funktionalanalysis.

§ 2. Metrische und topologische Räume

In der Analysis gibt es mehrere Konvergenzbegriffe. In gewissen Fällen werden für ein und dieselbe Folge im Zusammenhang mit verschiedenen Aufgaben verschiedene Grenzbegriffe eingeführt. Vor allem hat man den Limesbegriff bei Folgen von reellen Zahlen. Dieser Begriff läßt sich unmittelbar auf Folgen komplexer Zahlen und n-dimensionaler Vektoren verallgemeinern. Für eine Funktionenfolge kennt man eine Reihe von Konvergenzbegriffen: gewöhnlich (nicht gleichmäßig), gleichmäßig, fast überall konvergent usw. Diese Begriffe sind hinreichend bekannt. Außerdem hat P. L. TSCHEBYSCHEW im Zusammenhang mit der Interpolation nach der Methode der kleinsten Quadrate die Konvergenz einer Funktionenfolge im Mittel mit dem Gewicht $\varrho(t)$ betrachtet. Eine auf einem Intervall $[a, b]$ definierte Funktionenfolge $x_n(t)$ *konvergiert im Mittel mit dem Gewicht* $\varrho(t)$ gegen eine auf demselben Intervall definierte Funktion $x(t)$, wenn

$$\int_a^b [x_n(t) - x(t)]^2 \varrho(t)\, dt \to 0$$

geht für $n \to \infty$. Hierbei ist $\varrho(t)$ eine beliebige in dem Intervall positive Funktion. Der ungarische Mathematiker F. RIESZ hat in seinen Untersuchungen über Systeme integrierbarer Funktionen den Begriff der *Konvergenz im Mittel von p-ter Potenz*, eingeführt. Dabei ist p eine reelle Zahl, die der Bedingung $p \geqq 1$ genügt [52].

Alle diese Konvergenzbegriffe haben gemeinsam, daß die Konvergenz einer Folge von Elementen x_n (die Zahlen, Vektoren oder Funktionen sein können)

---

*) Wir vereinbaren, von einem Sachverhalt zu sagen, daß er „auf einer Menge" bzw. „in einer Menge" erfüllt ist, wenn er für alle Elemente dieser Menge bzw. möglicherweise nicht für alle Elemente der Menge gilt.

Ein auf X mit dem Wertebereich Y definierter Operator heißt auch *Abbildung* der Menge X in die Menge Y.

gegen ein Element x eine unbeschränkte „Annäherung" von x_n an x bedeutet, d. h. eine unbeschränkte Verringerung des „Abstandes" zwischen diesen Elementen bei wachsendem n. Je nachdem, wie wir den Abstand zwischen den Elementen x_n und x verstehen, erhalten wir verschiedene Definitionen des Grenzwertes. Daher erscheint es notwendig, eine allgemeine Definition des Abstandes zwischen den Elementen zu geben, die die betrachteten speziellen Fälle umfaßt, und dann mit Hilfe dieses Abstandes in der Menge den Begriff des Grenzüberganges einzuführen. Diese Menge wird dann zu einem abstrakten Raum.

Definition. Eine Menge X heißt *metrischer Raum*, wenn jedem Elementpaar x, y dieser Menge eine nichtnegative, reelle Zahl $\varrho(x, y)$ zugeordnet ist, die folgenden Bedingungen genügt:

1. $\varrho(x, y) = 0$ *genau dann, wenn* $x = y$ (*Identität*).
2. $\varrho(x, y) = \varrho(y, x)$ (*Symmetrie*).
3. $\varrho(x, y) + \varrho(y, z) \geqq \varrho(x, z)$ (*Dreiecksungleichung*).

Die Zahl $\varrho(x, y)$ heißt *Abstand* zwischen den Elementen x und y, und die obigen drei Bedingungen nennt man *metrische Axiome*. Offensichtlich bringen die Axiome der Metrik die fundamentalen Eigenschaften des Abstandes zwischen den Punkten des dreidimensionalen Euklidischen Raumes zum Ausdruck [32].

Der Grenzwert. Ein Element x eines metrischen Raumes M heißt *Grenzwert* einer Folge von Elementen $x_1, x_2, \ldots, x_n, \ldots$ aus M, wenn gilt $\varrho(x_n, x) \to 0$ für $n \to \infty$. In diesem Fall schreiben wir $x_n \to x$ oder $\lim\limits_{n} x_n = x$. Die Elemente eines metrischen Raumes bezeichnet man auch als Punkte. Schließlich beachten wir noch, daß jede Menge X, die in einem metrischen Raum M gelegen ist, und bei der man dieselbe Abstandsdefinition für zwei Elemente nimmt, selbst ein metrischer Raum ist.

Für konvergente Punktfolgen eines metrischen Raumes kann man einige Sätze beweisen.

Satz 1. *Wenn eine Punktfolge* $\{x_n\}$ *eines metrischen Raumes* X *gegen einen Punkt* $x \in X$[1]) *konvergiert, so konvergiert auch jede Teilfolge* $\{x_{n_k}\}$ *der Folge* $\{x_n\}$ *gegen denselben Punkt.*

Der Beweis ist trivial. Ist nämlich $\varrho(x_n, x) < \varepsilon$ für $n \geqq n_0(\varepsilon)$, so ist auch $\varrho(x_{n_k}, x) < \varepsilon$ für $n_k \geqq n_0(\varepsilon)$.

Satz 2. *Eine Punktfolge* $\{x_n\}$ *eines metrischen Raumes kann höchstens gegen einen Grenzwert konvergieren.*

---

[1]) $x \in X$ bzw. $M \subseteq X$ bedeuten x ist Element von X bzw. M ist Teilmenge von X. Mit O wird die leere Menge bezeichnet. $M \cup N$ bzw. $M \cap N$ bzw. $M - N$ sind Vereinigung bzw. Durchschnitt bzw. Differenz von M und N.

Es konvergiere $x_n \to x$ und $x_n \to y$. Dann ist

$$\varrho(x, y) \leqq \varrho(x, x_n) + \varrho(x_n, y) < \varepsilon$$

für hinreichend große n. Da x und y fest sind und ε eine beliebige positive Zahl ist, so ist die Ungleichung nur richtig, falls $\varrho(x, y) = 0$, d.h. $x = y$ ist.

Satz 3. *Wenn eine Punktfolge* $\{x_n\}$ *aus* X *gegen einen Punkt* $x \in X$ *konvergiert, so ist sie in folgendem Sinne beschränkt: Für jeden festen Punkt* θ *des Raumes ist die Menge der Zahlen* $\varrho(x_n, \theta)$ *beschränkt.*

Nach der Dreiecksungleichung gilt für jedes n $\varrho(x_n, \theta) \leqq \varrho(x_n, x) + \varrho(x, \theta) \leqq a + \varrho(x, \theta) = K$, da $\{\varrho(x_n, x)\}$ als konvergente Zahlenfolge beschränkt ist, und somit die Zahlen $\varrho(x_n, x)$ nicht größer sind als eine Konstante a.

Als *Kugel* (*abgeschlossene Kugel*) mit dem Mittelpunkt a und dem Radius r bezeichnen wir die Menge aller Punkte x des Raumes X, die der Ungleichung $\varrho(x, a) < r$ bzw. $\varrho(x, a) \leqq r$ genügen. Diese Kugel werden wir mit $S(a, r)$ bzw. $\overline{S}(a, r)$ bezeichnen.

Ferner verstehen wir unter einer *Umgebung* eines Punktes x jede Kugel mit x als Mittelpunkt. Dann sieht man leicht, daß x Grenzwert einer Folge $\{x_n\}$ genau dann ist, wenn jede Umgebung des Punktes x von einer gewissen Nummer an alle Punkte der betrachteten Folge enthält. Eine Menge, die innerhalb einer Kugel gelegen ist, heißt *beschränkt.*

Die abgeschlossene Hülle. In allgemeinen metrischen Räumen kann man viele Begriffe einführen, denen wir in der Theorie der linearen Punktmengen begegnet sind. Wenn eine Menge $M \subseteq X$ [1]) gegeben ist, dann heißt ein Punkt $a \in X$ *Häufungspunkt* dieser Menge, wenn jede Umgebung des Punktes a mindestens einen Punkt der Menge $M - a$ enthält, d. h., wenn $S(a, r) \cap (M - a) \neq O$ [1]) für jedes r ist. Die Menge, die man erhält, wenn man zu M alle ihre Häufungspunkte hinzunimmt, heißt *abgeschlossene Hülle* der Menge M, und man bezeichnet sie mit $\overline{M}$.

Leicht stellt man folgende grundlegenden Eigenschaften dieses Abschließungsprozesses von Punktmengen eines metrischen Raumes fest:

1. $\overline{M \cup N} = \overline{M} \cup \overline{N}$.
2. $M \subseteq \overline{M}$.
3. $\overline{\overline{M}} = \overline{M}$.
4. $\overline{O} = O$.

Einige dieser Eigenschaften sind evident.

Eine Menge M heißt *abgeschlossen*, wenn $M = \overline{M}$ ist. Eine Menge M ist *offen*, wenn ihre Komplementärmenge $X - M$ abgeschlossen ist. Eine Menge M nennt man *dicht* in einer offenen Menge G, wenn $G \subseteq \overline{M}$. Speziell heißt M *überall dicht in einem Raum* X oder einfach *überall dicht*, wenn $\overline{M} = X$ ist.

[1]) Siehe Fußnote auf S. 3.

Schließlich ist M *nirgends dicht in einem Raum* X, wenn jede Kugel dieses Raumes eine Kugel enthält, die frei ist von Punkten der Menge M.

Der topologische Raum. Wir definierten den Begriff des Grenzwertes mit Hilfe des Abstandes und gelangten zum metrischen Raum. Eine weit größere Klasse abstrakter Räume erhalten wir, wenn wir die Existenz des Grenzwertes axiomatisch einführen. Dabei zeigt sich, daß es viel bequemer ist, nicht den Grenzwert einer Folge, sondern die abgeschlossenen Mengen axiomatisch einzuführen. Mit ihrer Hilfe erhält man dann den Begriff des Grenzwertes. So gelangen wir zum topologischen Raum [4].

Nach P. S. ALEXANDROW und W. SIERPINSKI nennen wir eine Menge X einen *topologischen Raum*, wenn in dieser Menge gewisse Teilmengen, sogenannte *abgeschlossene Mengen*, ausgezeichnet sind. Sie müssen die folgenden topologischen Axiome erfüllen:

1. *Der Durchschnitt beliebig vieler und die Vereinigung endlich vieler abgeschlossener Mengen ist eine abgeschlossene Menge.*

2. *Der ganze Raum X sowie die leere Menge sind abgeschlossen.*

Der Durchschnitt aller abgeschlossenen Mengen, die eine vorgegebene Menge M enthalten, heißt *abgeschlossene Hülle* dieser Menge im Raume X, und man schreibt dafür $\overline{M}$. Man kann zeigen, daß diese Abschließung von Mengen eines topologischen Raumes den Bedingungen 1.—4. genügen, die oben aufgestellt wurden. Die Punkte der Menge $\overline{M}$ heißen *Berührungspunkte* von M.

Man kann auch eine andere Definition für den Berührungspunkt geben. Wir nennen eine Menge *offen*, wenn sie komplementär zu einer abgeschlossenen Menge im ganzen Raum X ist. Dann gilt, wie man leicht sieht:

1. Die Vereinigung beliebig vieler und der Durchschnitt endlich vieler offener Mengen ist eine offene Menge.

2. Der ganze Raum und die leere Menge sind offen.

Als *Umgebung* eines Punktes $x \in X$ bezeichnen wir eine beliebige offene Menge, die diesen Punkt enthält. Dann kann man Berührungspunkt einer Menge M einen Punkt nennen, der in jeder Umgebung mindestens einen Punkt der Menge M enthält. Leicht beweist man die Äquivalenz dieser beiden Definitionen.

Spezialfall eines Berührungspunktes ist ein Häufungspunkt einer Menge. Ein Punkt x heißt *Häufungspunkt* einer Menge M, wenn in jeder Umgebung des Punktes x unendlich viele Punkte der Menge M liegen. Es sei jetzt $x_1, x_2, \ldots, x_n, \ldots$ eine Punktfolge eines topologischen Raumes X. Ein Punkt x heißt *Grenzpunkt* dieser Folge, wenn in jeder Umgebung des Punktes x von einer gewissen Nummer an alle Punkte der Folge $\{x_n\}$ liegen. So gelangen wir zur Definition des Limes einer Punktfolge eines topologischen Raumes, die formal mit der Definition des Limes einer Punktfolge im metrischen Raum übereinstimmt. Der Grenzpunkt einer Punktfolge eines beliebigen topologischen Raumes ist jedoch nicht eindeutig bestimmt. Es können Folgen existieren, die gegen mehrere Grenzpunkte konvergieren, wie es das folgende Beispiel zeigt.

Es sei X eine beliebige abzählbare Menge. Wir setzen die ganze Menge X, jede endliche Teilmenge von X und die leere Menge als abgeschlossene Mengen voraus. Offensichtlich sind die Axiome erfüllt, und X ist ein topologischer Raum. Ferner sieht man leicht, daß $\overline{M} = X$ ist, falls M unendlich, und daß $\overline{M} = M$ ist, falls M endlich ist. Umgebungen eines Punktes $x \in X$ sind offensichtlich die ganze Menge X und die x enthaltenden Untermengen, die man aus X erhält, wenn man endlich viele Punkte fortläßt.

Es sei jetzt $\{x_n\}$ eine eigentliche Folge (z. B. eine Folge, deren Glieder sämtlich verschieden sind) im betrachteten Raum X. Offensichtlich enthält jede offene Menge alle Punkte der Folge von einer gewissen Nummer an. Dies besagt aber, daß jeder Punkt des Raumes X Grenzpunkt der betrachteten Folge ist.

Um die Grenzpunkte einer Folge im topologischen Raum *eindeutig* festzulegen, nehmen wir ein Axiom hinzu, das sogenannte *zweite Trennungsaxiom*.

Zu je zwei Punkten x und y des Raumes X existieren zwei disjunkte Umgebungen dieser Punkte.

In einem Raum mit zweitem Trennungsaxiom kann eine Folge höchstens gegen einen Grenzwert konvergieren. Falls nämlich $x_n \to x$ geht und y ein von x verschiedener Punkt ist, so kann eine Umgebung des Punktes y, die zu einer gewissen Umgebung des Punktes x disjunkt ist, nur endlich viele Punkte der betrachteten Folge enthalten.

Es sei X ein topologischer Raum, der durch Angabe seiner abgeschlossenen Mengen definiert ist. Wenn man in diesem Raum eine Metrik einführen kann, und zwar so, daß die Gesamtheit aller im Sinne der eingeführten Metrik abgeschlossenen Mengen mit der Gesamtheit der ursprünglich gegebenen abgeschlossenen Mengen zusammenfällt, so heißt der Raum X *metrisierbar*. Die Bedingungen, unter denen ein gegebener topologischer Raum metrisierbar ist, wurden von dem sowjetischen Mathematiker P. S. URYSOHN aufgedeckt. Sie bilden den Inhalt des Satzes über die Metrisierung.

Um diesen Satz zu formulieren, müssen wir einige Definitionen einführen. Als *Umgebung einer abgeschlossenen Menge* bezeichnen wir jede offene Menge, die diese umfaßt. Ein topologischer Raum X heißt *regulär*, wenn es zu jedem Punkt $x \in X$ und zu jeder diesen Punkt nicht enthaltenden Menge $F \subseteq X$ punktfremde Umgebungen gibt. Schließlich bezeichnen wir als *Basis* des Raumes X jedes System offener Mengen, das so beschaffen ist, daß jedes offene $G \subseteq X$ als Vereinigung von Mengen des Systems dargestellt werden kann.

Satz über die Metrisierung von Urysohn.

Ein topologischer Raum mit abzählbarer Basis ist metrisierbar genau dann, wenn er regulär ist.

§ 3. Beispiele von metrischen Räumen

Die Zahlengerade. Sei $X = R$, wobei R die Menge aller reellen Zahlen ist (Zahlengerade). Sind $x \in R$, $y \in R$, so setzen wir $\varrho(x, y) = |x - y|$. Es gelten die metrischen Axiome. Die Konvergenz in X ist die übliche Konvergenz einer Zahlenfolge.

Der Euklidische Raum. X sei ein arithmetischer n-dimensionaler Raum, d. h. die Menge aller n-tupel von reellen Zahlen. Sind $x = \{\xi_1, \ldots, \xi_n\}$ und $y = \{\eta_1, \ldots, \eta_n\}$ Elemente aus X, so setzen wir

$$\varrho(x, y) = \sqrt{\sum_{i=1}^{n} (\xi_i - \eta_i)^2}\,.$$

Offensichtlich sind die Axiome der Metrik erfüllt.

Es sei $x_k = \{\xi_1^{(k)}, \xi_2^{(k)}, \ldots, \xi_n^{(k)}\}$, $k = 1, 2, \ldots$ und $\varrho(x, x_k) \to 0$,

das heißt, es geht $\sqrt{\sum_{i=1}^{n} (\xi_i^{(k)} - \xi_i)^2} \to 0$ für $k \to \infty$.

Also ist die Konvergenz in dem betrachteten Raum die koordinatenweise Konvergenz.

Ein Raum X mit dieser Metrik heißt *n-dimensionaler Euklidischer Raum*. Wir bezeichnen ihn mit E_n.

Der Raum der stetigen Funktionen mit Tschebyschew-Metrik. Es sei X die Menge aller stetigen Funktionen, die auf dem Intervall $[0, 1]$*) definiert sind.

Wir führen in X eine Metrik ein, indem wir $\varrho(x, y) = \max\limits_{0 \le t \le 1} |x(t) - y(t)|$ setzen. Man sieht, daß die metrischen Axiome erfüllt sind. Denn es ist $\varrho(x, y) \geqq 0$ und $\varrho(x, y) = 0$ genau dann, wenn $x(t) \equiv y(t)$. Ebenso erkennt man, daß $\varrho(x, y) = \varrho(y, x)$ ist. Ferner gilt für jedes $t \in [0, 1]$:

$$\begin{aligned} |x(t) - z(t)| &= |[x(t) - y(t)] + [y(t) - z(t)]| \\ &\leqq |x(t) - y(t)| + |y(t) - z(t)| \\ &\leqq \max_t |x(t) - y(t)| + \max_t |y(t) - z(t)| \\ &= \varrho(x, y) + \varrho(y, z). \end{aligned}$$

Daher ist $\varrho(x, z) = \max\limits_t |x(t) - z(t)| \leqq \varrho(x, y) + \varrho(y, z)$.

Die Menge der stetigen Funktionen, die auf dem Intervall $[0,1]$ mit der obigen Metrik definiert sind, heißt *Raum der stetigen Funktionen*. Man schreibt dafür $C[0, 1]$. Wir werden auch *Raum der stetigen Funktionen mit Tschebyschew-Metrik* sagen.

Wir betrachten die Konvergenz im Raum $C[0, 1]$. Es sei eine Folge $\{x_n(t)\}$ von Elementen aus $C[0, 1]$ gegeben, die gegen $x(t)$ konvergiert (d. h. $\varrho(x_n, x) \to 0$ für $n \to \infty$). Dies besagt, daß $\max\limits_t |x(t) - x_n(t)| \to 0$ für $n \to \infty$, d. h., zu jedem $\varepsilon > 0$ gibt es eine natürliche Zahl $n_0 = n_0(\varepsilon)$, so daß $\max\limits_t |x(t) - x_n(t)| < \varepsilon$ ist für alle $n \geqq n_0(\varepsilon)$. Folglich ist $|x(t) - x_n(t)| < \varepsilon$ für alle $n \geqq n_0(\varepsilon)$ und für jedes $t \in [0, 1]$. Das heißt aber, daß die Folge $\{x_n(t)\}$ *gleichmäßig* gegen

*) Wenn das Intervall der unabhängigen Veränderlichen t $[a, b]$ ist, so kann man es in das Intervall $[0, 1]$ transformieren, indem man eine neue unabhängige Veränderliche $\tau = \frac{t - a}{b - a}$ einführt.

die Funktion $x(t)$ konvergiert. Wie man leicht sieht, gilt auch die Umkehrung: Wenn eine Folge $\{x_n(t)\}$ gleichmäßig gegen $x(t)$ konvergiert, so ist $\varrho(x_n, x) \to 0$. Also ist die Konvergenz im Raum $C[0, 1]$ die gleichmäßige Konvergenz auf dem Intervall $[0, 1]$.

Der Raum der beschränkten meßbaren Funktionen. Es sei X die Menge der beschränkten meßbaren Funktionen, die auf dem Intervall $[0, 1]$ definiert sind. Hierbei sehen wir zwei Funktionen als gleich an, wenn sie fast überall auf $[0, 1]$ übereinstimmen.

Es sei $x(t) \in X$, $y(t) \in X$ und $E \subseteq [0, 1]$ eine beliebige Menge vom Maße Null. Wir führen die Bezeichnung

$$\varrho_E(x, y) = \sup_{t \in [0,1]-E} |x(t) - y(t)|$$

ein. Dann setzen wir $\varrho(x, y) = \inf\limits_E \varrho_E(x, y)$, wobei die untere Grenze genommen wird von allen Mengen vom Maße Null, die in $[0, 1]$ gelegen sind. Also ist

$$\varrho(x, y) = \inf_E \sup_{t \in [0,1]-E} |x(t) - y(t)|.$$

Wir zeigen, daß die Axiome der Metrik erfüllt sind.

1. Offensichtlich ist

$$\varrho_E(x, y) = \sup_{t \in [0,1]-E} |x(t) - y(t)| \geqq 0.$$

Also ist auch $\varrho(x, y) = \inf\limits_E \varrho_E(x, y) \geqq 0$. Ist nun $\varrho(x, y) = 0$, d. h. $\inf\limits_E \varrho_E(x, y) = 0$, so gibt es für jedes $\varepsilon_n > 0$ eine Menge E_n vom Maße Null, so daß

$$\varrho_{E_n}(x, y) = \sup_{t \in [0,1]-E_n} |x(t) - y(t)| < \varepsilon_n,$$

also

$$|x(t) - y(t)| < \varepsilon_n \quad \text{ist, falls} \quad t \in [0, 1] - E_n.$$

Wir geben jetzt eine Nullfolge $\{\varepsilon_n\}$ vor und es sei E_n die zu jedem ε_n gehörige Menge. Dann gilt auf der Menge

$$\bigcap_{n=1}^{\infty} \{[0, 1] - E_n\} = [0, 1] - \bigcup_{n=1}^{\infty} E_n$$

die Ungleichung

$$|x(t) - y(t)| < \varepsilon_n$$

für alle n, d. h., es ist

$$x(t) - y(t) = 0.$$

Da $\bigcup\limits_{n=1}^{\infty} E_n$ vom Maße Null ist, folgt $x(t) = y(t)$ fast überall auf $[0, 1]$, was zu zeigen war.

2. $\varrho(x, y) = \varrho(y, x)$ ist evident.

3. Es seien $x(t)$, $y(t)$ und $z(t)$ Funktionen aus X.

Für jedes feste $t \in [0, 1] - E$, wobei E vom Maße Null ist, gilt

$$\begin{aligned} |x(t) - z(t)| &\leqq |x(t) - y(t)| + |y(t) - z(t)| \\ &\leqq \sup_{t \in [0,1]-E} |x(t) - y(t)| + \sup_{t \in [0,1]-E} |y(t) - z(t)| = \varrho_E(x, y) + \varrho_E(y, z). \end{aligned}$$

Daraus folgt

$$\varrho_E(x, z) = \sup_{t \in [0,1]-E} |x(t) - z(t)| \leqq \varrho_E(x, y) + \varrho_E(y, z).$$

Somit ist auch $\varrho(x, z) \leqq \varrho_E(x, y) + \varrho_E(y, z)$. Da $\varrho(x, y) = \inf_E \varrho_E(x, y)$ und $\varrho(y, z) = \inf_E \varrho_E(y, z)$ ist, so gibt es zu jedem $\varepsilon_0 > 0$ Mengen E_0 und E_0' vom Maße Null, für die

$$\varrho_{E_0}(x, y) \leqq \varrho(x, y) + \frac{\varepsilon_0}{2}, \qquad \varrho_{E_0'}(y, z) \leqq \varrho(y, z) + \frac{\varepsilon_0}{2}$$

gilt. Folglich ist

$$\varrho_{E_0}(x, y) + \varrho_{E_0'}(y, z) \leqq \varrho(x, y) + \varrho(y, z) + \varepsilon_0.$$

Andererseits gilt

$$\varrho_{E_0+E_0'}(x, y) = \sup_{t \in [0,1]-E_0-E_0'} |x(t) - y(t)| \leqq \sup_{t \in [0,1]-E_0} |x(t) - y(t)| = \varrho_{E_0}(x, y)$$

und analog

$$\varrho_{E_0+E_0'}(y, z) \leqq \varrho_{E_0'}(y, z).$$

Wenn wir $E = E_0 \cup E_0'$ setzen, so erhalten wir

$$\varrho(x, z) \leqq \varrho_E(x, y) + \varrho_E(y, z) \leqq \varrho_{E_0}(x, y) + \varrho_{E_0'}(y, z) \leqq \varrho(x, y) + \varrho(y, z) + \varepsilon_0.$$

Da ε_0 beliebig klein ist, folgt

$$\varrho(x, z) \leqq \varrho(x, y) + \varrho(y, z),$$

was zu zeigen war.

Den so erhaltenen Raum bezeichnen wir mit $M(0, 1)$.

Wir untersuchen die Konvergenz in diesem Raum. Es sei $x(t) \in M(0, 1)$, $x_n(t) \in M(0, 1)$ $(n = 1, 2, \ldots)$ und $\varrho(x, x_n) \to 0$ für $n \to \infty$. Dies besagt, daß zu vorgegebenem $\varepsilon_k > 0$

$$\varrho(x_n, x) = \inf_E \{ \sup_{t \in [0,1]-E} |x_n(t) - x(t)| \} < \varepsilon_k$$

ist für $n \geqq n_0(\varepsilon_k)$. Dann gibt es eine Menge E_k vom Maße Null, so daß

$$\sup_{t \in [0,1]-E_k} |x_n(t) - x(t)| < \varepsilon_k \quad \text{falls} \quad n \geqq n_0(\varepsilon_k)$$

ist. Daher gilt $|x_n(t) - x(t)| < \varepsilon_k$ für $n \geqq n_0(\varepsilon_k)$ und für jedes $t \in [0, 1] - E_k$.

Wir nehmen jetzt eine Nullfolge $\{\varepsilon_m\}$ und die dazugehörigen Mengen E_m. Es sei $\varepsilon > 0$ beliebig. Dann gilt $|x_n(t) - x(t)| < \varepsilon_k < \varepsilon$ für $n \geqq n_0(\varepsilon) = n_0(\varepsilon_k)$ und für alle $t \in [0, 1] - \bigcup_{m=1}^{\infty} E_m$. Also gilt $x_n(t) \to x(t)$ fast überall auf $[0, 1]$, d. h., $x_n(t)$ konvergiert fast überall gleichmäßig auf $[0, 1]$.

Möge umgekehrt $\{x_n(t)\}$ gleichmäßig fast überall gegen $x(t)$ konvergieren. Dann gibt es zu jedem $\varepsilon > 0$ einen Index $n_0(\varepsilon)$ und eine Menge E_ε vom Maße Null, so daß $|x_n(t) - x(t)| < \varepsilon$ ist für $n \geqq n_0(\varepsilon)$ und jedes $t \in [0, 1] - E_\varepsilon$. Dann ist aber auch

$$\sup_{t \in [0,1]-E_\varepsilon} |x_n(t) - x(t)| \leqq \varepsilon$$

für $n \geqq n_0(\varepsilon)$. Daraus wiederum folgt

$$\inf_E \{ \sup_{t \in [0,1]-E} |x_n(t) - x(t)| \} \leqq \varepsilon$$

für $n \geqq n_0(\varepsilon)$, d. h., es gilt $\varrho(x_n, x) \to 0$ für $n \to \infty$.

Folglich ist die Konvergenz im Raum $M(0, 1)$ *die fast überall gleichmäßige Konvergenz.*

Der Raum der beschränkten Zahlenfolgen. Es sei X der Raum der beschränkten Zahlenfolgen

$$x = \{\xi_1, \xi_2, \ldots, \xi_n, \ldots\} = \{\xi_i\}.$$

Dies bedeutet, daß es zu jedem x eine Konstante K_x gibt, so daß $|\xi_i| \leqq K_x$ ist für alle i.

Sind $x = \{\xi_i\}$ und $y = \{\eta_i\}$ aus dem Raum X, so führen wir den Abstand

$$\varrho(x, y) = \sup_i |\xi_i - \eta_i|$$

ein.

Wir bestätigen, daß die metrischen Axiome erfüllt sind.

1. $\varrho(x, y) \geqq 0$; $\varrho(x, y) = 0$ nur für $x = y$ und
2. $\varrho(x, y) = \varrho(y, x)$ sind offensichtlich.
3. Es sei $z = \{\zeta_i\}$, $z \in X$. Dann ist

$$|\zeta_i - \xi_i| \leqq |\zeta_i - \eta_i| + |\eta_i - \xi_i|$$
$$\leqq \sup_i |\zeta_i - \eta_i| + \sup_i |\eta_i - \xi_i| = \varrho(z, y) + \varrho(y, x).$$

Folglich ist auch

$$\varrho(x, z) = \sup_i |\xi_i - \zeta_i| \leqq \varrho(z, y) + \varrho(y, x).$$

Der so erhaltene Raum ist der *Raum m der beschränkten Zahlenfolgen.*

x_n und x seien Elemente aus m, $x_n = \{\xi_i^{(n)}\}$, $x = \{\xi_i\}$ und $\varrho(x_n, x) \to 0$ für $n \to \infty$. Dies besagt, daß es zu jedem $\varepsilon > 0$ einen Index $n_0(\varepsilon)$ gibt, so daß

$$\varrho(x_n, x) = \sup_i |\xi_i^{(n)} - \xi_i| < \varepsilon \quad \text{für} \quad n \geqq n_0(\varepsilon)$$

ist. Daraus folgt

$$|\xi_i^{(n)} - \xi_i| < \varepsilon$$

für $n \geqq n_0(\varepsilon)$ und jedes i.

Wie man leicht sieht, gilt auch umgekehrt: Falls $|\xi_i^{(n)} - \xi_i| < \varepsilon$ ist für $n \geqq n_0(\varepsilon)$ und alle i, so ist $\varrho(x_n, x) \to 0$ für $n \to \infty$. Folglich ist die Konvergenz im Raume m die bezüglich der Indizes *gleichgradige koordinatenweise Konvergenz.*

Der Raum der konvergenten Zahlenfolgen. Es sei X die Menge der konvergenten Zahlenfolgen

$$x = \{\xi_i\},$$

wobei

$$\lim_i \xi_i = \xi$$

existiert, Ist

$$x = \{\xi_i\}, \quad y = \{\eta_i\}, \quad x \in X, \quad y \in Y,$$

so setzen wir

$$\varrho(x, y) = \sup_i |\xi_i - \eta_i|.$$

Den erhaltenen Raum bezeichnen wir mit c.

Offensichtlich ist $c \subseteq m$. Daraus folgt, daß die Axiome der Metrik erfüllt sind und daß die Konvergenz in c wieder die bezüglich der Indizes gleichgradige koordinatenweise Konvergenz ist.

Nun folgt ein Beispiel für einen topologischen metrisierbaren Raum.

Der Raum aller Zahlenfolgen. Es sei X die Menge aller reellen Zahlenfolgen. In dieser Menge führen wir den Limesbegriff ein, indem wir festsetzen, daß $x_n = \{\xi_i^{(n)}\}$ gegen $x = \{\xi_i\}$ konvergiert, wenn $\xi_i^{(n)} \to \xi_i$ geht für $n \to \infty$ und alle $i = 1, 2, \ldots$ (im allgemeinen ungleichgradig bezüglich i). So erhalten wir einen gewissen abstrakten nichtmetrischen Raum, den wir mit s bezeichnen.

Wir zeigen, daß der Raum s metrisierbar ist.

Es sei $x = \{\xi_i\}$, $x \in s$ und $y = \{\eta_i\}$, $y \in s$. Wir setzen

$$\varrho(x, y) = \sum_{i=1}^{\infty} \frac{1}{2^i} \frac{|\xi_i - \eta_i|}{1 + |\xi_i - \eta_i|}$$

und beweisen, daß die Axiome der Metrik für diesen Abstand erfüllt sind. Daß

1. $\varrho(x, y) \geqq 0$ und $\varrho(x, y) = 0$ nur für $x = y$ gilt, und daß
2. $\varrho(x, y) = \varrho(y, x)$ ist, sieht man unmittelbar.
3. Die Dreiecksungleichung folgt aus der Beziehung

$$\frac{|a + b|}{1 + |a + b|} \leqq \frac{|a|}{1 + |a|} + \frac{|b|}{1 + |b|},$$

die man folgendermaßen beweist.

a und b mögen dasselbe Vorzeichen haben. Man kann voraussetzen, daß $a > 0$ und $b > 0$ ist, dann gilt

$$\frac{|a + b|}{1 + |a + b|} = \frac{a + b}{1 + a + b} = \frac{a}{1 + a + b} + \frac{b}{1 + a + b}$$
$$< \frac{a}{1 + a} + \frac{b}{1 + b} = \frac{|a|}{1 + |a|} + \frac{|b|}{1 + |b|}.$$

Wenn a und b jetzt verschiedenes Vorzeichen besitzen, können wir $|a| > |b|$ voraussetzen. Dann ist $|a + b| \leqq |a|$.

Wir betrachten die Funktion $f(x) = \frac{x}{1 + x}$. Es gilt $f'(x) = \frac{1}{(1 + x)^2}$, $f'(x) > 0$, also ist $f(x)$ eine monoton wachsende Funktion.

Somit gilt:

$$\frac{|a + b|}{1 + |a + b|} \leqq \frac{|a|}{1 + |a|} < \frac{|a|}{1 + |a|} + \frac{|b|}{1 + |b|}.$$

Kehren wir zur Dreiecksungleichung zurück, so finden wir

$$\varrho(x, z) = \sum_{i=1}^{\infty} \frac{1}{2^i} \frac{|\xi_i - \zeta_i|}{1 + |\xi_i - \zeta_i|} = \sum_{i=1}^{\infty} \frac{1}{2^i} \frac{|\xi_i - \eta_i + \eta_i - \zeta_i|}{1 + |\xi_i - \eta_i + \eta_i - \zeta_i|}$$
$$\leqq \sum_{i=1}^{\infty} \frac{1}{2^i} \frac{|\xi_i - \eta_i|}{1 + |\xi_i - \eta_i|} + \sum_{i=1}^{\infty} \frac{1}{2^i} \frac{|\eta_i - \zeta_i|}{1 + |\eta_i - \zeta_i|} = \varrho(x, y) + \varrho(y, z),$$

was zu zeigen war.

Wir beweisen, daß die Konvergenz im Sinne der eingeführten Metrik koordinatenweise ist (im allgemeinen ist sie ungleichgradig bezüglich der Indizes). Es sei $x_n = \{\xi_i^{(n)}\}$, $x = \{\xi_i\}$ und $\varrho(x_n, x) \to 0$, dies besagt, daß

$$\sum_{i=1}^{\infty} \frac{1}{2^i} \frac{|\xi_i^{(n)} - \xi_i|}{1 + |\xi_i^{(n)} - \xi_i|} < \varepsilon$$

ist für $n \geqq n_0(\varepsilon)$. Dann ist aber für jedes feste i erst recht

$$\frac{1}{2^i}\frac{|\xi_i^{(n)}-\xi_i|}{1+|\xi_i^{(n)}-\xi_i|}<\varepsilon$$

für $n \geqq n_0(\varepsilon)$, und da ε beliebig sowie i fest war, gilt $|\xi_i^{(n)}-\xi_i| \to 0$ für $n \to \infty$. Umgekehrt: Es gehe $|\xi_i^{(n)}-\xi_i| \to 0$ für $n \to \infty$ und jedes i. Wir nehmen ein beliebiges $\varepsilon > 0$ und bestimmen ein m so, daß

$$\sum_{i=m+1}^{\infty}\frac{1}{2^i}<\frac{\varepsilon}{2}$$

gilt. Dann ist

$$\varrho(x_n, x)=\sum_{i=1}^{m}\frac{1}{2^i}\frac{|\xi_i^{(n)}-\xi_i|}{1+|\xi_i^{(n)}-\xi_i|}+\sum_{i=m+1}^{\infty}\frac{1}{2^i}\frac{|\xi_i^{(n)}-\xi_i|}{1+|\xi_i^{(n)}-\xi_i|}$$

$$<\sum_{i=1}^{m}\frac{1}{2i}\frac{|\xi_i^{(n)}-\xi_i|}{1+|\xi_i^{(n)}-\xi_i|}+\frac{\varepsilon}{2}.$$

Da die Anzahl der Glieder in der ersten Summe endlich und fest ist, kann man ein $n_0(\varepsilon)$ so wählen, daß

$$\sum_{i=1}^{m}\frac{1}{2^i}\frac{|\xi_i^{(n)}-\xi_i|}{1+|\xi_i^{(n)}-\xi_i|}<\frac{\varepsilon}{2}$$

gilt für $n \geqq n_0(\varepsilon)$. Für diese n ist dann

$$\varrho(x_n, x) < \varepsilon,$$

was zu zeigen war.

Aus dem Bewiesenen folgt, daß die Konvergenz im Sinne der eingeführten Metrik mit der des Raumes s zusammenfällt.

Der Raum $S(0,1)$. Es sei X die Menge aller auf dem Intervall $[0, 1]$ definierten meßbaren Funktionen $x(t)$.

Zwei Funktionen, die fast überall zusammenfallen, sehen wir als gleich an.

Zu jeder Funktion $x(t)$ konstruieren wir eine Menge E_x von reellen Zahlen ε derart, daß die Menge der Punkte t des Intervalls $[0, 1]$, für die $|x(t)| > \varepsilon$ ist, ein Maß besitzt, das ε nicht übertrifft.

Die Menge E_x ist nicht leer, da beispielsweise $\varepsilon = 1$ zu dieser Menge gehört.

Ist $\varepsilon \in E_x$, dann liegt auch jedes $\varepsilon' > \varepsilon$ in E_x. Wir bezeichnen $\varepsilon_0(x) = \inf_{\varepsilon \in E_x} E_x$ und setzen $\varrho(x, y) = \varepsilon_0(x - y)$.

Wir zeigen, daß die metrischen Axiome erfüllt sind.

1. $\varrho(x, y) \geqq 0$ sieht man unmittelbar.

Ist $\varrho(x, y) = 0$, so besagt dies, daß für jedes positive ε $|x(t) - y(t)| > \varepsilon$ nur auf einer Menge vom Maße $\leqq \varepsilon$ gilt. Wir geben ein beliebiges $a > 0$ vor. Ist M_a die Menge der Punkte t mit $|x(t) - y(t)| > a$ und gilt $\varepsilon < a$, so ist $M_a \subseteq M_\varepsilon$ und Maß $M_a \leqq$ Maß $M_\varepsilon \leqq \varepsilon$. Da ε beliebig war, ist Maß $M_a = 0$. Folglich ist fast überall $|x(t) - y(t)| \leqq a$. Da auch a beliebig vorgegeben war, ergibt sich $x(t) = y(t)$ fast überall. Wir erkennen umgekehrt: Ist fast überall $x(t) = y(t)$, so gilt auch $\varrho(x, y) = 0$.

2. $\varrho(x, y) = \varrho(y, x)$ erkennt man sofort.

3. x, y und z mögen X angehören, und es sei $\varrho(x, y) = a$, $\varrho(y, z) = b$. Für jedes δ hat die Menge M_a der Punkte t, für die $|x(t) - y(t)| > a + \delta$ ist, ein Maß nicht größer als $a + \delta$. Ebenso gilt für die Menge M_b der Punkte t, für die $|y(t) - z(t)| > b + \delta$ ist: Maß $M_b \leqq b + \delta$. Daher ist

$$|x(t) - y(t)| \leqq a + \delta \tag{1}$$

auf der Menge $N_a = [0, 1] - M_a$ mit Maß $N_a > 1 - (a + \delta)$ und analog

$$|y(t) - z(t)| \leqq b + \delta \tag{2}$$

auf der Menge $N_b = [0, 1] - M_b$ mit Maß $N_b > 1 - (b + \delta)$. Wir setzen $N = N_a \cap N_b = [0, 1] - M_a - M_b$. Dann sind auf N die Ungleichungen (1) und (2) erfüllt, und folglich ist auf N

$$|x(t) - z(t)| \leqq |x(t) - y(t)| + |y(t) - z(t)| \leqq a + b + 2\delta. \tag{3}$$

Ferner gilt Maß N = 1 — Maß $(M_a \cup M_b) \geqq 1$ — Maß M_a — Maß M_b $\geqq 1 - (a + b + 2\delta)$.

Die Ungleichung (3) ist in jedem Falle auf N erfüllt, kann aber auch in anderen Punkten noch gelten. Wir bezeichnen mit $\tilde{N}$ die Menge aller Punkte $t \in [0, 1]$, in denen die Ungleichung (3) erfüllt ist. Offensichtlich ist $N \subseteq \tilde{N}$, d.h., es ist Maß $\tilde{N} \geqq$ Maß $N \geqq 1 - (a + b + 2\delta)$. Es sei $M = [0, 1] - \tilde{N}$. Dann ist

$$\text{Maß } M \leqq a + b + 2\delta$$

und
$$|x(t) - z(t)| > a + b + 2\delta \text{ auf } M.$$

Also ist die Zahl $a + b + 2\delta \in E_{x-z}$ und folglich

$$\varrho(x, z) = \varepsilon_0(x - z) = \inf E_{x-z} \leqq a + b + 2\delta = \varrho(x, y) + \varrho(y, z) + 2\delta.$$

Da δ beliebig war, erhalten wir für $\delta \to 0$

$$\varrho(x, z) \leqq \varrho(x, y) + \varrho(y, z).$$

Den so erhaltenen Raum bezeichnen wir mit $S(0, 1)$. Die Konvergenz in $S(0, 1)$ heißt *Konvergenz dem Maße nach.*

Der Raum der in p-ter Potenz integrablen Funktionen. Es sei X die Menge aller Funktionen $x(t)$, die zu $L_p(0, 1)$ gehören *). Zwei Funktionen, die sich nur auf einer Menge vom Maße Null unterscheiden, wollen wir wiederum als gleich betrachten.

Ist $x(t) \in L_p(0, 1)$ und $y(t) \in L_p(0, 1)$, so setzen wir

$$\varrho(x, y) = \left(\int_0^1 |x(t) - y(t)|^p dt\right)^{\frac{1}{p}}.$$

Man bestätigt leicht, daß die metrischen Axiome erfüllt sind. Daß $\varrho(x, y) \geqq 0$ ist, wobei $\varrho(x, y) = 0$ nur für $x = y$ gilt, und daß $\varrho(x, y) = \varrho(y, x)$ ist, sieht man

*) Siehe Anhang I.

unmittelbar. Die Gültigkeit des Dreiecksaxioms folgt aus der Ungleichung von MINKOWSKI für Integrale.*)

Der Raum $L_2(0, 1)$ heißt HILBERT*scher Funktionenraum*.

Es sei $x_n(t) \in L_p(0, 1)$, $n = 1, 2, 3, \ldots$ und es konvergiere $\{x_n(t)\}$ gegen $x(t)$, $x(t) \in L_p(0, 1)$, d. h., es gehe

$$\int_0^1 |x_n(t) - x(t)|^p \, dt \to 0$$

für $n \to \infty$. Dann sagt man, die Funktionenfolge $\{x_n(t)\}$ konvergiere im Mittel von p-ter Potenz gegen die Funktion $x(t)$. Für $p = 2$ spricht man schlechthin von Konvergenz im Mittel.

Der Raum der Zahlenfolgen l_p. X sei die Menge der zu l_p*) gehörenden reellen Zahlenfolgen $\{\xi_1, \xi_2, \ldots, \xi_n, \ldots\}$. Ist

$$x = \{\xi_1, \xi_2, \ldots, \xi_n, \ldots\} \quad \text{und} \quad y = \{\eta_1, \eta_2, \ldots \eta_n, \ldots\},$$

so definieren wir den Abstand durch

$$\varrho(x, y) = \left(\sum_{i=1}^{\infty} |\xi_i - \eta_i|^p\right)^{\frac{1}{p}}.$$

Sofort bestätigt man, daß die Axiome der Metrik erfüllt sind. $\varrho(x, y) \geqq 0$, $\varrho(x, y) = 0$ nur für $x = y$ und $\varrho(x, y) = \varrho(y, x)$ sind evident. Das Dreiecksaxiom folgt aus der Ungleichung von MINKOWSKI für Summen.*)

Der Raum l_2 heißt HILBERT*scher Folgenraum*.

Man kann zeigen**): Die Konvergenz einer Folge $\{x_n\}$, $x_n = \{\xi_1^{(n)}, \xi_2^{(n)}, \ldots, \xi_i^{(n)}, \ldots\}$ gegen ein Element $x = \{\xi_1, \xi_2, \ldots\}$ im Raum l_p bedeutet, daß

1. $\xi_i^{(n)} \to \xi_i$ geht für $n \to \infty$ für alle i und
2. zu jedem $\varepsilon > 0$ gibt es eine Zahl $N_0(\varepsilon)$, so daß

$$\left(\sum_{i=N+1}^{\infty} |\xi_i^{(n)}|^p\right)^{\frac{1}{p}} < \varepsilon \quad \text{ist für} \quad N \geqq N_0(\varepsilon) \quad \text{und beliebiges } n.$$

Es sei X ein arithmetischer n-dimensionaler Raum (siehe S. 7), $x = \{\xi_1, \xi_2, \ldots, \xi_n\}$ und $y = \{\eta_1, \eta_2, \ldots, \eta_n\}$. Wir setzen $\varrho(x, y) = \left(\sum_{i=1}^{n} |\xi_i - \eta_i|^p\right)^{\frac{1}{p}}$. Den so erhaltenen Raum nennen wir $l_p^{(n)}$. Speziell ist $l_2^{(n)}$ der n-dimensionale euklidische Raum.

Man kann annehmen,***) daß $l_p^{(n)} \subseteq l_p$ ist, wenn man jedes Element $\{\xi_1, \xi_2, \ldots, \xi_n\} \in l_p^{(n)}$ als Element $\{\xi_1, \xi_2, \ldots, \xi_n, 0, 0, \ldots\} \in l_p$ auffaßt. Die Konvergenz im Raum $l_p^{(n)}$ ist die koordinatenweise Konvergenz.

---

*) Siehe Anhang I.

**) Vgl. mit dem Kriterium über die Kompaktheit im Raum l_p, S. 47.

***) Siehe § 5, S. 20.

Die komplexen Räume C, L_p, c, l_p. Neben den Räumen C, L_p, c, l_p kann man die diese Räume enthaltenden komplexen Räume C, L_p, c, l_p betrachten. Elemente der komplexen Räume C und L_p sind komplexwertige Funktionen einer reellen Veränderlichen. Elemente der komplexen Räume c und l_p sind Folgen von komplexen Zahlen.

Alle Definitionen, die oben für die reellen Räume gegeben wurden, übertragen sich unmittelbar auf die entsprechenden komplexen Räume.

Wir bringen ein Beispiel eines nichtmetrisierbaren Raumes.

Der Raum der Konvergenz in jedem Punkt. Wir betrachten die Gesamtheit $F(0, 1)$ aller reellen Funktionen $x(t)$, die auf dem Intervall $[0, 1]$ definiert sind. Wir definieren in $F(0, 1)$ eine Topologie, indem wir festsetzen, daß eine Funktion $x(t)$ der abgeschlossenen Hülle $\overline{A}$ einer Menge A, $A \subseteq F(0, 1)$ angehört, wenn es zu jedem endlichen System von Punkten $t_1, t_2, \ldots, t_n$, $t_i \in [0, 1]$ und zu jedem $\varepsilon > 0$ eine Funktion $y(t) \in A$ gibt, so daß $|x(t_i) - y(t_i)| < \varepsilon$ ist für $i = 1, 2, \ldots, n$. Man überzeugt sich leicht davon, daß der so definierte Abschließungsprozeß $F(0, 1)$ in einen topologischen Raum verwandelt. Dabei bedeutet die Konvergenz in $F(0, 1)$ die Konvergenz einer Funktion in jedem Punkt des Intervalls $[0, 1]$.

Der Raum $F(0, 1)$ ist nicht metrisierbar. Für die Menge M aller auf $[0, 1]$ stetigen Funktionen ist nämlich $\overline{M} = F(0, 1)$. Wenn jedoch $F(0,1)$ metrisierbar wäre, so würde $\overline{M}$ mit der Menge der Grenzwerte von Elementfolgen aus M zusammenfallen, d. h. mit der Menge M_1 der Funktionen erster Klasse von Baire, die nicht mit $F(0, 1)$ übereinstimmt.

Einige Funktionenräume, deren Elemente Funktionen von mehreren Veränderlichen sind, wurden von S. L. Sobolew [25] betrachtet.

§ 4. Vollständige Räume. Beispiele

Definitionen. Eine Folge $\{x_n\}$ von Elementen eines metrischen Raumes X heißt *konvergent in sich* oder *Fundamentalfolge*, wenn es zu jedem $\varepsilon > 0$ einen Index $n_0(\varepsilon)$ gibt, so daß $\varrho(x_m, x_n) < \varepsilon$ ist für $m \geqq n_0(\varepsilon)$ und $n \geqq n_0(\varepsilon)$.

Satz. *Wenn eine Folge $\{x_n\}$ gegen einen Grenzwert x konvergiert, so konvergiert sie in sich.*

Es sei $x = \lim\limits_n x_n$. Dann gibt es zu jedem $\varepsilon > 0$ einen Index $n_0(\varepsilon)$, so daß

$\varrho(x_n, x) < \frac{\varepsilon}{2}$ ist für $n \geqq n_0$. Folglich ist

$$\varrho(x_m, x_n) \leqq \varrho(x_m, x) + \varrho(x_n, x) < \varepsilon$$

für $n \geqq n_0$ und $m \geqq n_0$, was zu zeigen war.

Die umgekehrte Behauptung für einen beliebigen metrischen Raum ist falsch, da metrische Räume existieren, in denen es Folgen gibt, die zwar in sich konvergieren, aber nicht gegen einen Grenzwert aus dem Raum streben.

Beispiele. 1. Es sei X die Menge der rationalen Zahlen. Der Abstand ist durch

$$\varrho(r_1, r_2) = |r_1 - r_2|$$

definiert. Dann ist X ein metrischer Raum. Die Folge $\{r_n\} = \left\{\frac{1}{2^n}\right\}$ konvergiert sowohl in sich als auch gegen den Grenzwert 0. Jetzt nehmen wir $r_n = \left(1+\frac{1}{n}\right)^n$. Diese Folge konvergiert in sich, hat aber im Raum X keinen Grenzwert.

2. X sei der Raum der Polynome $P(t)$, $0 \leqq t \leqq 1$, mit TSCHEBYSCHEW-Metrik, d.h., für $P(t)$ und $Q(t)$ aus X ist

$$\varrho(P, Q) = \max_{0 \leqq t \leqq 1} |P(t) - Q(t)|.$$

Es sei $\{P_n(t)\}$ eine Folge von Polynomen, die gleichmäßig gegen eine stetige Funktion konvergiert, die kein Polynom ist. Offensichtlich ist die Folge $\{P_n(t)\}$ eine Fundamentalfolge, die aber keinen Grenzwert im Raum X besitzt.

Wenn in einem metrischen Raum X jede in sich konvergente Folge gegen einen Grenzwert konvergiert (der Element desselben Raumes ist), so heißt der Raum X *vollständig*.

Wir bemerken, daß *eine abgeschlossene Menge eines vollständigen Raumes selbst ein vollständiger Raum ist.*

Im folgenden wollen wir von einigen metrischen Räumen nachweisen, daß sie vollständig sind.

Die Vollständigkeit von E_n. Für E_n, den euklidischen n-dimensionalen Raum, folgt die Vollständigkeit aus dem CAUCHYschen Kriterium für Punktfolgen.

Die Vollständigkeit von $C[0, 1]$. Es sei eine Folge $\{x_i(t)\}$ gegeben, wobei $x_i(t) \in C[0, 1]$, $i = 1, 2, \ldots$ ist, und es sei

$$\varrho(x_m, x_n) \to 0$$

für $m, n \to \infty$. Dies besagt, daß die Folge $\{x_i(t)\}$ im CAUCHYschen Sinne auf $[0, 1]$ gleichmäßig konvergiert. $x(t)$ sei Grenzwert der Funktionenfolge $\{x_i(t)\}$. Als Grenzwert einer gleichmäßig konvergenten Folge stetiger Funktionen ist diese Funktion auch stetig auf $[0, 1]$. Also ist $x(t) \in C[0, 1]$ und es konvergiert $\varrho(x_n, x) \to 0$.

Somit sehen wir folgendes: Wenn wir eine beliebige Folge $\{x_n(t)\}$ mit Elementen aus $C[0, 1]$ wählen, die in sich konvergiert, so können wir ein Element $x(t)$ desselben Raumes angeben, gegen das diese Folge konvergiert. Dies besagt aber, daß der Raum $C[0, 1]$ vollständig ist.

Die Vollständigkeit von m. $\{x_n\}$ sei eine in sich konvergente Folge von Elementen aus m und es sei $x_n = \{\xi_i^{(n)}\}$. Da $x_n \in m$ ist, so ist $|\xi_i^{(n)}| \leqq K_n$ für $i = 1, 2, \ldots$ Da ferner $\{x_n\}$ in sich konvergiert, so gibt es zu jedem $\varepsilon > 0$ einen Index n_0, so daß $\varrho(x_n, x_k) < \varepsilon$ ist sobald $n \geqq n_0$ und $k \geqq n_0$ oder, was dasselbe ist, es gilt

$$\sup_i |\xi_i^{(n)} - \xi_i^{(k)}| < \varepsilon \quad \text{für} \quad n, k \geqq n_0.$$

Daraus folgt

$$|\xi_i^{(n)} - \xi_i^{(k)}| < \varepsilon \tag{1}$$

für $n \geqq n_0$, $k \geqq n_0$ und für jedes i.

Es sei i fest. Dann ist nach (1) die Zahlenfolge $\{\xi_i^{(1)}, \xi_i^{(2)}, \ldots, \xi_i^{(n)}, \ldots\}$ eine Folge, die dem CAUCHYschen Kriterium für die Existenz eines Grenzwertes genügt und folglich gegen eine Zahl ξ_i konvergiert. So erhalten wir eine Zahlenfolge $\{\xi_1, \xi_2, \ldots, \xi_n, \ldots\}$.

Wir betrachten die Ungleichung (1) und lassen k gegen Unendlich streben. Dann erhalten wir in der Grenze

$$|\xi_i^{(n)} - \xi_i| \leqq \varepsilon \tag{2}$$

für $n \geqq n_0$ und alle i.

Daraus folgt $\quad |\xi_i| \leqq |\xi_i^{(n)} - \xi_i| + |\xi_i^{(n)}| \leqq \varepsilon + K_n,$

wobei diese Ungleichung für alle i gilt. Dies besagt aber, daß $\{\xi_i\}$ eine beschränkte Zahlenfolge ist, d. h., es ist $x = \{\xi_i\}$ aus m. Aus (2) erhalten wir $\sup\limits_i |\xi_i^{(n)} - \xi_i| \leqq \varepsilon$ für $n \geqq n_0$, d. h. $\varrho(x_n, x) \leqq \varepsilon$ für $n \geqq n_0$.

Da $\varepsilon > 0$ beliebig war, folgt daraus, daß $x_n \to x$ konvergiert für $n \to \infty$. Die Vollständigkeit des Raumes m ist damit bewiesen.

Die Vollständigkeit von c. Es sei $\{x_n\}$ eine Folge von Elementen des Raumes c, die in sich konvergiert. Dabei soll $x_n = \{\xi_i^{(n)}\}$ sein. Dies besagt, daß es zu jedem $\varepsilon > 0$ ein n_0 gibt, so daß $\varrho(x_m, x_n) = \sup\limits_i |\xi_i^{(m)} - \xi_i^{(n)}| < \varepsilon$ ist für $n \geqq n_0$ und $m \geqq n_0$. Folglich ist

$$|\xi_i^{(n)} - \xi_i^{(m)}| < \varepsilon \tag{3}$$

für $n, m \geqq n_0$ und für jedes i.

Wir halten ein i fest und betrachten die Folge $\{\xi_i^{(1)}, \xi_i^{(2)}, \ldots\}$. Wegen (3) konvergiert diese Folge nach CAUCHY gegen einen Grenzwert ξ_i. Wir erhalten eine Zahlenfolge $\{\xi_1, \xi_2, \ldots\}$. In der Ungleichung (3) gehen wir zur Grenze $m \to \infty$ über und bekommen

$$|\xi_i^{(n)} - \xi_i| \leqq \varepsilon \tag{4}$$

für $n \geqq n_0$ und alle i. Da $x_n \in c$ ist, so existiert $\lim\limits_i \xi_i^{(n)} = \xi^{(n)}$. Daraus folgt $|\xi^{(n)} - \xi_i^{(n)}| < \varepsilon$ für $i \geqq N(\varepsilon, n)$. Daher erhalten wir für $n \geqq n_0$ und $m, k \geqq N(\varepsilon, n)$:

$$|\xi_m - \xi_k| \leqq |\xi_m - \xi_m^{(n)}| + |\xi_m^{(n)} - \xi^{(n)}| + |\xi^{(n)} - \xi_k^{(n)}| \\ + |\xi_k^{(n)} - \xi_k| < \varepsilon + \varepsilon + \varepsilon + \varepsilon = 4\varepsilon.$$

Also genügt die Folge $\{\xi_i\}$ dem CAUCHYschen Kriterium. Daher existiert $\lim\limits_i \xi_i = \xi$ und folglich ist $x = \{\xi_i\}$ aus c.

Aus (4) erhalten wir sodann

$$\varrho(x_n, x) = \sup_i |\xi_i^{(n)} - \xi_i| \to 0$$

für $n \to \infty$, d. h., es konvergiert $x_n \to x$ für $n \to \infty$ und die Vollständigkeit des Raumes c ist bewiesen.

Die Vollständigkeit von $M(0,1)$. $\{x_n\}$ sei eine in sich konvergente Folge von Elementen des Raumes $M(0, 1)$. Dann gilt für jedes $\varepsilon > 0$, falls $n, m \geqq n_0(\varepsilon)$,

$$\inf_{\substack{E \subseteq [0,1] \\ \text{Maß } E = 0}} \; \sup_{t \in [0,1] - E} |x_n(t) - x_m(t)| < \varepsilon .$$

Folglich gibt es eine Menge E_{n_0} vom Maße Null, so daß

$$\sup_{t \in [0,1] - E_{n_0}} |x_n(t) - x_m(t)| < \varepsilon \quad \text{für} \quad m, n > n_0$$

ist, d. h., fast überall auf [0, 1] ist $|x_n(t) - x_m(t)| < \varepsilon$ für $n, m \geqq n_0$. Daraus erhält man leicht (siehe S. 9), daß eine Folge $\{x_n(t)\}$ von beschränkten meßbaren Funktionen gleichmäßig fast überall auf [0, 1] in sich konvergiert. Daher existiert eine beschränkte meßbare Funktion $x(t)$, die fast überall auf [0, 1] Grenzwert dieser Folge ist. Dann sieht man aber leicht, daß $\varrho(x_n, x) \to 0$ konvergiert, und damit ist die Vollständigkeit des Raumes $M(0, 1)$ bewiesen.

Die Vollständigkeit von $L_p(0, 1)$. Wir wählen eine beliebige in sich konvergente Funktionenfolge $\{x_n(t)\}$ aus $L_p(0, 1)$. Dies besagt, daß es zu jeder Zahl $\varepsilon_k > 0$ einen Index $N = N(\varepsilon_k)$ gibt, so daß

$$\left(\int_0^1 |x_n(t) - x_m(t)|^p\,dt\right)^{\frac{1}{p}} < \varepsilon_k \quad \text{für} \quad n, m \geqq N(\varepsilon_k)$$

ist, d. h., es ist

$$\int_0^1 |x_n(t) - x_m(t)|^p\,dt < \varepsilon_k^p \quad \text{für} \quad n, m \geqq N(\varepsilon_k).$$

Wir setzen

$$\varepsilon_k^p = \frac{1}{2^{kp+k}}.$$

Dann gilt für $n, m \geqq N(\varepsilon_k)$

$$|x_n(t) - x_m(t)| > \frac{1}{2^k}$$

nur auf einer Menge A_k mit einem Maße kleiner als $\frac{1}{2^k}$. Speziell gilt für eine wachsende Folge natürlicher Zahlen n_k, für die $n_k \geqq N(\varepsilon_k)$ ist,

$$|x_{n_{k+1}}(t) - x_{n_k}(t)| > \frac{1}{2^k}$$

nur auf einer Menge A_k mit einem Maße kleiner als $\frac{1}{2^k}$.

Wir bezeichnen $x_{n_k}(t)$ mit $z_k(t)$ und konstruieren die Menge

$$B_k = \bigcap_{i=k}^{\infty} \{[0, 1] - A_i\} = [0, 1] - \bigcup_{i=k}^{\infty} A_i.$$

Dann gilt

$$\text{Maß } B_k \geqq 1 - \sum_{i=k}^{\infty} \text{Maß } A_i \geqq 1 - \frac{1}{2^{k-1}}$$

und

$$|z_{n+1}(t) - z_n(t)| \leqq \frac{1}{2^n} \quad \text{für} \quad n \geqq k \quad \text{auf} \quad B_k.$$

Dies besagt, daß $\{z_n(t)\}$ auf B_k gleichmäßig in sich konvergiert. Offensichtlich ist $B_k \subseteq B_{k+1}$. Es sei $B_0 = \operatorname{Lim}_k B_k = \bigcup_{k=1}^{\infty} B_k$, dann ist Maß $B_0 = 1$.

Da jeder Punkt der Menge B_0 einer gewissen Menge B_k angehört, so konvergiert $\{z_n(t)\}$ auf B_0 in sich und somit gegen eine Grenzfunktion $z(t)$, wobei diese Konvergenz auf jeder Menge B_k gleichmäßig ist. Nun ist B_0 von [0, 1] nur um eine Menge vom Maße Null verschieden, daher ist $z(t)$ fast überall auf [0, 1] definiert. $\{z_n(t)\}$ hat als Teilfolge einer in sich im Mittel konvergenten Folge dieselben Eigenschaften, also ist

$$\int_0^1 |z_n(t) - z_m(t)|^p \, dt < \varepsilon$$

für $n, m \geqq n_0(\varepsilon)$. Da der Integrand nichtnegativ ist, gilt erst recht

$$\int_{B_k} |z_n(t) - z_m(t)|^p \, dt < \varepsilon .$$

Die Folge $z_n(t)$ ist auf B_k gleichmäßig konvergent, also kann man unter dem Integralzeichen zur Grenze $m \to \infty$ übergehen. Wir erhalten

$$\int_{B_k} |z_n(t) - z(t)|^p \, dt \leqq \varepsilon \quad \text{für} \quad n \geqq n_0(\varepsilon).$$

Für $k \to \infty$ ergibt sich

$$\int_{B_0} |z_n(t) - z(t)|^p \, dt \leqq \varepsilon \quad \text{falls} \quad n \geqq n_0(\varepsilon)$$

oder

$$\int_0^1 |z_n(t) - z(t)|^p \, dt \leqq \varepsilon \quad \text{für} \quad n \geqq n_0(\varepsilon). \tag{5}$$

Daraus folgt, daß $z(t) - z_n(t) \in L_p(0, 1)$ ist. Dann ist aber auch $z(t) = (z(t) - z_n(t)) + z_n(t) \in L_p(0, 1)$ (siehe Anhang I).

Aus (5) folgt

$$\varrho(z_n, z) \leqq \varepsilon^{\frac{1}{p}}$$

für $n \geqq n_0(\varepsilon)$, d. h., es konvergiert $\varrho(z_n, z) \to 0$ für $n \to \infty$. Da ferner $\varrho(x_n, z) \leqq \varrho(x_n, x_{n_k}) + \varrho(z_k, z) \to 0$ für $n \to \infty$ und $k \to \infty$, so ist die Vollständigkeit des Raumes $L_p(0, 1)$ bewiesen.

Die Vollständigkeit von $L_2(0, 1)$ wurde zum erstenmal von F. Riesz [52] gezeigt.

Die Vollständigkeit von l_p. Wir betrachten eine Folge $\{x_n\}$, $x_n = \{\xi_i^{(n)}\} \in l_p$, die in sich konvergiert. Es gilt

$$\varrho(x_n, x_m) = \left(\sum_{i=1}^{\infty} |\xi_i^{(n)} - \xi_i^{(m)}|^p \right)^{\frac{1}{p}} < \varepsilon \quad \text{für} \quad n, m \geqq n_0. \tag{6}$$

Daraus folgt

$$|\xi_i^{(n)} - \xi_i^{(m)}| < \varepsilon \tag{7}$$

für $n, m \geqq n_0$ und für alle i. Wir wählen ein festes i. Aus (7) ergibt sich, daß die Folge $\xi_i^{(1)}, \xi_i^{(2)}, \ldots$ gegen einen Grenzwert ξ_i konvergiert:

$$\lim_n \xi_i^{(n)} = \xi_i . \tag{8}$$

Wir setzen $x = \{\xi_i\}$. Aus Ungleichung (6) folgt

$$\sum_{i=1}^{k} |\xi_i^{(n)} - \xi_i^{(m)}|^p < \varepsilon^p$$

für jedes k.

Für $m \to \infty$ erhalten wir

$$\sum_{i=1}^{k} |\xi_i^{(n)} - \xi_i|^p \leqq \varepsilon^p \quad \text{für} \quad n \geqq n_0.$$

Lassen wir k über alle Grenzen wachsen, so erhalten wir

$$\sum_{i=1}^{\infty} |\xi_i^{(n)} - \xi_i|^p \leqq \varepsilon^p \quad \text{für} \quad n \geqq n_0.$$

Daraus folgt: Es ist $x - x_n \in l_p$. Also ist auch $x = (x - x_n) + x_n \in l_p$. Außerdem konvergiert $\varrho(x_n, x) \to 0$ für $n \to \infty$ und die Vollständigkeit des Raumes l_p ist gezeigt.

Die Vollständigkeit von $S(0, 1)$ und s kann man ebenfalls beweisen. Hiermit wollen wir uns jedoch nicht verweilen.

§ 5. Vervollständigung metrischer Räume

Es ist bekannt, daß die Vollständigkeit der Zahlengeraden in der Analysis eine große Rolle spielt. Nur auf der Gesamtheit der reellen Zahlen ist es möglich, die Analysis streng aufzubauen. Eine ähnliche Rolle spielt die Vollständigkeit metrischer Räume in der Funktionalanalysis. Daher untersuchen wir jetzt die Vervollständigung von Räumen, die nicht vollständig sind. Analog wie man von der Menge der rationalen Zahlen zu der Menge aller reellen Zahlen gelangt, geht man hier vor. Zunächst führen wir einen Begriff ein, der uns auch im Zusammenhang mit anderen Betrachtungen nützlich sein wird.

Es seien zwei metrische Räume X und Y gegeben. Der Abstand zwischen zwei Elementen x_1 und x_2 des Raumes X sei $\varrho(x_1, x_2)$ und der Abstand zwischen zwei Elementen y_1 und y_2 des Raumes Y sei $\varrho(y_1, y_2)$.

Wenn sich zwischen den Elementen der Räume X und Y eine eineindeutige Zuordnung herstellen läßt derart, daß der Abstand zwischen den Elementen des einen Raumes gleich dem Abstand zwischen den entsprechenden Elementen des anderen Raumes ist, so heißen X und Y *isometrisch*.

Für Fragen, die nur mit dem Abstand der Elemente zusammenhängen, z. B. Konvergenz, Vollständigkeit usw., sind isometrische Räume als gleich anzusehen.

Neben den isometrischen Räumen X und Y kann man auch isometrische Mengen betrachten, die in diesen Räumen enthalten sind. Bei Fragen, die allein mit der Metrik zusammenhängen, kann man jede Menge in einem metrischen Raum durch eine andere zu ihr isometrische ersetzen.

Ist X_0 ein nicht vollständiger metrischer Raum, so gibt es in diesem Raum mindestens eine in sich konvergente Folge, die keinen Grenzwert in X_0 besitzt.

Satz. ***Zu jedem nicht vollständigen metrischen Raum X_0 gibt es bis auf Isometrie genau einen vollständigen metrischen Raum X mit einem Unterraum X', der in X überall dicht liegt und isometrisch zu X_0 ist.***

X heißt *Vervollständigung des Raumes* X_0.

Beweis. Wir betrachten alle Folgen

$$\{x_n\},\ \{y_n\},\ \{z_n\},\ \ldots$$

die aus Elementen des Raumes X_0 bestehen und in sich konvergieren. Zwei beliebige Folgen $\{x_n\}$ und $\{x'_n\}$, die in sich konvergieren, und für die $\varrho(x_n, x'_n) \to 0$ für $n \to \infty$ gilt, geben wir in dieselbe Klasse $\tilde{x}$. Diese Klassen betrachten wir als Elemente eines neuen Raumes X. Es seien $\tilde{x}$ und $\tilde{y}$ zwei Elemente aus X. Aus den Klassen $\tilde{x}$ und $\tilde{y}$ wählen wir je eine Folge $\{x_n\}$ und $\{y_n\}$.

Wir zeigen, daß $\lim\limits_n \varrho(x_n, y_n)$ existiert. Es gilt

$$\varrho(x_n, y_n) \leqq \varrho(x_n, x_m) + \varrho(x_m, y_m) + \varrho(y_m, y_n).$$

Daraus folgt
$$\varrho(x_n, y_n) - \varrho(x_m, y_m) \leqq \varrho(x_n, x_m) + \varrho(y_m, y_n). \tag{1}$$

Wenn wir die Indizes n und m vertauschen, finden wir

$$\varrho(x_m, y_m) - \varrho(x_n, y_n) \leqq \varrho(x_n, x_m) + \varrho(y_n, y_m). \tag{2}$$

Aus (1) und (2) folgt

$$|\varrho(x_m, y_m) - \varrho(x_n, y_n)| \leqq \varrho(x_n, x_m) + \varrho(y_n, y_m).$$

Der rechte Teil dieser Ungleichung konvergiert gegen Null für $n, m \to \infty$. Daher ist die Zahlenfolge $\{\varrho(x_n, y_n)\}$ nach CAUCHY konvergent, d.h., es existiert der Grenzwert $\lim\limits_n \varrho(x_n, y_n)$.

Wir definieren jetzt in X durch

$$\varrho(\tilde{x}, \tilde{y}) = \lim_n \varrho(x_n, y_n)$$

einen Abstand und zeigen, daß die so definierte Entfernung von der Wahl der Folgen $\{x_n\}$ und $\{y_n\}$ aus den entsprechenden Klassen unabhängig ist.

Es seien $\{x'_n\}$ und $\{y'_n\}$ zwei andere Folgen aus den Klassen $\tilde{x}$ und $\tilde{y}$. Dann ist

$$\varrho(x_n, y_n) \leqq \varrho(x_n, x'_n) + \varrho(x'_n, y'_n) + \varrho(y'_n, y_n).$$

Daraus folgt
$$\lim_n \varrho(x_n, y_n) \leqq \lim_n \varrho(x'_n, y'_n).$$

Analog finden wir, daß auch umgekehrt gilt

$$\lim_n \varrho(x'_n, y'_n) \leqq \lim_n \varrho(x_n, y_n).$$

Folglich ist
$$\lim_n \varrho(x_n, y_n) = \lim_n \varrho(x'_n, y'_n).$$

Es gelten die metrischen Axiome:

1. Da $\varrho(x_n, y_n) \geqq 0$ ist, so ist auch $\varrho(\tilde{x}, \tilde{y}) = \lim\limits_n \varrho(x_n, y_n) \geqq 0$. Ferner besagt die Gleichung $\varrho(\tilde{x}, \tilde{y}) = \lim\limits_n \varrho(x_n, y_n) = 0$ nach Voraussetzung, daß die Folgen $\{x_n\}$ und $\{y_n\}$ einer Klasse angehören.

Da $\{x_n\}$ eine beliebige Folge der Klasse $\tilde{x}$ und $\{y_n\}$ eine beliebige Folge von $\tilde{y}$ war, so ist $\tilde{x} = \tilde{y}$.

2. $\varrho(\tilde{x}, \tilde{y}) = \varrho(\tilde{y}, \tilde{x})$ sieht man unmittelbar.

3. Ist $\{x_n\} \in \tilde{x}$, $\{y_n\} \in \tilde{y}$, $\{z_n\} \in \tilde{z}$, so ist offenbar

$$\varrho(\tilde{x}, \tilde{z}) = \lim_n \varrho(x_n, z_n) \leqq \lim_n \varrho(x_n, y_n) + \lim_n \varrho(y_n, z_n) = \varrho(\tilde{x}, \tilde{y}) + \varrho(\tilde{y}, \tilde{z}).$$

Wir zeigen, daß X ein vollständiger Raum ist. Hierzu wählen wir eine beliebige in sich konvergente Folge $\{\tilde{x}_1, \tilde{x}_2, \ldots, \tilde{x}_n, \ldots\}$ von Elementen des Raumes X, d. h., es strebe

$$\varrho(\tilde{x}_n, \tilde{x}_m) \to 0 \quad \text{für} \quad n, m \to \infty.$$

Aus jeder Klasse $\tilde{x}_n$ greifen wir eine beliebige Folge

$$\{x_1^{(n)}, x_2^{(n)}, \ldots, x_k^{(n)}, \ldots\}$$

heraus.

Da sie in sich konvergiert, so kann man ein k_n finden, so daß

$$\varrho(x_m^{(n)}, x_{k_n}^{(n)}) \leqq \frac{1}{n}$$

ist für $m > k_n$.

Wir betrachten jetzt die Folge

$$\{x_{k_1}^{(1)}, x_{k_2}^{(2)}, \ldots, x_{k_n}^{(n)}, \ldots\}$$

und zeigen, daß sie in sich konvergiert.

Wir nennen Folgen der Form $\{x, x, \ldots, x, \ldots\}$ *stationär*. Sie konvergieren offenbar in sich und folglich ist jede in einer gewissen Klasse enthalten, und ist somit einem Element aus X zugeordnet. Offenbar kann ein und derselben Klasse höchstens eine stationäre Folge angehören. Es sei jetzt

$$\{x, x, \ldots, x, \ldots\} \in \tilde{x},$$

$$\{y, y, \ldots, y, \ldots\} \in \tilde{y}.$$

Dann ist $\varrho(x, y) = \varrho(\tilde{x}, \tilde{y})$.

Wir konstruieren stationäre Folgen

$$\{x_{k_n}^{(n)}, x_{k_n}^{(n)}, \ldots, x_{k_n}^{(n)}, \ldots\}.$$

Die Klassen, denen diese Folgen angehören, bezeichnen wir mit $\tilde{x}_{k_n}^{(n)}$. Es gilt

$$\varrho(\tilde{x}_n, \tilde{x}_{k_n}^{(n)}) = \lim_k \varrho(x_k^{(n)}, x_{k_n}^{(n)}) \leqq \frac{1}{n} \tag{3}$$

und ferner

$$\varrho(x_{k_n}^{(n)}, x_{k_m}^{(m)}) = \varrho(\tilde{x}_{k_n}^{(n)}, \tilde{x}_{k_m}^{(m)}) \leqq \varrho(\tilde{x}_{k_n}^{(n)}, \tilde{x}_n) + \varrho(\tilde{x}_n, \tilde{x}_m) + \varrho(\tilde{x}_m, \tilde{x}_{k_m}^{(m)})$$
$$\leqq \varrho(\tilde{x}_n, \tilde{x}_m) + \frac{1}{n} + \frac{1}{m}$$

Es sei $\varepsilon > 0$ eine vorgegebene Zahl. Wir wählen n_0 so, daß

$$\frac{1}{n} < \frac{\varepsilon}{3}, \qquad \frac{1}{m} < \frac{\varepsilon}{3} \quad \text{und} \quad \varrho(\tilde{x}_n, \tilde{x}_m) < \frac{\varepsilon}{3}$$

ist für $n, m \geqq n_0$. Dann gilt

$$\varrho(x_{k_n}^{(n)}, x_{k_m}^{(m)}) < \varepsilon$$

für $n, m \geqq n_0$.

Dies besagt, daß die Folge $\{x_{k_1}^{(1)}, x_{k_2}^{(2)}, \ldots, x_{k_n}^{(n)}, \ldots\}$ in sich konvergiert und folglich einer Klasse aus X angehört, die wir mit $\tilde{x}$ bezeichnen wollen.

Wir zeigen, daß

$$\tilde{x} = \lim_n \tilde{x}_n$$

ist. Damit ist dann der Beweis der Vollständigkeit von X zu Ende geführt.

Gemäß (3) gilt

$$\varrho(\tilde{x}, \tilde{x}_n) \leqq \varrho(\tilde{x}, \tilde{x}_{k_n}^{(n)}) + \varrho(\tilde{x}_{k_n}^{(n)}, \tilde{x}_n) \leqq \varrho(\tilde{x}, \tilde{x}_{k_n}^{(n)}) + \frac{1}{n}.$$

Ferner ist

$$\varrho(\tilde{x}, \tilde{x}_{k_n}^{(n)}) = \lim_p \varrho(x_{k_p}^{(p)}, x_{k_n}^{(n)}) < \frac{\varepsilon}{2}$$

für hinreichend großes n, da die Folge $\{x_{k_n}^{(n)}\}$ in sich konvergiert. Wenn wir n so wählen, daß $\frac{1}{n} < \frac{\varepsilon}{2}$ ist, so erhalten wir $\varrho(\tilde{x}, \tilde{x}_n) < \varepsilon$. Folglich ist $\tilde{x} = \lim_n \tilde{x}_n$, was zu zeigen war.

Wir zeigen schließlich, daß X_0 isometrisch ist zu einem gewissen Unterraum X' von X, der überall in X dicht liegt. X' enthalte alle Klassen $\tilde{x}$, unter deren Elementen es stationäre Folgen $\{x, x, \ldots, x, \ldots\}$ gibt. Zwischen den Klassen $\tilde{x} \in X'$ und den Elementen x der stationären Folge besteht eine eineindeutige Zuordnung. Dabei gilt, falls $\{x\} \in \tilde{x}$ und $\{y\} \in \tilde{y}$ ist, $\varrho(\tilde{x}, \tilde{y}) = \varrho(x, y)$. Daher ist die zwischen den Elementen von X_0 und den entsprechenden Elementen von X' aufgestellte eineindeutige Beziehung eine Isometrie.

Wie man leicht sieht, ist X' überall dicht in X, d. h., zu jedem $\varepsilon > 0$ und zu jedem Element $\tilde{x} \in X$ gibt es ein Element $\tilde{x}_\varepsilon \in X'$, so daß $\varrho(\tilde{x}, \tilde{x}_\varepsilon) \leqq \varepsilon$ ist. Es sei $\tilde{x}$ eine Klasse und die in sich konvergente Folge $\{x_1, x_2, \ldots, x_n, \ldots\}$ aus $\tilde{x}$. Wir wählen ein n, so daß $\varrho(x_m, x_n) < \varepsilon$ ist für $m > n$. Dann bilden wir die stationäre Folge $\{x_n, x_n, \ldots, x_n, \ldots\}$ und bezeichnen mit $\tilde{x}_\varepsilon$ diejenige Klasse, die diese Folge enthält. Offensichtlich ist $\tilde{x}_\varepsilon \in X'$. Ferner ist $\varrho(\tilde{x}, \tilde{x}_\varepsilon) = \lim_m \varrho(x_m, x_n) \leqq \varepsilon$ und somit ist alles bewiesen.

Es bleibt zu zeigen, daß die Vervollständigung eines Raumes X_0 bis auf Isometrie eindeutig bestimmt ist. D. h., es gibt bis auf Isometrie höchstens einen vollständigen Raum X, der eine zu X_0 isometrische, überall dichte Untermenge enthält. Denn ist Y ein anderer vollständiger Raum, in dem X_0 überall dicht liegt, dann ist jeder Punkt $\tilde{y} \in Y$ festgelegt durch eine gewisse Folge $\{x_1, x_2, \ldots, x_n, \ldots\}$ mit $x_i \in X_0$. Da dies eine Fundamentalfolge ist, so definiert sie andererseits ein Element $\tilde{x} \in X$. Dieses Element $\tilde{x}$ ordnen wir dem Element $\tilde{y}$ zu. Es sei umgekehrt ein Element $\tilde{x}' \in X$ gegeben und $\{x_1', x_2', \ldots, x_n', \ldots\}$ eine gewisse Fundamentalfolge aus der Klasse $\tilde{x}'$. Da X_0 in dem vollständigen Raum Y liegt, so definiert diese Fundamentalfolge ein bestimmtes Element $\tilde{y}' \in Y$. Dieses Element ordnen wir $\tilde{x}'$ zu. So erhalten wir eine Zuordnung zwischen den Elementen der Räume X und Y, die offenbar eineindeutig ist. Da überdies

$$\varrho(\tilde{x}, \tilde{x}') = \lim_n \varrho(x_n, x_n') = \varrho(\tilde{y}, \tilde{y}') \quad ^{*)}$$

gilt, ist diese Zuordnung isometrisch, und damit ist alles bewiesen.

Beispiele. 1. Wir betrachten den Raum l_p', der aus allen geordneten Systemen $\{\xi_1, \xi_2, \ldots, \xi_{k_1}\}$ besteht, wobei k_1 eine natürliche Zahl ist und die ξ_i beliebig reell sind. Ist

$$x = \{\xi_1, \xi_2, \ldots, \xi_{k_1}\}, \quad y = \{\eta_i, \eta_2, \ldots, \eta_{k_2}\}$$

und ist $k_2 \geqq k_1$, so führen wir gemäß

$$\varrho(x, y) = \left(\sum_{i=1}^{k_1} |\xi_i - \eta_i|^p + \sum_{i=k_1+1}^{k_2} |\eta_i|^p\right)^{\frac{1}{p}}$$

eine Metrik ein. l_p' ist ein unvollständiger Raum, da beispielsweise die Folge

$$x_1 = \{1\}, \quad x_2 = \left\{1, \frac{1}{2}\right\}, \quad x_3 = \left\{1, \frac{1}{2}, \frac{1}{2^2}\right\}, \ldots, \quad x_n = \left\{1, \frac{1}{2}, \frac{1}{2^2}, \ldots, \frac{1}{2^{n-1}}\right\}, \ldots$$

zwar in sich konvergiert (d. h., es geht

$$\varrho(x_n, x_m) = \left(\sum_{i=m}^{n-1} \frac{1}{2^{ip}}\right)^{\frac{1}{p}} \to 0 \quad \text{für} \quad m, n \to \infty, \quad m < n),$$

jedoch in l_p' keinen Grenzwert besitzt.

Wir bezeichnen die Vervollständigung des Raumes l_p' mit X. Da c offenbar überall dicht liegt in dem vollständigen Raum l_p, so ist $X = l_p$. Also führt die Vervollständigung des Raumes l_p' zu l_p (genauer: zu einem zu l_p isometrischen Raum).

2. $C_0[0, 1]$ sei der Raum aller auf dem Intervall $[0, 1]$ definierten Polynome. In diesem Raum sei die TSCHEBYSCHEW-Metrik

$$\varrho(P, Q) = \max_{0 \leqq t \leqq 1} |P(t) - Q(t)|$$

eingeführt. $C_0[0, 1]$ ist nicht vollständig. Da $C_0[0, 1]$ in dem vollständigen Raume $C[0, 1]$ überall dicht liegt, führt die Vervollständigung von $C_0[0, 1]$ zu $C[0, 1]$.

3. $L_p'(0, 1)$ sei die Menge aller auf dem Intervall $[0, 1]$ definierten stetigen Funktionen mit der Metrik

$$\varrho(x, y) = \left(\int_0^1 |x(t) - y(t)|^p \, dt\right)^{\frac{1}{p}}.$$

---

*) Man bestätigt leicht: Wenn in einem metrischen Raum $x_n \to x$ und $y_n \to y$ konvergiert, so konvergiert auch $\varrho(x_n, y_n) \to \varrho(x, y)$.

$L'_p(0, 1)$ ist ein nicht vollständiger Raum. Denn eine Folge stetiger Funktionen, die von p-ter Potenz im Mittel gegen eine unstetige Funktion konvergiert, ist eine Fundamentalfolge in $L'_p(0, 1)$, besitzt aber in diesem Raum kein Grenzelement. Wenn wir $L'_p(0, 1)$ vervollständigen, so erhalten wir $L_p(0, 1)$.

4. Die Menge der Lösungen einer linearen partiellen Differentialgleichung ist im allgemeinen, wenn man sie als metrischen Funktionenraum auffaßt, nicht vollständig.

Wenn wir diesen Raum vervollständigen, gelangen wir zu den *verallgemeinerten Lösungen* der vorgegebenen Gleichung im Sinne von S. L. SOBOLEW, den Elementen des vervollständigten Raumes.

Zum Beispiel hat die Gesamtheit der Lösungen der Wellengleichung

$$\frac{\partial^2 u}{\partial x^2} = \frac{1}{a^2}\frac{\partial^2 u}{\partial t^2}$$

die Form:

$$u = f(x + at) + g(x - at). \tag{4}$$

Dabei sind f und g zweimal differenzierbare Funktionen einer Veränderlichen. Wenn man die Menge der Lösungen (4) durch Grenzübergang im Sinne der gleichmäßigen Konvergenz vervollständigt, gelangt man zur Menge der verallgemeinerten Lösungen, die ebenfalls die Form (4) haben. Dabei sind die Funktionen f und g beliebige stetige Funktionen. Diese verallgemeinerten Lösungen haben in vielen Fällen physikalische Bedeutung [25].

§ 6. Zwei Sätze über vollständige Räume

Satz 1. *In einem vollständigen metrischen Raum X sei eine Folge abgeschlossener Kugeln gegeben, die alle ineinander gelegen sind (d. h., jede folgende Kugel ist in allen vorangehenden Kugeln enthalten). Konvergieren die Radien dieser Kugeln gegen Null, dann existiert genau ein Punkt, der zu allen Kugeln gehört.*

Die betrachteten Kugeln seien

$$\overline{S}_1(a_1, \varepsilon_1),\ \overline{S}_2(a_2, \varepsilon_2), \ldots,\ \overline{S}_n(a_n, \varepsilon_n), \ldots$$

Nach Voraussetzung ist $\overline{S}_1 \supseteq \overline{S}_2 \supseteq \ldots \supseteq \overline{S}_n \supseteq \ldots$

Wir betrachten die Folge der Mittelpunkte dieser Kugeln

$$a_1,\ a_2,\ \ldots,\ a_n,\ \ldots$$

Da $\overline{S}_{n+p} \subseteq \overline{S}_n$, so ist $a_{n+p} \in \overline{S}_n(a_n, \varepsilon_n)$. Daher wird

$$\varrho(a_{n+p}, a_n) \leqq \varepsilon_n.$$

Folglich konvergiert

$$\varrho(a_{n+p}, a_n) \to 0$$

für $n \to \infty$, d. h., die Folge der Kugelmittelpunkte konvergiert in sich.

Da der Raum X vollständig ist, so konvergiert diese Folge gegen einen Grenzwert $a \in X$. Wir greifen eine beliebige Kugel $\overline{S}_k$ (k sei fest) heraus. Dann liegen die Punkte $a_k, a_{k+1}, \ldots, a_{k+n}, \ldots$ in dieser Kugel. Da die Kugel $\overline{S}_k$ abgeschlossen ist, gehört der Grenzpunkt a der Folge $a_k, a_{k+1}, \ldots, a_{k+n}, \ldots$ ebenfalls zu $\overline{S}_k$, also gehört

$$a = \lim_n a_n$$

zu allen Kugeln.

Angenommen, es existiere ein Punkt b, der allen Kugeln angehört und von a verschieden ist, so daß

$$\varrho(a, b) = \delta > 0$$

gilt. Da die Punkte a und b aus $\overline{S}_n$ sind, $n = 1, 2, \ldots$, so muß

$$\delta = \varrho(a, b) \leqq \varrho(a, a_n) + \varrho(a_n, b) \leqq 2\varepsilon_n$$

sein. Dies ist jedoch nicht möglich, da $\varepsilon_n \to 0$ konvergiert, q. e. d.

Eine Menge M heißt *von erster Kategorie*, wenn sie als Vereinigungsmenge höchstens abzählbar vieler, nirgends dichter Mengen darstellbar ist. Eine Menge, die nicht von erster Kategorie ist, heißt *von zweiter Kategorie.*

Beispielsweise ist die Menge der rationalen Punkte einer Geraden von erster Kategorie, die Menge aller irrationalen Punkte von zweiter Kategorie.

Satz 2. *Ein vollständiger Raum ist eine Menge von zweiter Kategorie.*

Wir nehmen das Gegenteil an: Der vollständige Raum X sei darstellbar in der Form $X = \bigcup_{n=1}^{\infty} M_n$, wobei M_n, $n = 1, 2, \ldots$ nirgends dichte Mengen sind. Wir wählen eine Kugel $\overline{S}(a, 1)$ mit dem Mittelpunkt in einem beliebigen Punkt a und dem Radius 1. Da M_1 nirgends dicht ist, so gibt es im Innern von $\overline{S}(a, 1)$ eine Kugel $\overline{S}(a_1, r_1)$ mit einem Radius $r_1 < \frac{1}{2}$, die keinen Punkt der Menge M_1 enthält. Da die Menge M_2 nirgends dicht ist, gibt es im Innern von $\overline{S}(a_1, r_1)$ eine Kugel $\overline{S}(a_2, r_2)$ mit einem Radius $r_2 < \frac{1}{2^2}$, die keine Punkte der Menge M_2 enthält usw.

Wir erhalten eine Folge abgeschlossener Kugeln

$$\overline{S}(a_1, r_1),\ \overline{S}(a_2, r_2), \ldots,\ \overline{S}(a_n, r_n), \ldots,$$

von denen jede in der vorangehenden gelegen ist und deren Radien gegen Null konvergieren. Dabei enthält $\overline{S}(a_n, r_n)$ keine Punkte der Mengen $M_1, M_2, \ldots, M_n$. Nach dem vorangehenden Satz existiert ein Punkt $a_0 \in X$, der allen Kugeln angehört. Andererseits gehört dieser Punkt a_0 zu keiner der Mengen M_n, daher ist

$$a_0 \notin X.$$

Wir erhalten also einen Widerspruch, und damit ist der Satz bewiesen.

§ 7. Das Prinzip der kontrahierenden Abbildung

Die Iterationsmethode ist hinreichend bekannt. Man verwendet sie oft bei Existenzbeweisen für Lösungen von algebraischen, Differential- und Integralgleichungen. Mit ihrer Hilfe kann man auch Näherungslösungen finden. Diese

Iterationsmethode gehört in den allgemeinen Rahmen der Funktionalanalysis und führt zum Prinzip der kontrahierenden Abbildung, das von dem polnischen Mathematiker S. BANACH formuliert wurde.

Satz. *In einem vollständigen metrischen Raum X sei ein Operator A gegeben, der die Elemente des Raumes X in Elemente desselben Raumes überführt. Es sei ferner*

$$\varrho(A(x), A(y)) \leqq \alpha\varrho(x, y), \tag{1}$$

wobei $\alpha < 1$ *ist. Dann existiert genau ein Punkt* x_0, *so daß* $A(x_0) = x_0$ *ist.*

Der Punkt x_0 heißt ***Fixpunkt*** des Operators A.

Wir greifen ein beliebiges aber festes Element $x \in X$ heraus, setzen

$$x_1 = A(x), \quad x_2 = A(x_1), \quad x_3 = A(x_2), \ldots, \quad x_n = A(x_{n-1}), \ldots$$

und zeigen, daß die Folge $\{x_n\}$ in sich konvergiert. Hierzu bemerken wir, daß

$$\varrho(x_1, x_2) = \varrho(A(x), A(x_1)) \leqq \alpha\varrho(x, x_1) = \alpha\varrho(x, A(x)),$$
$$\varrho(x_2, x_3) = \varrho(A(x_1), A(x_2)) \leqq \alpha\varrho(x_1, x_2) \leqq \alpha^2\varrho(x, A(x)),$$
$$\cdots\cdots\cdots\cdots\cdots\cdots\cdots\cdots$$
$$\varrho(x_n, x_{n+1}) \leqq \alpha^n\varrho(x, A(x)),$$
$$\cdots\cdots\cdots\cdots\cdots\cdots\cdots\cdots$$

ist. Ferner gilt

$$\begin{aligned}\varrho(x_n, x_{n+p}) &\leqq \varrho(x_n, x_{n+1}) + \ldots + \varrho(x_{n+p-1}, x_{n+p}) \\ &\leqq (\alpha^n + \alpha^{n+1} + \ldots + \alpha^{n+p-1})\,\varrho(x, A(x)) \\ &= \frac{\alpha^n - \alpha^{n+p}}{1-\alpha}\,\varrho(x, A(x)).\end{aligned} \tag{2}$$

Da nach Voraussetzung $\alpha < 1$ ist, so erhält man $\varrho(x_n, x_{n+p}) < \frac{\alpha^n}{1-\alpha}\varrho(x, A(x))$. Daraus wiederum folgt, daß $\varrho(x_n, x_{n+p}) \to 0$ konvergiert für $n \to \infty$. Also konvergiert die Folge $\{x_n\}$ in sich. Da der Raum X vollständig ist, existiert ein Element $x_0 \in X$, das Grenzwert dieser Folge ist:

$$x_0 = \lim_n x_n.$$

Wir zeigen, daß $A(x_0) = x_0$ ist. Es gilt nämlich

$$\begin{aligned}\varrho(x_0, A(x_0)) &\leqq \varrho(x_0, x_n) + \varrho(x_n, A(x_0)) = \varrho(x_0, x_n) + \varrho(A(x_{n-1}), A(x_0)) \\ &\leqq \varrho(x_0, x_n) + \alpha\varrho(x_0, x_{n-1}).\end{aligned}$$

Bei beliebig vorgegebenem ε und hinreichend großem n ist aber

$$\varrho(x_0, x_{n-1}) < \frac{\varepsilon}{2\alpha} \quad \text{und} \quad \varrho(x_0, x_n) < \frac{\varepsilon}{2}.$$

Folglich wird $$\varrho(x_0, A(x_0)) < \varepsilon.$$

Da $\varepsilon > 0$ beliebig war, gilt diese Ungleichung genau dann, wenn $\varrho(x_0, A(x_0)) = 0$, d. h. $A(x_0) = x_0$ ist, was zu zeigen war.

Wir nehmen an, es gäbe zwei Elemente $x_0 \in X$, $y_0 \in X$, für die

$$A(x_0) = x_0 \quad \text{und} \quad A(y_0) = y_0$$

gilt. Dann ist $$\varrho(x_0, y_0) = \varrho(A(x_0), A(y_0)) \leqq \alpha \varrho(x_0, y_0).$$

Wenn wir $\varrho(x_0, y_0) > 0$ annehmen, so folgt aus dem Vorangehenden, daß $1 \leqq \alpha$ ist; dies ist jedoch ein Widerspruch zur Voraussetzung.

Wenn wir in Formel (2) zur Grenze $p \to \infty$ übergehen, so erhalten wir eine Abschätzung für den Fehler bei der n-ten Näherung:

$$\varrho(x_n, x_0) \leqq \frac{\alpha^n}{1-\alpha} \varrho(x, A(x)). \tag{3}$$

Bemerkung 1. Man kann eine Näherungsfolge $\{x_n\}$, die gegen den Fixpunkt x_0 konvergiert, konstruieren, indem man von einem beliebigen Element $x \in X$ ausgeht. Von der Wahl des Elementes x hängt nur die „Schnelligkeit" ab, mit der die Folge $\{x_n\}$ gegen ihren Grenzwert konvergiert.

Bemerkung 2. Zuweilen ist es nützlich, eine Abbildung zu betrachten, die so beschaffen ist, daß (1) nicht für den ganzen Raum erfüllt ist.

Die Ungleichung (1) gelte für eine r-Umgebung $S(x, r)$ des Punktes x. Ist hierbei $x_1 = A(x)$ und
$$\varrho(x, x_1) < (1-\alpha)\, r,$$
so konvergiert die Folge $x_n = A(x_{n-1})$, $n = 1, 2, \ldots$ gegen die in $S(x, r)$ eindeutige Lösung x_0 der Gleichung

$$x = A(x).$$

Dazu zeigen wir, daß alle x_n und x_0 in $S(x, r)$ gelegen sind. Die Elemente x_k, $k = 1, 2, \ldots, n-1$ seien aus $S(x, r)$. Dann gilt

$$\begin{aligned}
\varrho(x_2, x_1) &\leqq \alpha \varrho(x_1, x) \leqq \alpha(1-\alpha)\, r, \\
\varrho(x_3, x_2) &\leqq \alpha \varrho(x_2, x_1) \leqq \alpha^2 (1-\alpha)\, r, \\
&\cdots\cdots\cdots\cdots \\
\varrho(x_{n-1}, x_{n-2}) &< \alpha^{n-2}(1-\alpha)\, r.
\end{aligned}$$

Daher ist $$\varrho(x_n, x_{n-1}) \leqq \varrho(A(x_{n-1}), A(x_{n-2})) \leqq \alpha^{n-1}(1-\alpha)\, r$$

und $$\begin{aligned}
\varrho(x_n, x) &\leqq \varrho(x_1, x) + \varrho(x_2, x_1) + \cdots + \varrho(x_n, x_{n-1}) \\
&\leqq \sum_{k=1}^{n} \alpha^{k-1}(1-\alpha)\, r = (1-\alpha^n)\, r < r.
\end{aligned}$$

Also liegt x_n ebenfalls in $S(x, r)$.

Somit ist die ganze Folge $\{x_n\}$ in einem Gebiet, in dem (1) erfüllt ist, enthalten. Der Satz ist also auch in diesem Falle anwendbar.

Wir bringen einige Beispiele zum Prinzip der kontrahierenden Abbildung.

Lösung linearer algebraischer Gleichungssysteme durch das Iterationsverfahren. Wir betrachten einen arithmetischen n-dimensionalen Raum. Ist $x = \{\xi_1, \xi_2, \ldots, \xi_n\}$ und $y = \{\eta_1, \eta_2, \ldots, \eta_n\}$, so setzen wir $\varrho(x, y) = \max_i |\xi_i - \eta_i|$. Man kann leicht zeigen, daß der so definierte metrische Raum m_n vollständig ist. In diesem Raum betrachten wir den Operator $y = A(x)$, der durch die Gleichungen

$$\eta_i = \sum_{j=1}^{n} a_{ij}\,\xi_j + b_i, \qquad i = 1, 2, \ldots, n$$

bestimmt ist. Es gilt

$$\varrho(y_1, y_2) = \varrho(A(x_1), A(x_2)) = \max_i |\eta_i^{(1)} - \eta_i^{(2)}|$$

$$= \max_i \left| \sum_{j=1}^{n} a_{ij}\,(\xi_j^{(1)} - \xi_j^{(2)}) \right| \leqq \max_i \sum_{j=1}^{n} |a_{ij}|\,|\xi_j^{(1)} - \xi_j^{(2)}|$$

$$\leqq \max_j |\xi_j^{(1)} - \xi_j^{(2)}| \max_i \sum_{j=1}^{n} |a_{ij}| = \varrho(x_1, x_2) \max_i \sum_{j=1}^{n} |a_{ij}|.$$

Setzen wir jetzt
$$\sum_{j=1}^{n} |a_{ij}| \leqq \alpha < 1 \tag{4}$$

für alle i voraus, so überzeugen wir uns von der Anwendbarkeit des Prinzips der kontrahierenden Abbildung, und folglich besitzt der Operator A genau einen Fixpunkt. Wir erhalten also den

Satz. *Wenn für eine Matrix* (a_{ij}) $\sum_{j=1}^{n} |a_{ij}| \leqq \alpha < 1$ *für alle* i *gilt, so besitzt das Gleichungssystem*

$$\xi_i - \sum_{j=1}^{n} a_{ij}\,\xi_j = b_i, \qquad i = 1, 2, \ldots, n$$

genau eine Lösung $x_0 = (\xi_1^0, \xi_2^0, \ldots, \xi_n^0)$ *bei beliebigen* $b_1, b_2, \ldots, b_n$.

Diese Lösung kann man durch ein Iterationsverfahren finden, indem man von einem beliebigen Vektor $\overline{x} = (\overline{\xi}_1, \overline{\xi}_2, \ldots, \overline{\xi}_n)$ *ausgeht.*

Ist

$$x_1 = A(x),\ x_2 = A(x_1), \ldots,\ x_p = A(x_{p-1}), \ldots \ \text{und}\ \ x_p = (\xi_1^{(p)}, \xi_2^{(p)}, \ldots, \xi_n^{(p)}),$$

so gilt
$$x_0 = \lim_n x_n,$$

d. h., es ist
$$\xi_i = \lim_n \xi_i^{(n)}.$$

Nach (3) ergibt sich

$$\max_i (|\xi_i^{(p)} - \xi_i|) = \varrho(x_p, x_0) \leqq \frac{\alpha^p}{1 - \alpha}\,\varrho(x, A(x)).$$

Die Bedingungen (4) sind hinreichend für die Konvergenz des Iterationsverfahrens.

Existenz und Eindeutigkeit der Lösung einer Integralgleichung.

Satz. *Die Funktion $K(s, t)$ sei in $a \leqq s \leqq b$, $a \leqq t \leqq b$ definiert und meßbar. Ferner gelte*

$$\int_a^b \int_a^b K^2(s, t)\, ds\, dt < \infty,$$

und es sei $f(s) \in L_2(a, b)$. Dann besitzt die Integralgleichung

$$x(s) = f(s) + \lambda \int_a^b K(s, t)\, x(t)\, dt \tag{5}$$

für jeden hinreichend kleinen Wert des Parameters λ genau eine Lösung $x(s) \in L_2(a, b)$.

Wir betrachten den Operator

$$A(x) = f(s) + \lambda \int_a^b K(s, t)\, x(t)\, dt$$

und zeigen, daß er jede Funktion $x(t) \in L_2(a, b)$ in eine Funktion überführt, die ebenfalls diesem Raum angehört. Da $f(s) \in L_2(a, b)$ ist, so genügt es zu zeigen, daß der Operator

$$A_0(x) = \int_a^b K(s, t)\, x(t)\, dt$$

jede Funktion $x(t) \in L_2(a, b)$ in eine Funktion aus $L_2(a, b)$ transformiert.

Es sei
$$\int_a^b K(s, t)\, x(t)\, dt = y(s).$$

Dann gilt nach der SCHWARZschen Ungleichung

$$y^2(s) = \left(\int_a^b K(s, t)\, x(t)\, dt\right)^2 \leqq \int_a^b K^2(s, t)\, dt \int_a^b x^2(t)\, dt.$$

Da
$$\int_a^b x^2(t)\, dt$$

eine Konstante und
$$\int_a^b K^2(s, t)\, dt$$

nach Voraussetzung eine nach s integrierbare Funktion ist, so ist $y^2(s)$ ebenfalls nach s integrabel. Dabei gilt

$$\int_a^b y^2(s)\, ds \leqq \int_a^b \int_a^b K^2(s, t)\, ds\, dt \int_a^b x^2(t)\, dt.$$

Wir schätzen jetzt $\varrho(A(x), A(z))$ ab:

$$\varrho(A(x), A(z)) = \left(\int_a^b \left[\lambda \int_a^b K(s,t)\, x(t)\, dt - \lambda \int_a^b K(s,t)\, z(t)\, dt\right]^2 ds\right)^{\frac{1}{2}}$$

$$= |\lambda| \left(\int_a^b \left[\int_a^b K(s,t)\,[x(t) - z(t)]\, dt\right]^2 ds\right)^{\frac{1}{2}}$$

$$\leqq |\lambda| \left(\int_a^b\int_a^b K^2(s,t)\, ds\, dt\right)^{\frac{1}{2}} \left(\int_a^b [x(t) - z(t)]^2\, dt\right)^{\frac{1}{2}}$$

$$= |\lambda| \left(\int_a^b\int_a^b K^2(s,t)\, dt\, ds\right)^{\frac{1}{2}} \varrho(x, z).$$

Ist

$$|\lambda| < \left(\int_a^b\int_a^b K^2(s,t)\, ds\, dt\right)^{-\frac{1}{2}}, \tag{6}$$

so können wir das Prinzip der kontrahierenden Abbildung anwenden. Somit sind Existenz und Eindeutigkeit der Lösung von (5) für solche Werte λ bewiesen, die der Ungleichung (6) genügen.

Auf das Prinzip der kontrahierenden Abbildung stützt sich der Beweis des folgenden Satzes, der auf W. W. Nemyzkij [13] zurückgeht.

Satz. *Wenn eine Funktion $K(x, y, u)$ in einem gewissen Gebiet G der (x, y)-Ebene stetig ist und für alle $|u| \leqq L$ mit konstantem L die Ungleichung*

$$|K(x, y, u_1) - K(x, y, u_2)| \leqq C\,|u_1 - u_2|, \quad C \text{ konstant}$$

erfüllt ist, so existiert für hinreichend kleines λ genau eine Lösung $\bar{u}$ der Gleichung

$$u(x) = \lambda \int_G K(x, y, u(y))\, dy,$$

die der Bedingung $|\bar{u}(x)| \leqq L$ genügt. Wenn dabei u_1 eine beliebige stetige Funktion ist, die die Ungleichung $|u_1(x)| \leqq L$ erfüllt, und wenn

$$u_n(x) = \lambda \int_G K(x, y, u_{n-1}(y))\, dy, \qquad n = 2, 3, \ldots$$

ist, so konvergieren die u_n gleichmäßig gegen $\bar{u}$.

Mit Hilfe des Prinzips der kontrahierenden Abbildung wurden auch andere Ergebnisse gewonnen. Eines bringen wir später (siehe S. 204). Dieses Prinzip ist der einfachste Fall eines viel allgemeineren topologischen Satzes über Fixpunkte. Er wurde unter verschiedenen Voraussetzungen aufgestellt von Brouwer, Birkhoff, Kellog, P. S. Alexandrow und W. W. Nemyzkij. Die allgemeinste Formulierung für metrische Räume wurde von dem polnischen

Mathematiker J. SCHAUDER angegeben, der auf tragische Weise durch die Gestapo im Jahre 1943 ums Leben kam. SCHAUDER gab auch zahlreiche Beispiele an. Auf nichtmetrische Räume wurde der Satz von SCHAUDER durch A. N. TIÇHONOW übertragen. Ein Überblick über diese Arbeiten findet man in dem Artikel von W. W. NEMYZKIJ [13].

§ 8. Separable Räume

Ein Raum X heißt *separabel*, wenn in diesem Raum eine abzählbare, überall dichte Menge existiert. Mit anderen Worten, wenn in X eine Folge

$$\{x_1, x_2, \ldots, x_n, \ldots\} \tag{1}$$

existiert, so daß es zu jedem $x \in X$ eine Teilfolge $\{x_{n_1}, x_{n_2}, \ldots, x_{n_k}, \ldots\}$ von (1) gibt, die gegen das Element x konvergiert.

Ist X ein metrischer Raum, so kann man die Definition eines separablen Raumes so fassen:

Im Raum X existiert eine Folge (1), so daß es zu jedem $x \in X$ und jedem $\varepsilon > 0$ ein Element x_{n_0} aus (1) gibt mit $\varrho(x, x_{n_0}) < \varepsilon$.

Die Separabilität des n-dimensionalen Euklidischen Raumes E_n. Die Menge E_n^0, die aus allen Punkten des Raumes E_n mit rationalen Koordinaten besteht, ist abzählbar und überall dicht in E_n.

Die Separabilität von C[0, 1]. Wir betrachten im Raume $C[0, 1]$ die Menge C_0, bestehend aus allen Polynomen mit rationalen Koeffizienten. C_0 ist abzählbar. Man überzeugt sich leicht davon, daß C_0 überall dicht liegt in $C[0, 1]$. Nehmen wir eine beliebige Funktion $x(t) \in C[0, 1]$, so existiert nach dem Satz von WEIERSTRASS ein Polynom $P(t)$, so daß

$$\max_{0 \leq t \leq 1} |x(t) - P(t)| < \frac{\varepsilon}{2}$$

ist, wobei $\varepsilon > 0$ eine vorgegebene Zahl ist. Andererseits gibt es offenbar ein anderes Polynom $P_0(t)$ mit rationalen Koeffizienten, so daß

$$\max_{0 \leq t \leq 1} |P(t) - P_0(t)| < \frac{\varepsilon}{2}$$

ist. Daraus folgt
$$\varrho(x, P_0) = \max_{0 \leq t \leq 1} |x(t) - P_0(t)| < \varepsilon,$$
was zu zeigen war.

Die Separabilität von l_p. Es sei E_0 die Menge aller Elemente x der Form $\{r_1, r_2, \ldots, r_n, 0, 0, \ldots\}$, wobei r_i rationale Zahlen und n eine beliebige natürliche Zahl ist. E_0 ist abzählbar. Man kann leicht zeigen, daß E_0 überall dicht liegt in l_p. Wir greifen ein Element $x = \{\xi_1, \xi_2, \ldots, \xi_n, \ldots\}$ aus l_p heraus und es sei eine beliebige Zahl $\varepsilon > 0$ vorgegeben. Wir suchen eine natürliche Zahl n, so daß

$$\sum_{k=n+1}^{\infty} |\xi_k|^p < \frac{\varepsilon^p}{2}$$

gilt. Jetzt nehmen wir ein Element $x_0 = \{r_1, r_2, \ldots, r_n, 0, 0, \ldots\}$ aus E_0, so daß

$$\sum_{k=1}^{n} |\xi_k - r_k|^p < \frac{\varepsilon^p}{2}$$

ist. Dann erhalten wir

$$[\varrho(x, x_0)]^p = \sum_{k=1}^{n} |\xi_k - r_k|^p + \sum_{k=n+1}^{\infty} |\xi_k|^p < \varepsilon^p$$

und daraus

$$\varrho(x, x_0) < \varepsilon.$$

Somit ist die Behauptung bewiesen.

Die Separabilität von $L_p(0, 1)$. Jede Funktion $x(t)$ des Raumes $L_p(0, 1)$ ist Grenzwert im Mittel von p-ter Potenz einer Folge beschränkter meßbarer Funktionen $x_N(t)$, die durch

$$x_N(t) = \begin{cases} x(t), & \text{falls } |x(t)| \leqq N, \\ N, & \text{falls } |x(t)| > N \end{cases}$$

definiert sind. Ferner folgt leicht aus einem Satz von N. N. Lusin (C-Eigenschaft), daß jede beschränkte meßbare Funktion Grenzwert im Mittel von p-ter Potenz einer Folge stetiger Funktionen ist. Folglich ist die Menge der auf $[0, 1]$ stetigen Funktionen überall dicht in $L_p(0, 1)$. Andererseits ist die abzählbare Menge der Polynome mit rationalen Koeffizienten überall dicht in $C[0, 1]$, und zwar im Sinne der Metrik dieses Raumes, also um so mehr im Sinne der Metrik von $L_p(0, 1)$. Dann ist aber die betrachtete Menge der Polynome überall dicht in $L_p(0, 1)$. Die Separabilität von $L_p(0, 1)$ ist damit bewiesen.

Die Separabilität von s. E_0 sei die Menge der Elemente x der Form

$$\{r_1, r_2, \ldots, r_n, 0, 0, \ldots\},$$

wobei r_i rationale Zahlen sind und n eine beliebige natürliche Zahl ist. E_0 ist abzählbar. Wir zeigen, daß man aus E_0 eine Teilfolge herausgreifen kann, die gegen ein beliebig gewähltes Element

$$x = \{\xi_1, \xi_2, \ldots, \xi_n, \ldots\} \in s$$

konvergiert. Zu jedem ξ_n konstruieren wir eine Folge rationaler Zahlen $\{r_n^{(k)}\}$ $k = 1, 2, 3, \ldots$, die für $k \to \infty$ gegen ξ_n konvergiert. Wir betrachten die Folge $\{x^{(k)}\}$ von Elementen aus E_0 der Gestalt

$$x^{(k)} = \{r_1^{(k)}, r_2^{(k)}, \ldots, r_k^{(k)}, 0, 0, \ldots\}.$$

Wie man leicht sieht, geht $x^{(k)} \to x$ für $k \to \infty$. Um diese Behauptung zu beweisen, muß man zeigen, daß die n-te Komponente von $x^{(k)}$ gegen die n-te Komponente von x konvergiert für $k \to \infty$. Dies sieht man aber unmittelbar, da

$$|\xi_n - r_n^{(k)}| < \varepsilon$$

wird, falls man nur $k > n$ hinreichend groß wählt.

Die Inseparabilität von m. Wir betrachten die Menge aller Elemente $x = \{\xi_i\}$ aus m, wobei ξ_i gleich 0 oder 1 ist. Die Menge dieser Elemente besitzt die Mächtigkeit des Kontinuums. Wir wählen zwei verschiedene Elemente $x = \{\xi_i\}$ und

$y = \{\eta_i\}$ aus dieser Menge. Dann ist $\varrho(x, y) = \sup\limits_i |\xi_i - \eta_i| = 1$, und wir haben ein Kontinuum von Elementen, die alle den Abstand 1 haben. Daraus ergibt sich leicht, daß m inseparabel ist. Nehmen wir an, in m existiere eine überall dichte abzählbare Menge E_0. Um jedes Element aus E_0 bilden wir eine Kugel vom Radius $\varepsilon = \frac{1}{3}$. Dann liegen alle Elemente des Raumes E_0 im Innern dieser Kugeln. Da die Anzahl der Kugeln abzählbar ist, so muß es in mindestens einer dieser Kugeln zwei verschiedene Elemente x und y geben. Der Mittelpunkt dieser Kugel sei x_0. Dann gilt

$$1 = \varrho(x, y) \leqq \varrho(x, x_0) + \varrho(x_0, y) \leqq \frac{1}{3} + \frac{1}{3} = \frac{2}{3},$$

was jedoch unmöglich ist. Folglich ist m inseparabel.

Man kann jedoch zeigen, daß der Unterraum c von m separabel ist.

Inseparabilität des Raumes der auf einem unendlichen Intervall quadratisch integrablen Funktionen.

Wir betrachten die Menge aller Funktionen $x(t)$, die auf der Zahlengeraden, also auf $-\infty < t < \infty$ definiert und meßbar sind und für die der Grenzwert

$$\lim_{T \to \infty} \frac{1}{T} \int_{-T}^{T} x^2(t)\, dt$$

existiert, wobei das Integral im Sinne von LEBESGUE aufzufassen ist. Man kann zeigen, daß diese Menge von Funktionen zu einem vollständigen metrischen Raum wird, wenn man gemäß der Formel

$$\varrho(x, y) = \left(\lim_{T \to \infty} \frac{1}{T} \int_{-T}^{T} [x(t) - y(t)]^2\, dt\right)^{\frac{1}{2}}$$

eine Metrik einführt [29]. Diesen Raum bezeichnen wir mit $\tilde{L}_2$.

Man bestätigt leicht, daß $\tilde{L}_2$ inseparabel ist. Wir betrachten ein Kontinuum von Elementen $\{\sin \alpha t\}$, wobei α eine beliebige reelle Zahl ist. Für $\alpha \neq \beta$ gilt

$$\varrho^2(\sin \alpha t, \sin \beta t) = \lim_{T \to \infty} \frac{1}{T} \int_{-T}^{T} [\sin \alpha t - \sin \beta t]^2\, dt = 2.$$

Folglich erhalten wir, wie auch im vorangehenden Beispiel, eine überabzählbare Menge von Elementen, die alle voneinander den Abstand $\sqrt{2}$ haben. Daraus folgt, so wie früher, daß die Annahme der Separabilität von $\tilde{L}_2$ zum Widerspruch führt.

§ 9. Kompaktheit in metrischen Räumen

Definitionen. Vor mehr als hundert Jahren hat der tschechische Mathematiker B. BOLZANO den Satz bewiesen, daß jede beschränkte unendliche Punktmenge der Zahlengeraden mindestens einen Häufungspunkt hat. Er machte auf die Wichtigkeit dieses Satzes für einen strengen Aufbau der Analysis aufmerksam.

Der Gedanke, eine konvergente Folge aus irgendwelchen Mengen auszuwählen, die nicht aus Punkten bestehen, sondern aus Funktionen oder Kurven, wurde bei dem Existenzbeweis für Lösungen von gewöhnlichen Differentialgleichungen, in der Variationsrechnung usw. benutzt. Dies führte zur allgemeinen Definition der Kompaktheit einer in einem abstrakten Raum gelegenen Menge.

Eine in einem abstrakten (speziell in einem metrischen) Raum X gelegene Menge M heißt *kompakt*, wenn jede unendliche Teilmenge dieser Menge eine konvergente Folge enthält. Wenn diese Grenzwerte zu M gehören, so heißt *M kompakt in sich*. Wenn sie aber dem Raum X und möglicherweise nicht der Menge M angehören, so heißt *M kompakt in X* oder kompakt bezüglich X. Notwendig und hinreichend für die Kompaktheit von M in sich ist, daß M abgeschlossen und kompakt in X ist.

Wenn speziell jede unendliche Teilmenge des Raumes X eine gegen ein Element aus X konvergierende Folge enthält, so heißt der Raum X kompakt. Offenbar ist jeder kompakte Raum vollständig.

Beispiele. 1. Es sei $X = [0, 1]$. Offenbar ist nach dem Satz von B. Bolzano X ein kompakter Raum.

2. $X = E_1$, der eindimensionale euklidische Raum (die Zahlengerade), ist nicht kompakt. Die Teilmenge $M = \{0, 1, 2, \ldots, n, \ldots\}$ enthält keine konvergente Folge. Nach dem Satz von Bolzano ist jedoch jede beschränkte Menge von Elementen dieses Raumes kompakt.

3. Analog wie eben finden wir, daß E_n, der n-dimensionale euklidische Raum, nicht kompakt ist. Aber jede beschränkte Menge von Elementen dieses Raumes ist kompakt.

4. $X = C[0, 1]$ ist nicht kompakt. Es existiert in $C[0, 1]$ eine beschränkte nicht kompakte Menge (siehe Bemerkung auf S. 37).

5. Der Raum $X = l_2$ ist nicht kompakt. Es existiert in diesem Raum eine beschränkte nicht kompakte Menge. Z. B. ist die abgeschlossene Einheitskugel $\overline{S}_1$, d. h. die Menge aller Elemente $x = \{\xi_1, \xi_2, \ldots, \xi_n, \ldots\}$, für die

$$\left(\sum_{i=1}^{\infty} \xi_i^2\right)^{\frac{1}{2}} \leq 1$$

gilt, nicht kompakt. Betrachten wir die Punktfolge

$$x_1 = \{1, 0, 0, \ldots\}, \quad x_2 = \{0, 1, 0, \ldots\}, \quad x_3 = \{0, 0, 1, \ldots\}, \ldots$$

aus $\overline{S}_1$, so ist $\varrho(x_i, x_j) = \sqrt{2}$ für $i \neq j$. Daher ist die Folge $\{x\}_n$ und jede ihrer Teilfolgen divergent, und die Nichtkompaktheit von $\overline{S}_1$ ist bewiesen. Aber in l_2 existiert eine kompakte Menge. Ein nichttriviales Beispiel einer solchen Menge ist das sogenannte „Hauptparallelepiped U des Hilbertschen Folgenraumes", das durch die Gesamtheit aller Punkte $x = \{\xi_1, \xi_2, \ldots, \xi_n, \ldots\}$ festgelegt ist, deren Koordinaten der Bedingung $|\xi_n| \leq \frac{1}{n}$ genügen. Die Kompaktkeit der Menge U ergibt sich aus den allgemeinen Kriterien der Kompaktheit, die auf S. 154 formuliert sind. Siehe auch S. 155.

P. S. Uryson bewies, daß jeder *separable* metrische Raum eineindeutig und stetig auf das Hauptparallelepiped des Hilbertschen Folgenraumes abgebildet werden kann.

Die Existenz eines Extremums. Die Beweise der Sätze über stetige, auf einem abgeschlossenen Intervall definierte Funktionen stützen sich auf die Kompaktheit. Einige dieser Sätze lassen sich auf stetige Funktionale erweitern, die auf kompakten Mengen eines beliebigen metrischen Raumes definiert sind. Es gelten die folgenden Verallgemeinerungen der bekannten Sätze von WEIERSTRASS.

Satz 1. *Ist M eine in sich kompakte Menge eines Raumes X und $f(x)$ ein auf dieser Menge definiertes stetiges Funktional*[1]), *so gilt:*

1. *Das Funktional $f(x)$ ist beschränkt auf M.*

2. *Das Funktional $f(x)$ nimmt auf M die obere und untere Grenze an.*

Beweis. 1. Wir zeigen, daß das Funktional $f(x)$ nach oben beschränkt ist (analog zeigt man die Beschränktheit nach unten). Wir nehmen das Gegenteil an. Dann gibt es eine Punktfolge $\{x_n\}$ aus M, so daß $f(x_n) > n$ ist. Da die Menge M kompakt in sich ist, so enthält die Folge $\{x_n\}$ eine Teilfolge $\{x_{n_k}\}$, die gegen einen Punkt $x_0 \in M$ konvergiert. Dann ist einerseits $f(x_{n_k}) > n_k$ und folglich konvergiert $f(x_{n_k}) \to \infty$ für $n_k \to \infty$. Andererseits geht aber

$$f(x_{n_k}) \to f(x_0) \qquad \text{für} \qquad n_k \to \infty,$$

da das Funktional überall auf M, also speziell auch im Punkte x_0 stetig ist. Daraus ergibt sich ein Widerspruch, und die Beschränktheit des Funktionals $f(x)$ ist bewiesen.

2. Es sei $\beta = \sup\limits_{x \in M} f(x)$. Dies besagt, daß $f(x) \leqq \beta$ ist für alle $x \in M$, und daß es zu jedem $\varepsilon > 0$ einen Punkt $x' \in M$ gibt, so daß

$$f(x') > \beta - \varepsilon$$

gilt. Folglich kann man eine Folge $\{x_n\}$ wählen, für die

$$\beta - \frac{1}{n} < f(x_n) \leqq \beta \tag{1}$$

ist.

Da M kompakt in sich ist, enthält die Folge $\{x_n\}$ eine gegen einen Punkt $x_0 \in M$ konvergierende Teilfolge $\{x_{n_k}\}$. Dann ist wegen (1)

$$\beta - \frac{1}{n_k} < f(x_{n_k}) \leqq \beta$$

und folglich $$\lim_{n_k} f(x_{n_k}) = \beta.$$

Andererseits gilt $$\lim_{n_k} f(x_{n_k}) = f(x_0),$$

da $f(x)$ auf M und daher auch im Punkt x_0 stetig ist. Also ist $f(x_0) = \beta$, was zu zeigen war.

[1]) Ein Funktional $f(x)$ heißt stetig auf M, wenn $f(x_n) \to f(x)$ konvergiert, falls $x_n \to x$ geht für $x_n \in M$ und $x \in M$.

Analog beweist man: Wenn $\alpha = \inf_{x \in M} f(x)$ ist, so gibt es einen Punkt $x_0' \in M$, für den $f(x_0') = \alpha$ wird.

Bemerkung. Wenn ein Funktional auf einer nicht in sich kompakten Menge M definiert ist, brauchen $\sup_M f(x)$ und $\inf_M f(x)$ nicht angenommen zu werden.

Betrachten wir beispielsweise in $C[0, 1]$ die Menge M aller Funktionen $x(t)$, für die $x(0) = 0$, $x(1) = 1$ und $\max_{0 \leq x \leq 1} |x(t)| \leq 1$ gilt. Das auf M definierte stetige Funktional

$$f(x) = \int_0^1 x^2(t)\, dt$$

nimmt auf M seine untere Grenze nicht an.

Ist nämlich $x(t) = t^n$, so ist $f(x) = \frac{1}{2n+1}$. Also ist $\inf f(x) = 0$. Offenbar ist aber für jede stetige Kurve $x(t)$, die durch die Punkte (0, 0) und (1, 1) geht, $f(x) > 0$. (Daraus folgt speziell, daß die betrachtete Menge der Kurven nicht kompakt in sich ist, obgleich sie eine beschränkte und abgeschlossene Menge in $C[0, 1]$ ist.)

In Satz 1 ist also die Kompaktheit der Menge eine wesentliche Voraussetzung. Die Existenz von Maximum oder Minimum eines Funktionals auf einer nicht kompakten Menge kann zu einer falschen Folgerung führen, wie es das vorige Beispiel zeigt.

Als zweites Beispiel dieser Art geben wir einen „Pseudobeweis" für das fünfte Postulat von Euklid. Bekanntlich ist dieses Postulat gleichbedeutend mit der Annahme, daß die Winkelsumme eines Dreiecks gleich π ist. Streng beweisen kann man, daß sie nicht größer als π sein kann. Hier zeigen wir, daß die Winkelsumme eines beliebigen Dreiecks gleich π ist. K sei die obere Grenze für die Winkelsumme im Dreieck, $K \leq \pi$, und es existiere ein Dreieck ABC (s. Abb. 1), in dem die maximale Winkelsumme K angenommen wird. Einen beliebigen, im Innern der Seite AC gelegenen Punkt D verbinden wir als Strecke BD mit B. BD teilt unser Dreieck in zwei Dreiecke, ADB und DCB, und die Winkelsumme jedes Dreiecks ist nicht größer als K. Andererseits ist die Winkelsumme in beiden Dreiecken gleich $K + \pi$. Folglich ist $K + \pi \leq 2K$. Da aber K nicht größer ist als π, folgt $K = \pi$. Also existiert ein Dreieck, dessen Winkelsumme gleich π ist, und das fünfte Postulat von Euklid ist bewiesen.

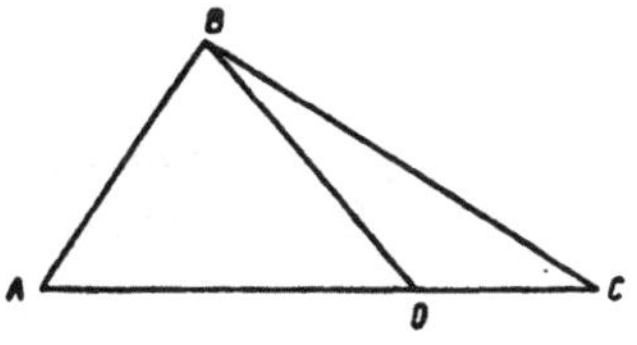

Abb. 1

Der Fehler lag in der Voraussetzung über die Existenz eines Dreiecks, dessen Winkelsumme die obere Grenze annimmt. In der Geometrie von N. I. Lobatschewskij ist die Differenz zwischen π und der Winkelsumme eines Dreiecks proportional der Fläche des Dreiecks, und wenn diese Differenz gegen Null konvergiert, so artet das Dreieck in einen Punkt aus.

Satz 1 läßt sich auf halbstetige Funktionale verallgemeinern. Ein Funktional $f(x)$ heißt *unten (oben) halbstetig*, wenn aus $x_n \to x$ folgt $\underline{\lim}_n f(x_n) \geq f(x)$ $(\overline{\lim}_n f(x_n) \leq f(x))$. Für solche Funktionale gilt:

Satz 2. ***Ein unten (oben) halbstetiges Funktional $f(x)$, das auf einer in sich kompakten Menge definiert ist, ist dort unten (oben) beschränkt und nimmt auf ihr die untere (obere) Grenze an.***

Dieser Satz findet in der Variationsrechnung weite Anwendung, da die wichtigsten Klassen der dort betrachteten Funktionale halbstetig sind.

Kriterien für die Kompaktheit. Wir beweisen jetzt ein allgemeines Kriterium für die Kompaktheit einer in einem metrischen Raum gelegenen Menge. Hierzu führen wir folgende Definition ein:

Eine Menge E eines metrischen Raumes X heißt *ε-Netz* für die Menge M desselben Raumes, wenn es zu jedem Punkt $x \in M$ einen Punkt $x_\varepsilon \in E$ gibt, so daß $\varrho(x, x_\varepsilon) < \varepsilon$ ist. (Speziell kann M mit dem ganzen Raum X zusammenfallen.)

Satz 3 (HAUSDORFF). ***Für die Kompaktheit einer Menge M eines metrischen Raumes X ist notwendig, daß es zu jedem $\varepsilon > 0$ ein endliches ε-Netz für die Menge M gibt. Ist der Raum X vollständig, so ist diese Bedingung auch hinreichend.***

Notwendigkeit. Wir setzen voraus, daß M kompakt ist. Es sei x_1 ein beliebiger Punkt aus M. Ist $\varrho(x, x_1) < \varepsilon$ für alle $x \in M$, so ist ein endliches ε-Netz bereits konstruiert. Ist dies jedoch nicht der Fall, so existiert ein Punkt $x_2 \in M$, so daß $\varrho(x_1, x_2) \geqq \varepsilon$ ist. Wenn für jeden Punkt $x \in M$ entweder $\varrho(x_1, x) < \varepsilon$ oder $\varrho(x_2, x) < \varepsilon$ ist, so haben wir ein endliches ε-Netz gefunden. Gilt dies jedoch nicht, so gibt es einen Punkt x_3, für den

$$\varrho(x_1, x_3) \geqq \varepsilon, \qquad \varrho(x_2, x_3) \geqq \varepsilon$$

ist. Wenn wir so fortfahren, konstruieren wir Punkte $x_1, x_2, \ldots, x_n$ für die

$$\varrho(x_i, x_j) \geqq \varepsilon$$

gilt für $i \neq j$. Es gibt zwei Möglichkeiten. Entweder bricht das Verfahren nach dem k-ten Schritt ab, d. h., für jedes $x \in M$ gilt eine der Ungleichungen

$$\varrho(x_i, x) < \varepsilon, \qquad i = 1, 2, \ldots, k,$$

und die $x_1, x_2, \ldots, x_k$ bilden ein endliches ε-Netz für M, oder man kann das angegebene Verfahren unbeschränkt fortsetzen. Dies kann aber nicht eintreten, da wir sonst eine unendliche Punktfolge $\{x_n\}$ erhielten, für die

$$\varrho(x_i, x_j) \geqq \varepsilon$$

für $i \neq j$ wäre, und weder diese Folge selbst, noch irgendeine ihrer Teilfolgen würde konvergieren. Dies widerspricht jedoch der Voraussetzung, daß M kompakt ist.

Hinlänglichkeit. Wir setzen voraus, daß der Raum X vollständig ist und daß es zu jedem $\varepsilon > 0$ ein endliches ε-Netz für M gibt. Wir wählen eine Nullfolge $\{\varepsilon_n\}$. Zu jedem ε_n konstruieren wir ein endliches ε_n-Netz

$$[x_1^{(n)}, x_2^{(n)}, \ldots, x_{k_n}^{(n)}]$$

für die Menge M. Dann wählen wir eine beliebige unendliche Teilmenge $T \subseteq M$. Um jeden Punkt des Netzes $x_1^{(1)}, x_2^{(1)}, \ldots, x_{k_1}^{(1)}$, das zu ε_1 gehört, legen wir eine abgeschlossene Kugel vom Radius ε_1. Dann ist jeder Punkt aus T in einer dieser Kugeln enthalten. Da die Anzahl der Kugeln endlich ist, so gibt es mindestens in einer dieser Kugeln eine unendliche Punktmenge aus T. Wir bezeichnen diese Teilmenge der Menge T mit T_1. Um jeden Punkt $x_1^{(2)}, x_2^{(2)}, \ldots, x_{k_2}^{(2)}$ des ε_2-Netzes legen wir eine abgeschlossene Kugel mit dem Radius ε_2. Durch dieselbe Überlegung wie oben gelangen wir zu einer unendlichen Menge $T_2 \subseteq T_1$, die in einer der konstruierten Kugeln vom Radius ε_2 gelegen ist. Wenn wir dieses Verfahren fortsetzen, erhalten wir eine Folge unendlicher Teilmengen von T: $T_1 \supseteq T_2 \supseteq \cdots \supseteq T_n \supseteq \cdots$, wobei die Teilmenge T_n in einer abgeschlossenen Kugel vom Radius ε_n gelegen ist. Folglich ist der Abstand zwischen zwei beliebigen Punkten aus T_n nicht größer als $2\varepsilon_n$.

Wir wählen jetzt einen Punkt $a_1 \in T_1$, einen Punkt $a_2 \in T_2$, der verschieden ist von a_1, einen Punkt $a_3 \in T_3$, der verschieden ist von a_1 und a_2, usw. und erhalten eine Punktfolge

$$T_\infty = \{a_1, a_2, \ldots, a_n, \ldots\}.$$

Diese Folge konvergiert in sich. Es gilt nämlich $a_n \in T_n$ und $a_{n+p} \in T_{n+p}$ für jede natürliche Zahl p. Folglich geht

$$\varrho(a_{n+p}, a_n) < 2\varepsilon_n \to 0$$

für $n \to \infty$. Da nach Voraussetzung der Raum X vollständig ist, so konvergiert die Folge T_∞ gegen ein $a \in X$. Somit ist die Kompaktheit der Menge M bewiesen.

Folgerung 1. *Eine Menge M eines vollständigen metrischen Raumes X ist kompakt genau dann, wenn es zu jedem $\varepsilon > 0$ ein kompaktes ε-Netz für M gibt.*

Es sei E ein kompaktes $\frac{\varepsilon}{2}$-Netz für die Menge M. Wenn man auf E den vorherigen Satz anwendet, so findet man, daß es zu E ein endliches $\frac{\varepsilon}{2}$-Netz E_0 gibt. Dann ist E_0 ein endliches ε-Netz für M. Zu jedem Punkt $x \in M$ existiert nämlich ein Punkt $x_1 \in E$, so daß

$$\varrho(x, x_1) < \frac{\varepsilon}{2}$$

ist. Daraus wiederum folgt, daß es zu dem Punkt $x_1 \in E$ einen Punkt $x_2 \in E_0$ gibt, so daß

$$\varrho(x_1, x_2) < \frac{\varepsilon}{2}$$

erfüllt ist. Folglich gibt es zu jedem Punkt $x \in M$ in E_0 einen Punkt x_2, so daß

$$\varrho(x, x_2) \leq \varrho(x, x_1) + \varrho(x_1, x_2) < \frac{\varepsilon}{2} + \frac{\varepsilon}{2} = \varepsilon$$

gilt, d. h., E_0 ist ein endliches ε-Netz für M.

Da der Raum X vollständig ist, so schließen wir nach Satz 3, daß M kompakt ist.

Folgerung 2. *Ein kompakter Raum X ist separabel.*

Wir wählen eine beliebige Folge $\{\varepsilon_n\}$ mit $\lim\limits_n \varepsilon_n = 0$ und konstruieren zu jedem ε_n ein endliches ε_n-Netz. Es sei

$$T_n = [x_1^{(n)}, x_2^{(n)}, \ldots, x_{k_n}^{(n)}]$$

und $E = \bigcup\limits_{n=1}^{\infty} T_n$. Offenbar ist E eine abzählbare Menge, die überall dicht in X ist.

Folgerung 3. *Eine kompakte Menge M eines metrischen Raumes ist beschränkt.*

Es sei $T_1 = \{x_1, \ldots, x_n\}$ ein 1-Netz für M, a ein festes Element des Raumes X und

$$d = \max_i \varrho(a, x_i).$$

Offenbar gilt für jeden Punkt $x \in M$

$$\varrho(x, a) < 1 + d,$$

und somit ist alles bewiesen.

§ 10. Kriterien für die Kompaktheit von Mengen in speziellen Räumen

Kriterium für die Kompaktheit in $C[0, 1]$. Funktionen einer Menge M heißen *gleichmäßig beschränkt*, wenn es eine Konstante K gibt, so daß $|x(t)| \leqq K$ ist für alle zu M gehörenden Funktionen $x(t)$. Sie heißen *gleichgradig stetig*, wenn es zu jedem $\varepsilon > 0$ ein für alle Funktionen $x(t)$ aus M universelles nur von ε abhängendes $\delta > 0$ gibt, so daß für $|t_1 - t_2| < \delta(\varepsilon)$ gilt: Es ist $|x(t_1) - x(t_2)| < \varepsilon$ für jedes t_1 und t_2 aus $[0, 1]$.

Satz 1 (Arzelà). *Eine Menge $M \subseteq C[0, 1]$ ist kompakt genau dann, wenn die Funktionen $x(t) \in M$ gleichmäßig beschränkt und gleichgradig stetig sind.*

Notwendigkeit. M sei kompakt. Die gleichmäßige Beschränktheit der Funktionen $x(t) \in M$ ergibt sich aus Folgerung 3 von Satz 3, § 9. Wir beweisen die gleichgradige Stetigkeit der Funktionen $x(t) \in M$. Zu vorgegebenem $\varepsilon > 0$ konstruieren wir ein endliches $\frac{\varepsilon}{3}$-Netz $[x_1(t), x_2(t), \ldots, x_k(t)]$ für die Menge M. Da die Funktionen $x_i(t)$ auf $[0, 1]$ stetig sind, so sind sie auf diesem Intervall auch gleichmäßig stetig.

Zu jeder Funktion $x_i(t)$ wählen wir ein δ_i, so daß

$$|x_i(t_1) - x_i(t_2)| < \frac{\varepsilon}{3}$$

gilt für $|t_1 - t_2| < \delta_i$ und jedes $t_1, t_2 \in [0, 1]$. Es sei δ die kleinste der Zahlen δ_i, $i = 1, 2, \ldots, k$. Ist jetzt $|t_1 - t_2| < \delta$, so gilt für jede Funktion $x(t) \in M$

$$|x(t_1) - x(t_2)| \leqq \max_{0 \leqq t_1 \leqq 1} |x(t_1) - x_i(t_1)| + |x_i(t_1) - x_i(t_2)| + \max_{0 \leqq t_2 \leqq 1} |x_i(t_2) - x(t_2)| < 2\varrho(x, x_i) + \frac{\varepsilon}{3}.$$

Wenn wir aus dem Netz hierbei dasjenige $x_i(t)$ wählen, für das

$$\varrho(x_i, x) < \frac{\varepsilon}{3}$$

gilt, so ist

$$|x(t_1) - x(t_2)| < \varepsilon .$$

Da $\varepsilon > 0$ beliebig war und die so erhaltene Abschätzung von der Lage der Punkte t_1 und t_2 aus $[0, 1]$ und von der Wahl der Funktion $x(t)$ aus M unabhängig ist, so ist die gleichgradige Stetigkeit aller zu M gehörenden Funktionen bewiesen.

Hinlänglichkeit. Auf Grund der Voraussetzungen des Satzes kann man zu jeder Zahl $\varepsilon > 0$ ein $\delta > 0$ angeben, so daß

$$|x(t_1) - x(t_2)| < \varepsilon$$

ist für $|t_1 - t_2| < \delta$, für jedes $t_1 \in [0, 1]$, $t_2 \in [0, 1]$ und für jede Funktion $x(t) \in M$. Wir wählen eine natürliche Zahl n so, daß $\frac{1}{n} < \delta$ ist und teilen $[0, 1]$ in n gleiche Teile

$$\left[\frac{i}{n}, \frac{i+1}{n}\right], \quad i = 0, 1, \ldots n - 1 .$$

Dann gilt

$$|x(t_1) - x(t_2)| < \varepsilon \tag{1}$$

für jede Funktion $x(t) \in M$ und für alle $t_1, t_2 \in [0, 1]$, für die $|t_1 - t_2| < \frac{1}{n} < \delta$ ist, speziell also für alle t_1, t_2 aus ein und demselben Teilintervall $\left[\frac{i}{n}, \frac{i+1}{n}\right]$.

Jedem $x(t)$ ordnen wir eine Funktion $x_n(t)$ zu, so daß

1. $x_n\left(\frac{i}{n}\right) = x\left(\frac{i}{n}\right)$ für $i = 0, 1, 2, \ldots, n$ ist, und
2. auf den Intervallen $\left[\frac{i}{n}, \frac{i+1}{n}\right]$ die Funktionen $x_n(t)$ linear sind.

Also ist $x_n(t)$ ein der Kurve $x(t)$ einbeschriebener Polygonzug mit n Strecken.

Es sei

$$x\left(\frac{i}{n}\right) \leqq x\left(\frac{i+1}{n}\right).$$

Dann gilt wegen der Linearität von $x_n(t)$ auf $\left[\frac{i}{n}, \frac{i+1}{n}\right]$

$$x\left(\frac{i}{n}\right) \leqq x_n(t) \leqq x\left(\frac{i+1}{n}\right),$$

daraus folgt

$$x(t) - x\left(\frac{i+1}{n}\right) \leqq x(t) - x_n(t) \leqq x(t) - x\left(\frac{i}{n}\right).$$

Ist
$$x\left(\frac{i+1}{n}\right) \leqq x\left(\frac{i}{n}\right),$$
so erhalten wir
$$x(t) - x\left(\frac{i}{n}\right) \leqq x(t) - x_n(t) \leqq x(t) - x\left(\frac{i+1}{n}\right).$$
Folglich gilt
$$|x(t) - x_n(t)| < \varepsilon$$
für alle $t \in [0, 1]$, d. h., es ist $\varrho(x, x_n) < \varepsilon$.

Also bildet die Menge E der Funktionen $x_n(t)$ ein ε-Netz für M.

Ferner gilt wegen der gleichmäßigen Beschränktheit der Menge M
$$|x_n(t)| \leqq |x(t)| + |x(t) - x_n(t)| < \varepsilon + K = K_1,$$
d. h., E ist gleichmäßig beschränkt.

E kann man als beschränkte Menge im $(n + 1)$-dimensionalen euklidischen Raum auffassen (jeder Polygonzug $x_n(t)$ ist durch die $n + 1$ Ordinaten seiner Ecken bestimmt). Daraus folgt, daß E eine kompakte Menge ist.

Somit kann man zu jedem $\varepsilon > 0$ ein kompaktes ε-Netz für M konstruieren. Dann ist M aber auf Grund der Vollständigkeit von $C[0, 1]$ und wegen Folgerung 1 von Satz 3, § 9 eine kompakte Menge.

Kriterien für die Kompaktheit in $L_p(0,1)$.

Zunächst führen wir die STEKLOWsche Funktion ein.

Es sei $y(t) \in L_p(0, 1)$. Wir setzen $y(t) = 0$, wenn t außerhalb von $[0, 1]$ liegt und bilden die STEKLOW*sche Funktion*
$$y_h(t) = \frac{1}{2h} \int_{t-h}^{t+h} y(s)\, ds.$$
Das Integral auf der rechten Seite existiert, da aus $y(t) \in L_p(0,1)$ folgt $y(t) \in L(0,1)$ und somit $y(s) \in L(t - h, t + h)$. Wir zeigen, daß $y_h(t) \in L_p(0, 1)$ ist.

Bei Anwendung der HÖLDERschen Ungleichung*) erhalten wir
$$|y_h(t)|^p = \left(\frac{1}{2h}\left|\int_{t-h}^{t+h} y(s)\, ds\right|\right)^p \leqq \frac{1}{(2h)^p}\left[\int_{t-h}^{t+h} ds\right]^{\frac{p}{q}}\left[\int_{t-h}^{t+h} |y(s)|^p\, ds\right]$$
$$= \frac{1}{(2h)^p}(2h)^{p\left(1-\frac{1}{p}\right)} \int_{t-h}^{t+h} |y(s)|^p\, ds = \frac{1}{2h}\int_{t-h}^{t+h} |y(s)|^p\, ds.$$
Daraus folgt
$$\begin{aligned}\int_0^1 |y_h(t)|^p\, dt &\leqq \frac{1}{2h}\int_0^1\left[\int_{t-h}^{t+h} |y(s)|^p\, ds\right] dt = \frac{1}{2h}\int_0^1\left[\int_{-h}^{h} |y(t+\sigma)|^p\, d\sigma\right] dt \\ &= \frac{1}{2h}\int_{-h}^{h}\left[\int_0^1 |y(t+\sigma)|^p\, dt\right] d\sigma.\end{aligned} \tag{2}$$

*) Siehe Anhang I.

Hierbei wurde $s = t + \sigma$ gesetzt. Wenn s das Intervall $[t - h, t + h]$ durchläuft, so variiert σ in $[-h, h]$. Ferner ist

$$\begin{aligned}\frac{1}{2h}\int_{-h}^{h}\left[\int_0^1 |y(t+\sigma)|^p\,dt\right]d\sigma &= \frac{1}{2h}\int_{-h}^{h}\left[\int_\sigma^{\sigma+1} |y(\tau)|^p\,d\tau\right]d\sigma \\ = \frac{1}{2h}\int_{-h}^{h}\left[\int_\sigma^1 |y(\tau)|^p\,d\tau\right]d\sigma &\leq \frac{1}{2h}\int_{-h}^{h}\left[\int_0^1 |y(\tau)|^p\,d\tau\right]d\sigma = \int_0^1 |y(\tau)|^p\,d\tau,\end{aligned} \tag{3}$$

wenn man $t + \sigma = t$ substituiert und die Voraussetzung $y(t) = 0$ beachtet, falls $t \notin [0, 1]$.

Somit erhalten wir aus (2) und (3)

$$\int_0^1 |y_h(t)|^p\,dt \leq \int_0^1 |y(t)|^p\,dt, \tag{4}$$

daraus folgt $y_h(t) \in L_p(0, 1)$.

Wenn man in der Ungleichung (4) $y(t) = x(t) - z(t)$ setzt und $y_h(t) = x_h(t) - z_h(t)$ benutzt, so erhält man

$$\int_0^1 |x_h(t) - z_h(t)|^p\,dt \leq \int_0^1 |x(t) - z(t)|^p\,dt.$$

Erheben wir das Ganze in die $\frac{1}{p}$-te Potenz, so ergibt sich

$$\varrho(x_h, z_h) \leq \varrho(x, z). \tag{5}$$

Satz 2 (A. N. Kolmogorow). *Eine Menge X des Raumes $L_p(0, 1)$ ist kompakt genau dann, wenn*

1. *eine Konstante K existiert, so daß*

$$\int_0^1 |x(t)|^p\,dt \leq K^p$$

ist für jede Funktion $x(t) \in X$ und

2. *zu jedem $\varepsilon > 0$ eine Zahl $\delta > 0$ existiert, so daß für jedes $x(t) \in X$ und $h < \delta$ $\varrho(x, x_h) < \varepsilon$ ist.*

Notwendigkeit. Bedingung 1 ergibt sich aus Folgerung 3 des Satzes 3, § 9. Betrachten wir 2. Weil die Menge X kompakt ist, gibt es zu jedem $\varepsilon > 0$ ein endliches $\frac{\varepsilon}{3}$-Netz E für X. Da man jede Funktion $f(t) \in L_p(0, 1)$ durch eine stetige Funktion $\varphi(t)$ im Sinne der Metrik dieses Raumes beliebig gut approximieren kann, läßt sich voraussetzen, daß E aus stetigen Funktionen

$$x_1(t), \ x_2(t), \ \ldots, \ x_n(t)$$

besteht. Ferner konvergiert

$$y_h(t) = \frac{1}{2h} \int_{t-h}^{t+h} y(s)\, ds = y(t + \theta h) \to y(t) \qquad \text{für} \qquad h \to 0$$

gleichmäßig auf [0, 1], falls $y(s)$ stetig ist. Also geht im Mittel

$$y_h(t) \to y(t)$$

für $h \to 0$ und somit konvergiert für eine stetige Funktion $y(t)$ $\varrho(y, y_h) \to 0$ für $h \to 0$.

Wählen wir jetzt ein $x_i(t) \in E$. Da $x_i(t)$ stetig ist, gibt es zu jedem vorgegebenen $\varepsilon > 0$ ein $\delta_i > 0$, so daß

$$\varrho((x_i)_h, x_i) < \frac{\varepsilon}{3}$$

ist für alle $h < \delta_i$. Sei $\delta = \min_i \delta_i$. Dann ist für $h < \delta$

$$\varrho((x_i)_h, x_i) < \frac{\varepsilon}{3}$$

für $i = 1, 2, \ldots, n$.

$x(t)$ sei jetzt eine beliebige Funktion aus X. Wir suchen ein $x_i(t) \in E$, so daß

$$\varrho(x, x_i) < \frac{\varepsilon}{3}$$

gilt. Unter Benutzung der Ungleichung (5) finden wir dann

$$\begin{aligned} \varrho(x_h, x) &\leqq \varrho(x_h, (x_i)_h) + \varrho((x_i)_h, x_i) + \varrho(x_i, x) \\ &\leqq 2\varrho(x_i, x) + \varrho((x_i)_h, x_i) < 2\,\frac{\varepsilon}{3} + \frac{\varepsilon}{3} = \varepsilon \end{aligned}$$

für $h < \delta$.

Die Notwendigkeit der zweiten Bedingung ist damit bewiesen.

Hinlänglichkeit. Zuerst zeigen wir, daß unter den Voraussetzungen des Satzes die den Funktionen $x(t)$ der Menge X entsprechenden Funktionen $x_h(t)$ für jedes feste h gleichgradig stetig sind.

Es gilt

$$\left.\begin{aligned} |x_h(t_1) - x_h(t)| &= \frac{1}{2h}\left|\int_{t_1-h}^{t_1+h} x(\tau)\, d\tau - \int_{t-h}^{t+h} x(\tau)\, d\tau\right| \\ &= \frac{1}{2h}\left|\int_{t+h}^{t_1+h} x(\tau)\, d\tau - \int_{t-h}^{t_1-h} x(\tau)\, d\tau\right| \leqq \frac{1}{2h}\left(\left|\int_{t+h}^{t_1+h} x(\tau)\, d\tau\right| + \left|\int_{t-h}^{t_1-h} x(\tau)\, d\tau\right|\right) \\ &\leqq \frac{1}{2h}\, 2\,|t_1 - t|^{\frac{1}{q}} \left(\int_0^1 |x(\tau)|^p\, d\tau\right)^{\frac{1}{p}} \leqq \frac{K}{h}\, |t_1 - t|^{\frac{p-1}{p}}, \end{aligned}\right\} \quad (6)$$

und daraus folgt die gleichgradige Stetigkeit der Funktionen $x_h(t)$ für festes h.

Wir zeigen jetzt, daß die Menge der Funktionen $x_h(t)$ bei festgehaltenem h gleichmäßig beschränkt ist. Aus (6) folgt für $|t_1 - t| < h$

$$|x_h(t_1) - x_h(t)| \leqq K h^{-\frac{1}{p}},$$

d. h., auf einem Intervall der Länge h ist die Schwankung jeder Funktion $x_h(t)$ nicht größer als $K h^{-\frac{1}{p}}$. Ist n die kleinste ganze Zahl, für die $nh \geqq 1$ ist, so ist die Schwankung von $x_h(t)$ auf $[0, 1]$ nicht größer als $nKh^{-\frac{1}{p}}$. Andererseits ist

$$\int_0^1 |x_h(t)|^p \, dt \leqq \int_0^1 |x(t)|^p \, dt \leqq K^p,$$

und daraus folgt, daß es auf $[0, 1]$ zu jeder Funktion $x_h(t)$ mindestens einen Punkt t_0 geben muß, so daß

$$|x_h(t_0)| \leqq K$$

ist. Da nach dem Bewiesenen die Schwankung jeder Funktion $x_h(t)$ auf $[0, 1]$ nicht größer ist als $nKh^{-\frac{1}{p}}$, so ist für jedes $x_h(t)$ die Ungleichung

$$|x_h(t)| \leqq |x_h(t_0)| + nKh^{-\frac{1}{p}} \leqq K + nKh^{-\frac{1}{p}} = K_1$$

erfüllt. Die gleichmäßige Beschränktheit der $x_h(t)$ bei festem h ist damit bewiesen.

Nach dem Satz von ARZELÀ ist die Menge der Funktionen $x_h(t)$ für jedes feste h kompakt im Sinne der gleichmäßigen Konvergenz, also erst recht im Sinne der Konvergenz im Mittel.

Wir wählen ein beliebiges $\varepsilon > 0$. Nach 2. gibt es ein h, so daß für alle $x \in X$

$$\varrho(x, x_h) < \varepsilon$$

gilt. Dies besagt, daß die Funktionen $x_h(t)$ ein ε-Netz bilden für die Menge X. Da aber dieses ε-Netz kompakt und $L_p(0, 1)$ vollständig ist, so ist auch X kompakt und der Satz ist bewiesen.

Es gilt auch der folgende, auf RIESZ zurückgehende

Satz. *M sei eine beliebige Menge von Funktionen aus $L_p(0, 1)$. Wenn*

1. *eine Konstante K existiert, so daß*

$$\int_0^1 |x(t)|^p \, dt \leqq K^p$$

ist für alle $x(t) \in M$ und

2. *zu jeder Zahl $\varepsilon > 0$ es ein $\delta > 0$ gibt, so daß für alle $x(t) \in M$ und h mit $|h| < \delta$*

$$\int_0^1 |x(t + h) - x(t)|^p \, dt < \varepsilon^p$$

gilt, dann ist die Menge M kompakt im Sinne der Metrik des Raumes $L_p(0, 1)$.

Beweis dieses Satzes siehe W. W. NEMYZKIJ [13].

Kriterium für die Kompaktheit im Raume Q. Beispiel für den Beweis eines Existenzsatzes in der Variationsrechnung. Wir betrachten die Menge aller Kurven q, die durch

$$x = x(t), \quad y = y(t), \quad z = z(t) \qquad (0 \leqq t \leqq 1) \tag{7}$$

gegeben sind. $x(t)$, $y(t)$ und $z(t)$ seien stetige Funktionen des Parameters t. Sind q und q_1 zwei in der Form (7) gegebene Kurven, so ordnen wir die denselben Parameterwerten entsprechenden Kurvenpunkte einander zu. Sei ε das Maximum des Abstandes zwischen zwei einander entsprechenden Punkten der beiden Kurven. Die Zahl ε hängt von der Wahl der Parameterdarstellung der beiden Kurven ab. Als Abstand $\varrho(q, q_1)$ betrachten wir die untere Grenze der Zahlen ε bei allen möglichen Parameterdarstellungen.

Man bestätigt leicht, daß der so definierte Abstand zwischen den Kurven allen metrischen Axiomen genügt. Den so erhaltenen Raum bezeichnen wir mit Q. Q spielt in der Variationsrechnung eine große Rolle. Man kann zeigen, daß Q vollständig ist.

Satz 3 (HILBERT). *Die Menge Q_1 aller rektifizierbaren Kurven ($Q_1 \subseteq Q$), die in einem endlichen Teil des Raumes liegen und gleichmäßig beschränkte Längen besitzen, ist kompakt.*

Beweis. Die Längen der Kurven $q \in Q_1$ seien nicht größer als l. Wir teilen jedes $q \in Q_1$ in n Bögen von gleicher Länge, verbinden die Teilpunkte durch Sehnen und erhalten einen Polygonzug q_n. Jeder der n Bögen der Kurve q und jede Strecke des Polygonzugs q_n ist nicht größer als $\frac{l}{n}$. Der Abstand zwischen den Punkten eines solchen Bogens und den Punkten der zugehörigen Sehne ist kleiner oder gleich $\frac{2l}{n}$. Für q und q_n führen wir eine Parameterdarstellung ein, so daß man, wenn t das Intervall $\left(\frac{i}{n}, \frac{i+1}{n}\right)$, $i = 0, 1, 2, \ldots, n-1$ durchläuft, einen Teilbogen der Kurve q bzw. die entsprechende Strecke des Polygonzuges q_n erhält. Der Abstand zwischen zwei denselben Parameterwerten entsprechenden Punkten von q und q_n ist nicht größer als $\frac{2l}{n}$, d. h., es ist

$$\varrho(q, q_n) \leqq \frac{2l}{n}.$$

Also bildet die Menge $Q_1^{(n)}$ der Polygonzüge q_n ein $\frac{2l}{n}$-Netz für Q_1. Jeder Polygonzug ist durch die $3(n+1)$ Koordinaten seiner $n+1$ Ecken festgelegt. Nach Voraussetzung sind diese Koordinaten gleichmäßig beschränkt. Daher ist $Q_1^{(n)}$ kompakt.*) Dann ist aber nach Folgerung 1 von Satz 3, § 9 auch Q_1 kompakt.

*) Denn man kann zu einer beliebigen Folge von Polygonen ein „Grenzpolygon" angeben, indem man unter Benutzung des Satzes von BOLZANO-WEIERSTRASS durch koordinatenweises Vorgehen Teilfolgen auswählt.

Aus dem eben bewiesenen Satz 3 folgt eine Reihe von Sätzen über die Existenz geodätischer Linien.

Die Länge einer Kurve ist ein unten halbstetiges Funktional im Raume Q (siehe S. 37).

Es sei S eine abgeschlossene Fläche. Wir betrachten die Menge der rektifizierbaren Kurven, die auf dieser Fläche liegen und durch zwei Punkte A und B gehen. Es sei l die Länge einer dieser Kurven.

Mit $\{q\}$ bezeichnen wir die Gesamtheit aller Kurven unserer Menge, deren Längen $l(q) \leqq l$ sind. Es sei $l_0 = \inf l(q)$. Die Menge $\{q\}$ ist nicht leer und nach Satz 3 kompakt. Ferner kann man zeigen, daß $\{q\}$ abgeschlossen ist (in Q). Schließlich ist $l(q)$ ein unten halbstetiges Funktional auf $\{q\}$. Nach dem Satz über das Minimum (Satz 2, § 9) enthält $\{q\}$ eine Kurve q_0, für die $l(q_0) = l_0$ ist. In der Variationsrechnung bezeichnet man diese Kurve q_0 als geodätische Linie.

Kriterium für die Kompaktheit in l_p. Eine Menge $M \subseteq l_p$ ist kompakt genau dann, wenn M beschränkt ist und wenn es zu jedem $\varepsilon > 0$ einen nur von ε abhängenden Index n_0 gibt, so daß $\sum\limits_{i=n+1}^{\infty} |\xi_i|^p < \varepsilon^p$ ist für $n \geqq n_0$ und für jedes $x = \{\xi_1, \xi_2, \ldots, \xi_n, \ldots\}$. Der Beweis ergibt sich aus dem allgemeinen Satz, der in § 28 hergeleitet wird (siehe S. 154).

§ 11. Fastperiodische Funktionen

Wir betrachten die Menge aller Funktionen $x(t)$, die auf der Zahlengeraden $-\infty < t < \infty$ definiert und beschränkt sind. Sind $x(t)$ und $y(t)$ zwei solche Funktionen, so definieren wir ihren Abstand durch

$$\varrho(x, y) = \sup_{-\infty < t < \infty} |x(t) - y(t)|.$$

Wie man leicht sieht, sind für ihn alle Axiome der Metrik erfüllt. Den so erhaltenen metrischen Raum bezeichnen wir mit M_∞. Man kann zeigen, daß M_∞ vollständig ist.

Nach H. Bohr [30], [41] heißt eine Funktion $x(t)$ in $-\infty < t < \infty$ *fastperiodisch*, wenn sie auf der Zahlengeraden stetig ist, und wenn es zu jedem $\varepsilon > 0$ eine Länge $l(\varepsilon)$ gibt, so daß jedes Intervall $x < t < x + l$ mindestens eine Zahl $\tau = \tau(\varepsilon)$ enthält, für die die Ungleichung

$$|x(t + \tau) - x(t)| \leqq \varepsilon \text{ in } -\infty < t < \infty$$

erfüllt ist. Eine solche Zahl $\tau(\varepsilon)$ heißt ε-Periode der Funktion $x(t)$.

Man kann zeigen, daß jede fastperiodische Funktion auf der Zahlengeraden beschränkt ist und somit zum Raum M_∞ gehört.

Satz. *Eine Menge X von fastperiodischen Funktionen ist kompakt im Sinne der Metrik von M_∞ genau dann, wenn*

1. *die Funktionen der Menge X gleichmäßig beschränkt und gleichgradig stetig sind, und*

2. *zu jedem $\eta > 0$ ein $l = l(\eta)$ existiert, so daß jedes Intervall $(a, a + l)$ der Zahlengeraden eine Zahl ϱ enthält, die eine η-Periode für alle Funktionen der Menge X ist.*

Notwendigkeit. Der Beweis von 1. verläuft analog dem Beweis der entsprechenden Aussage im Satz von ARZELÀ. Wir betrachten die 2. Bedingung.

Da X kompakt ist, so gibt es zu jedem $\eta > 0$ ein endliches $\frac{\eta}{3}$-Netz für die Menge X. Es bestehe aus den Elementen $x_1(t), x_2(t), \ldots, x_n(t)$ (daß man zu X gehörende Punkte für das $\frac{\eta}{3}$-Netz nehmen kann, sieht man aus dem Beweis der Notwendigkeit der Bedingungen von Satz 3, § 9). Wie BOHR gezeigt hat, existiert eine Zahl $l > 0$ mit der Eigenschaft, daß jedes Intervall $(a, a + l)$ eine Zahl s enthält, die für alle $x_i(t)$, $i = 1, 2, \ldots, n$ eine $\frac{\eta}{3}$-Periode ist:

$$|x_i(t + s) - x_i(t)| \leqq \frac{\eta}{3}, \quad i = 1, 2, \ldots, n, \quad -\infty < t < \infty.$$

Da andererseits $\{x_i(t)\}$ ein $\frac{\eta}{3}$-Netz für X bildet, so gibt es zu jeder Funktion $x(t) \in X$ ein $x_i(t)$, für das

$$|x(t) - x_i(t)| < \frac{\eta}{3} \text{ in } -\infty < t < \infty$$

ist. Aus diesen beiden Ungleichungen folgt

$$|x(t + s) - x(t)| \leqq |x(t + s) - x_i(t + s)|$$
$$+ |x_i(t + s) - x_i(t)| + |x_i(t) - x(t)| < 3\,\frac{\eta}{3} = \eta$$

für $-\infty < t < \infty$. Also ist s eine η-Periode für alle $x(t) \in X$, und die Notwendigkeit von 2. ist bewiesen.

Hinlänglichkeit. Wir setzen voraus, daß für eine Menge X von fastperiodischen Funktionen 1. und 2. erfüllt sind und wählen $\eta > 0$. Ferner sei $l = l(\eta)$ so bestimmt, daß jedes Intervall der Länge l eine η-Periode für alle $x(t) \in X$ enthält. Wir ordnen jedem $x(t) \in X$ eine durch

$$\bar{x}(t) = \begin{cases} x(t) & \text{für } -l \leqq t \leqq l, \\ x(t - r_n) & \text{für } \begin{cases} nl < t \leqq (n+1)\,l, & n = 1, 2, 3, \ldots, \\ nl \leqq t < (n+1)\,l, & n = -2, -3, \ldots \end{cases} \end{cases}$$

definierte Funktion $\bar{x}(t)$ zu. Dabei ist r_n eine η-Periode für alle $x(t) \in X$, die im Intervall $(nl, (n + 1)\,l)$ liegt.

Die Menge aller $\bar{x}(t)$ bezeichnen wir mit X_η. Alle Funktionen $\bar{x}(t) \in X_\eta$ genügen auf dem Intervall $[-l, l]$ den Voraussetzungen des Satzes von ARZELÀ. Daher ist X_η kompakt im Sinne der gleichmäßigen Konvergenz auf diesem Intervall. Da aber $t - r_n \in [-l, l]$ ist, so konvergiert nach Definition der $\bar{x}(t)$

eine Folge dieser Funktionen, die gleichmäßig auf dem Intervall $[-l, l]$ konvergiert, auch gleichmäßig auf der ganzen Zahlengeraden. Folglich ist die Menge X_η kompakt im Sinne der gleichmäßigen Konvergenz auf der ganzen Zahlengeraden, d. h. im Sinne der Metrik des Raumes M_∞. Für beliebiges $x(t) \in X$ und das entsprechende $\bar{x}(t) \in X_\eta$ gilt dann

$$x(t) - \bar{x}(t) = 0 \quad \text{für} \quad -l \leqq t \leqq l$$

und

$$x(t) - \bar{x}(t) = x(t) - x(t - r_n) \quad \text{für} \begin{cases} nl < t \leqq (n+1)\, l, & n = 1, 2, 3, \ldots, \\ nl \leqq t < (n+1)\, l, & n = -2, -3, \ldots \end{cases}$$

Da r_n eine η-Periode für $x(t)$ ist, so ist für beliebiges t

$$|x(t) - \bar{x}(t)| < \eta.$$

Somit bildet die kompakte Menge X_η im Raum M_∞ ein η-Netz für X. Nach Folgerung 1 von Satz 3, § 9 ist X kompakt und damit ist gezeigt, daß die Bedingungen 1. und 2. hinreichend sind [42].

Definition. Es sei eine Funktion $x(t)$ für $-\infty < t < \infty$ gegeben. Wir setzen

$$x_s(t) = x(t + s).$$

Eine stetige Funktion $x(t)$ nennen wir auch fastperiodisch, wenn die Menge der Funktionen $x_s(t)$, $-\infty < s < \infty$, kompakt ist im Sinne der Metrik von M_∞.

Satz. Diese Definition einer fastperiodischen Funktion ist mit der von Bohr gleichwertig.

Es sei $x(t)$ nach Bohr fastperiodisch. Offenbar genügt die Menge der Funktionen $x_s(t) = x(t + s)$ beiden Bedingungen des vorigen Satzes. Also ist sie kompakt.

Es sei jetzt $x(t)$ fastperiodisch im Sinne der anderen Definition und $\varepsilon > 0$ beliebig vorgegeben. Eine kompakte Menge $\{x_s(t)\}$ enthält ein endliches ε-Netz $[x_{s_1}(t), x_{s_2}(t), \ldots, x_{s_n}(t)]$. Wir ordnen die $x_s(t)$ nach wachsenden Indizes: $s_1 < s_2 < \ldots < s_n$. Zu jedem $x_s(t)$ existiert ein $x_{s_i}(t)$, so daß

$$\varrho(x_s, x_{s_i}) = \sup_t |x_s(t) - x_{s_i}(t)| < \varepsilon$$

oder

$$|x(t + s) - x(t + s_i)| < \varepsilon$$

für alle t ist. Setzen wir $t + s_i = t'$, so gilt

$$|x(t' + s - s_i) - x(t')| < \varepsilon, \qquad -\infty < t' < \infty.$$

Folglich ist bei beliebigem reellen s eine der Zahlen $s - s_i$, $i = 1, 2, \ldots, n$ eine ε-Periode. Daraus folgt, daß jedes Intervall $(a, a + s_n - s_1)$ eine ε-Periode enthält. Denn setzen wir $a + s_n = s$, so erhalten wir als ε-Periode eine der Zahlen $a + s_n - s_i$, $i = 1, 2, \ldots, n$. Wegen $s_1 \leqq s_i \leqq s_n$ ist

$$a + s_n - s_i \in [a, a + s_n - s_1].$$

Damit ist die Gleichwertigkeit der beiden Definitionen bewiesen*).

Im Vorangehenden betrachteten wir nur die einfachsten Eigenschaften der Kompaktheit und einige Anwendungen. Es gibt noch viele andere in abstrakten Räumen. Wichtige Eigenschaften haben W. I. KONDRASCHOW [25] und A. G. SIGALOW [53] untersucht. Da die Kompaktheit weite Anwendungsmöglichkeiten für die Methoden der Variationsrechnung und in der theoretischen Physik bietet, kommt diesem Begriff eine große Bedeutung zu.

---

*) Der Vorteil der zweiten Definition besteht darin, daß er eine Verallgemeinerung zuläßt. Man kann von fastperiodischen Funktionen $y = x(s)$ sprechen, wobei s Elemente einer beliebigen topologischen Gruppe und y Elemente eines metrischen Raumes sind.

KAPITEL II

LINEARE RÄUME UND LINEARE OPERATOREN

§ 12. Algebraische Operationen in beliebigen Mengen

Gruppen. Fundamentale Operationen in der Mathematik sind Addition und Multiplikation. Sie wurden zuerst für Zahlen definiert, später aber auch für viele andere mathematische Objekte eingeführt. Man addiert und multipliziert Vektoren, Funktionen, Matrizen, Abbildungen usw.

Die Gruppentheorie untersucht die Operationen der Addition und der Multiplikation, indem sie von ihrer axiomatischen Definition ausgeht. Sie läßt mannigfache konkrete Anwendungen zu.

Wir definieren jetzt einige Begriffe.

Eine Menge G heißt *Gruppe*, wenn folgende Forderungen erfüllt sind:

I. Jedem geordneten Elementepaar x und y von G ist ein eindeutig bestimmtes Element derselben Menge zugeordnet. Wir nennen es *Summe* der Elemente x und y und schreiben $x + y$.

II. Die Addition ist *assoziativ*, d. h.

$$(x + y) + z = x + (y + z).$$

III. Es gibt mindestens ein Element θ, das *rechte Nullelement*, so daß für alle $x \in G$

$$x + \theta = x$$

ist.

IV. Zu jedem Element $x \in G$ existiert mindestens ein Element $-x$, das *rechtsentgegengesetzte* Element zu x, für das

$$x + (-x) = \theta$$

ist.

Diese vier Bedingungen heißen Gruppenaxiome und die Addition der Elemente ist die Gruppenoperation. Oft interpretiert man diese axiomatisch eingeführte Gruppenoperation als *Multiplikation*, und man schreibt $x \cdot y$. Dann spricht man statt vom Nullelement vom *Einselement* und bezeichnet es mit e. An die Stelle des entgegengesetzten Elementes tritt das *inverse Element*, für das man x^{-1} schreibt.

Eine Teilmenge G_1 einer Gruppe G, die ebenfalls in bezug auf die Gruppenoperation in G eine Gruppe ist, heißt *Untergruppe* von G.

Beispiele. 1. G sei die Menge aller reellen Zahlen, und die Gruppenoperation sei die Multiplikation der Zahlen im üblichen Sinn. Offensichtlich sind die Axiome I. bis IV. erfüllt. Also ist G eine Gruppe. Die Menge der ganzen Zahlen ist eine Untergruppe.

2. G sei die Menge aller positiven reellen Zahlen, und die Gruppenoperation sei die übliche Multiplikation. Offenbar ist G wieder eine Gruppe. Die Menge der positiven rationalen Zahlen ist eine Untergruppe von G.

3. G sei die Menge aller auf dem Intervall $[0, 1]$ definierten stetigen Funktionen, und die Gruppenoperation sei die übliche Addition von Funktionen. Wiederum ist G eine Gruppe. Nullelement ist die Funktion $x(t) \equiv 0$. Das zu $x(t)$ entgegengesetzte Element ist die Funktion $-x(t)$.

4. G sei die Menge aller Elemente des Raumes l_p. Für zwei beliebige Folgen $x = \{\xi_1, \xi_2, \ldots, \xi_n, \ldots\}$ und $y = \{\eta_1, \eta_2, \ldots, \eta_n, \ldots\}$ aus G setzen wir

$$x + y = \{\xi_1 + \eta_1, \xi_2 + \eta_2, \ldots, \xi_n + \eta_n, \ldots\}.$$

Dann ist $x + y$ ebenfalls Element von G.*)

Die Gruppenaxiome II.—IV. sind erfüllt. Nullelement ist das Element $\theta = \{0, 0, \ldots, 0, \ldots\}$, entgegenggesetztes zu x ist $-x = \{-\xi_1, -\xi_2, \ldots, -\xi_n, \ldots\}$.

Ist G eine Gruppe, so ist im allgemeinen

$$x + y \neq y + x,$$

d. h., die Addition ist nicht kommutativ. Gilt aber für jedes $x, y \in G$

$$x + y = y + x,$$

so heißt die Gruppe *kommutativ* oder *abelsch*. Man beachte, daß man die Gruppenoperation im allgemeinen nur dann *Addition* nennt und durch das Zeichen $+$ darstellt, wenn es sich um eine abelsche Gruppe handelt. Bei nichtkommutativen Gruppen bezeichnet man die Gruppenoperation üblicherweise als *Multiplikation*.

5. Es sei G die Menge aller nichtsingulären quadratischen Matrizen n-ter Ordnung. Die Gruppenoperation sei die gewöhnliche Matrizenmultiplikation. Offenbar ist G eine nichtkommutative Gruppe.

Die Gruppen in den Beispielen 1.—4. sind kommutativ.

Wir führen einige sehr einfache Folgerungen aus den Gruppenaxiomen an.

Satz 1. *Ein rechtsentgegengesetztes Element zu $x \in G$ ist auch linksentgegengesetztes zu x.*

Es gilt $x + (-x) = \theta$. Wenn man auf beiden Seiten der Gleichung das Element $-x$ links addiert und die Assoziativität der Addition benutzt, so erhält man $(-x) + x + (-x) = (-x) + \theta = -x$. Addiert man jetzt auf beiden Seiten der Gleichung das Element $[-(-x)]$ rechts, so erhält man

$$(-x) + x + \theta = \theta \quad \text{also} \quad (-x) + x = \theta,$$

was zu zeigen war.

Satz 2. *Ein rechtes Nullelement ist auch linkes Nullelement. Es gibt genau ein Nullelement.*

Es ist $$\theta + x = x + (-x) + x = x + \theta = x.$$

Es sei θ_1 ein anderes Nullelement. Dann ist $\theta_1 + \theta = \theta_1$ und $\theta_1 + \theta = \theta$. Folglich ist $\theta_1 = \theta$, und der Satz ist bewiesen.

*) Siehe Anhang I.

Satz 3. *Zu jedem x gibt es genau ein entgegengesetztes Element.*

y sei ein zweites entgegengesetztes Element zu x. Dann gilt

$$y = y + \theta = y + x + (-x) = -x,$$

was zu zeigen war.

Im folgenden wollen wir statt $x + (-y)$ immer $x - y$ schreiben.

Satz 4. *Die Gleichungen $x + a = b$ und $a + x = b$ sind für jedes $a \in G$, $b \in G$ eindeutig lösbar.*

Betrachten wir die erste dieser Gleichungen (die zweite kann man dann analog behandeln). Wir setzen $x_0 = b - a$. Dann ist x_0 eine Lösung dieser Gleichung. Denn es gilt $x_0 + a = b - a + a = b$. Es sei x_1 eine andere Lösung. Dann gilt $x_1 + a = b$. Wenn man auf beiden Seiten von rechts $-a$ addiert, so erhält man $x_1 = b - a = x_0$, was zu zeigen war.

Bemerkung. Zuweilen fordert man in der Gruppendefinition statt der Axiome III. und IV. eindeutige Lösbarkeit der Gleichungen $x + a = b$ und $a + x = b$ für jedes a und b. Man kann zeigen, daß aus diesen Forderungen III. und IV. folgen.

Satz 5. *Aus jeder der Gleichungen $x + a = y + a$ und $a + x = a + y$ folgt $x = y$.*

Den Beweis überlassen wir dem Leser.

Im folgenden wollen wir nur abelsche (kommutative) Gruppen betrachten.

Faktorgruppen. G_1 sei Untergruppe einer Gruppe G. Wir definieren eine neue Gruppe, die sogenannte Faktorgruppe von G nach der Untergruppe G_1.

Wir bilden Teilmengen g von Elementen der Gruppe G nach folgender Vorschrift: Zwei Elemente x und x' aus G geben wir in dieselbe Teilmenge g, wenn $x - x' \in G_1$ ist. Diese Teilmengen heißen *Nebenklassen* der Gruppe G nach der Untergruppe G_1.

Als *Summe* $g_1 + g_2$ der Nebenklassen g_1 und g_2 bezeichnen wir die Menge aller Summen $x_1 + x_2$ mit $x_1 \in g_1$ und $x_2 \in g_2$.

Die Menge $g_1 + g_2$ ist eine Nebenklasse.

Denn wenn y und y' zwei Elemente von $g_1 + g_2$ sind, dann ist nach Definition $y = x_1 + x_2$, $y' = x_1' + x_2'$ mit $x_1 \in g_1$, $x_1' \in g_1$ und $x_2 \in g_2$, $x_2' \in g_2$. Es gilt

$$y - y' = (x_1 + x_2) - (x_1' + x_2') = (x_1 - x_1') + (x_2 - x_2'). \tag{1}$$

Da x_1 und x_1' in g_1 enthalten sind, und da g_1 eine Nebenklasse von G bezüglich G_1 ist, so ist $x_1 - x_1' \in G_1$. Analog ist $x_2 - x_2' \in G_1$. G_1 ist aber Untergruppe, und daher folgt aus (1) $y - y' \in G_1$. Also ist $g_1 + g_2$ Nebenklasse.

Wie man leicht sieht, bildet die Menge der Nebenklassen eine additive Gruppe. Man bezeichnet sie mit G/G_1 und nennt sie *Faktorgruppe von G nach der Untergruppe G_1*. G_1 ist das Nullelement dieser Gruppe. Aus der Kommutativität von G folgt die Kommutativität ihrer Faktorgruppen.

Beispiele. 1. Die Gruppe G sei die Menge aller fast überall beschränkten und meßbaren Funktionen. Die Addition sei im üblichen Sinne definiert. Untergruppe G_1 sei die Menge aller Funktionen, die fast überall gleich Null sind. Elemente der Faktorgruppe G/G_1 sind die Elemente des Raumes M.

2. G sei die Menge aller Funktionen $x(t)$, für die $\int\limits_0^1 |x(t)|^p\,dt$ existiert. Untergruppe G_1 sei die Menge aller Funktionen, die fast überall gleich Null sind.

Elemente der Faktorgruppe G/G_1 sind die Elemente des Raumes $L_p(0, 1)$.

Eine besonders wichtige Rolle für die Analysis spielen die *topologischen Gruppen*, d. h. diejenigen Gruppen, die auch topologische Räume sind. Die Gruppenoperation ist bei Anwendung der Topologie stetig.

Die Theorie der topologischen Gruppen wurde in den letzten Jahrzehnten von den sowjetischen Mathematikern A. N. KOLMOGOROW, L. S. PONTRJAGIN, A. A. MARKOW, A. I. MALZEW, I. M. GELFAND, M. A. NEUMARK, dem Wiener Mathematiker HAAR und anderen entwickelt.

Ringe. Eine Menge R von Elementen $x, y, z, \ldots, a, b, c, \ldots$ heißt *Ring*, wenn die folgenden Forderungen erfüllt sind:

I. R ist eine *additive abelsche Gruppe.*

II. In R ist außerdem eine Multiplikation definiert, die jedem geordneten Elementepaar $x \in R$, $y \in R$ ein drittes Element der Menge R, das *Produkt*, zuordnet. Es wird mit $x\,y$ bezeichnet, und dabei muß gelten:

1. das *assoziative Gesetz* der Multiplikation, d. h.

$$x\,(y\,z) = (x\,y)\,z;$$

2. die *distributiven Gesetze*, d. h.

$$(x + y)\,z = xz + yz, \quad z(x + y) = zx + zy.$$

Beispiele für Ringe sind die ganzen Zahlen, und die Menge aller auf dem Intervall [0, 1] stetigen Funktionen mit den für diese Mengen üblichen Definitionen der Addition und der Multiplikation.

Das Distributivgesetz läßt sich auch auf die Subtraktion ausdehnen. Es ist nämlich

$$x(y - z) + xz = x(y - z + z) = xy,$$

daraus folgt

$$x(y - z) = xy - xz.$$

Analog ist

$$(y - z)\,x = yx - zx.$$

Speziell gilt für jedes $x \in R$

$$x\theta = x(x - x) = xx - xx = \theta,$$

d. h., wenn einer der Faktoren gleich Null ist, so ist auch das Produkt gleich Null. Die umgekehrte Behauptung gilt nicht immer, wie man am Beispiel des Ringes der stetigen Funktionen sehen kann. Ist $x \neq 0$, $y \neq 0$ und

$$x\,y = 0,$$

so heißen x und y *Nullteiler*.

Wenn es im Ring R Elemente e und e' gibt, so daß $xe = x$ und $e'x = x$ ist für alle $x \in R$, so ist $e' = e'e = e$. Daraus ergibt sich $xe = ex = x$ für alle $x \in R$. Dieses Element e heißt *Einselement* des Ringes R, und R heißt *Ring mit Einselement.*

Beispiel eines Ringes mit Einselement ist der Ring aller quadratischen Matrizen n-ter Ordnung. Das Einselement ist die Einheitsmatrix.

Ist x ein beliebiges Element eines Ringes R mit Einselement, so heißt ein Element x^{-1}, für das

$$x^{-1}x = e$$

gilt, *linksinverses Element* zu x. Analog heißt ein Element $\widetilde{x^{-1}}$, für das

$$x\widetilde{x^{-1}} = e$$

gilt, *rechtsinverses Element* zu x. Wenn x^{-1} und $\widetilde{x^{-1}}$ existieren, so sieht man leicht, daß $x^{-1} = \widetilde{x^{-1}}$ ist, und x^{-1} heißt *inverses Element* zu x. Offenbar gibt es genau ein inverses Element.

Wenn für zwei beliebige Elemente x und y eines Ringes stets

$$xy = yx$$

ist, d. h., wenn die Multiplikation kommutativ ist, so heißt R ein *kommutativer Ring.*

Analog zur topologischen Gruppe definiert man den topologischen Ring.

Linearsysteme. Eine Menge E heißt ein *Linearsystem*, wenn gilt:

I. E ist eine *additive abelsche Gruppe.*

II. Es ist eine *kommutative Multiplikation* der Elemente $x, y, z, \ldots$ von E mit den Elementen $\lambda, \mu, \nu, \ldots$ irgendeines Ringes R mit Einselement definiert. Dabei sollen folgende Bedingungen erfüllt sein:

1. Ist $x \in E$, $\lambda \in R$, so ist $\lambda x \in E$.

2. $\lambda(\mu x) = (\lambda\mu)x$, Assoziativität der Multiplikation.

3. $\left.\begin{aligned}(\lambda + \mu)x &= \lambda x + \mu x,\\ \lambda(x + y) &= \lambda x + \lambda y,\end{aligned}\right\}$ Distributivgesetze.

4. $ex = x$.

5. $0\,x = \theta$, wobei 0 das Nullelement von R und θ das Nullelement von E ist.

6. Ist $\lambda x = \theta$ und $x \neq \theta$, so ist $\lambda = 0$.

Beispiele. 1. Die Menge der n-dimensionalen Vektoren mit den reellen Zahlen als Ringmultiplikatoren liefert das einfachste Beispiel für ein Linearsystem.

2. Die Menge E der reellen Lösungen einer gewöhnlichen linearen Differentialgleichung n-ter Ordnung ist ein Linearsystem mit den reellen Zahlen als Ringmultiplikatoren.

3. Die komplexwertigen Lösungen einer gewöhnlichen linearen Differentialgleichung n-ter Ordnung bilden ein Linearsystem mit den komplexen Zahlen als Ringmultiplikatoren.

4. Die reellen Lösungen einer linearen Differenzengleichung n-ter Ordnung mit der Schrittgröße h bilden ein Linearsystem mit der Menge der periodischen Funktionen von der Periode h als Ringmultiplikatoren.

In den Beispielen 1. bis 4. lassen sich alle Elemente $y \in E$ durch feste Elemente $y_1, y_2, \ldots, y_n$ linear ausdrücken

$$y = \sum_{i=1}^{n} \lambda_i y_i. \tag{2}$$

Dabei sind die λ_i im Beispiel 1. und 2. die reellen, in 3. die komplexen Zahlen. Im 4. Beispiel sind es die periodischen Funktionen der Periode h.

In (2) kann man n nicht verkleinern.

5. Die Menge E der reellen (komplexen) Lösungen einer homogenen linearen partiellen Differentialgleichung bildet ein Linearsystem mit den reellen (komplexen) Zahlen als Ringmultiplikatoren.

In diesem Falle existiert kein endliches System von Elementen aus E, durch die sich alle übrigen Elemente analog der Formel (2) ausdrücken lassen.

6. Die Elemente der reellen (komplexen) Räume m, c, l_p u. a. m. mit den reellen (komplexen) Zahlen als Ringmultiplikatoren bilden je ein Linearsystem.

Als Summe $x + y$ der Elemente $x = \{\xi_1, \xi_2, \ldots, \xi_n, \ldots\}$ und $y = \{\eta_1, \eta_2, \ldots, \eta_n, \ldots\}$ bezeichnen wir das Element

$$\{\xi_1 + \eta_1, \xi_2 + \eta_2, \ldots, \xi_n + \eta_n, \ldots\}.$$

Das Produkt λx ist das Element

$$\{\lambda\xi_1, \lambda\xi_2, \ldots, \lambda\xi_n, \ldots\}.$$

7. $[e_1, e_2, \ldots, e_k]$ sei ein n-dimensionaler Simplex eines komplexen euklidischen Raumes. Wir betrachten alle algebraischen Komplexe

$$u = \sum_{i=1}^{k} c_i e_i,$$

wobei die c_i ganze Zahlen sind. Dann bildet die Menge aller derartigen algebraischen Ausdrücke ein Linearsystem mit den ganzen Zahlen als Ringmultiplikatoren. Dieses Linearsystem spielt eine große Rolle in der kombinatorischen Topologie.

Wir bringen einige Folgerungen aus den Axiomen für Linearsysteme:

1. Es ist $(-e)x = -x$, da

$$(-e)\,x + x = (-e + e)\,x = 0x = \theta$$

gilt.

2. Es gilt $\lambda\theta = \theta$ wegen

$$\lambda\theta = \lambda(x - x) = \lambda x - \lambda x = \theta.$$

3. Ist $\lambda x = \mu x$ und $x \neq \theta$, so ist $\lambda = \mu$. Denn wenn $\lambda x = \mu x$ ist, so ist $\lambda x - \mu x = \theta$ oder $(\lambda - \mu) x = \theta$. Daraus folgt wegen II. 6. $\lambda - \mu = 0$, d. h. $\lambda = \mu$.

Man beachte: Falls E ein Linearsystem ist, so ist die Kommutativität der Addition eine Folge der übrigen Axiome. Es ist nämlich

$$(x + y) - (y + x) = (x + y) + (-e)(y + x) = (x + y) + (-e)\,y + (-e)\,x$$
$$= x + (y + (-e)\,y) + (-e)\,x = x + (-e)\,x = \theta\,.$$

Daher sind die angeführten Axiome für Linearsysteme nicht unabhängig voneinander.

Im folgenden nehmen wir als Ring R den Bereich der reellen oder komplexen Zahlen.

Isomorphismen algebraischer Abbildungen. Zwei Gruppen G und G' sind *isomorph*, wenn man zwischen den Elementen dieser Gruppen eine eineindeutige Zuordnung herstellen kann, derart, daß für zwei beliebige Elemente $x \in G$, $y \in G$, die den Elementen $x' \in G'$, $y' \in G'$ entsprechen, dem Element $x + y$ das Element $x' + y'$ entspricht.

Aus der Definition folgt, daß bei einem Isomorphismus der Gruppen G und G' dem Nullelement von G das Nullelement von G' und den entgegengesetzten Elementen in G die entgegengesetzten Elemente in G' zugeordnet sind. Isomorphe Gruppen können sich durch die Art ihrer Elemente unterscheiden. Aber Beziehungen zwischen den Elementen einer Gruppe, die sich aus der Gruppenoperation ergeben, gelten auch in jeder anderen isomorphen Gruppe. Daher sind bei Untersuchungen, die sich nur auf solche Beziehungen zwischen den Elementen erstrecken, isomorphe Gruppen als nicht verschieden anzusehen.

Analog definiert man isomorphe Ringe. Zwei Ringe R und R' heißen isomorph, wenn man zwischen den Elementen dieser Ringe eine eineindeutige im obigen Sinne bezüglich beider Operationen isomorphe Zuordnung herstellen kann.

Isomorphe Ringe sind speziell isomorphe Gruppen mit der Ringaddition als Gruppenoperation.

Beispiel. Wir ordnen jeder komplexen Zahl z ihre konjugierte $\bar{z}$ zu. Diese Zuordnung ist ein Isomorphismus des Ringes der komplexen Zahlen auf sich selbst.

Zwei Linearsysteme E und E_1 mit dem Ring R als Multiplikatorenbereich heißen *linearisomorph*, wenn man zwischen den Elementen x und x' eine eineindeutige Zuordnung herstellen kann, die wieder im obigen Sinne für die Addition und Multiplikation gilt. Linearisomorphismen sind Gruppenisomorphismen bezüglich der Addition als Gruppenoperation.

Beispiel. Die Linearsysteme der Beispiele 2. und 3. auf S. 56 sind linearisomorph.

Bemerkung. Bei der Definition des Linearisomorphismus zweier Systeme E und E_1 braucht man nicht das Zusammenfallen ihrer Ring-Multiplikatoren zu fordern sondern nur Isomorphie der Ringe.

Im folgenden werden wir algebraische Bereiche betrachten, die gleichzeitig topologische Räume mit stetigen algebraischen Operationen sind (topologische Gruppen, topologische Ringe, topologische Linearsysteme oder lineare Räume).

Entsprechend der eineindeutigen Zuordnung zwischen den Elementen isomorpher algebraischer Bereiche wollen wir diese Zuordnung auch als stetig ansehen.

Speziell wollen wir eine eineindeutige Zuordnung, die ein Linearisomorphismus zweier Linearsysteme ist, als wechselseitig stetig betrachten.

§ 13. Lineare Räume

Lineare Räume. Die linearen Räume sind eine Verallgemeinerung der n-dimensionalen Vektorräume. Die Grundlagen der allgemeinen Theorie linearer Räume legten F. Riesz und S. Banach.

Ein linearer Raum E ist ein Linearsystem mit einem Ring R als Operatorenbereich, wobei in E und R eine Topologie eingeführt ist, bezüglich der die Addition und die Operator-Multiplikation stetig sind.

Im folgenden wird der Ring R die Menge der reellen oder der komplexen Zahlen sein.

Definitionen. Eine Menge E heißt ein *reeller* (*komplexer*) *linearer Raum*, wenn die folgenden Bedingungen erfüllt sind:

I. E ist ein Linearsystem mit den reellen (komplexen) Zahlen als Multiplikatoren.

II. E ist ein abstrakter Raum, d. h., für Folgen von Elementen aus E ist ein Limesbegriff definiert. Es wird vorausgesetzt, daß für eine konvergente Folge die Sätze 1 und 2, § 2 gelten. Speziell kann E ein metrischer Raum sein.

III. 1. Wenn $x_n \to x$ konvergiert und wenn x_n, $x \in E$ ist, so geht $\alpha x_n \to \alpha x$ für jede Zahl α.

2. Wenn $\alpha_n \to \alpha$ konvergiert und x ein beliebiges Element aus E ist, so konvergiert $\alpha_n x \to \alpha x$.

3. Wenn $x_n \in E$, $x \in E$, $y_n \in E$, $y \in E$ und wenn $x_n \to x$, $y_n \to y$ konvergiert, so geht $x_n + y_n \to x + y$.

Aus Axiom III. 1. folgt unmittelbar: Wenn $x_n \to x$ konvergiert, so geht $-x_n \to -x$.

Wir bringen einige Beispiele linearer Räume.

Beispiele. 1. Die reellen Funktionenräume $C[0, 1]$, $L_p(0, 1)$ und die Folgenräume c, l_p sind lineare Räume mit den reellen Zahlen als Multiplikatoren.

2. Die komplexen Räume $C[0, 1]$, $L_p(0, 1)$, c, l_p sind lineare Räume mit komplexen Multiplikatoren.

3. Die Beispiele 2., 3., 5. für Linearsysteme (S. 56) werden zu linearen Räumen, wenn man als Limes die gleichmäßige Konvergenz einführt.

In linearen Räumen kann man den Begriff der linearen Abhängigkeit und der linearen Unabhängigkeit von Elementen einführen. Die Elemente

$$x_1, x_2, \ldots, x_n$$

eines linearen Raumes heißen *linear unabhängig*, wenn aus der Gleichung

$$\lambda_1 x_1 + \lambda_2 x_2 + \ldots + \lambda_n x_n = \theta$$

folgt, daß

$$\lambda_1 = \lambda_2 = \ldots = \lambda_n = 0$$

ist. Wenn es umgekehrt Zahlen

$$\lambda_1, \lambda_2, \ldots, \lambda_n$$

gibt, die nicht alle gleich Null sind und für die

$$\lambda_1 x_1 + \lambda_2 x_2 + \ldots + \lambda_n x_n = \theta$$

ist, so heißen die Elemente $x_1, x_2, \ldots, x_n$ *linear abhängig*. Wenn beispielsweise $\lambda_n \neq 0$ ist, dann gilt

$$x_n = -\frac{\lambda_1}{\lambda_n} x_1 - \frac{\lambda_2}{\lambda_n} x_2 - \ldots - \frac{\lambda_{n-1}}{\lambda_n} x_{n-1}$$

oder, wenn wir $-\frac{\lambda_i}{\lambda_n} = \alpha_i$ setzen,

$$x_n = \alpha_1 x_1 + \alpha_2 x_2 + \ldots + \alpha_{n-1} x_{n-1}. \text{*)}$$

In diesem Falle sagt man, das Element x_n ist eine *Linearkombination* der Elemente $x_1, x_2, \ldots, x_{n-1}$.

Lineare Mannigfaltigkeiten und Unterräume. Eine nichtleere Menge L von Elementen eines linearen Raumes E heißt *lineare Mannigfaltigkeit*, wenn L mit den Elementen $x_1, x_2, \ldots, x_n$ jede Linearkombination $\alpha_1 x_1 + \alpha_2 x_2 + \ldots + \alpha_n x_n$ dieser Elemente enthält. Ist L abgeschlossen, so heißt L *abgeschlossene lineare Mannigfaltigkeit* oder *Unterraum* des linearen Raumes E.

Wir beachten, daß jede lineare Mannigfaltigkeit das Nullelement θ enthält. Da L nicht leer ist, enthält L ein Element x. Weil L eine lineare Mannigfaltigkeit ist, enthält es auch das Element $-x = (-1)x$ und folglich auch das Element $x + (-x) = \theta$.

Wir betrachten die Elemente $x_1, x_2, \ldots, x_k$ eines linearen Raumes E. Die Menge aller Summen $\sum_{i=1}^{k} \alpha_i x_i$ bildet offensichtlich eine lineare Mannigfaltigkeit L_0 in E. Denn wenn die Elemente y_j die Form $y_j = \sum_{i=1}^{k} \alpha_i^{(j)} x_i$ haben, so hat jede Linearkombination

$$\lambda_1 y_1 + \lambda_2 y_2 + \ldots + \lambda_n y_n = \sum_{i=1}^{k} \beta_i x_i$$

---

*) Die letzte Umformung kann nur dann angewandt werden, wenn der Ring der Multiplikatoren ein Körper ist, d. h., für jedes Element x existiert das inverse x^{-1}. L. S. Pontrjagin bewies folgenden Satz [49]: *Jeder kommutative zusammenhängende lokalkompakte topologische Körper mit 2. Abzählbarkeitsaxiom ist dem Ring der reellen oder dem der komplexen Zahlen isomorph.* Wenn man von der Kommutativität absieht, ist es der Körper der Quaternionen.

dieselbe Form. Die so konstruierte lineare Mannigfaltigkeit L_0 ist offensichtlich die kleinste, die die Elemente $x_1, x_2, \ldots, x_k$ enthält. Daß heißt, jede andere lineare Mannigfaltigkeit, die $x_1, x_2, \ldots, x_k$ umfaßt, hat L_0 als Teilmenge. L_0 ist auch der kleinste lineare Unterraum, der $x_1, x_2, \ldots, x_k$ enthält.

Die Definition der kleinsten linearen Mannigfaltigkeit und des kleinsten linearen Unterraumes, die vorgegebene Elemente enthalten, läßt sich auch leicht auf den Fall einer unendlichen Menge beispielsweise einer abzählbaren Menge von Elementen verallgemeinern. Es sei $\{x_1, x_2, \ldots, x_k, \ldots\}$ eine abzählbare Menge von Elementen aus E. Die kleinste, diese Menge enthaltende lineare Mannigfaltigkeit L_0 ist offenbar die Menge aller Summen der Form $\sum_{i=1}^{k} \lambda_i x_i$, wobei die λ_i beliebige und k natürliche Zahlen sind. Der kleinste lineare Unterraum, der die vorgegebenen Elemente enthält, ist L, die abgeschlossene Hülle der Vereinigung aller Mengen L_0. Die kleinste lineare Mannigfaltigkeit (der kleinste lineare Unterraum), der die vorgegebenen Elemente enthält, heißt auch die durch die vorgegebenen Elemente definierte lineare Mannigfaltigkeit (der durch die vorgegebenen Elemente definierte lineare Unterraum). Man kann zeigen: Wenn L_0 eine durch endlich viele Elemente $x_1, x_2, \ldots, x_k$ eines linearen Raumes E definierte lineare Mannigfaltigkeit ist, so gilt $\overline{L_0} = L_0$ (siehe Bemerkung auf S. 78).

Wenn L_0 durch unendlich viele Elemente bestimmt ist, so ist im allgemeinen $\overline{L_0}$ ungleich L_0.

Sei z. B. $E = C[0, 1]$ und

$$x_1 = 1, \quad x_2 = t, \quad x_3 = t^2, \ldots, \quad x_n = t^{n-1}, \ldots$$

Dann ist L_0 die Menge aller Polynome, $\overline{L_0} = C[0, 1]$ und $\overline{L_0} \neq L_0$.

Wenn ein Unterraum G eines Raumes E durch endlich viele Elemente definiert ist, so heißt er von *endlicher Dimension*. Wenn G durch linear unabhängige Elemente $x_1, \ldots, x_n$ definiert ist, so heißt n *Dimension* des Unterraumes G. In diesem Falle nennen wir die Menge der Elemente $x_1, \ldots, x_n$ eine *Basis* des Unterraumes G. Wenn $x_1, \ldots, x_n$ linear abhängig sind, so ist die Dimension des Unterraumes G die Maximalzahl der linear unabhängigen Elemente aus der Menge $\{x_1, \ldots, x_n\}$.

Die Menge aller Elemente der Form

$$y = tx, \quad -\infty < t < \infty$$

ist eine *Gerade*, und die Menge aller Elemente der Form

$$y = tx_1 + (1 - t)\, x_2,$$

wobei t eine reelle Zahl ist, die alle Werte des Intervalles $[0, 1]$ durchläuft, nennt man *Strecke*, die die Punkte x_1 und x_2 verbindet. Eine Menge K eines Raumes E heißt *konvex*, wenn alle Strecken, die je zwei Punkte der Menge K verbinden, in dieser Menge enthalten sind. Beispielsweise ist jeder Unterraum eines Raumes E eine konvexe Menge.

Direkte Summen. Wir führen jetzt die Darstellung eines linearen Raumes als direkte Summe zweier oder mehrerer Unterräume ein. E sei ein linearer Raum, und $L_1, L_2, \ldots, L_n$ seien Unterräume von E. Wenn wir jedes Element $x \in E$ eindeutig in der Form

$$x = x_1 + x_2 + \ldots + x_n, \quad x_i \in L_i, \quad i = 1, 2, \ldots, n \tag{1}$$

schreiben können, so sagen wir, der Raum E sei eine *direkte Summe* der Unterräume $L_1, \ldots, L_n$ und (1) heißt Darstellung von x durch die Elemente der Unterräume $L_1, \ldots, L_n$.

Wir wollen

$$E = L_1 + L_2 + \ldots + L_n \quad \text{oder} \quad E = \sum_{i=1}^{n} L_i.$$

schreiben.

Wenn

$$E = \sum_{i=1}^{n} L_i, \quad \text{und} \quad L_i = \sum_{k=1}^{m_i} L_k^{(i)}$$

gilt, so ist

$$E = \sum_{i=1}^{n} \sum_{k=1}^{m_i} L_k^{(i)},$$

wie man leicht sieht. Dann können wir jedes Element $x \in E$ in der Form

$$x = \sum_{i=1}^{n} x_i = \sum_{i=1}^{n} (x_1^{(i)} + x_2^{(i)} + \ldots + x_{m_i}^{(i)}), \quad x_i \in L_i, \quad x_k^{(i)} \in L_k^{(i)}$$

darstellen, und diese Darstellung ist eindeutig. Denn ist

$$x = \sum_{i=1}^{n} \tilde{x}_i = \sum_{i=1}^{n} (\tilde{x}_1^{(i)} + \tilde{x}_2^{(i)} + \ldots + \tilde{x}_{m_i}^{(i)})$$

eine andere, so gilt wegen der Eindeutigkeit der Darstellung von $x \in E$ durch die Elemente von $L_1, \ldots, L_n$

$$x_i = x_1^{(i)} + x_2^{(i)} + \ldots + x_{m_i}^{(i)} = \tilde{x}_1^{(i)} + \tilde{x}_2^{(i)} + \ldots + \tilde{x}_{m_i}^{(i)} = \tilde{x}_i,$$

und wegen der eindeutigen Darstellung der $x_i \in L_i$ durch die Elemente der $L_1^{(i)}, \ldots, L_{m_i}^{(i)}$ ist

$$x_k^{(i)} = \tilde{x}_k^{(i)}, \quad i = 1, 2, \ldots, n, \quad k = 1, 2, \ldots, m_i.$$

Wenn $E = L_1 + L_2$ ist, so haben die Unterräume L_1 und L_2 nur das Nullelement θ des Raumes gemeinsam.

Enthielten nämlich L_1 und L_2 ein Element $u \neq \theta$, so gelte für $x \in E$ mit

$$x = y + z, \quad y \in L_1, \quad z \in L_2$$

auch die Darstellung

$$x = (y - u) + (z + u), \quad y - u \in L_1, \quad z + u \in L_2,$$

die von der ersten verschieden ist. Dies ist jedoch nach Voraussetzung unmöglich.

Wenn umgekehrt jedes Element $x \in E$ in der Form

$$x = y + z, \quad y \in L_1, \quad z \in L_2 \tag{2}$$

dargestellt werden kann, und wenn $L_1 \cap L_2 = O$ ist, so ist $E = L_1 + L_2$.

Um diesen Satz zu beweisen, genügt es, die Eindeutigkeit der Darstellung (2) zu prüfen. Ist

$$x = y + z = y_1 + z_1, \quad y, y_1 \in L_1, \quad z, z_1 \in L_2,$$

so ist

$$y - y_1 = z_1 - z, \quad y - y_1 \in L_1, \quad z_1 - z \in L_2.$$

Auf Grund unserer Voraussetzung folgt

$$y - y_1 = z - z_1 = \theta, \quad \text{d. h.} \quad y = y_1, \quad z = z_1,$$

was zu beweisen war.

In einer Reihe von Fällen erweist sich der Begriff der direkten Summe von mehreren Raumen als nützlich. $E_1, \ldots, E_n$ seien lineare Räume. Wir betrachten die Menge aller geordneten n-tupel $x = (x_1, x_2, \ldots, x_n)$ von Elementen des vorgegebenen Raumes, wobei $x_i \in E_i$, $i = 1, 2, \ldots, n$ ist. Wenn $x = (x_1, \ldots, x_n)$, $y = (y_1, \ldots, y_n)$ und ein Skalar λ gegeben sind, so setzen wir

$$x + y = (x_1 + y_1, x_2 + y_2, \ldots, x_n + y_n)$$

und

$$\lambda x = (\lambda x_1, \lambda x_2, \ldots, \lambda x_n).$$

Ist schließlich $x_k = (x_1^{(k)}, x_2^{(k)}, \ldots, x_n^{(k)})$, so definieren wir die Konvergenz $x_k \to x$ durch $x_i^{(k)} \to x_i$ für alle i.

Man bestätigt leicht, daß die so definierten Operationen der Addition, der skalaren Multiplikation und der Grenzübergang alle Axiome eines linearen Raumes erfüllen. Also ist die Menge X der geordneten n-tupel ein linearer Raum.

Wenn alle Räume E_n metrische Räume sind, so kann man X metrisieren, indem man z. B.

$$\varrho(x, y) = \sum_{i=1}^{n} \varrho_{E_i}(x_i, y_i)$$

oder

$$\varrho(x, y) = \sqrt{\sum_{i=1}^{n} \varrho_{E_i}^2(x_i, y_i)}$$

setzt. Dabei bedeutet $\varrho_{E_i}(x_i, y_i)$ den Abstand zwischen den Punkten x_i und y_i des Raumes E_i.

Beispiel. E_i sei für jedes i eine Zahlengerade. Dann ist $\sum_{i=1}^{n} E_i$ der n-dimensionale euklidische Raum.

Faktorräume. Wir betrachten einen linearen Raum E und einen seiner Unterräume L_0. Der Raum E als additive Gruppe zerfällt in Nebenklassen L von L_0 derart, daß zwei Elemente x_1 und x_2 ein und demselben L angehören genau dann, wenn $x_1 - x_2$ zu L_0 gehört. Ist x' ein beliebiges Element aus L, so läßt sich jedes x aus L in der Form $x = x' + x_0$ darstellen, wobei $x_0 \in L_0$ ist. Also ist L mit Hilfe von x' aus dem Unterraum L_0 gebildet. Wir betrachten die Faktorgruppe E/L_0, die Gruppe der Nebenklassen. Die Operation der Addition in E/L_0 ist wie in § 12 definiert. L_1 und L_2 seien Elemente aus E/L_0. Dann versteht man unter der Summe $L_1 + L_2$ eine Nebenklasse, gebildet aus allen Summen $x_1 + x_2$, wobei $x_1 \in L_1$, $x_2 \in L_2$ ist. E/L_0 ist eine additive, kommutative Gruppe.

Analog bezeichnen wir mit λL die Menge aller Elemente λx, wobei $x \in L$ ist. Man bestätigt, daß $\lambda L \in E/L_0$ ist. Sind nämlich x_1 und $x_2 \in \lambda L$, dann ist

$$x_1 = \lambda y_1, \; x_2 = \lambda y_2 \quad \text{mit} \quad y_1, y_2 \in L.$$

Daraus folgt
$$x_1 - x_2 = \lambda(y_1 - y_2),$$
wobei $y_1 - y_2 \in L_0$ ist, da L eine Nebenklasse bezüglich L_0 ist. L_0 ist aber ein Unterraum. Daher ist auch $\lambda(y_1 - y_2)$ in L_0 enthalten. Also ist λL eine Nebenklasse, d. h. $\lambda L \in E/L_0$.

Wir definieren: Eine Folge L_n konvergiert gegen L, wenn es eine Folge $\{x_1, x_2, \ldots, x_n, \ldots\}$ gibt, $x_n \in L_n$, so daß $x_n \to x$ konvergiert und $x \in L$ ist.

Man bestätigt leicht, daß die so in E/L_0 definierten Operationen der Addition, der skalaren Multiplikation und des Grenzüberganges E/L_0 zu einem linearen Raum, dem sogenannten *Faktorraum* des Raumes E nach dem Unterraum L_0, machen. Dabei spielt L_0 die Rolle des Nullelementes von E/L_0. Wenn $L \in E/L_0$ das Nullelement θ des Raumes E enthält, so fällt L mit L_0 zusammen, da in diesem Falle jedes Element $x \in L$ die Form $x = \theta + x_0 = x_0$, $x_0 \in L_0$ hat.

Beispiel. Wir betrachten in $C[0, 1]$ den Unterraum C_0 aller stetigen Funktionen, die für $x = \frac{1}{2}$ den Wert Null haben. Der entsprechende Faktorraum ist isomorph zur Menge der reellen Zahlen.

Wenn $E = E_1 + E_2$ ist, so ist E/E_1 linearisomorph zu E_2.

Zusammenhang zwischen den reellen und den komplexen Räumen. Für die komplexen Zahlen ist außer den algebraischen Operationen auch der Übergang zur konjugiert komplexen Zahl von Bedeutung:

$$\overline{a + ib} = a - ib.$$

Solch eine Operation nennt man *Involution*.

Allgemeiner definieren wir:

Involution heißt eine auf dem linearen komplexen Raum E definierte Abbildung, die jedem $a \in E$ ein $\bar{a} \in E$ zuordnet, mit den Eigenschaften:

1. $\overline{a + b} = \bar{a} + \bar{b}$.
2. $\overline{\lambda a} = \bar{\lambda} \cdot \bar{a}$ (λ komplex).
3. $\bar{\bar{a}} = a$.
4. Wenn $a_n \to a$ konvergiert, so geht $\bar{a}_n \to \bar{a}$.

Alle Elemente $a \in E$, für die $\bar{a} = a$ ist, heißen *reell*. Die Elemente $a \in E$, für die $\bar{a} = -a$ ist, heißen *rein imaginär*. Offenbar gilt: Wenn a reell, so ist ia rein imaginär, und wenn c rein imaginär, so ist $\frac{1}{i} c$ reell. Also fällt die Menge der rein imaginären Elemente mit der Menge aller Elemente der Form ia zusammen, wobei a reell ist.

Jedes Element $x \in E$ läßt sich eindeutig in der Form $x = a + ib$ mit reellem a und b darstellen.

Setzen wir nämlich $a = \frac{x + \bar{x}}{2}$, $b = \frac{x - \bar{x}}{2i}$, so ist $x = a + ib$,

$$\bar{a} = \frac{1}{2}\overline{(x + \bar{x})} = \frac{1}{2}(\bar{x} + \bar{\bar{x}}) = \frac{1}{2}(x + \bar{x}) = a$$

und

$$\bar{b} = -\frac{1}{2i}\overline{(x - \bar{x})} = -\frac{1}{2i}(\bar{x} - \bar{\bar{x}}) = \frac{1}{2i}(x - \bar{x}) = b,$$

d. h., a und b sind reell.

Die Darstellung jedes Elementes $x \in E$ in der Form $x = a + ib$ ist eindeutig, d. h., wenn

$$a + ib = c + id \tag{3}$$

ist, so gilt $a = c$ und $b = d$.

Denn wegen (3) gilt $a - c = i(d - b)$ mit a, b, c, d reell.

Ferner ist

$$\overline{a - c} = \bar{a} - \bar{c} = a - c,$$

$$\overline{i(d - b)} = -i(\bar{d} - \bar{b}) = -i(d - b).$$

Daraus folgt

$$a - c = -i(d - b),$$

d. h.

$$i(d - b) = -i(d - b),$$

und somit ist

$$d - b = \theta, \quad d = b.$$

Also ist $a - c = \theta$ und $a = c$.

Wir haben damit bewiesen, daß der Raum E direkte Summe der Unterräume der reellen und der rein imaginären Elemente von E ist. Daher lassen sich viele Untersuchungen über komplexe Räume auf die Betrachtung reeller Räume zurückführen. Ebenso kann ein n-dimensionaler komplexer Raum als direkte Summe zweier n-dimensionaler reeller Räume aufgefaßt werden.

Wenn im folgenden von linearen Räumen die Rede ist, so sind damit reelle lineare Räume gemeint.

§ 14. Lineare Operatoren

Es seien zwei lineare Räume E und E_1 gegeben, und es sei $y = A(x)$ ein Operator, der auf E definiert ist mit einem in E_1 gelegenen Wertebereich. Wir werden auch $y = Ax$ schreiben. Das Element y heißt *Bild* von x, und x *Urbild* von y.

Definition. Der Operator A heißt *linear*, wenn gilt:

1. A ist *additiv*, d. h., es ist

$$A(x_1 + x_2) = Ax_1 + Ax_2; \tag{1}$$

2. A ist *stetig*, d. h., wenn $x_n \to x$ konvergiert im Sinne der Konvergenz in E, so geht

$$A x_n \to A x$$

im Sinne der Konvergenz in E_1.

Offenbar bedeutet im Falle eines metrischen Raumes die Stetigkeit von A, daß es zu jedem $\varepsilon > 0$ ein $\delta > 0$ gibt, so daß die Bilder von Elementen aus der Kugel $S(x, \delta)$ in $S(A x, \varepsilon)$ liegen.

Wir wollen mit $(E \to E_1)$ die Menge aller linearen Operatoren bezeichnen, die E in E_1 abbilden.

Beispiele. 1. Wir betrachten eine quadratische Matrix n-ter Ordnung $(a_{ik})_{i, k=1,\dots,n}$ Die Gleichungen

$$\eta_i = \sum_{k=1}^{n} a_{ik} \xi_k, \quad i = 1, 2, \dots, n$$

definieren offenbar einen Operator A, der ein Element $x = \{\xi_1, \dots, \xi_n\}$ des n-dimensionalen euklidischen Raumes E_n in ein Element $y = \{\eta_1, \dots, \eta_n\}$ desselben Raumes überführt. A ist ein linearer Operator.

Die Additivität von A folgt aus der Gleichung

$$\sum_{k=1}^{n} a_{ik}(\xi_k + \xi_k') = \sum_{k=1}^{n} a_{ik} \xi_k + \sum_{k=1}^{n} a_{ik} \xi_k', \quad i = 1, 2, \dots, n,$$

die zu $A(x + x') = A x + A x'$ äquivalent ist. Die Stetigkeit folgt aus

$$\sqrt{\sum_{i=1}^{n} (\eta_i^{(k)} - \eta_i)^2} \leq \sqrt{\sum_{i=1}^{n} \sum_{k=1}^{n} a_{ik}^2} \sqrt{\sum_{k=1}^{n} (\xi_k^{(n)} - \xi_k)^2},$$

was man mit Hilfe der SCHWARZschen Ungleichung erhält, wobei

$$x_k = \{\xi_1^{(k)}, \dots, \xi_n^{(k)}\}, \; y_k = \{\eta_1^{(k)}, \dots, \eta_n^{(k)}\}, \; x_k \to x$$

vorausgesetzt wird.

2. Wir setzen

$$y(s) = \int_0^1 K(s, t)\, x(t)\, dt.$$

Dabei ist $K(s, t)$ eine im Quadrat $0 \leqq s \leqq 1, \; 0 \leqq t \leqq 1$ stetige Funktion. Ist $x(t) \in C\,[0, 1]$, so ist offenbar auch $y(s) \in C\,[0, 1]$. Folglich bildet die Operation $y = A x$ den Raum $C\,[0, 1]$ in sich ab. Wie man leicht sieht, ist A ein linearer Operator, denn es gilt

a) $$A(x_1 + x_2) = \int_0^1 K(s, t)\, [x_1(t) + x_2(t)]\, dt$$

$$= \int_0^1 K(s, t)\, x_1(t)\, dt + \int_0^1 K(s, t)\, x_2(t)\, dt = A x_1 + A x_2,$$

und die Additivität ist erfüllt.

β) $\{x_n(t)\}$ möge im Sinne der Konvergenz in $C[0, 1]$, d. h. gleichmäßig auf $[0, 1]$, gegen $x(t)$ konvergieren. Da man im Falle der gleichmäßigen Konvergenz unter dem Integralzeichen zur Grenze übergehen kann, so ist

$$\lim_n \int_0^1 K(s, t)\, x_n(t)\, dt = \int_0^1 K(s, t)\, x(t)\, dt,$$

d. h. $\lim\limits_n A x_n = A x$, und die Stetigkeit des Operators A ist bewiesen.

3. E sei die Menge der Funktionen, die auf einer geschlossenen ebenen Kurve Γ mit stetiger Krümmung definiert und stetig sind. Die Metrik sei durch die Gleichung $\varrho(x, y) = \max\limits_t |x(t) - y(t)|$ gegeben. Es sei ferner E_1 ein Raum von Funktionen zweier Veränderlichen, die auf einem durch die Kurve Γ begrenzten Gebiet G definiert und stetig sind. Hier sei der Abstand durch die Gleichung $\varrho(u, v) = \max\limits_{(\xi, \eta) \in G} |u(\xi, \eta) - v(\xi, \eta)|$ definiert. Jeder Funktion $x(t) \in E$ ordnen wir diejenige Funktion $u(\xi, \eta) \in E_1$ zu, die Lösung des DIRICHLETschen Problems für das Gebiet G ist bei der Randbedingung $x(t)$. Bekanntlich ist diese Aufgabe unter den gemachten Voraussetzungen eindeutig lösbar. Diese Zuordnung definiert eine gewisse Operation $u = A x$. Auf Grund der bekannten Eigenschaften harmonischer Funktionen ist A ein auf E definierter linearer Operator mit einem in E_1 gelegenen Wertebereich.

4. Es sei $E = C[0, 1]$. Wir betrachten in diesem Raum den durch

$$y(t) = \int_0^t x(\tau)\, d\tau$$

definierten Operator A. Offenbar ist A ein linearer Operator, der auf ganz E erklärt ist. Ferner sei durch

$$y(t) = \frac{d}{dt} x(t)$$

auf E ein anderer Operator B gegeben. B ist nicht für alle $x(t) \in C[0, 1]$ definiert, und wenn Bx existiert, so ist nicht immer $y(t) \in C[0, 1]$. Wenn man jedoch als Definitionsgebiet von B eine lineare Mannigfaltigkeit von Funktionen verwendet, die stetige Ableitungen besitzen (diese Funktionen liegen überall dicht in $C[0, 1]$), so ist der Wertebereich von B ebenfalls in $C[0, 1]$ enthalten.

Der Operator B ist offenbar additiv. Er ist aber nicht stetig, da die Ableitung eines Grenzelementes einer gleichmäßig konvergenten Folge von Funktionen nicht gleich dem Limes der Ableitungen dieser Funktionen zu sein braucht.

Einfachste Eigenschaften linearer Operatoren. A sei ein linearer Operator. Wir setzen $y = x + z$, dann ist $z = y - x$. Man erhält $Ay = Ax + Az = Ax + A(y - x)$, daraus folgt

$$A(y - x) = Ay - Ax. \tag{2}$$

Ist in (2) $y = x$, so folgt $A\theta = Ax - Ax = \theta_1$, wobei θ_1 das Nullelement des Raumes ist, in dem der Wertebereich des Operators A liegt.

Setzen wir in (2) $y = \theta$, so erhalten wir $A(-x) = -Ax$.

Satz 1. *Es sei A ein additiver, auf einem linearen Raum E definierter Operator, dessen Wertebereich in einem linearen Raum E_1 gelegen ist. Wenn A in $x_0 \in E$ stetig ist, dann ist A im ganzen Raum stetig und somit linear.*

Es sei x ein beliebiger Punkt aus E, und es konvergiere $x_n \to x$. Dann konvergiert $x_n - x + x_0 \to x_0$, und da A im Punkte x_0 stetig ist, so gilt

$$\lim_n A(x_n - x + x_0) = A x_0 .$$

Es ist aber

$$A(x_n - x + x_0) = A x_n - A x + A x_0$$

wegen der Additivität von A. Daher gilt

$$\lim_n A x_n - A x + A x_0 = A x_0 ,$$

und daraus folgt

$$\lim_n A x_n = A x .$$

Satz 2. *Ein linearer Operator ist homogen, d. h., für jedes reelle t ist $A(tx) = tAx$. (Ein Zahlenfaktor kann vor das Operatorzeichen gezogen werden.)*

Es sei zuerst $t = n$ eine natürliche Zahl. Dann ist

$$A(nx) = A(x + x + \ldots + x) = Ax + Ax + \ldots + Ax = nAx .$$

Ist $t = m$ eine negative ganze Zahl, dann gilt

$$A(mx) = -A(-mx) = -(-m)Ax = mAx .$$

Wenn $t = \frac{m}{n}$ eine rationale Zahl ist, so erhalten wir

$$A\left(\frac{m}{n}x\right) = mA\left(\frac{1}{n}x\right).$$

Wir setzen $\frac{1}{n}x = y$. Dann ist $x = ny$ und

$$Ax = A(ny) = nAy = nA\left(\frac{1}{n}x\right),$$

daraus folgt $A\left(\frac{1}{n}x\right) = \frac{1}{n}Ax$, also gilt

$$A\left(\frac{m}{n}x\right) = mA\left(\frac{1}{n}x\right) = \frac{m}{n}Ax .$$

Nun sei schließlich t irrational. Es gibt eine Folge rationaler Zahlen $\{r_n\}$, für die $\lim_n r_n = t$ ist. Folglich ist $\lim_n r_n x = tx$, und da A stetig war, so gilt

$$A(tx) = A(\lim_n r_n x) = \lim_n A(r_n x) = \lim_n r_n A x = tAx .$$

In der Menge der linearen Operatoren, die auf einem linearen Raum E definiert und deren Wertebereiche in einem linearen Raum E_1 gelegen sind, kann man algebraische Operationen einführen. A und B seien solche Operatoren. Wir definieren die Addition durch

$$(A + B)\, x = A x + B x$$

und die Multiplikation mit einer Zahl durch

$$(\lambda A)\, x = \lambda A x.$$

Die betrachtete Menge der linearen Operatoren ist ein Linearsystem, denn es sind bei diesen Definitionen alle erforderlichen Axiome erfüllt. Speziell ist das Nullelement ein Operator O, für den $Ox = \theta_1$ gilt für jedes $x \in E$. Die Operatoren A_n konvergieren gegen den Operator A ($A_n \to A$), wenn für jedes $x \in E$ $A_n x \to A x$ geht. Dann ist die Menge der linearen Operatoren ein linearer Raum. Diesen Raum werden wir bei einigen ergänzenden Voraussetzungen über E und E_1 noch eingehender weiter unten behandeln.

Der Ring der linearen Operationen. Wir betrachten jetzt irgendeinen linearen Raum E und die Menge $(E \to E)$ aller linearen Operatoren, die auf E definiert sind mit einem in E gelegenen Wertebereich. Wie oben gezeigt, bilden diese Operatoren ein Linearsystem. Wir definieren das Produkt zweier linearer Operatoren A und B durch

$$(AB)\, x = A(Bx).$$

Wie man leicht sieht, ist dies wiederum ein linearer Operator. Durch Induktion definiert man das Produkt endlich vieler linearer Operatoren. Speziell schreibt man

$$A\, A = A^2,\quad A^2 A = A^3,\ \ldots$$

Man erkennt leicht, daß $(AB)C = A(BC)$, $(A + B)C = AC + BC$ und auch $C(A + B) = CA + CB$ gilt. Ferner existiert ein durch $Ix = x$ für jedes x definierter Einheitsoperator I. Für alle Operatoren A gilt $AI = IA = A$.

Also bildet die Menge $(E \to E)$ einen Ring mit Einselement, der nicht kommutativ ist, da im allgemeinen $AB \neq BA$ ist.

Beispiel. Es sei $E = C\,[0, 1]$. Wir betrachten die Operatoren

$$y(s) = \int_0^1 s t\, x(t)\, dt = Ax \quad \text{und} \quad y(s) = s\, x(s) = Bx.$$

Dann gilt

$$ABx = \int_0^1 st \cdot t\, x(t)\, dt = s \int_0^1 t^2 x(t)\, dt,$$

$$BAx = s \int_0^1 st\, x(t)\, dt = s^2 \int_0^1 t\, x(t)\, dt.$$

Also ist $AB \neq BA$.

Fundamental ist der Begriff des ***inversen Operators***. Analog der Definition des inversen Elementes in einem Ring heißt ein Operator B ***linksinvers*** zu A, wenn $BA = I$ und C ist ***rechtsinvers*** zu A, wenn $AC = I$ gilt. Wenn $B = C$ ist, so sagt man, der Operator A besitze einen inversen Operator, den man mit A^{-1} bezeichnet. Wenn also A^{-1} existiert, so ist nach Definition $A^{-1}A = AA^{-1} = I$. Zum Begriff des inversen Operators kehren wir später zurück.

Funktionen von Operatoren. Der Operator $A^n = \overbrace{A \cdot A \ldots A}^{n}$ stellt das einfachste Beispiel einer *Operatorfunktion* dar. Sie ist ein spezieller Fall einer allgemeineren Funktion, nämlich eines Operatorpolynoms

$$P_n(A) = a_0 I + a_1 A + a_2 A^2 + \ldots + a_n A^n.$$

Man kann auch noch allgemeinere Operatorfunktionen $f(A)$ betrachten.

Es sei beispielsweise E ein n-dimensionaler Vektorraum und A ein Operator, der E in sich überführt und durch eine symmetrische Matrix $\mathfrak{A}$ gegeben ist. Mit Hilfe einer unitären Transformation $\mathfrak{U}$ bringen wir die Matrix $\mathfrak{A}$ auf Diagonalform

$$\mathfrak{L} = \mathfrak{U}\mathfrak{A}\mathfrak{U}^{-1},$$

d. h.

$$\mathfrak{L} = \begin{Vmatrix} \lambda_1 & 0 & 0 & \ldots & 0 \\ 0 & \lambda_2 & 0 & \ldots & 0 \\ \cdot & \cdot & \cdot & \cdot & \cdot \\ 0 & 0 & 0 & \ldots & \lambda_n \end{Vmatrix}.$$

$f(t)$ sei eine beliebige Funktion einer reellen Veränderlichen t, definiert auf dem Intervall $[m, M]$ mit $m = \inf_i \lambda_i$ und $M = \sup_i \lambda_i$. Wir setzen

$$f(\mathfrak{L}) = \begin{Vmatrix} f(\lambda_1) & 0 & 0 & \ldots & 0 \\ 0 & f(\lambda_2) & 0 & \ldots & 0 \\ \cdot & \cdot & \cdot & \cdot & \cdot \\ 0 & 0 & 0 & \ldots & f(\lambda_n) \end{Vmatrix}$$

und

$$f(\mathfrak{A}) = \mathfrak{U}^{-1} f(\mathfrak{L})\, \mathfrak{U}.$$

Also wird jeder auf $[m, M]$ definierten Funktion $f(t)$ einer reellen Veränderlichen t eine Funktion $f(\mathfrak{A})$ der Matrix $\mathfrak{A}$ zugeordnet. Offenbar entspricht der Funktion $f(t) \equiv 0$ die Nullmatrix, der Funktion $f(t) \equiv 1$ die Matrix $\mathfrak{E}$. Ist ferner $f(t) = f_1(t) + f_2(t)$, so ist $f(\mathfrak{A}) = f_1(\mathfrak{A}) + f_2(\mathfrak{A})$, und ist $\varphi(t) = f_1(t) \cdot f_2(t)$, so ist $\varphi(\mathfrak{A}) = f_1(\mathfrak{A}) \cdot f_2(\mathfrak{A})$. Diese Gleichungen folgen aus den für beliebige Matrizen $\mathfrak{B}$ und $\mathfrak{C}$ geltenden Beziehungen

$$\mathfrak{U}(\mathfrak{B} + \mathfrak{C})\, \mathfrak{U}^{-1} = \mathfrak{U}\mathfrak{B}\mathfrak{U}^{-1} + \mathfrak{U}\mathfrak{C}\mathfrak{U}^{-1}$$

$$\mathfrak{U}(\mathfrak{B}\mathfrak{C})\, \mathfrak{U}^{-1} = (\mathfrak{U}\mathfrak{B}\mathfrak{U}^{-1})\, (\mathfrak{U}\mathfrak{C}\mathfrak{U}^{-1})$$

und

$$f(\mathfrak{L}) = f_1(\mathfrak{L}) + f_2(\mathfrak{L}), \quad \varphi(\mathfrak{L}) = f_1(\mathfrak{L}) \cdot f_2(\mathfrak{L}).$$

Man kann die Theorie der Funktionen von Matrizen auch anders aufbauen, indem man von Polynomen von Matrizen zu Potenzreihen von Matrizen übergeht. Auf diesem Wege kann man jedoch nur analytische Funktionen einer

Matrix definieren. Weitgehende Untersuchungen in dieser Richtung hat A. I. LAPPO-DANILEWSKIJ durchgeführt. Diese Theorie der analytischen Funktionen von Matrizen wurde bei Untersuchungen von Differentialgleichungssystemen benutzt [40]. Die Konstruktion von Matrizenfunktionen durch Reduktion der Matrix auf Diagonalform wurde für unendliche Matrizen, und dann für beliebige selbstadjungierte Operatoren im HILBERTschen Raum in der Spektraltheorie durchgeführt (siehe § 37).

Als zweites Beispiel betrachten wir Differentialoperatoren. Es sei $E = C[0, 1]$ und $D = \frac{d}{dt}$ der Operator, der jeder stetigen differenzierbaren Funktion $x(t)$ die Ableitung dieser Funktion zuordnet:

$$D\,x(t) = \frac{dx}{dt}.$$

Für n-mal differenzierbare Funktionen hat

$$P_n(D)\,x(t) = a_0 x(t) + a_1 \frac{dx}{dt} + a_2 \frac{d^2x}{dt^2} + \ldots + a_n \frac{d^nx}{dt^n}$$

einen Sinn. Dabei ist $P_n(s)$ ein beliebiges Polynom n-ten Grades vom Argument s. Für nichtbeschränkte differenzierbare Funktionen ist

$$\sum_{n=0}^{\infty} a_n D^n x(t) = \sum_{n=0}^{\infty} a_n \frac{d^nx}{dt^n}$$

sinnvoll, wenn nur die auf der rechten Seite stehende Reihe konvergiert und ihre Summe zu $C[0, 1]$ gehört. Speziell gilt dies, wenn $x(t)$ ein Polynom vom Grade m ist, da dann $D^n x(t) = 0$ ist für $n > m$ und die Reihe zu einer endlichen Summe wird.

Polynome von Differentialoperatoren finden Anwendung in der Theorie der linearen Differentialgleichungen. Einfachstes Beispiel ist die sogenannte symbolische Methode der Lösung einer Differentialgleichung mit konstanten Koeffizienten. Weitere Anwendungen auf lineare Differentialgleichungen — gewöhnliche und partielle — findet man in der Operatorenrechnung [6].

Formale Operationen mit Reihen und den mit Hilfe von Reihen definierten Funktionen eines Differentialoperators wurden in der ersten Hälfte des 19. Jahrhunderts benutzt, um gewisse Formeln zu erhalten. Wir erklären dies an Hand von Beispielen.

Zuerst bemerken wir, daß der Operator

$$I + hD + \frac{h^2D^2}{2!} + \frac{h^3D^3}{3!} + \ldots + \frac{h^nD^n}{n!} + \ldots = e^{hD}.$$

bei Anwendung auf $x(t)$ die Funktion $x(t+h)$ ergibt. Es ist nämlich

$$e^{hD}x(t) = x(t) + h\,x'(t) + \frac{h^2x''(t)}{2!} + \ldots + \frac{h^nx^{(n)}(t)}{n!} + \ldots = x(t+h).$$

Wenn wir daher mit Δ_h den Differenzenoperator

$$\Delta_h x(t) = x(t+h) - x(t)$$

bezeichnen, so ist

$$e^{hD}x(t) = x(t+h) = x(t) + \Delta_h x(t) = (I + \Delta_h)\,x(t)$$

d. h.

$$I + \Delta_h = e^{hD}.$$

Hieraus ergibt sich

$$hD = \ln(I + \Delta_h) = \sum_{n=1}^{\infty} (-1)^n \frac{\Delta_h^n}{n},$$

wenn man formal in eine Potenzreihe entwickelt. Dies ist die Formel von GREGORY, die den Differentialoperator durch Differenzenoperatoren ausdrückt.

Wir betrachten ferner die Operatoren

$$Jx(t) = \int_0^1 x(t+\tau)\,d\tau \quad \text{und} \quad Sx(t) = \sum_{i=1}^{n} c_i\, x(t+\tau_i),$$

wobei $\sum_{i=1}^{n} c_i = 1$ ist. Man überzeugt sich leicht davon, daß man die Operatoren J und S als Funktionen des Operators D ausdrücken kann, denn es ist

$$J = \int_0^1 e^{\tau D}\,d\tau = \frac{e^D - I}{D}, \qquad S = \sum_{i=1}^{n} c_i e^{\tau_i D}.$$

Daraus folgt

$$J - S = J[I - J^{-1}S] = J\left[I - \sum_{i=1}^{n} c_i \frac{D e^{\tau_i D}}{e^D - I}\right].$$

Durch

$$\frac{z e^{\alpha z}}{e^z - 1} = \sum_{k=0}^{\infty} \frac{z^k}{k!} B_k(\alpha)$$

sind bekanntlich die BERNOULLIschen Polynome definiert. Daher geht die vorige Formel über in

$$J - S = J\left[I - \sum_{i=1}^{n} c_i \left(\sum_{k=0}^{\infty} \frac{D^k}{k!} B_k(\tau_i)\right)\right] = -J\left[\sum_{i=1}^{n} c_i \left(\sum_{k=1}^{\infty} \frac{D^k}{k!} B_k(\tau_i)\right)\right],$$

weil $\sum_{i=1}^{n} c_i B_0(\tau_i) = \sum_{i=1}^{n} c_i = 1$ ist.

Da noch

$$J[D^k x(t)] = \int_0^1 x^{(k)}(t+\tau)\,d\tau = x^{(k-1)}(t+1) - x^{(k-1)}(t)$$

gilt, kommen wir zu der verallgemeinerten EULER-MACLAURINschen Summenformel

$$\int_0^1 x(t+\tau)\,d\tau = \sum_{i=1}^{n} c_i\, x(t+\tau_i) - \sum_{k=1}^{\infty} \left[\sum_{i=1}^{n} c_i \frac{B_k(\tau_i)}{k!}\right] [x^{(k-1)}(t+1) - x^{(k-1)}(t)].$$

Speziell erhalten wir für $t = 0$

$$\int_0^1 x(\tau)\,d\tau = \sum_{i=1}^{n} c_i\, x(\tau_i) - \sum_{k=1}^{\infty} \left[\sum_{i=1}^{n} c_i \frac{B_k(\tau_i)}{k!}\right] [x^{(k-1)}(1) - x^{(k-1)}(0)].$$

Diese Ableitung der Formeln von GREGORY und EULER-MACLAURIN ist charakteristisch. Wenn $x(t)$ ein Polynom ist, so werden die auftretenden unendlichen Reihen zu endlichen Summen. Bei hinreichend oft differenzierbaren Funktionen lassen sich die Formeln von GREGORY und EULER-MACLAURIN durch Abschätzung der Restglieder beweisen.

§ 15. Lineare normierte Räume

Eine wichtige Klasse linearer Räume sind die BANACH-Räume. Zunächst einige

Definitionen. Eine Menge E heißt *linearer normierter Raum*, wenn

I. E ein Linearsystem ist mit den reellen (komplexen) Zahlen als Ringmultiplikatoren, und wenn

II. jedem Element x des Linearsystems E eine eindeutig bestimmte reelle Zahl zugeordnet wird, die man Norm dieses Elementes nennt und mit $\|x\|$ bezeichnet. Die Norm eines Elementes muß folgenden Bedingungen genügen (*Axiome der Norm*):

1. $\|x\| \geqq 0$ und $\|x\| = 0$, nur wenn $x = \theta$ ist;
2. $\|x + y\| \leqq \|x\| + \|y\|$;
3. $\|\lambda x\| = |\lambda|\,\|x\|$.

In einem linearen normierten Raum kann man durch

$$\varrho(x, y) = \|x - y\|$$

eine Metrik einführen. Man bestätigt leicht, daß der eingeführte Abstand allen metrischen Axiomen genügt. Nach Einführung der Metrik definiert man

$$x = \lim_n x_n \quad \text{oder} \quad x_n \to x \quad \text{durch} \quad \|x_n - x\| \to 0$$

für $n \to \infty$. Diese Konvergenz in einem linearen normierten Raum heißt *Normkonvergenz*.*)

Wenn ein linearer normierter Raum vollständig im Sinne der Normkonvergenz ist, so heißt er BANACH*scher Raum* oder *Raum vom Typ B*.

Beispiele. 1. Der n-dimensionale Vektorraum E_n ist ein Raum vom Typ B.

Wenn man die Summe von Elementen und das Produkt eines Elementes mit einer Zahl so wie im Beispiel 7 auf S. 56 und die Norm durch

$$\|x\| = \left(\sum_{i=1}^{n} \xi_i^2\right)^{\frac{1}{2}}$$

definiert, so sieht man, daß E_n vom Typ B ist. Dabei ist die Metrik die früher in E_n eingeführte.

---

*) Auch „starke Konvergenz" genannt.

2. $C[0, 1]$ ist ein BANACHraum. Die Addition von Funktionen und die Multiplikation einer Funktion mit einer reellen Zahl definieren wir in der üblichen Weise. Ferner setzen wir

$$\|x\| = \max_{0 \leq t \leq 1} |x(t)|.$$

Die Metrik fällt mit der früher in $C[0, 1]$ eingeführten zusammen.

3. l_p ist ein Raum vom Typ B, wenn man die Addition und die Multiplikation mit einer reellen Zahl durch

$$x + y = \{\xi_i + \eta_i\},$$
$$\lambda x = \{\lambda \xi_i\}$$

definiert und

$$\|x\| = \left(\sum_{i=1}^{\infty} |\xi_i|^p\right)^{\frac{1}{p}}$$

setzt. Die zugehörige Metrik ist wieder die von früher bekannte.

4. $L_p(0, 1)$ ist ein BANACHraum. Hier setzen wir für $x(t) \in L_p(0, 1)$

$$\|x\| = \left(\int_0^1 |x(t)|^p \, dt\right)^{\frac{1}{p}}.$$

Man erhält wieder die alte Metrik.

5. m ist ein Raum vom Typ B. Denn setzen wir für $x = \{\xi_i\}$, $\|x\| = \sup_i |\xi_i|$, so erhalten wir wieder einen BANACHraum mit bekannter Metrik.

6. Die Räume s und $S(0, 1)$ sind keine BANACHräume.

Wir bemerken:

a) Aus den Beziehungen

$$\|(x + y) - (x_n + y_n)\| \leq \|x - x_n\| + \|y - y_n\|,$$
$$\|\lambda x - \lambda x_n\| = |\lambda| \, \|x - x_n\|$$

und

$$\|\lambda_n x - \lambda x\| = |\lambda_n - \lambda| \, \|x\|$$

folgt: Wenn $\lambda_n \to \lambda, \quad x_n \to x \quad$ und $\quad y_n \to y$

gehen, dann konvergieren

$$x_n + y_n \to x + y, \quad \lambda x_n \to \lambda x \quad \text{und} \quad \lambda_n x \to \lambda x.$$

b) Ferner ist

$$\|x\| = \|y + (x - y)\| \leq \|y\| + \|x - y\|$$

oder

$$\|x\| - \|y\| \leq \|x - y\|.$$

Wenn wir die Rollen von x und y vertauschen, so erhalten wir

$$\|y\| - \|x\| \leq \|x - y\|$$

und somit

$$\big| \|x\| - \|y\| \big| \leq \|x - y\|.$$

c) Daraus folgt speziell, wenn $x_n \to x$ konvergiert, so geht

$$\|x_n\| \to \|x\|.$$

Da BANACHräume vollständige metrische lineare Räume sind, so sind alle Begriffe wie Kugel, beschränkte Menge, Separabilität, Kompaktheit, lineare Abhängigkeit von Elementen, lineare Mannigfaltigkeit, Unterräume usw. sinnvoll, da sie in vollständigen metrischen und linearen Räumen eingeführt wurden.

Wie man leicht sieht, ist eine Kugel in einem linearen normierten Raum eine konvexe Menge. Es seien $x_1, x_2 \in \overline{S}(a, r)$, d. h. es ist

$$\|x_1 - a\| \leqq r, \quad \|x_2 - a\| \leqq r.$$

Wir wählen ein beliebiges Element der Form

$$y = t x_2 + (1 - t)\, x_1, \quad t \in [0, 1].$$

Dann gilt

$$\begin{aligned}\|y - a\| &= \|t x_2 + (1 - t)\, x_1 - a\| \\ &= \|t x_2 + (1 - t)\, x_1 - ta - (1 - t)\, a\| \\ &\leqq \|t x_2 - ta\| + \|(1 - t)\, x_1 - (1 - t)\, a\| \\ &= t\|x_2 - a\| + (1 - t)\|x_1 - a\| \leqq tr + (1 - t)\, r = r.\end{aligned}$$

Also ist

$$\|y - a\| \leqq r$$

und somit

$$y \in \overline{S}(a, r).$$

Normierung. Die Einführung einer Norm in einem linearen Raum heißt *Normierung*.

Bedingungen für die Normierbarkeit linearer Räume wurden von A. N. KOLMOGOROW [36] aufgestellt.

Beispiel. E sei ein linearer normierter Raum, L_0 ein Unterraum von E, E/L_0 die Faktorgruppe. E/L_0 kann durch

$$\|L\| = \inf_{x \in L} \|x\|$$

für jedes $L \in E/L_0$ normiert werden.

Wir zeigen, daß $\|L\|$ allen Axiomen der Norm genügt.

1. Es ist $\|L\| \geqq 0$. Dabei gilt $\|L\| = 0$ genau dann, wenn $L = L_0$ ist. Die erste Ungleichung sieht man unmittelbar ein. Ferner ist L eine abgeschlossene Menge. Denn ist $\{x_n\}$ eine Folge von Elementen aus L, die gegen $x \in E$ konvergiert, dann gilt für jedes n und jedes m $x_n - x_m \in L_0$, und für $m \to \infty$ konvergiert

$$x_n - x_m \to x_n - x.$$

Da L_0 abgeschlossen ist, so ist $x_n - x \in L_0$. Dann ist aber x zusammen mit x_n in L enthalten.

Es sei jetzt
$$\|L\| = \inf_{x \in L} \|x\| = 0.$$
Dann gibt es in L eine Folge $\{x'_n\}$, für die $\|x'_n\| \to 0$ geht, d. h., es konvergiert $x'_n \to \theta$. Wegen der Abgeschlossenheit muß L auch θ enthalten; dann ist aber $L = L_0$. Daß umgekehrt $\|L_0\| = 0$ ist, sieht man unmittelbar. Also ist das erste Axiom erfüllt.

2. Es ist $\|L_1 + L_2\| \leqq \|L_1\| + \|L_2\|$, denn es gilt
$$\|L_1 + L_2\| = \inf_{x_1 \in L_1,\, x_2 \in L_2} \|x_1 + x_2\| \leqq \inf_{x_1 \in L_1,\, x_2 \in L_2} (\|x_1\| + \|x_2\|)$$
$$= \inf_{x_1 \in L_1} \|x_1\| + \inf_{x_2 \in L_2} \|x_2\| = \|L_1\| + \|L_2\|.$$

3. Es ist $\|\lambda L\| = |\lambda| \, \|L\|$, da
$$\|\lambda L\| = \inf_{x \in L} \|\lambda x\| = |\lambda| \inf_{x \in L} \|x\| = |\lambda| \, \|L\|$$
gilt.

Schließlich bemerken wir: Wenn E ein vollständiger Raum ist, so ist E/L_0 ebenfalls vollständig.

Zum Abschluß zeigen wir, daß der durch diese Norm eingeführte Limesbegriff dem früheren äquivalent ist.

Nach der in § 13 (S. 63) gegebenen Definition konvergiert
$$L_n \to L,$$
wenn es eine Folge $x_n \in L_n$ gibt, so daß $x_n \to x$ konvergiert, wobei $x \in L$.

Dann geht aber
$$\|x_n - x\| \to 0,$$
wobei
$$x_n - x \in L_n - L \quad \text{und} \quad \|L_n - L\| \leqq \|x_n - x\|$$
ist. Erst recht konvergiert $\|L_n - L\| \to 0$.

Wenn umgekehrt
$$\|L_n - L\| \to 0$$
konvergiert, d. h., wenn
$$\|L_n - L\| = \varepsilon_n \quad \text{und} \quad \varepsilon_n \to 0$$
geht, so enthält $L_n - L$ ein Element $x_n - x'_n$, so daß $x_n \in L_n$, $x'_n \in L$ und $\|x_n - x'_n\| < 2\varepsilon_n$ ist. Dabei kann man als x'_n jedes feste (nicht von n abhängende) Element $x_0 \in L$ nehmen. Wenn nämlich
$$\|x'_n - x_n\| < 2\varepsilon_n$$
gilt, wobei $x'_n \in L$, $x_n \in L_n$ ist, so gilt
$$\|x_0 - (x_0 - x'_n + x_n)\| < 2\varepsilon_n,$$
und da $x_0 \in L$, $x'_n \in L$ ist, so ist $x_0 - x'_n \in L_0$ und auch
$$y_n = x_0 - x'_n + x_n \in L_n.$$

Also wurde für ein beliebiges Element $x_0 \in L$ eine Folge $y_n \in L_n$ konstruiert, so daß $y_n \to x_0$ konvergiert. Das ist aber die Konvergenz von L_n gegen L im Sinne der in § 13 eingeführten Topologie im Faktorraum.

§ 16. Räume und Unterräume von endlicher Dimension

Endliche Dimension und Kompaktheit. Im n-dimensionalen euklidischen Raum ist bekanntlich jede beschränkte Menge kompakt. Wir beweisen, daß die Kompaktheit beschränkter Mengen eine charakteristische Eigenschaft der linearen normierten Räume mit endlicher Dimension ist.

Lemma. *Es sei L ein echter Unterraum des linearen normierten Raumes E. Zu jedem vorgegebenen $\varepsilon > 0$ läßt sich dann ein $y \in E$ mit $\|y\| = 1$ finden, das für alle $x \in L$ die Ungleichung $\|x - y\| > 1 - \varepsilon$ erfüllt.*

Beweis. Es sei y_0 aus E, aber nicht aus L und

$$d = \inf_{x \in L} \|y_0 - x\|.$$

Es muß $d > 0$ sein, weil sonst y_0 Häufungspunkt von L wäre und damit entgegen der Voraussetzung zu L gehören würde. Zu jedem $\eta > 0$ läßt sich ein $x_0 \in L$ mit

$$d \leqq \|y_0 - x_0\| < d + \eta$$

angeben. Das Element

$$y = \frac{y_0 - x_0}{\|y_0 - x_0\|}$$

gehört dann nicht zu L, weil sonst y_0 zu L gehören würde. Außerdem ist $\|y\| = 1$ und es gilt

$$\|y - x\| = \left\| \frac{y_0 - x_0}{\|y_0 - x_0\|} - x \right\| = \frac{1}{\|y_0 - x_0\|} \|y_0 - x'\|$$

$$> \frac{1}{d + \eta} \|y_0 - x'\| \geqq \frac{d}{d + \eta} = 1 - \frac{\eta}{d + \eta},$$

wobei

$$x' = x_0 + \|y_0 - x_0\| x \quad \text{und} \quad x' \in L$$

ist für jedes $x \in L$. Wird nun η so gewählt, daß $\frac{\eta}{\eta + d} < \varepsilon$ ist, so gilt mit

$$\|y - x\| > 1 - \varepsilon$$

die Behauptung.

Satz. *Der Unterraum L des linearen normierten Raumes E ist von endlicher Dimension genau dann, wenn jede beschränkte Teilmenge von L kompakt ist.*

Notwendigkeit. L sei n-dimensional. Dann ist jedes $x \in L$ in der Form

$$x = \lambda_1 x_1 + \lambda_2 x_2 + \ldots + \lambda_n x_n$$

darstellbar, wo $x_1, x_2, \ldots, x_n$ fest gewählte linear unabhängige Elemente aus L sind. Die Elemente y_k einer beliebigen beschränkten Folge $\{y_k\}$ aus L lassen sich insbesondere als

$$y_k = \lambda_1^{(k)} x_1 + \lambda_2^{(k)} x_2 + \ldots + \lambda_n^{(k)} x_n, \qquad k = 1, 2, \ldots$$

schreiben. Wegen der Beschränktheit von $\{y_k\}$ gibt es ein M, so daß $\|y_k\| \leqq M$, $k = 1, 2, \ldots$ ist. Um zu beweisen, daß die Folge der Summen

$$|\lambda_1^{(k)}| + |\lambda_2^{(k)}| + \ldots + |\lambda_n^{(k)}|, \qquad k = 1, 2, \ldots$$

beschränkt ist, werde das Gegenteil angenommen. Es gäbe also eine Indexfolge $k_1, k_2, \ldots, k_m, \ldots$ mit

$$|\lambda_1^{(k_m)}| + |\lambda_1^{(k_m)}| + \ldots + |\lambda_n^{(k_m)}| = c_m \geqq m.$$

Für die Elemente
$$y_{k_m}^* = \frac{1}{c_m} y_{k_m}$$
gilt dann
$$\|y_{k_m}^*\| = \frac{1}{c_m} \|y_{k_m}\| \leqq \frac{1}{c_m} M \leqq \frac{M}{m}.$$

Also strebt $y_{k_m}^* \to \theta$ für $m \to \infty$. Andererseits gilt

$$y_{k_m}^* = \mu_1^{(k_m)} x_1 + \mu_1^{(k_m)} x_2 + \ldots + \mu_n^{(k_m)} x_n,$$

wobei
$$\mu_i^{(k_m)} = \frac{1}{c_m} \lambda_i^{(k_m)}$$
ist. Wegen
$$|\mu_1^{(k_m)}| + |\mu_2^{(k_m)}| + \ldots + |\mu_n^{(k_m)}| = 1$$
sind $\{\mu_i^{(k_1)}, \mu_i^{(k_2)}, \ldots\}$ für alle i beschränkte Folgen reeller Zahlen. Deshalb lassen sich Teilfolgen $\{\mu_i^{(k_{m_1})}, \mu_i^{(k_{m_2})}, \ldots\}$ auswählen, die gegen $\mu_i^{(0)}$ konvergieren.

Die Indexfolge $\{k_{m_j}\}$ wird so gewählt, daß für alle i von 1 bis n Konvergenz eintritt.

Offenbar ist
$$|\mu_1^{(0)}| + |\mu_2^{(0)}| + \ldots + |\mu_n^{(0)}| = 1.$$
Setzt man
$$y_0 = \mu_1^{(0)} x_1 + \mu_2^{(0)} x_2 + \ldots + \mu_n^{(0)} x_n,$$
so gilt
$$\|y_0 - y_{k_{m_j}}^*\| \leqq |\mu_1^{(0)} - \mu_1^{(k_{m_j})}| \, \|x_1\|$$
$$+ |\mu_2^{(0)} - \mu_2^{(k_{m_j})}| \, \|x_2\| + \ldots + |\mu_n^{(0)} - \mu_n^{(k_{m_j})}| \, \|x_n\| \to 0$$

für $m_j \to \infty$, d. h., es strebt $y_{k_{m_j}}^* \to y_0$. Weil andererseits $y_{k_{m_j}}^* \to \theta$ konvergiert, muß $y_0 = \theta$ sein. Das kann aber wegen der vorausgesetzten linearen Unabhängigkeit der $x_1, x_2, \ldots, x_n$ nicht sein, denn sicher verschwinden nicht alle Zahlen $\mu_1^{(0)}, \mu_2^{(0)}, \ldots, \mu_n^{(0)}$.

Somit sind alle Summen

$$|\lambda_1^{(k)}| + |\lambda_2^{(k)}| + \ldots + |\lambda_n^{(k)}|$$

und damit auch alle Folgen $\{\lambda_i^{(1)}, \lambda_i^{(2)}, \ldots\}$ beschränkt. Man kann daher eine Indexfolge $k_1, k_2, \ldots, k_j, \ldots$ wählen, so daß

$$\lambda_i^{(k_j)} \to \lambda_i^{(0)}$$

strebt für $k_j \to \infty$ und $i = 1, 2, \ldots, n$. Dann geht aber

$$y_{k_j} \to y_0 = \lambda_1^{(0)} x_1 + \ldots + \lambda_n^{(0)} x_n.$$

Wir hatten die beschränkte Folge $\{y_k\}$ beliebig aus L gewählt, also ist jede beschränkte Menge eines Raumes mit endlicher Dimension kompakt.

Bemerkung. Bei diesem Beweis wurde gleichzeitig gezeigt: Wenn $\{y_k\}$ in einer linearen Mannigfaltigkeit L von endlicher Dimension liegt und $y_k \to y$ konvergiert, so ist auch y in L enthalten. Also ist $L = \overline{L}$.

Strebt nämlich $y_k \to y$, so ist $\{y_k\}$ sicher eine beschränkte Folge. Wie bewiesen wurde, läßt sich aus $\{y_k\}$ eine konvergente Teilfolge $\{y_{k_j}\}$ auswählen mit

$$y_{k_j} \to y_0 = \lambda_1^{(0)} x_1 + \lambda_2^{(0)} x_2 + \ldots + \lambda_n^{(0)} x_n \in L.$$

Da andererseits $\{y_{k_j}\}$ Teilfolge der gegen y konvergierenden Folge $\{y_k\}$ ist, so muß

$$y_{k_j} \to y$$

streben. Somit ist $y = y_0 \in L$.

Hinlänglichkeit. Jede beschränkte Menge von Elementen aus L sei kompakt. Es sei x_1 ein beliebiges Element aus L mit $\|x_1\| = 1$ und L_1 der durch x_1 erzeugte Unterraum. Falls $L = L_1$, so ist unser Satz bewiesen. Andernfalls gibt es bei geeigneter Anwendung des Lemmas und nach obiger Bemerkung ein x_2 aus L mit $\|x_2\| = 1$ und $\|x_1 - x_2\| \geqq \frac{1}{2}$. Der durch x_1, x_2 erzeugte Unteraum L_2 von L ist dann entweder gleich L oder es gibt nach unserem Hilfssatz ein x_3 mit

$$\|x_3\| = 1, \quad \|x_1 - x_3\| \geqq \frac{1}{2}, \quad \|x_2 - x_3\| \geqq \frac{1}{2}.$$

Setzt man diesen Prozeß fort, so sind zwei Möglichkeiten denkbar: Entweder gibt es ein n mit $L_n = L$ und unser Satz ist bewiesen, oder wir erhalten eine unendliche Folge $\{x_n\}$, für deren Elemente $\|x_n\| = 1$ und $\|x_n - x_m\| \geqq \frac{1}{2}$ gilt für beliebige m, n, mit $m \neq n$. Die zweite Möglichkeit widerspricht aber unserer Voraussetzung, weil es sonst eine beschränkte ($\|x_n\| = 1$) und nichtkompakte $\left(\|x_n - x_m\| \geqq \frac{1}{2} \text{ für } m \neq n\right)$ Menge geben würde.

Das Problem der besten Approximation. P. L. Tschebyschew untersuchte die Approximation von beliebigen Funktionen durch Linearkombinationen gegebener. Man kann Approximationen in den Räumen C, $L_2^{(\varrho)}$ *), L usw. betrachten.

Wir werden die Aufgabe der besten Approximation in einem normierten Raum E durch Linearkombinationen eines vorgegebenen endlichen Systems von linear unabhängigen Elementen $x_1, x_2, \ldots, x_n$ aus E behandeln [1]. Es gilt der folgende

Satz. *Es gibt stets reelle Zahlen* $\lambda_1^{(0)}, \lambda_2^{(0)}, \ldots, \lambda_n^{(0)}$ *derart, daß*

$$\varphi(\lambda_1, \lambda_2, \ldots, \lambda_n) = \| y - \lambda_1 x_1 - \lambda_2 x_2 - \ldots - \lambda_n x_n \|$$

für $\lambda_1 = \lambda_1^{(0)}, \lambda_2 = \lambda_2^{(0)}, \ldots, \lambda_n = \lambda_n^{(0)}$ *sein Minimum erreicht.* **)

Wir wollen für den Beweis voraussetzen, daß y nicht in dem durch $x_1, x_2, \ldots, x_n$ erzeugten Unterraum liegt. Wegen nachstehender Ungleichung ist $\varphi(\lambda_1, \ldots, \lambda_n)$ eine stetige Funktion ihrer Argumente $\lambda_1, \ldots, \lambda_n$:

$$|\varphi(\lambda_1, \lambda_2, \ldots, \lambda_n) - \varphi(\mu_1, \mu_2, \ldots, \mu_n)| = \left| \left\| y - \sum_{i=1}^n \lambda_i x_i \right\| - \left\| y - \sum_{i=1}^n \mu_i x_i \right\| \right|$$

$$\leqq \left\| \sum_{i=1}^n (\lambda_i - \mu_i)\, x_i \right\| \leqq \sum_{i=1}^n |\lambda_i - \mu_i| \, \| x_i \| \leqq \max_i |\lambda_i - \mu_i| \sum_{i=1}^n \| x_i \| .$$

Lemma. *Wächst* $\sum_{i=1}^n \lambda_i^2$ *unbegrenzt, so strebt* $\varphi(\lambda_1, \ldots, \lambda_n) \to \infty$.

Beweis. Es gilt

$$\varphi(\lambda_1, \lambda_2, \ldots, \lambda_n) \geqq \| \lambda_1 x_1 + \lambda_2 x_2 + \ldots + \lambda_n x_n \| - \| y \| .$$

Die ebenfalls stetige Funktion

$$\psi(\lambda_1, \lambda_2, \ldots, \lambda_n) = \| \lambda_1 x_1 + \lambda_2 x_2 + \ldots + \lambda_n x_n \|$$

der Parameter $\lambda_1, \lambda_2, \ldots, \lambda_n$ nimmt auf der Kugel

$$\sum_{i=1}^n \lambda_i^2 = 1$$

des n-dimensionalen Euklidischen Raumes (diese ist eine in sich kompakte Menge) ihr Minimum an, das wegen der linearen Unabhängigkeit der $x_1, x_2, \ldots, x_n$ größer als Null ist. Ist nun

$$\sqrt{\sum_{i=1}^n \lambda_i^2} > \frac{1}{\mu} (K + \| y \|),$$

---

*) $L_2^{(\varrho)}(a, b)$ ist der Raum der meßbaren Funktionen, deren Quadrate mit dem Gewicht $\varrho(t) > 0$ integrierbar sind, d. h., es ist

$$\| x \| = \int_a^b |x(t)|^2 \varrho(t)\, dt < \infty .$$

**) Mit anderen Worten, in dem durch die Elemente $x_1, x_2, \ldots, x_n$ erzeugten endlichdimensionalen Unterraum gibt es ein Element, welches von y den kleinsten Abstand hat.

wo μ das Minimum ist, so folgt sofort

$$\varphi(\lambda_1, \lambda_2, \ldots, \lambda_n) \geqq \left\| \sum_{k=1}^{n} \lambda_k x_k \right\| - \|y\|$$

$$= \sqrt{\sum_{i=1}^{n} \lambda_i^2} \left\| \sum_{k=1}^{n} \frac{\lambda_k}{\sqrt{\sum_{i=1}^{n} \lambda_i^2}} x_k \right\| - \|y\| \geqq \sqrt{\sum_{i=1}^{n} \lambda_i^2} \cdot \mu - \|y\| > K,$$

womit unser Lemma bewiesen ist.

Damit ist also $\varphi(\lambda_1, \lambda_2, \ldots, \lambda_n) > \|y\|$ außerhalb einer bestimmten Kugel $\sum_{i=1}^{n} \lambda_i^2 \leqq r^2$. Als stetige Funktion nimmt $\varphi(\lambda_1, \lambda_2, \ldots, \lambda_n)$ auf dieser in sich kompakten Kugel ihr Minimum ν an der Stelle $(\lambda_1^{(0)}, \lambda_2^{(0)}, \ldots, \lambda_n^{(0)})$ an. Nun gilt $\varphi(0, 0, \ldots, 0) = \|y\|$. Daher ist $\nu \leqq \|y\|$, und ν ist gleichzeitig Minimum auf dem ganzen Raum. Unser Satz ist bewiesen.

Die Approximationsaufgabe ist im allgemeinen nicht eindeutig lösbar. Um die Eindeutigkeit zu bekommen, muß man an den betrachteten Raum weitere Bedingungen stellen. In $C[0, 1]$ betrachtet man aus diesem Grunde Systeme von Funktionen, die der sogenannten TSCHEBYSCHEWschen Bedingung genügen. Es gibt jedoch auch Räume, in denen die Approximationsaufgabe eindeutig lösbar ist.

Ein Raum E heißt *streng normiert*, wenn die Gleichung $\|x + y\| = \|x\| + \|y\|$ für $x \neq \theta$, $y \neq \theta$ nur dann gilt, wenn $y = \alpha x$ mit $\alpha > 0$ ist.

In streng normierten Räumen ist die beste Approximation eindeutig bestimmt. Hat man zwei Linearkombinationen $\sum_{i=1}^{n} \lambda_i' x_i$ und $\sum_{i=1}^{n} \lambda_i'' x_i$, so daß

$$\left\| y - \sum_{i=1}^{n} \lambda_i' x_i \right\| = \left\| y - \sum_{i=1}^{n} \lambda_i'' x_i \right\| = \omega$$

ist, wo $\omega = \min\limits_{\lambda_i} \left\| y - \sum_{i=1}^{n} \lambda_i x_i \right\| > 0$ ist, so gilt

$$\left\| y - \sum_{i=1}^{n} \frac{\lambda_i' + \lambda_i''}{2} x_i \right\| \leqq \frac{1}{2} \left\| y - \sum_{i=1}^{n} \lambda_i' x_i \right\| + \frac{1}{2} \left\| y - \sum_{i=1}^{n} \lambda_i'' x_i \right\| = \frac{1}{2} \omega + \frac{1}{2} \omega = \omega.$$

Wegen
$$\left\| y - \sum_{i=1}^{n} \frac{\lambda_i' + \lambda_i''}{2} x_i \right\| \geqq \omega$$

muß aber
$$\left\| y - \sum_{i=1}^{n} \frac{\lambda_i' + \lambda_i''}{2} x_i \right\| = \omega$$

und folglich auch

$$\left\| y - \sum_{i=1}^{n} \frac{\lambda_i' + \lambda_i''}{2} x_i \right\| = \left\| \frac{1}{2} y - \sum_{i=1}^{n} \frac{\lambda_i'}{2} x_i \right\| + \left\| \frac{1}{2} y - \sum_{i=1}^{n} \frac{\lambda_i''}{2} x_i \right\|$$

sein. Weil unser Raum streng normiert ist, ergibt sich

$$y - \sum_{i=1}^{n} \lambda'_i x_i = \alpha \left\{ y - \sum_{i=1}^{n} \lambda''_i x_i \right\}.$$

Wäre nun $\alpha \neq 1$, so müßte y Linearkombination der $x_1, x_2, \ldots, x_n$ sein, was aber nach unserer Voraussetzung ausgeschlossen ist. Also ist $\alpha = 1$ und damit

$$\sum_{i=1}^{n} (\lambda'_i - \lambda''_i) x_i = 0,$$

woraus sich wegen der linearen Unabhängigkeit der $x_1, x_2, \ldots, x_n$ schließlich

$$\lambda'_i = \lambda''_i, \quad \text{für} \quad i = 1, 2, \ldots, n$$

ergibt, was zu beweisen war.

Zum Beispiel sind $L_p(0, 1)$ und l_p (für $p > 1$) streng normierte Räume. Dagegen ist $C[0, 1]$ nicht streng normiert. Um das einzusehen, genügt es, zwei nichtnegative, linear unabhängige Funktionen $x(t)$, $y(t) \in C[0, 1]$, welche ihr Maximum an der gleichen Stelle des Intervalles $[0, 1]$ annehmen, zu betrachten. Für diese gilt dann offenbar

$$\|x + y\| = \|x\| + \|y\|,$$

obwohl $x \neq \alpha y$ ist.

§ 17. Der abstrakte Hilbertraum

Einleitende Bemerkungen. Außer der Addition der Vektoren und der Multiplikation eines Vektors mit einer reellen (komplexen) Zahl führt man im n-dimensionalen Vektorraum E_n noch das *skalare* oder *innere Produkt* zweier Vektoren

$$x = \{\xi_1, \xi_2, \ldots, \xi_n\} \quad \text{und} \quad y = \{\eta_1, \eta_2, \ldots, \eta_n\}$$

dieses Raumes durch

$$(x, y) = \sum_{i=1}^{n} \xi_i \bar{\eta}_i$$

ein. Mit dem Skalarprodukt läßt sich die Länge eines Vektors $x = \{\xi_1, \xi_2, \ldots, \xi_n\}$ durch

$$\|x\| = \sqrt{\sum_{i=1}^{n} |\xi_i|^2} = \sqrt{(x, x)}$$

darstellen.

In der Analysis wird häufig das skalare Produkt von Funktionen betrachtet. Deshalb ist es naheliegend, die Klasse derjenigen linearen Räume, in denen ein inneres Produkt definiert ist, zu betrachten. Derartige Räume heißen Hilbert-räume und werden durch die folgenden Axiome definiert.

Axiome des abstrakten Hilbertraumes. H bestehe aus den Elementen $x, y, z, \ldots$ und es gelte:

I. H ist ein *Linearsystem* über dem Bereich der komplexen Zahlen.

II. Je zwei Elementen x und y ist eine komplexe Zahl (x, y), das *Skalarprodukt* von x und y, zugeordnet mit den Eigenschaften:

a) $(x, y) = \overline{(y, x)}$ (insbesondere ist also (x, x) reell),

b) $(x_1 + x_2, y) = (x_1, y) + (x_2, y)$,

c) $(\lambda x, y) = \lambda(x, y)$ für jedes komplexe λ,

d) $(x, x) \geqq 0$, wobei $(x, x) = 0$ genau dann gilt, wenn $x = \theta$ ist.

Die Zahl $\|x\| = \sqrt{(x, x)}$ heißt *Norm* von x.

III. H ist im Sinne der Metrik $\varrho(x, y) = \|x - y\|$ vollständig.

Sind diese Axiome erfüllt, so heißt die Menge H ein *abstrakter komplexer Raum mit quadratischer Metrik* oder kürzer *ein unitärer Raum*. Ein n-dimensionaler unitärer Raum ist ein komplexer Euklidischer Raum.

IV. *Zu jeder natürlichen Zahl n gibt es n linear unabhängige Elemente.*

V. *H ist separabel.*

Genügt H den Axiomen I. bis V., so heißt H ein *abstrakter komplexer separabler* HILBERT*raum*. Im folgenden werden wir kurz von einem (separablen) HILBERTraum sprechen.

Beispiele. 1. Der komplexe Raum l_2 wird zum HILBERTraum, wenn für zwei seiner Elemente $x = \{\xi_1, \xi_2, \ldots, \xi_n, \ldots\}$ und $y = \{\eta_1, \eta_2, \ldots, \eta_n, \ldots\}$

$$(x, y) = \sum \xi_i \overline{\eta}_i$$

gesetzt wird.

2. Der komplexe Raum $L_2^{(\varrho)}(0, 1)$ wird zu einem HILBERTraum, wenn das Skalarprodukt der Elemente $x = x(t)$ und $y = y(t)$ durch

$$(x, y) = \int_0^1 x(t)\,\overline{y(t)}\,\varrho(t)\,dt$$

erklärt wird.

Insbesondere ist $L_2(0, 1)$ ein HILBERTraum, wenn

$$(x, y) = \int_0^1 x(t)\,\overline{y}(t)\,dt$$

gesetzt wird.

Analog definiert man den reellen HILBERTraum. Dabei fordert man, daß das innere Produkt zweier Elemente reell ist. Die reellen Räume l_2, L_2, $L_2^{(\varrho)}$ sind reelle HILBERTräume.

Betrachten wir kurz die einfachsten Eigenschaften von HILBERTräumen. Zunächst leitet man aus den Axiomen I. bis III. leicht die Beziehungen

$$(x, y_1 + y_2) = (x, y_1) + (x, y_2), \quad (x, \lambda y) = \overline{\lambda}(x, y)$$

ab. Aus der zweiten folgt insbesondere

$$\|\lambda x\| = |\lambda|\,\|x\|. \tag{1}$$

Wir beweisen jetzt für das Skalarprodukt die SCHWARZsche Ungleichung. Für beliebiges komplexes λ gilt

$$(x + \lambda y,\ x + \lambda y) \geqq 0$$

oder $$(x, x) + \bar{\lambda}(x, y) + \lambda(y, x) + |\lambda|^2 (y, y) \geqq 0.$$

Setzen wir $$\lambda = -\frac{(x, y)}{(y, y)},$$

so ergibt sich $$(x, x) - \frac{|(x, y)|^2}{(y, y)} \geqq 0$$

oder $$|(x, y)| \leqq \|x\| \, \|y\|. \tag{2}$$

Das ist die gesuchte Ungleichung.

Weiter erhalten wir

$$\begin{aligned}\|x + y\|^2 &= (x + y, x + y) = (x, x) + (y, x) + (x, y) + (y, y)\\ &\leqq \|x\|^2 + 2\|x\| \, \|y\| + \|y\|^2 = (\|x\| + \|y\|)^2\end{aligned}$$

oder $$\|x + y\| \leqq \|x\| + \|y\|. \tag{3}$$

Axiom II. d), (1) und (3) zeigen, daß die mit Hilfe des Skalarproduktes eingeführte Norm allen Axiomen der Norm eines linearen normierten Raumes genügt und folglich erfüllt der mit Hilfe dieser Norm eingeführte Abstand alle Axiome eines metrischen Raumes.

Man beweist leicht das

Lemma 1. *Das Skalarprodukt ist eine stetige Funktion bezüglich der Normkonvergenz.*

Wenn $x_n \to x$ und $y_n \to y$ konvergieren, dann sind die Zahlen $\|x_n\|, \|y_n\|$ beschränkt. M sei ihre obere Grenze. Dann gilt

$$\begin{aligned}|(x_n, y_n) - (x, y)| &\leqq |(x_n, y_n) - (x_n, y)| + |(x_n, y) - (x, y)|\\ &= |(x_n, y_n - y)| + |(x_n - x, y)| \leqq \|x_n\| \, \|y_n - y\| + \|x_n - x\| \, \|y\|\\ &\leqq M\|y_n - y\| + \|y\| \, \|x_n - x\|.\end{aligned}$$

Da nun $\|y_n - y\| \to 0$ und $\|x_n - x\| \to 0$ konvergieren für $n \to \infty$, so strebt auch $|(x_n, y_n) - (x, y)| \to 0$ für $n \to \infty$, was zu beweisen war.

Orthogonalität. Zwei Elemente x und y aus H heißen *orthogonal* ($x \perp y$), wenn $(x, y) = 0$ ist. Das Element x heißt orthogonal zum Unterraum $L \subseteq H$ ($x \perp L$), wenn x zu jedem $y \in L$ orthogonal ist. Es gilt das

Lemma 2. *Ist $x \in H$ und L ein Unterraum von H, so gibt es eine eindeutige Darstellung*

$$x = y + z \tag{4}$$

mit $y \in L$ und $z \perp L$.

Beweis. Für $x \in L$ gilt offenbar $y = x$ und $z = \theta$. Wir können deshalb $x \notin L$ voraussetzen. Es sei $d = \inf_{y' \in L} \|x - y'\|^2$ und $\{y_n\}$ eine Folge aus L, so daß $d_n = \|x - y_n\|^2 \to d$ strebt für $n \to \infty$. Weiter sei h ein beliebiges Element aus L. Dann gilt für beliebiges komplexes ε stets $y_n + \varepsilon h \in L$ und daher ist $\|x - (y_n + \varepsilon h)\|^2 \geqq d$, d. h., es ist

$$\|x - y_n\|^2 - \bar{\varepsilon}(x - y_n, h) - \varepsilon(h, x - y_n) + |\varepsilon|^2 \|h\|^2 \geqq d.$$

Für
$$\varepsilon = \frac{(x - y_n, h)}{\|h\|^2}$$
erhalten wir
$$\|x - y_n\|^2 - \frac{|(x - y_n, h)|^2}{\|h\|^2} \geqq d$$
und hieraus
$$|(x - y_n, h)|^2 \leqq \|h\|^2 (d_n - d)$$
oder
$$|(x - y_n, h)| \leqq \|h\| \sqrt{d_n - d}. \tag{5}$$
Dann ist aber
$$|(y_n - y_m, h)| \leqq |(y_n - x, h)| + |(x - y_m, h)| \leqq (\sqrt{d_n - d} + \sqrt{d_m - d}) \|h\|.$$
Für $h = y_n - y_m$ wird
$$\|y_n - y_m\| \leqq \sqrt{d_n - d} + \sqrt{d_m - d}.$$
Folglich ist $\{y_n\}$ in sich konvergent. Wegen der Vollständigkeit von H muß daher ein $y \in H$ existieren, gegen welches $\{y_n\}$ konvergiert. y gehört aber auch zu L, weil L abgeschlossen ist.

Gehen wir in der Ungleichung (5) zur Grenze über, so wird $(x - y, h) = 0$ und da h ein beliebiges Element des Unterraumes L ist, so ergibt sich, daß $x - y \perp L$ ist. Für $x - y = z$ erhalten wir die gewünschte Darstellung
$$x = y + z.$$

Wir haben nun noch die Eindeutigkeit dieser Darstellung zu beweisen. Es sei
$$x = y + z = y' + z',$$
wo $y, y' \in L$ und $z, z' \perp L$ sind. Dann gilt $y - y' = z' - z$ und
$$\|y - y'\|^2 = (z' - z, y - y') = 0, \tag{6}$$
weil
$$y - y' \in L \quad \text{und} \quad z' - z \perp L$$
ist. Gleichung (6) bedeutet $y = y'$ und damit wird auch $z = z'$, womit unser Lemma bewiesen ist.

Das Element y in der Darstellung (4) heißt Projektion des Elementes x in den Unterraum L. Offenbar bildet die Gesamtheit M aller zu einem vorgegebenen Unterraum orthogonalen Elemente selbst einen Unterraum. Daß diese Gesamtheit eine lineare Mannigfaltigkeit bildet, ist klar. Sie ist wegen der Stetigkeit des Skalarproduktes auch abgeschlossen. Daher kann man das Element z der obigen Darstellung als Projektion von x in M bezeichnen. M heißt *orthogonale Ergänzung* des Unterraumes L und wird mit $H \ominus L$ bezeichnet. Weiter heißt H auch *orthogonale Summe* von L und M und man schreibt $H = L \oplus M$. Offenbar ist die orthogonale Summe ein Spezialfall der direkten Summe. Das Lemma 2 leistet also die Zerlegung eines Elementes in die Projektionen in zwei komplementäre orthogonale Unterräume.

Lemma 3. *Die lineare Mannigfaltigkeit M ist in H überall dicht genau dann, wenn kein von Null verschiedenes Element existiert, das zu allen Elementen von M orthogonal ist.*

Notwendigkeit. Zunächst ist klar, daß mit $x \perp M$ auch $x \perp \overline{M}$. Ist nun $\overline{M} = H$, so gilt $x \perp H$, insbesondere also $x \perp x$, d. h., es muß $x = \theta$ sein.

Hinlänglichkeit. Angenommen, M wäre nicht überall dicht in H. Dann ist $\overline{M} \neq H$ und es gibt ein $x \notin \overline{M}$ und $x \in H$. Nach Lemma 2 ist $x = y + z$, wo $y \in \overline{M}$ und $z \perp \overline{M}$ ist. Wegen $x \notin \overline{M}$ muß $z \neq \theta$ sein, was unserer Voraussetzung widerspricht.

Orthonormierte Systeme. Ein System $e_1, e_2, \ldots, e_n, \ldots$ von Elementen des Raumes H heißt *orthonormiert*, wenn stets

$$(e_i, e_j) = \delta_{ij}$$

gilt, wo δ_{ij} das KRONECKER-Symbol ($\delta_{ij} = 1$ für $i = j$ und $\delta_{ij} = 0$ für $i \neq j$) ist.

Im komplexen Raum $L_2(0, 1)$ sind beispielsweise die Funktionen $e^{2\pi i n t}$, $n = 0, \pm 1, \pm 2, \ldots$, ein orthonormiertes System über dem Intervall $[0, 1]$.

Mit Hilfe des folgenden *Orthogonalisierungsverfahrens*[1]) läßt sich jedes System $h_1, h_2, \ldots, h_n, \ldots$ linear unabhängiger Elemente in ein orthonormales verwandeln.

Wir setzen $e_1 = \dfrac{h_1}{\|h_1\|}$. Es sei $g_2 = h_2 - c_{21} e_1$, und die Zahl c_{21} wählen wir so, daß g_2 zu e_1 orthogonal ist. Offenbar muß $c_{21} = (h_2, e_1)$ sein. Weiter setzt man $e_2 = \dfrac{g_2}{\|g_2\|}$. Hierbei ist $\|g_2\| \neq 0$, weil sonst $g_2 = \theta$ und damit h_1 und h_2 linear abhängig wären, was der Voraussetzung widerspricht. Sind $e_1, e_2, \ldots, e_{k-1}$ schon konstruiert, so nehmen wir $g_k = h_k - \sum\limits_{i=1}^{k-1} c_{ki} e_i$ und wählen die c_{ki}, indem wir $c_{ki} = (h_k, e_i)$ setzen, so daß die g_k orthogonal zu $e_1, e_2, \ldots, e_{k-1}$ sind. Dann ist $e_k = \dfrac{g_k}{\|g_k\|}$ ein weiteres Element des zu konstruierenden orthonormalen Systems.

Beispiel. Durch Orthonormierung der Potenzen

$$1, t, t^2, \ldots, t^n, \ldots$$

im reellen Raum $L_2^{(\varrho)}(a, b)$ gelangt man zum System der TSCHEBYSCHEWschen Polynome

$$P_0 = \text{const}, \ P_1(t), \ P_2(t), \ldots, \ P_n(t), \ldots,$$

welche mit dem Gewicht $\varrho(t)$ orthonormal sind:

$$\int_a^b \varrho(t)\, P_i(t)\, P_j(t)\, dt = \delta_{ij}.$$

Für $\varrho(t) \equiv 1$, $a = -1$, $b = 1$ erhält man bis auf konstante Faktoren die LEGENDREschen Polynome; für $\varrho(t) = e^{-t^2}$, $a = -\infty$, $b = +\infty$ die TSCHEBYSCHEW-HERMITEschen Polynome und für $\varrho(t) = e^{-t}$, $a = 0$, $b = \infty$ das System der TSCHEBYSCHEW-LAGUERREschen Polynome.

---

[1]) Das Verfahren stammt von ERHARD SCHMIDT.

L sei der durch das orthonormale System $e_1, e_2, \ldots, e_n, \ldots$ erzeugte Unterraum und $x \in L$. Folglich existiert für jedes $\varepsilon > 0$ eine Linearkombination $\sum_{i=1}^{n} a_i e_i$ derart, daß

$$\left\| x - \sum_{i=1}^{n} a_i e_i \right\| < \varepsilon$$

ist. Nun gilt

$$\left\| x - \sum_{i=1}^{n} a_i e_i \right\|^2 = \|x\|^2 - \sum_{i=1}^{n} \bar{a}_i (x, e_i) - \sum_{i=1}^{n} a_i (e_i, x) + \sum_{i=1}^{n} \sum_{j=1}^{n} a_i \bar{a}_j (e_i, e_j)$$

$$= \|x\|^2 - \sum_{i=1}^{n} \bar{a}_i c_i - \sum_{i=1}^{n} a_i \bar{c}_i + \sum_{i=1}^{n} |a_i|^2,$$

wo

$$c_i = (x, e_i)$$

gesetzt wurde.

Die Zahlen c_i werden ***Fourierkoeffizienten*** von x bezüglich des Orthonormalsystems $\{e_i\}$ genannt. Aus der letzten Gleichung erhalten wir weiter

$$\left\| x - \sum_{i=1}^{n} a_i e_i \right\|^2 = \|x\|^2 - \sum_{i=1}^{n} |c_i|^2 + \sum_{i=1}^{n} |a_i - c_i|^2.$$

Man erkennt, daß die Norm der Differenz $x - \sum_{i=1}^{n} a_i e_i$ ihren kleinsten Wert annimmt, wenn die a_i gerade die Fourierkoeffizienten von x bezüglich des Systems $\{e_i\}$ sind. In diesem Fall gilt

$$0 \leqq \left\| x - \sum_{i=1}^{n} c_i e_i \right\|^2 = \|x\|^2 - \sum_{i=1}^{n} |c_i|^2 < \varepsilon, \tag{7}$$

und da ε beliebig klein gewählt werden kann, so ist schließlich

$$x = \lim_{n} \sum_{i=1}^{n} c_i e_i = \sum_{i=1}^{\infty} c_i e_i.$$

Aus (7) folgt noch die Konvergenz der Reihe $\sum_{i=1}^{\infty} |c_i|^2$, und zwar ist $\sum_{i=1}^{\infty} |c_i|^2 = \|x\|^2$.

Es sei x jetzt ein beliebiges Element von H. Die Projektion von x auf L werde mit z bezeichnet. Dann ist $z = \sum_{i=1}^{\infty} c_i e_i$, wo $c_i = (z, e_i) = (x, e_i)$ und $\sum_{i=1}^{\infty} |c_i|^2 = \|z^2\|$ ist. Wie leicht einzusehen ist, gilt $\|z^2\| \leqq \|x\|^2$ und damit

$$\sum_{i=1}^{\infty} |c_i|^2 \leqq \|x\|^2. \tag{8}$$

Das ist die Bessel*sche Ungleichung.*

Vollständigkeit. W. A. Steklow führt bei seinen Untersuchungen über die Darstellung von Funktionen durch Elemente eines orthonormalen Systems den Begriff der Vollständigkeit eines solchen Systems ein.

Es sei im Raum H ein orthonormales System $\{e_i\}$ gegeben. Gilt dann für jedes $x \in H$

$$\sum_{i=1}^{\infty} |c_i|^2 = \|x\|^2, \tag{9}$$

wo $c_i = (x, e_i)$ ist, so heißt das System $\{e_i\}$ *vollständig*; die Gleichung (9) wird PARSEVAL*sche Gleichung oder Vollständigkeitsrelation* genannt. Ist diese Bedingung erfüllt, so existiert in H kein Element, welches von Null verschieden und zu allen e_i orthogonal ist. Wäre nämlich $x \perp e_i$ für $i = 1, 2, \ldots$, so müßten alle $c_i = 0$ sein. Nach (9) ist dann aber $\|x\| = 0$, also $x = \theta$.

Ein orthonormales System heißt *abgeschlossen*, wenn kein von Null verschiedenes Element existiert, das zu allen Elementen des Systems orthogonal ist.

Wir haben gesehen, daß jedes vollständige System abgeschlossen ist. Umgekehrt ist aber jedes abgeschlossene System auch vollständig. Existiert also kein von Null verschiedenes Element, das zu allen Elementen des Orthonormalsystems orthogonal ist, dann liegt nach Lemma 3 L überall dicht in H. Dies ist offenbar mit der Vollständigkeit des orthonormalen Systems gleichwertig.

Die trigonometrischen Funktionen bilden beispielsweise im reellen HILBERTraum ein vollständiges orthogonales System.

In jedem HILBERT*raum existiert ein vollständiges orthonormales System,* wie sich leicht zeigen läßt:

Es sei $G = \{g_1, g_2, \ldots, g_n, \ldots\}$ eine beliebige abzählbare, überall dichte Menge in H. L_1 sei der durch

$$e_1 = \frac{g_1}{\|g_1\|}$$

erzeugte eindimensionale Unterraum. g_{n_2} sei das erste Element von G, welches nicht zu L_1 gehört und h_2 die Projektion von g_{n_2} auf $H \ominus L_1$. Weiter möge

$$e_2 = \frac{h_2}{\|h_2\|}$$

und e_1 den Unterraum L_2 erzeugen und g_{n_3} das erste Element der Menge G sein, welches nicht zu L_2 gehört. Mit der Projektion h_3 von g_{n_3} auf $H \ominus L_2$ setzen wir

$$e_3 = \frac{h_3}{\|h_3\|}.$$

Durch Fortsetzung dieses Verfahrens erhalten wir ein orthonormales System $e_1, e_2, \ldots, e_n, \ldots$. Da nach Konstruktion jedes g_m einem L_n angehört, so stimmt der durch das System $\{e_i\}$ erzeugte Unterraum mit dem durch $\{g_i\}$ erzeugten Unterraum, d. h. mit H überein. Dabei kann das System $\{e_i\}$ nicht endlich sein. Hätte es nur p Elemente, so gäbe es, wie aus der linearen Algebra bekannt ist, in H keine $p + 1$ linear unabhängigen Elemente. Das widerspricht aber dem Axiom IV.

Ist $\{e_i\}$ ein vollständiges orthonormales System und sind $x, y \in H$ mit den Fourierkoeffizienten c_i bzw. d_i, $i = 1, 2, \ldots$, so prüft man leicht die Gültigkeit von

$$(x, y) = \sum_{i=1}^{\infty} c_i \bar{d}_i.$$

Isomorphismen separabler Hilberträume. H sei ein beliebiger Hilbertraum mit dem vollständigen Orthonormalsystem $\{e_i\}$. Dann bestimmt jedes $x \in H$ eine aus seinen Fourierkoeffizienten bestehende Zahlenfolge $\{c_1, c_2, \ldots, c_n, \ldots\}$ und die Reihe

$$\sum_{i=1}^{\infty} |c_i|^2$$

konvergiert, wie oben gezeigt wurde. Man kann folglich $\{c_1, c_2, \ldots, c_n, \ldots\}$ als ein Element des komplexen Raumes l_2 ansehen. Jedem $x \in H$ ist also ein $\tilde{x} \in l_2$ zugeordnet. Da die Vollständigkeit von $\{e_i\}$ gefordert wurde, so gilt überdies

$$\|x\|_H = \|\tilde{x}\|_{l_2}. \tag{10}$$

Hier sollen die Indizes H und l_2 andeuten, daß einmal die in H eingeführte Norm, das andere Mal die in l_2 definierte gemeint ist. Entsprechen in der beschriebenen Weise den Elementen $x \in H$, $y \in H$ die Elemente $\tilde{x} \in l_2$ bzw. $\tilde{y} \in l_2$, so ist $x \pm y$ offenbar gerade $\tilde{x} \pm \tilde{y}$ zugeordnet. Hieraus und aus (10) folgt

$$\|x - y\|_H = \|\tilde{x} - \tilde{y}\|_{l_2}. \tag{11}$$

Nun sei $\tilde{z} = \{\zeta_i\}$ ein beliebiges Element aus l_2. Für die Elemente $z_n = \sum_{i=1}^{n} \zeta_i e_i$, $n = 1, 2, \ldots$ aus H gilt dann

$$\|z_m - z_n\|^2 = \left\| \sum_{i=n+1}^{m} \zeta_i e_i \right\|^2 = \sum_{i=n+1}^{m} |\zeta_i|^2$$

und daher strebt für $m, n \to \infty$ dann

$$\|z_m - z_n\| \to 0.$$

Daher ist die Folge $\{z_n\}$ im Sinne der Metrik von H in sich konvergent. Wegen der Vollständigkeit von H muß $\{z_n\}$ gegen ein $z \in H$ konvergieren. Da

$$(z, e_i) = \lim_n (z_n, e_i) = \zeta_i$$

ist, sind die ζ_i gerade die Fourierkoeffizienten von z bezüglich des orthonormalen Systems $\{e_i\}$. Somit entspricht jedem $\tilde{z} \in l_2$ ein gewisses $z \in H$. Daher besteht zwischen den Elementen von H und denen von l_2 eine umkehrbar eindeutige Zuordnung.

Die Formel (11) zeigt, daß die Zuordnung zwischen den Räumen H und l_2 isometrisch ist. Die beiden Räume sind auch noch isomorph: Sind x und $\tilde{x}$ einander zugeordnet, so auch λx und $\lambda \tilde{x}$. Das bedeutet mit dem bereits oben Bewiesenen die Gültigkeit von

Satz 1. *Jeder komplexe (reelle) separable* Hilbert*raum ist dem komplexen (reellen) Raum l_2 isomorph und isometrisch. Insbesondere sind also alle komplexen (reellen) separablen* Hilbert*räume unter sich isomorph und isometrisch.*

Aus diesem Satz folgt speziell der weitere

Satz 2 (Riesz, Fischer). *Die reellen Räume $L_2(0, 1)$ und l_2 sind isomorph und isometrisch.*

§ 18. Lineare Operatoren in linearen normierten Räumen

Es seien E, E_1 zwei lineare normierte Räume. Da jeder lineare normierte Raum erst recht ein linearer Raum ist, so bleibt die früher gegebene Definition eines über E linearen Operators mit einem Wertevorrat in E_1 und die Definition der Gesamtheit $(E \to E_1)$ von Operatoren über linearen normierten Räumen bestehen. Desgleichen bleiben die in § 14 bewiesenen Sätze gültig.

Wir wollen nur bemerken, daß die Stetigkeit eines Operators A folgendes bedeutet:

Es geht $$\|A x_n - A x\| \to 0 \quad \text{für} \quad \|x_n - x\| \to 0 .$$

Die in den Beispielen 1 und 2 von § 14 betrachteten Operationen sind linear und bilden die linearen normierten Räume E_n bzw. $C[0, 1]$ in sich ab. Der Operator des Beispiels 3 ist ebenfalls linear. Durch ihn wird der lineare normierte Raum der auf Γ gegebenen und stetigen Funktionen in den linearen normierten Raum der in G harmonischen Funktionen abgebildet, falls die Normen in diesen Räumen durch

$$\|x\| = \max_{\Gamma} |x(t)| \quad \text{bzw.} \quad \|u\| = \max_{G} |u(\xi, \eta)|$$

erklärt sind.

Als weiteres Beispiel betrachten wir die unendliche Matrix (a_{ik}), $i, k = 1, 2, \ldots$ mit

$$\sum_{i=1}^{\infty} \sum_{k=1}^{\infty} |a_{ik}|^q < \infty, \qquad q > 1 .$$

Dann definiert das System der Gleichungen

$$\eta_i = \sum_{k=1}^{\infty} a_{ik} \xi_k, \qquad i = 1, 2, 3, \ldots$$

einen auf l_p linearen Operator A. Der Wertevorrat von A liegt in l_q, wo q durch $\frac{1}{p} + \frac{1}{q} = 1$ bestimmt ist. Durch obiges System wird nämlich jedem $x = \{\xi_i\} \in l_p$ ein $y = \{\eta_i\} \in l_q$ zugeordnet, d. h., es ist

$$A \in (l_p \to l_q) .$$

Wir zeigen zunächst, daß tatsächlich $y \in l_q$ für $x \in l_p$ ist. Nach der Hölderschen Ungleichung für Summen *) haben wir

$$\sum_{i=1}^{N} |\eta_i|^q = \sum_{i=1}^{N} \left| \sum_{k=1}^{\infty} a_{ik} \xi_k \right|^q \leq \sum_{i=1}^{N} \left\{ \left(\sum_{k=1}^{\infty} |\xi_k|^p \right)^{\frac{1}{p}} \left(\sum_{k=1}^{\infty} |a_{ik}|^q \right)^{\frac{1}{q}} \right\}^q$$
$$= \|x\|^q \sum_{i=1}^{N} \sum_{k=1}^{\infty} |a_{ik}|^q \leq \|x\|^q \sum_{i=1}^{\infty} \sum_{k=1}^{\infty} |a_{ik}|^q .$$

Da diese Ungleichung für beliebiges N gilt, können wir zur Grenze übergehen und erhalten so

$$\|y\|^q = \sum_{i=1}^{\infty} |\eta_i|^q \leq \|x\|^q \sum_{i=1}^{\infty} \sum_{k=1}^{\infty} |a_{ik}|^q < \infty ,$$

d. h., es ist $y \in l_q$.

Für $$x_1 = \{\xi_i^{(1)}\} \in l_p \quad \text{und} \quad y_2 = \{\xi_i^{(2)}\} \in l_p$$

*) Siehe Anhang I.

folgt aus
$$\sum_{k=1}^{\infty} a_{ik}(\xi_k^{(1)} + \xi_k^{(2)}) = \sum_{k=1}^{\infty} a_{ik}\,\xi_k^{(1)} + \sum_{k=1}^{\infty} a_{ik}\,\xi_k^{(2)}$$
die Gültigkeit von
$$A(x_1 + x_2) = A\,x_1 + A\,x_2\,,$$
also die Additivität des Operators A. Es seien jetzt
$$x_n = \{\xi_i^{(n)}\} \in l_p, \quad x = \{\xi_i\} \in l_p\,,$$
$$A\,x_n = y_n, \quad A\,x = y, \quad y_n = \{\eta_i^{(n)}\}, \quad y = \{\eta_i\}.$$
Dann gilt
$$\|y - y_n\| = \left(\sum_{i=1}^{\infty} |\eta_i^{(n)} - \eta_i|^q\right)^{\frac{1}{q}} = \left(\sum_{i=1}^{\infty} \left|\sum_{k=1}^{\infty} a_{ik}(\xi_k^{(n)} - \xi_k)\right|^q\right)^{\frac{1}{q}}$$
$$\leq \left(\sum_{k=1}^{\infty} |\xi_k^{(n)} - \xi_k|^p\right)^{\frac{1}{p}} \left(\sum_{i=1}^{\infty}\sum_{k=1}^{\infty} |a_{ik}|^q\right)^{\frac{1}{q}} = \|x_n - x\| \left(\sum_{i=1}^{\infty}\sum_{k=1}^{\infty} |a_{ik}|^q\right)^{\frac{1}{q}}$$
und somit konvergiert
$$\|y_n - y\| \to 0$$
für $\|x_n - x\| \to 0$. Also ist A auch stetig, was zusammen mit der bereits bewiesenen Additivität von A, die Linearität unseres Operators bedeutet.

Ein Operator A heißt *beschränkt*, wenn es eine Konstante M gibt, so daß $\|A\,x\| \leq M\|x\|$ ist für alle $x \in E$. ($\|A\,x\|$ bedeutet hier die Norm im Raum E_1, $\|x\|$ ist dagegen die Norm in E.)

Ist A beschränkt, so folgt aus der Beschränktheit der Urbildmenge $\{x\} \subseteq E$ die Beschränktheit der Bildmenge $\{A\,x\} \subseteq E_1$.

Beispiele. 1. Es sei
$$A\,x = \int_0^1 K(s, t)\, x(t)\, dt\,,$$
wo $K(s, t)$ im Quadrat $0 \leq s \leq 1$, $0 \leq t \leq 1$ stetig und $x(s) \in C[0, 1]$ ist. Dann ist
$$A\,x = y(s) \in C[0, 1]\,.$$
Für $M = \max\limits_{\substack{0 \leq s \leq 1\\ 0 \leq t \leq 1}} |K(s, t)|$ gilt
$$\|y\| = \max_{0 \leq s \leq 1} |y(s)| \leq M \max_{0 \leq t \leq 1} |x(t)| = M\,\|x\|\,,$$
d. h., unsere Integraloperation $y = A\,x$ ist beschränkt.

2. Wir betrachten in $C[0, 1]$ den auf der Menge der stetig differenzierbaren Funktionen $x(s) \in C[0, 1]$ definierten Operator
$$A\,x = \frac{d}{ds}(x(s))\,.$$
Wir zeigen die Unbeschränktheit von A. Dazu setzen wir
$$x_n(s) = \sqrt{2}\sin n\pi s\,.$$
Offenbar gilt $\|x_n\| = 1$ für alle n und
$$A\,x_n = (\sqrt{2}\sin n\pi s)' = \sqrt{2}\,n\pi\cos n\pi s$$

mit $\|A x_n\| = n\pi$. Da nun stets $\|x_n\| = 1$ ist und $A x_n$ für $n \to \infty$ unbeschränkt wächst, so existiert keine Konstante M, so daß $\|A x\| \leqq M\|x\|$ für alle x des Definitionsbereiches wäre. Abschließend sei bemerkt, daß unser Operator nicht überall in $C[0, 1]$ definiert ist.

Satz 3. ***Ein additiver Operator ist dann und nur dann stetig, wenn er beschränkt ist.****)

Notwendigkeit. A sei linear und es werde die Unbeschränktheit von A angenommen. Dann gibt es eine Folge $\{x_n\}$ mit

$$\|A x_n\| > n \|x_n\|.$$

Für $x_n' = \dfrac{x_n}{n\|x_n\|}$ konvergiert dann $x_n' \to \theta$, weil

$$\|x_n'\| = \frac{1}{n} \to 0 \quad \text{strebt für} \quad n \to \infty.$$

Andererseits ist
$$\|A x_n'\| = \frac{1}{n\|x_n\|} \|A x_n\| > 1$$
und daher geht

$$\|A x_n'\| \quad \text{nicht gegen} \quad \|A\theta\| = \|\theta\| = 0 \quad \text{für} \quad n \to \infty.$$

A kann also im Nullpunkt nicht stetig sein, was der Voraussetzung widerspricht.

Hinlänglichkeit. A sei additiv und beschränkt, also $\|Ax\| \leqq M\|x\|$. Geht $x_n \to x$, d.h. $\|x_n - x\| \to 0$, so folgt aus $\|A x_n - A x\| = \|A(x_n - x)\| \leqq M\|x_n - x\|$, daß $A x_n \to A x$ strebt, womit alles bewiesen ist.

Bemerkung. Beim Beweis der Notwendigkeit benutzten wir nur die Additivität und die Homogenität von A. Somit kann ein additiver, homogener auf einer linearen Mannigfaltigkeit definierter Operator, der dort nicht beschränkt ist, auch nicht stetig sein. Insbesondere ergibt sich hieraus die Unstetigkeit des oben betrachteten Differentialoperators.

Die Norm eines Operators. A sei ein linearer Operator. Die kleinste Zahl M, für die $\|A x\| \leqq M\|x\|$ für alle x gilt, wird *Norm* von A genannt und mit $\|A\|$ bezeichnet.

Nach Definition besitzt $\|A\|$ die folgenden Eigenschaften.

Für beliebiges x gilt
$$\|A x\| \leqq \|A\| \|x\| \tag{1}$$
und zu jedem $\varepsilon > 0$ gibt es ein x' mit

$$\|A x'\| > (\|A\| - \varepsilon) \|x'\|.$$

Ohne Schwierigkeiten zeigt man

$$\|A\| = \sup_{\|x\| \leqq 1} \|A x\|. \tag{2}$$

*) Deshalb werden die in unserem Sinne linearen Operatoren, häufig lineare beschränkte Operatoren genannt im Gegensatz zu „linearen" additiven Operatoren, die eventuell unbeschränkt sind und nicht auf ganz E definiert zu sein brauchen.

Ist nämlich $\|x\| \leqq 1$, so gilt

$$\|Ax\| \leqq \|A\| \, \|x\| \leqq \|A\|$$

und folglich

$$\sup_{\|x\| \leqq 1} \|Ax\| \leqq \|A\| . \tag{3}$$

Andererseits gibt es zu jedem $\varepsilon > 0$ ein x' derart, daß

$$\|Ax'\| > (\|A\| - \varepsilon) \, \|x'\| .$$

Setzen wir

$$x_1 = \frac{x'}{\|x'\|} ,$$

so ist

$$\|Ax_1\| = \frac{1}{\|x'\|} \|Ax'\| > \frac{1}{\|x'\|} (\|A\| - \varepsilon) \, \|x'\| = \|A\| - \varepsilon .$$

Da $\|x_1\| = 1$ gilt, ist

$$\sup_{\|x\| \leqq 1} \|Ax\| \geqq \|Ax_1\| > \|A\| - \varepsilon$$

und deshalb

$$\sup_{\|x\| \leqq 1} \|Ax\| \geqq \|A\| . \tag{4}$$

Aus (3) und (4) folgt die Behauptung (2).

Als Beispiel bestimmen wir die Norm des Integraloperators

$$y(s) = \int_0^1 K(s, t) \, x(t) \, dt$$

mit stetigem Kern. Offenbar bildet dieser Operator den Raum $C[0, 1]$ in sich ab. Setzen wir

$$Ax = \int_0^1 K(s, t) \, x(t) \, dt ,$$

so ergibt sich

$$\|Ax\| = \max_s \left| \int_0^1 K(s, t) \, x(t) \, dt \right|$$

$$\leqq \max_t |x(t)| \max_s \int_0^1 |K(s, t)| \, dt = \|x\| \max_s \int_0^1 |K(s, t)| \, dt$$

und hieraus

$$\|A\| \leqq \max_s \int_0^1 |K(s, t)| \, dt . \tag{1}$$

Das Integral $\int_0^1 |K(s, t)| \, dt$ muß als stetige Funktion von s in einem Punkt s_0 des Intervalls $[0, 1]$ sein Maximum annehmen. Wir setzen

$$z_0(t) = \operatorname{sgn} K(s_0, t) .$$

Es seien $x_n(t)$ stetige Funktionen, die die Funktion $z_0(t)$ derart approximieren, daß stets $|x_n(t)| \leqq 1$ ist und überall bis auf eine Menge M_{ε_n} vom Maße ε_n noch

$x_n(t) = z_0(t)$ gilt. Dabei soll $\varepsilon_n < \frac{1}{2Mn}$ sein, wo $M = \max_{s,t} |K(s, t)|$ ist. Dann gilt auf M_{ε_n}: $|x_n(t) - z_0(t)| \leq 2$. Weiter haben wir

$$\left|\int_0^1 K(s, t)\, z_0(t)\, dt - \int_0^1 K(s, t)\, x_n(t)\, dt\right| \leq \int_0^1 |K(s, t)|\, |x_n(t) - z_0(t)|\, dt$$

$$= \int_{M_{\varepsilon_n}} |K(s, t)|\, |x_n(t) - z_0(t)|\, dt \leq 2 \max_{s,t} |K(s, t)| \frac{1}{2Mn} = \frac{1}{n}$$

für jedes $s \in [0, 1]$.

Folglich gilt für alle $s \in [0, 1]$ dann

$$\int_0^1 K(s, t)\, z_0(t)\, dt \leq \int_0^1 K(s, t)\, x_n(t)\, dt + \frac{1}{n} \leq \|A\|\, \|x_n\| + \frac{1}{n}.$$

Setzt man hier $s = s_0$, so wird

$$\int_0^1 |K(s_0, t)|\, dt \leq \|A\|\, \|x_n\| + \frac{1}{n}.$$

Da $\|x_n\| < 1$ ist, so ergibt die vorstehende Ungleichung für $n \to \infty$

$$\int_0^1 |K(s_0, t)|\, dt \leq \|A\|,$$

d. h., es gilt

$$\max_s \int_0^1 |K(s, t)|\, dt \leq \|A\|. \tag{2}$$

Aus (1) und (2) folgt:

$$\|A\| = \max_s \int_0^1 |K(s, t)|\, dt.$$

§ 19. Der Raum der linearen Operatoren

Starke Konvergenz. Wir erkannten bereits in § 14, daß alle Operatoren, die auf einem linearen Raum E definiert sind und deren Wertebereiche in einem linearen Raum E_1 liegen, selbst einen linearen Raum $(E \to E_1)$ bilden. Sind E und E_1 normiert, dann kann man in $(E \to E_1)$ eine Norm erklären.

Schon in § 18 wurde für jeden linearen Operator A, der E in E_1 abbildet, eine Norm eingeführt. Wir haben nur noch zu zeigen, daß sie den Axiomen der Norm genügt.

1. $\|A\| = \sup_{\|x\| \leq 1} \|Ax\| \geqq 0$ gilt offenbar. Ist $\|A\| = 0$, d. h. $\sup_{\|x\| \leq 1} \|Ax\| = 0$, so auch $\|Ax\| = 0$ und daher $Ax = \theta$ für alle x mit $\|x\| \leq 1$. Wegen der Homogenität von A ist dann auch für alle x stets $Ax = \theta$ und folglich $A = O$.

2. $\|\lambda A\| = \sup_{\|x\| \leq 1} \|\lambda A x\| = |\lambda| \sup_{\|x\| \leq 1} \|Ax\| = |\lambda|\, \|A\|$.

3. $\|A + B\| = \sup_{\|x\| \leq 1} \|Ax + Bx\| \leqq \sup_{\|x\| \leq 1} \|Ax\| + \sup_{\|x\| \leq 1} \|Bx\| = \|A\| + \|B\|$.

Es gilt damit der

Satz. *Die linearen Operatoren bilden einen linearen normierten Raum.*

Wenn mit der Norm von $(E \to E_1)$ $\|A_n - A\| \to 0$ geht, dann sagt man die Operatorenfolge $\{A_n\}$ konvergiert gegen A, und man spricht von *Normkonvergenz* oder *starker Konvergenz.*

Wir beweisen jetzt den

Satz. *Mit E_1 ist auch der Raum der linearen Operatoren vollständig und damit ein* BANACH*raum.*

Es sei dazu eine Folge $\{A_n\}$ linearer Operatoren, die bezüglich der Norm von $(E \to E_1)$ in sich konvergent ist, d. h., es strebe $\|A_n - A_m\| \to 0$ für $n, m \to \infty$. Für ein beliebiges x geht dann

$$\|A_m x - A_n x\| = \|(A_m - A_n)\, x\| \leqq \|A_m - A_n\|\, \|x\| \to 0$$

für $n, m \to \infty$.

Daher ist für jedes feste x die Folge $\{A_n x\}$ von Elementen des Raumes E_1 in sich konvergent. Da nun E_1 vollständig ist, so besitzt $\{A_n x\}$ in E_1 ein Grenzelement y.

So ist jedem $x \in E$ ein $y \in E_1$ zugeordnet und wir erhalten einen durch die Gleichung $A x = y$ definierten Operator, der additiv und beschränkt ist:

1. Die Additivität von A folgt sofort aus

$$A(x_1 + x_2) = \lim_n A_n(x_1 + x_2) = \lim_n A_n x_1 + \lim_n A_n x_2 = A x_1 + A x_2 .$$

2. Nach Voraussetzung strebt

$$\|A_n - A_m\| \to 0$$

für $n, m \to 0$. Hieraus ergibt sich

$$\big|\, \|A_n\| - \|A_m\| \,\big| \to 0$$

für $n, m \to \infty$, d. h., die Zahlenfolge $\{\|A_n\|\}$ ist konvergent in sich und daher beschränkt. Es existiert also ein K derart, daß $\|A_n\| \leqq K$ für alle n ist. Also ist $\|A_n x\| \leqq K \|x\|$ für alle n und damit

$$\|A x\| = \lim_n \|A_n x\| \leqq K \|x\| ,$$

womit die Beschränktheit von A gezeigt ist.

Da A noch additiv ist, so ist A ein linearer Operator.

Wir beweisen nun, daß im Sinne der Normkonvergenz in $(E \to E_1)$ A der Grenzwert der Folge $\{A_n\}$ ist. Denn es läßt sich zu jedem $\varepsilon > 0$ ein n_0 finden, so daß die Ungleichung

$$\|A_{n+p} x - A_n x\| < \varepsilon \tag{1}$$

für $n \geqq n_0$, $p > 0$ und alle x mit $\|x\| \leqq 1$ erfüllt ist. Geht man in (1) zur Grenze $p \to \infty$ über, so ergibt sich

$$\|A x - A_n x\| \leqq \varepsilon$$

für $n \geqq n_0$ und alle x mit $\|x\| \leqq 1$. Daraus folgt für $n \geqq n_0$

$$\|A - A_n\| = \sup_{\|x\| \leq 1} \|(A - A_n)\, x\| = \sup_{\|x\| \leq 1} \|A x - A_n x\| \leqq \varepsilon ,$$

d. h., es ist
$$A = \lim_n A_n$$
im Sinne der starken Konvergenz des Raumes der linearen Operatoren. Also gilt unsere obige Behauptung, daß mit E_1 auch $(E \to E_1)$ vollständig ist.

Wir werden im folgenden diese Konvergenz von Folgen linearer Operatoren auch als *gleichmäßige Konvergenz* bezeichnen.

Schwache Konvergenz. Im Raum $(E \to E_1)$ kann man noch eine andere Konvergenz für Folgen $\{A_n\}$ linearer Operatoren erklären.

$\{A_n\}$ heißt *schwach konvergent* gegen den linearen Operator A (bzw. schwach konvergent in sich), wenn für jedes x die Folge $\{A_n x\}$ gegen Ax (bzw. in sich) konvergiert.

Offenbar folgt aus der starken Konvergenz einer Folge $\{A_n\}$ stets ihre schwache.

Es gilt weiter der

Satz: *Ist E und E_1 vollständig, so ist auch der Raum der linearen Operatoren im Sinne der schwachen Konvergenz vollständig.*

Da für jedes x die Folge $\{A_n x\}$ in sich konvergent ist, so existiert das Grenzelement $y = \lim_n A_n x$ für jedes x. Wir erhalten so eine auf E definierte Operation $Ax = y$, deren Wertevorrat zu E_1 gehört. Wie oben beweist man die Additivität. Die Beschränktheit von A ergibt sich aus dem folgenden

Satz (Banach). *Ist in dem vollständigen Raum E eine Folge linearer Operatoren in jedem Punkt x schwach in sich konvergent, so ist die Folge $\{\|A_n\|\}$ beschränkt.*

Beweis. Wir nehmen das Gegenteil an. Dann ist die Menge $\{\|A_n x\|\}$ auf keiner abgeschlossenen Kugel $\|x - x_0\| \leqq \varepsilon$ beschränkt. Würde nämlich
$$\|A_n x\| \leqq K$$
für alle n und alle $x \in \overline{S}(x_0, \varepsilon)$ gelten, so müßte für jedes y $(y \neq \theta)$ das Element
$$y' = \frac{\varepsilon}{\|y\|} y + x_0$$
dieser Kugel angehören und es wäre dann
$$\|A_n y'\| \leqq K$$
oder
$$\frac{\varepsilon}{\|y\|} \|A_n y\| \dot{-} \|A_n x_0\| \leqq \left\| \frac{\varepsilon}{\|y\|} A_n y + A_n x_0 \right\| \leqq K.$$
Hieraus folgt
$$\|A_n y\| \leqq \frac{K + \|A_n x_0\|}{\varepsilon} \|y\|.$$
Wegen der Konvergenz von $\{A_n x_0\}$ ist die Folge $\{\|A_n x_0\|\}$ beschränkt. Daher folgt
$$\|A_n y\| \leqq K_1 \|y\|$$
also $\|A_n\| \leqq K_1$. Das widerspricht aber der Annahme.

$\overline{S}_0$ sei jetzt eine beliebige abgeschlossene Kugel aus E. Da nach dem Vorhergehenden auf ihr $\{\|A_n x\|\}$ nicht beschränkt ist, so existiert insbesondere ein Operator A_{n_1} und ein $x_1 \in \overline{S}_0$ mit

$$\|A_{n_1} x_1\| > 1 .$$

Wegen der Stetigkeit von A_{n_1} gilt diese Ungleichung auf einer ganzen Kugel $\overline{S}_1(x_1, \varepsilon_1) \subseteq \overline{S}_0$. Auf $\overline{S}_1$ ist $\{\|A_n x\|\}$ wiederum nicht beschränkt und daher gibt es einen Operator A_{n_2}, $n_2 > n_1$, und ein $x_2 \in \overline{S}_1$, derart daß

$$\|A_{n_2} x_2\| > 2$$

ist. Diese Ungleichung muß, da A_{n_2} stetig ist, auf einer Kugel $\overline{S}_2(x_2, \varepsilon_2) \subseteq \overline{S}_1$ gelten. Setzen wir diese Schlüsse fort, und lassen wir diese ε_n hierbei gegen 0 gehen für $n \to \infty$, dann gibt es wegen der Vollständigkeit einen Punkt $\overline{x}$, der allen Kugeln $\overline{S}_n(x_n, \varepsilon_n)$ angehört und eine Ungleichung

$$\|A_{n_k} \overline{x}\| \geqq k$$

erfüllt. Das kann aber nicht sein, weil $\{A_n x\}$ für jedes x konvergieren sollte. Folglich ist der Satz von BANACH richtig.

Wir kehren nun zu unserem Operator

$$A = \lim_n A_n$$

zurück. Nach der aus dem Satz von BANACH erhaltenen Ungleichung

$$\|A_n x\| \leqq M \|x\|$$

ergibt sich $\|A x\| \leqq M \|x\|$ durch Grenzübergang $n \to \infty$. Also ist A beschränkt und damit linear. Jede schwach in sich konvergierende Folge linearer Operatoren besitzt also einen wohlbestimmten Limes. Da er selbst ein linearer Operator ist, so ist der Raum der linearen Operatoren im Sinne der schwachen Konvergenz vollständig.

Anwendungen in der Interpolationstheorie. Der Satz von BANACH besitzt viele Anwendungsmöglichkeiten. Als Beispiel beweisen wir den folgenden Satz [48].

Durch die Dreiecksmatrix

$$\begin{matrix} t_1^{(1)} & & & \\ t_1^{(2)} & t_2^{(2)} & & \\ t_1^{(3)} & t_2^{(3)} & t_3^{(3)} & \\ \cdot & \cdot & \cdot & \cdot \\ t_1^{(n)} & t_2^{(n)} & \ldots & t_n^{(n)} \\ \cdot & \cdot & \cdot & \cdot \end{matrix} \tag{2}$$

seien im Intervall [0, 1] gewisse Punkte gegeben. Dann lassen sich zu jeder auf [0, 1] gegebenen Funktion $x(t)$ die LAGRANGEschen Interpolationspolynome $L_n x$ angeben, deren Teilpunkte die Punkte der n-ten Zeile von (2) sind:

$$L_n x = \sum_{k=1}^{n} x(t_k^{(n)})\, l_k^{(n)}(t)$$

mit

$$l_k^{(n)}(t) = \frac{\omega_n(t)}{\omega_n'(t_k^{(n)})\,(t - t_k^{(n)})}, \qquad \omega_n(t) = \prod_{k=1}^{n} (t - t_k^{(n)}).$$

Es gilt der

Satz. ***Für jede beliebige Matrix (2) gibt es stets eine stetige Funktion $x(t)$, so daß die $L_n x$ nicht gegen $x(t)$ für $n \to \infty$ konvergieren.***

Wir betrachten die $L_n x$ als Operatoren, welche die Funktionen $x(t) \in C\,[0, 1]$ in Elemente des gleichen Raumes abbilden und setzen

$$\lambda_n = \max_t \lambda_n(t), \qquad \text{mit} \qquad \lambda_n(t) = \sum_{k=1}^{n} |l_k^{(n)}(t)|.$$

Dann gilt, wie leicht zu beweisen ist [48],

$$\|L_n\| = \lambda_n.$$

Andererseits gilt die Ungleichung von S. N. Bernstein [48]:

$$\lambda_n > \frac{\ln n}{8\sqrt{\pi}}.$$

Folglich strebt

$$\|L_n\| \to \infty$$

für $n \to \infty$. Hieraus ergibt sich sofort der oben formulierte Satz. Denn würde $L_n x \to x$ streben für alle $x \in C[0, 1]$, so müßten die $\|L_n\|$ beschränkt sein.

§ 20. Inverse Operatoren

Mit dem schon früher eingeführten Begriff des inversen Operators ist die Frage nach Existenz und Eindeutigkeit der Lösungen von Funktionalgleichungen

$$Ax = y \tag{1}$$

verbunden. y ist ein vorgegebenes Element des linearen Raumes E und x das gesuchte Element aus E. Da durch (1) lineare algebraische Gleichungssysteme, lineare Differential- und Integralgleichungen u. a. ausgedrückt werden können, erkennt man, daß der inverse Operator von großer Bedeutung ist.

Setzen wir voraus, daß A aus (1) einen inversen Operator A^{-1} besitzt, so ergibt sich durch Einsetzen von $x = A^{-1}y$ in (1) die Identität

$$AA^{-1}y = y,$$

also $y = y$. Folglich ist

$$x = A^{-1}y$$

eine Lösung von (1).

x_1 sei eine weitere Lösung von (1), d. h., für x_1 gelte $A x_1 = y$. Durch Multiplikation beider Seiten dieser Gleichung mit A^{-1} ergibt sich $x_1 = A^{-1}y$ und damit die Eindeutigkeit der Lösung $x = A^{-1}y$ von (1). Besitzt A einen rechtsinversen Operator C, so erkennt man sofort, daß $x = Cy$ (1) löst, doch bleibt die Frage nach der Eindeutigkeit offen. Umgekehrt ist es, wenn A nur einen linksinversen

Operator B besitzt. Existiert in diesem Fall überhaupt eine Lösung $\bar{x}$, so auch nur diese, weil aus $A\bar{x} = y$ durch linksseitige Multiplikation mit B sofort $\bar{x} = By$ folgt. Ob es allerdings überhaupt eine Lösung gibt, ist nicht allgemein zu entscheiden.

Satz vom inversen Operator.

Satz 1 (BANACH). *Zu jedem linearen Operator A, der einen* BANACH*raum E eindeutig auf einen* BANACH*raum E_1 abbildet, gibt es einen linearen inversen Operator A^{-1}, welcher E_1 auf E abbildet.*

Beweis. Mit $Ax = y$ ist nach Voraussetzung eine umkehrbar eindeutige Zuordnung $x \longleftrightarrow y$ zwischen den $x \in E$ und den $y \in E_1$ gegeben. Wegen der Linearität von A muß dem θ das θ_1 zugeordnet sein (θ_1 ist Nullelement von E_1). Diese Zuordnung wird nicht nur von A geleistet, sondern man kann sie sich auch in umgekehrter Richtung von dem inversen Operator $A^{-1}y = x$ ausgeführt denken. Es ist noch zu zeigen, daß der so verstandene Operator A^{-1} linear und beschränkt ist.

Es seien $y_1, y_2 \in E_1$ und wir setzen

$$z = A^{-1}(y_1 + y_2) - A^{-1}y_1 - A^{-1}y_2.$$

Dann ist

$$\begin{aligned} Az &= A\,[A^{-1}(y_1 + y_2) - A^{-1}y_1 - A^{-1}y_2] \\ &= AA^{-1}(y_1 + y_2) - AA^{-1}y_1 - AA^{-1}y_2 = (y_1 + y_2) - y_1 - y_2 = \theta_1 \end{aligned}$$

und damit

$$z = \theta,$$

d. h.

$$A^{-1}(y_1 + y_2) = A^{-1}y_1 + A^{-1}y_2$$

Genauso beweist man die Richtigkeit von

$$A^{-1}(\lambda y) = \lambda A^{-1}y.$$

Also ist der Operator A^{-1} additiv.

Y_n sei die Menge der Elemente $y \in E_1$ mit $\|A^{-1}y\| \leq n\|y\|$. Y_n ist sicher nicht leer, da für alle n $\theta_1 \in Y_n$ ist. Auch gehört jedes $y \in E_1$ einer dieser Mengen an, man wähle nur n als die kleinste ganze Zahl $\geq \frac{\|A^{-1}y\|}{\|y\|}$. Man kann daher schreiben

$$E_1 = \bigcup_{n=1}^{\infty} Y_n.$$

Da E_1 vollständig ist, kann E_1 nicht die Vereinigung von abzählbar vielen nirgends dichten Mengen sein (Satz 6, § 2). Daher gibt es sicher eine Menge, etwa Y_{n_0}, so daß in einer gewissen Kugel $S(y, r)$ die Menge $S(y, r) \cap Y_{n_0}$ überall dicht ist. Dann sei $\bar{S}(y_1, r_1)$ eine Kugel, die ganz in $S(y, r)$ liegt mit $y_1 \in Y_{n_0}$. Wählen wir y beliebig mit $\|y\| = r_1$, so gilt $y + y_1 \in \bar{S}(y_1, r_1)$, weil $\|(y + y_1) - y_1\| = r_1$ ist. Wegen $\bar{S}(y_1, r_1) \subseteq \bar{Y}_{n_0}$ läßt sich eine Folge $\{z^{(k)}\}$ von Elementen aus $Y_{n_0} \cap \bar{S}(y_1, r_1)$ angeben, so daß $z^{(k)} \to y + y_1$ geht für $k \to \infty$. (Diese Folge kann, falls $y + y_1 \in Y_{n_0}$ ist, auch stationar sein.) Aus $z^{(k)} \to y + y_1$ folgt die Konvergenz von $y^{(k)} = z^{(k)} - y_1 \to y$. Da $y^{(k)} \to y$ strebt und $\|y\| = r_1$ ist, muß $\frac{r_1}{2} \leq \|y^{(k)}\|$ und $\|y^{(k)}\| \leq r_1$ sein.

Wegen $z^{(k)}, y_1 \in Y_{n_0}$ gilt

$$\|A^{-1}y^{(k)}\| = \|A^{-1}z^{(k)} - A^{-1}y_1\| \leq \|A^{-1}z^{(k)}\| + \|A^{-1}y_1\| \leq n_0(\|z^{(k)}\| + \|y_1\|)$$

und

$$\|z^{(k)}\| = \|y^{(k)} + y_1\| \leq \|y^{(k)}\| + \|y_1\| \leq r_1 + \|y_1\|.$$

Aus diesen Ungleichungen ergibt sich

$$\|A^{-1}y^{(k)}\| \leq n_0(r_1 + 2\|y_1\|) \leq \frac{2n_0(r_1 + 2\|y_1\|)}{r_1}\|y^{(k)}\|.$$

Für die kleinste ganze Zahl N, welche nicht kleiner als

$$\frac{2n_0(r_1 + 2\|y_1\|)}{r_1}$$

ist, hat man daher
$$\|A^{-1}y^{(k)}\| \leq N\|y^{(k)}\|,$$

d. h., es ist $y^{(k)} \in Y_N$ für alle k.

Somit kann ein beliebiges Element, dessen Norm gleich r_1 ist, durch Elemente aus Y_N approximiert werden. Jetzt sei y beliebig aus E_1 und

$$y' = \frac{r_1}{\|y\|}y$$

gesetzt. Es ist
$$\|y'\| = r_1.$$

Nach dem soeben Bewiesenen gibt es eine gegen y' konvergierende Folge $\{y'^{(k)}\} \subseteq Y_N$.

Mit $y'^{(k)} \to y'$ geht
$$y^{(k)} = y'^{(k)}\frac{\|y\|}{r_1} \to y$$

und es ist

$$\|A^{-1}y^{(k)}\| = \frac{\|y\|}{r_1}\|A^{-1}y'^{(k)}\| \leq \frac{\|y\|}{r_1}N\|y'^{(k)}\| = N\|y^{(k)}\|,$$

also ist
$$y^{(k)} \in Y_N.$$

Daher ist Y_N überall dicht in E_1. Wir wählen wiederum ein beliebiges $y \in E_1$ aber mit $\|y\| = l$. Zu diesem y gibt es ein $y_1 \in Y_N$ mit

$$\|y - y_1\| \leq \frac{l}{2}, \quad \|y_1\| \leq l.$$

(So ein Element existiert, weil ja $\overline{S}(\theta_1, l) \cap Y_N$ überall dicht in $\overline{S}(\theta_1, l)$ liegt, und $y \in \overline{S}(\theta_1, l)$ ist.) Weiter gibt es ein $y_2 \in Y_N$ mit

$$\|(y - y_1) - y_2\| \leq \frac{l}{2^2}, \quad \|y_2\| \leq \frac{l}{2}.$$

Durch Fortsetzung dieses Verfahrens konstruieren wir allgemein $y_n \in Y_N$ derart, daß

$$\|y - (y_1 + y_2 + \dots + y_n)\| \leq \frac{l}{2^n} \quad \text{und} \quad \|y_n\| \leq \frac{l}{2^{n-1}}$$

ist. Wir erhalten dann $$y = \lim_n \sum_{k=1}^{n} y_k .$$

Für $x_k = A^{-1} y_k$ gilt $$\|x_k\| \leq N \|y_k\| \leq \frac{Nl}{2^{k-1}} .$$

Wegen $$\|S_{n+p} - S_n\| = \left\| \sum_{k=n+1}^{n+p} x_k \right\| < \frac{Nl}{2^{n-1}},$$

und da E vollständig ist, konvergiert die Folge $\{S_n\}$, $S_n = \sum_{k=1}^{n} x_k$, gegen einen Grenzwert $x \in E$, d. h., es ist

$$x = \lim_n \sum_{k=1}^{n} x_k = \sum_{k=1}^{\infty} x_k .$$

Aus $$A x = A \left(\lim_n \sum_{k=1}^{n} x_k \right) = \lim_n \sum_{k=1}^{n} A x_k = \lim_n \sum_{k=1}^{n} y_k = y$$

folgt schließlich

$$\|A^{-1} y\| = \|x\| = \lim_n \left\| \sum_{k=1}^{n} x_k \right\| \leq \lim_n \sum_{k=1}^{n} \|x_k\|$$
$$\leq \lim_n \sum_{k=1}^{n} \frac{Nl}{2^{k-1}} = 2Nl = 2N \|y\|,$$

und hiernach ist, weil y ein beliebiges Element aus E_1 war, unser inverser Operator A^{-1} beschränkt, was zu beweisen war.

Wir beschäftigten uns bisher nur mit linearen beschränkten Operatoren A und mit linearen beschränkten inversen Operatoren A^{-1}. Oft ist jedoch der zu einem beschränkten linearen Operator inverse additiv und homogen. Aber er ist nicht auf ganz E_1, sondern nur auf einer gewissen, in E_1 überall dichten Mannigfaltigkeit definiert und dort nicht beschränkt. Ist umgekehrt A auf einer in E überall dichten Mannigfaltigkeit linear und unbeschränkt, dann kann A^{-1} beschränkt und auf ganz E_1 erklärt sein. Eine eingehendere Betrachtung dieser verschiedenen Fälle würde über den Rahmen unseres Buches hinausgehen. Wir beschränken uns deshalb auf zwei Beispiele.

1. Es sei $E = E_1 = C[0, 1]$ und

$$A x = \int_0^t x(\tau)\, d\tau$$

Offenbar ist A beschränkt, während der inverse Operator

$$A^{-1} y = \frac{d}{dt} y(t)$$

nicht beschränkt und nur auf der in $C[0, 1]$ überall dicht liegenden Mannigfaltigkeit der stetig differenzierbaren Funktionen erklärt ist.

2. Es sei $E = E_1 = C[0, 1]$ und $Lx = \frac{d}{dt}\left\{p(t)\frac{dx}{dt}\right\} + q(t)\,x$ der nicht beschränkte STURM-LIOUVILLEsche Operator, der auf der linearen Mannigfaltigkeit der zweimal stetig differenzierbaren Funktionen definiert ist. Der zu Lx inverse Operator

$$A^{-1}y = \int_0^1 G(t, \tau)\, y(\tau)\, d\tau$$

($G(t, \tau)$ ist die GREENsche Funktion) ist beschränkt, linear und auf ganz $C[0, 1]$ erklärt.

Normierte Ringe, Ringe von Operatoren. Ein linearer normierter komplexer (reeller) Raum E heißt *normierter Ring*, wenn für seine Elemente $a, b, c, \ldots$ eine Multiplikation erklärt ist, die folgenden Bedingungen genügt.

I. Jedem Paar $a \in E$, $b \in E$ ist ein Element $ab \in E$ zugeordnet, so daß

$$(ab)c = a(bc)$$

gilt.

II. Für jedes komplexe (reelle) λ gilt

$$(\lambda ab) = \lambda(ab),$$
$$a(\lambda b) = \lambda(ab).$$

III. $a(b + c) = ab + ac,$
$(a + b)c = ac + bc.$

IV. Für jedes komplexe (reelle) λ gilt
$\lambda(a + b) = \lambda a + \lambda b.$

V. $\|ab\| \leq \|a\|\,\|b\|.$

Aus V. folgt die Stetigkeit der Multiplikation.

Gilt außerdem für beliebige $a, b \in E$ stets $ab = ba$, so heißt der Ring *kommutativ*. Die Theorie solcher Ringe wurde von den sowjetischen Mathematikern I. M. GELFAND, W. A. DITKIN, G. E. SCHILOW und D. A. RAIKOW begründet.

Für das Folgende ist das Studium des nichtkommutativen normierten Ringes $(E \to E)$ aller Operatoren $(A, B, \ldots)$, die einen linearen normierten Raum E in sich abbilden, notwendig.

Es seien A und B aus $(E \to E)$. Für sie gilt

$$\|ABx\| = \|A(Bx)\| \leq \|A\|\,\|Bx\| \leq \|A\|\,\|B\|\,\|x\|,$$

also ist nach Definition der Norm eines Operators

$$\|AB\| \leq \|A\|\,\|B\|$$

und $(E \to E)$ erfüllt die V. Bedingung. Die übrigen Forderungen prüft man sofort.

Für normierte Ringe mit Einselement e gilt der

Satz 2. *Ist* $\|a\| < 1$, *so hat* $e + a$ *ein inverses Element* $(e + a)^{-1}$ *mit* $\|(e + a)^{-1}\| \leq \frac{1}{1 - \|a\|}$.

Beweis. Wegen V. gilt $\|a^n\| \leqq \|a\|^n$ und daher ist die Reihe

$$e - a + a^2 - \ldots + (-1)^n a^n + \ldots$$

absolut konvergent.[1]) Aus

$$(e + a)(e - a + a^2 - \ldots + (-1)^n a^n) = e + (-1)^n a^{n+1}$$

folgt

$$(e + a)(e - a + a^2 - \ldots) = e,$$

da $a^{n+1} \to \theta$ strebt für $n \to \infty$, d. h., es ist

$$e - a + a^2 - \ldots = (e + a)^{-1}$$

und daher

$$\|(e + a)^{-1}\| \leqq \sum_{n=0}^{\infty} \|a^n\| \leqq \sum_{n=0}^{\infty} \|a\|^n = \frac{1}{1 - \|a\|}.$$

Satz 3. *Sind x und Δx Elemente eines normierten Ringes, besitzt x ein inverses Element x^{-1} und gilt $\|\Delta x\| < \|x^{-1}\|^{-1}$, so hat auch $x + \Delta x$ ein Inverses.*

Zunächst gilt $x + \Delta x = x(e + x^{-1}\Delta x)$, wobei $\|x^{-1}\Delta x\| \leqq \|x^{-1}\| \|\Delta x\| < 1$ ist. Deshalb ist

$$(e + x^{-1}\Delta x)^{-1} = \sum_{n=0}^{\infty} (-x^{-1}\Delta x)^n$$

das inverse Element von $e + x^{-1}\Delta x$ und daher $(e + x^{-1}\Delta x)^{-1}x^{-1}$ zu $x(e + x^{-1}\Delta x) = x + \Delta x$ invers.

Außerdem ist

$$\|(x + \Delta x)^{-1} - x^{-1}\| \leqq \|(e + x^{-1}\Delta x)^{-1} - e\| \|x^{-1}\|$$

$$= \left\|\sum_{n=1}^{\infty} (-x^{-1}\Delta x)^n\right\| \|x^{-1}\| \leqq \frac{\|x^{-1}\Delta x\|}{1 - \|x^{-1}\Delta x\|} \|x^{-1}\| < \frac{\|x^{-1}\|}{1 - \|x^{-1}\Delta x\|}.$$

Den Satz 3 hätte man auch aus dem Prinzip der kontrahierenden Abbildung (§ 7) erhalten können. Aus Satz 3 folgt

Satz 4. *Besitzt $A \in (E \to E)$ einen inversen Operator A^{-1} und gilt für den Operator ΔA die Ungleichung $\|\Delta A\| < \|A^{-1}\|^{-1}$, so hat auch $B = A + \Delta A$ einen inversen Operator B^{-1}, und es gilt*

$$\|B^{-1} - A^{-1}\| < \frac{\|A^{-1}\|}{1 - \|A^{-1}\| \|\Delta A\|}.$$

Parameterabhängige Operatoren. Gleichungen der Form

$$Ax - \lambda x = y \quad \text{oder} \quad (A - \lambda I)\, x = y \tag{2}$$

kommen in verschiedenen Gebieten der Mathematik häufig vor. Dabei soll A ein linearer Operator und λ ein Parameter sein. Ein Spezialfall von (2) ist

$$Ax - \lambda x = \theta \quad \text{oder} \quad (A - \lambda I)\, x = \theta. \tag{3}$$

Dies ist die zu (2) gehörige Eigenwertgleichung. Die stets vorhandene Lösung $x = \theta$ von (3) heißt *triviale Lösung.*

---

[1]) Das heißt, $\|e\| + \sum_{\nu=1}^{\infty} \|(-1)^\nu a^\nu\|$ ist konvergent.

Es werde vorausgesetzt, daß der Operator $A - \lambda I$ für gewisse λ einen inversen Operator $(A - \lambda I)^{-1} = R_\lambda$ besitzt. R_λ wird *Operatorresolvente* von (2) genannt. Wenn also R_λ existiert, dann gibt es für dieses λ und beliebiges y die einzige Lösung

$$x = R_\lambda y.$$

Die Eigenwertgleichung (3) besitzt dann nur die triviale Lösung $x = \theta$.

Diejenigen λ, bei denen (2) für alle y eine eindeutige Lösung besitzt, heißen *reguläre* Werte von (2) bzw. von A. Besitzt (3) für ein λ außer der trivialen auch noch eine andere Lösung, so heißt λ *Eigenwert* oder *charakteristische Zahl* von (2) bzw. von A. Die nichttriviale Lösung nennt man *Eigenelement* von A zum Eigenwert λ. Ist λ ein Eigenwert von (2) und besitzt (2) für gewisse y eine Lösung, so ist diese Lösung, wie leicht einzusehen ist, nicht die einzige.

Die Gesamtheit der nichtregulären λ-Werte heißt *Spektrum* des Operators A. Insbesondere gehören alle Eigenwerte zum Spektrum.

Aus Satz 4 folgt der

Satz 5. *Gilt für λ die Ungleichung $\frac{1}{|\lambda|}\|A\| = q < 1$, so besitzt $A - \lambda I$ einen inversen Operator.*

Mit λ ist auch $\lambda + \Delta\lambda$ für $|\Delta\lambda| < \|(A - \lambda I)^{-1}\|^{-1}$ ein regulärer Wert. Daher bildet die Gesamtheit aller regulären Werte eine offene Menge und folglich ist das Spektrum abgeschlossen.

Beispiele. Wir betrachten in $C[0, 1]$ die Integralgleichung

$$x(s) = y(s) + \lambda \int_0^1 K(s, t)\, x(t)\, dt, \tag{4}$$

wo $K(s, t)$ im Quadrat $0 \leqq s \leqq 1$, $0 \leqq t \leqq 1$ stetig sei. Wir setzen $\frac{1}{\lambda} = \mu$. Aus (4) wird dann

$$\int_0^1 K(s, t)\, x(t)\, dt - \mu x(s) = -\mu y(s).$$

Für $Ax = \int_0^1 K(s, t)\, x(t)\, dt$ wird

$$Ax - \mu x = -\mu y,$$

und wir finden nach Satz 2

$$R_\mu = -\frac{1}{\mu}\left(I + \frac{A}{\mu} + \frac{A^2}{\mu^2} + \dots\right) = -\lambda(I + \lambda A + \lambda^2 A^2 + \dots).$$

Dabei ist $A^p z = \int_0^1 K_p(s, t)\, z(t)\, dt$, wo $K_p(s, t)$ die p-te Iteration des Kerns $K(s, t)$ darstellt. Damit haben wir

$$R_{\frac{1}{\lambda}} z = R_\mu z = -\lambda z(s) - \lambda^2 \int_0^1 K(s, t)\, z(t)\, dt - \lambda^3 \int_0^1 K_2(s, t)\, z(t)\, dt - \dots$$

Also wird die Lösung von (4)

$$x(s) = R_{\frac{1}{\lambda}}(-\mu y) = R_{\frac{1}{\lambda}}\left(-\frac{1}{\lambda} y\right)$$
$$= y(s) + \lambda \int_0^1 K(s,t)\, y(t)\, dt + \lambda^2 \int_0^1 K_2(s,t)\, y(t)\, dt + \ldots$$

und wir haben dieselbe Lösung

$$x(s) = y(s) + \lambda \int_0^1 R(s,t,\lambda)\, y(t)\, dt$$

wie in der Theorie der Integralgleichungen bekommen, wo für die Resolvente $R(s, t, \lambda)$ des Kerns $K(s, t)$

$$R(s,t,\lambda) = K(s,t) + \lambda K_2(s,t) + \lambda^2 K_3(s,t) + \ldots$$

gilt. Die in der Theorie der Integralgleichungen angegebenen Gleichungen für die Resolvente sind die Bedingungen dafür, daß $R_{\frac{1}{\lambda}}$ rechts- und linksinverser Operator von $\lambda A - I$ ist.

Näherungsweise Lösung von Funktionalgleichungen. Sehr häufig läßt sich eine Funktionalgleichung

$$Ax = y,$$

wo $x, y \in E$ ist, nicht unmittelbar lösen, weil der inverse Operator A^{-1} nicht bekannt ist. L. W. KANTOROWITSCH [8] gab ein Verfahren an mit dem man den Operator A durch einen anderen A_0 annähert, dessen inverser Operator einfacher zu bestimmen ist. Es gilt, falls $x_0 = A_0^{-1} y$ und $\Delta = A - A_0$ ist,

$$\|x - x_0\| = \|A^{-1} y - A_0^{-1} y\| \leqq \|A^{-1} - A_0^{-1}\| \, \|y\| < \frac{\|A_0^{-1}\| \, \|y\|}{1 - \|A_0^{-1}\| \, \|\Delta\|}$$

(unter der Voraussetzung $\|\Delta\| \, \|A_0^{-1}\| < 1$).

Wir erhalten dadurch eine Abschätzung für den Fehler $\|x - x_0\|$, der beim Ersetzen der genauen durch die Näherungslösung entsteht.

Als Beispiel hierzu kann die approximative Lösung einer FREDHOLMschen Integralgleichung dienen, wenn man den Kern durch einen ausgearteten Kern ersetzt.

Ein allgemeineres Verfahren [8] gestattet nicht nur die Approximation des Operators, sondern auch in bekanntem Sinne die Approximation des Raumes selbst. Damit lassen sich von einem einheitlichen Gesichtspunkt aus die wichtigsten Näherungsmethoden der linearen Analysis betrachten.

KAPITEL III

LINEARE FUNKTIONALE

§ 21. Lineare Funktionale in linearen normierten Räumen

Grundlegende Begriffe. Besteht der Wertebereich eines Operators aus reellen Zahlen, so heißt der Operator auch *Funktional*. Da die Menge der reellen Zahlen R ein BANACHraum ist, so bleiben alle früheren Definitionen und Sätze für lineare Operatoren, welche einen linearen oder einen linearen normierten Raum E in einen anderen abbilden, auch für Funktionale $f(x)$ gültig. Nach der allgemeinen für Operatoren aufgestellten Definition heißt ein Funktional $f(x)$ linear, wenn

1. $f(x_1 + x_2) = f(x_1) + f(x_2)$ und
2. $f(x_n) \to f(x)$ konvergiert falls $x_n \to x$ strebt im Sinne der Konvergenz in E.

Beispiele linearer Funktionale.

Es sei $E = L_2(0, 1)$. Dann ist $f(x) = \int_0^1 x(t)\,dt$ ein lineares Funktional. Aus der Ungleichung

$$\left|\int_0^1 x(t)\,dt\right| \leqq \int_0^1 |x(t)|\,dt \leqq \left(\int_0^1 x^2(t)\,dt\right)^{\frac{1}{2}}$$

folgt die Existenz von

$$\int_0^1 x(t)\,dt$$

für beliebige $x(t) \in L_2(0, 1)$, und es ist

$$|f(x)| \leqq \|x\|.$$

Offenbar ist $f(x)$ additiv. Geht $x_n \to x$, d. h. $\|x_n - x\| \to 0$, so konvergiert

$$|f(x_n) - f(x)| = |f(x_n - x)| \leqq \|x_n - x\| \to 0,$$

d. h., $f(x)$ ist stetig.

Wie für lineare Operatoren gelten für lineare Funktionale folgende Sätze.

Satz 1. *Ist ein additives Funktional in einem Punkt des linearen Raumes E stetig, so ist es sogar auf ganz E stetig und folglich linear.*

Satz 2. *Lineare Funktionale sind homogen.*

Satz 3. *Ein auf einem linearen normierten Raum E definiertes additives Funktional ist linear genau dann, wenn eine Konstante M mit $|f(x)| \leqq M\|x\|$ für alle $x \in E$ existiert.*

Die kleinste dieser Konstanten heißt *Norm* des Funktionals $f(x)$ und wird mit $\|f\|$ bezeichnet. Für ein beliebiges lineares Funktional $f(x)$ und jedes x gilt somit die Ungleichung

$$|f(x)| \leqq \|f\| \, \|x\| .$$

Satz 4. *Es ist* $\|f\| = \sup\limits_{\|x\|=1} |f(x)|$.

Man kann die Norm eines linearen Funktionals geometrisch deuten. Die Gesamtheit aller Punkte x, die der Gleichung $f(x) = c$ genügen, wo f ein lineares Funktional ist, nennen wir eine *Ebene* im Raum E. Die durch $f(x) = c_0$ und $f(x) = c_1$ definierten Ebenen heißen parallel. $f(x) = c$ teilt den Raum in zwei Teile, in die Gesamtheit der Punkte x mit $f(x) \geqq c$ und die der Punkte x mit $f(x) < c$. Die erste dieser Mengen heißt rechts von $f(x) = c$, die zweite links von $f(x) = c$ gelegen. Die Ebene $f(x) = \|f\|$ besitzt die Eigenschaft, daß die Kugel $\|x\| \leqq 1$ links von ihr liegt (für die Punkte der Kugel $\|x\| \leqq 1$ gilt ja $f(x) \leqq \|f\|$). Andererseits besitzt keine der parallelen Ebenen $f(x) = \|f\| - \varepsilon$ für $\varepsilon > 0$ diese Eigenschaft. In Analogie zur Theorie der konvexen Körper nennen wir die Ebene $f(x) = \|f\|$ *Stützebene* für die Kugel $\|x\| \leqq 1$.

Man definiert die Summe von zwei linearen Funktionalen f_1 und f_2, sowie das Produkt eines linearen Funktionals f mit einer reellen Zahl λ durch die Gleichungen

$$(f_1 + f_2)\, x = f_1(x) + f_2(x),$$

bzw.

$$(\lambda f)\,(x) = \lambda f(x).$$

Beachtet man 1. $\|f\| \geqq 0$ und $\|f\| = 0$ genau dann, wenn $f(x) \equiv 0$ ist, 2. $\|f_1 + f_2\| \leqq \|f_1\| + \|f_2\|$, 3. $\|\lambda f\| = |\lambda| \, \|f\|$, so kann man wie bei den Operatoren die Gesamtheit der linearen auf E definierten Funktionale als linearen normierten Raum ansehen. Dieser Raum ist sogar ein Banachraum, falls auch E vom Typ B ist, wie früher allgemein für Operatoren gezeigt wurde.

Der Raum der linearen, auf E definierten Funktionale heißt der zu E *konjugierte Raum* und wird mit $\overline{E}$ bezeichnet. Es ist somit $\overline{E} = (E \to R)$.

Fortsetzung eines linearen Funktionals. Wir werden jetzt Sätze, die speziell für Funktionale gelten, beweisen. Dazu sind einige Definitionen nötig.

E sei ein linearer normierter Raum und G eine lineare Mannigfaltigkeit aus E. Wir studieren zunächst lineare Funktionale, die nur für Elemente $x \in G$ definiert sind. Wir setzen $\|f\|_G = \sup\limits_{x \in G,\ \|x\| \leqq 1} |f(x)|$.

Das lineare auf ganz E definierte Funktional $F(x)$ heißt dann *Fortsetzung* des linearen Funktionals $f(x)$ auf den ganzen Raum E, wenn $f(x) = F(x)$ ist für alle $x \in G$.

Es gilt der

Satz 5 (Banach-Hahn). *Jedes auf einer linearen Mannigfaltigkeit G eines linearen normierten Raumes E definierte lineare Funktional $f(x)$ kann bei Erhaltung der Norm auf den ganzen Raum fortgesetzt werden. Daß heißt, es läßt sich ein lineares Funktional $F(x)$ angeben, welches auf ganz E definiert ist und für das*

1. $F(x) = f(x)$ *für* $x \in G$ *und*

2. $\|f\|_G = \|F\|_E$ *gilt.*

Beweis. Es sei $x_0 \notin G$ und wir betrachten die Menge $\{G + t\,x_0\}$ der Elemente $x + t\,x_0$, wo $x \in G$ und t eine beliebige reelle Zahl ist.

Offenbar ist $\{G + t\,x_0\}$ eine lineare Mannigfaltigkeit. Auch ist jedes Element aus $\{G + t\,x_0\}$ eindeutig in der Form $x + t\,x_0$ darstellbar. Angenommen, es gäbe zwei Darstellungen

$$y = x_1 + t_1 x_0 \quad \text{und} \quad y = x_2 + t_2 x_0 .$$

Dabei kann $t_1 \neq t_2$ vorausgesetzt werden, sonst würde aus $x_1 + t_1 x_0 = x_2 + t_1 x_0$ $x_1 = x_2$ folgen und die Darstellung wäre doch eindeutig. Angenommen es wäre

$$x_1 - x_2 = (t_2 - t_1)\,x_0 \quad \text{und} \quad x_0 = \frac{x_1 - x_2}{t_2 - t_1}.$$

Das ist aber unmöglich, weil $x_0 \notin G$ und $x_1, x_2 \in G$ sind. Somit gilt $t_1 = t_2$ und damit $x_1 = x_2$, womit die Eindeutigkeit bewiesen ist.

Für zwei Elemente x' und x'' aus G gilt

$$\begin{aligned} f(x') - f(x'') = f(x' - x'') &\leqq \|f\|\,\|x' - x''\| \\ &\leqq \|f\|\,\{\|x' + x_0\| + \|x'' + x_0\|\} \end{aligned}$$

und damit auch

$$f(x') - \|f\|\cdot\|x' + x_0\| \leqq f(x'') + \|f\|\,\|x'' + x_0\| .$$

Da x' und x'' beliebig aus G waren, so ist

$$\sup_{x \in G} \{f(x) - \|f\|\,\|x + x_0\|\} \leqq \inf_{x \in G} \{f(x) + \|f\|\,\|x + x_0\|\}.$$

Es gibt also eine reelle Zahl c, die der Ungleichung

$$\sup_{x \in G} \{f(x) - \|f\|\,\|x + x_0\|\} \leqq c \leqq \inf_{x \in G} \{f(x) + \|f\|\,\|x + x_0\|\} \tag{1}$$

genügt. Nun sei y ein beliebiges Element aus $\{G + t\,x_0\}$. Nach dem oben Bewiesenen hat y dann die Form

$$y = x + t\,x_0$$

mit $x \in G$ und eindeutig bestimmtem reellen t. Durch die Gleichung

$$\varphi(y) = f(x) - t\,c,$$

wo c eine feste reelle Zahl ist, die (1) genügt, führen wir ein neues Funktional ein, das für die Elemente $y = x + t\,x_0$ definiert ist.

Auf G stimmen f und φ offenbar überein. φ ist additiv, da f diese Eigenschaft hat. Wir beweisen, daß $\varphi(y)$ beschränkt ist und dieselbe Norm wie $f(x)$ besitzt.

Wir unterscheiden zwei Fälle:

1. $t > 0$. Aus $\frac{x}{t} \in G$ und (1) folgt dann

$$\varphi(y) = t\left\{f\left(\frac{x}{t}\right) - c\right\} \leqq t\left\{\|f\|\left\|\frac{x}{t} + x_0\right\|\right\} = \|f\|\,\|x + t\,x_0\| = \|f\|\,\|y\|,$$

also ist
$$\varphi(y) \leqq \|f\| \|y\| . \tag{2}$$

2. $t < 0$. Aus (1) bekommen wir

$$f\left(\frac{x}{t}\right) - c \geqq -\|f\| \left\|\frac{x}{t} + x_0\right\| = -\frac{1}{|t|}\|f\|\|y\| = \frac{1}{t}\|f\|\|y\|$$

und hieraus
$$\varphi(y) = t\left\{f\left(\frac{x}{t}\right) - c\right\} \leqq t\frac{1}{t}\|f\| \|y\| = \|f\|\|y\| ,$$

also wiederum (2).

Somit gilt die Ungleichung (2) für alle $y \in \{G + t x_0\}$.[1]) Ersetzen wir in (2) y durch $-y$, so ist
$$-\varphi(y) \leqq \|f\| \|y\| .$$

Zusammen mit (2) ergibt sich hieraus
$$|\varphi(y)| \leqq \|f\| \|y\|$$

und damit
$$\|\varphi\| \leqq \|f\| .$$

Da nun aber das Funktional φ die Fortsetzung von f von G auf $\{G + t x_0\}$ darstellt, so gilt
$$\|\varphi\| \geqq \|f\|$$

und folglich
$$\|\varphi\| = \|f\| .$$

(Wir haben dabei die Norm des Funktionals φ bezüglich derjenigen linearen Mannigfaltigkeit bestimmt, auf der φ definiert ist.) Somit ist das Funktional $f(x)$ tatsächlich unter Erhaltung der Norm fortgesetzt.

Wir denken uns die Elemente der Menge $E - G$ nach dem ZERMELOschen Wohlordnungssatz wohlgeordnet, d. h. in einer transfiniten Folge $x_0, x_1, \ldots, x_\omega, x_{\omega+1}, \ldots, x_\xi, \ldots$ angeordnet. Wir setzen das Funktional $f(x)$ nacheinander auf die Mengen
$$\{G + t x_0\} = G_1, \qquad \{G_1 + t x_1\} = G_2, \ \ldots$$
fort. Da jedes Mal die Norm nicht verändert wird, so gelangen wir nach unendlich vielen Schritten zu einem Funktional $F(x)$, welches allen Anforderungen des Satzes genügt.

B e m e r k u n g. Ist E separabel, so läßt sich der Beweis des Satzes von BANACH-HAHN ohne Benutzung des ZERMELOschen Satzes und der transfiniten Induktion beweisen. Denn dann gibt es in E eine abzählbare, überall dichte Menge
$$x^{(1)}, \ x^{(2)}, \ \ldots, \ x^{(n)}, \ \ldots$$

Wir wählen die Elemente dieser Menge aus, die zu $E - G$ gehören, und ordnen sie zur Folge
$$x_0, x_1, x_2, \ldots$$

Setzt man $f(x)$ nun auf
$$\{G + t x_0\} = G_1, \quad \{G_1 + t x_1\} = G_2, \ \ldots$$
fort, so gelangt man zu einem Funktional $\varphi_\omega(x)$, welches auf der in E überall dichten linearen Mannigfaltigkeit G_ω, die alle G_n umfaßt, definiert ist und die

[1]) Für $t = 0$ gilt die Ungleichung trivialerweise.

Beziehung $\|\varphi_\omega\| = \|f\|$ erfüllt. Es sei jetzt $y \notin G_\omega$, dann läßt sich eine Folge $\{y_n\}$, $y_n \in G_\omega$, mit $y = \lim_n y_n$ finden. Wir definieren

$$F(y) = \lim_n \varphi_\omega(y_n). \tag{3}$$

Da man insbesondere für die Elemente $y \in G_\omega$

$$y_1 = y_2 = \dots = y$$

setzen kann, so ist das Funktional $F(y)$ die Fortsetzung von φ_ω auf E. Offenbar ist $F(y)$ additiv. Aus

$$|F(y)| = \lim_n |\varphi_\omega(y_n)| \leqq \|\varphi_\omega\| \lim_n \|y_n\| = \|f\| \|y\|$$

schließen wir $\|F\| \leqq \|f\|$.

Da $\|F\|$ aber nicht kleiner als $\|f\|$ sein kann, so folgt

$$\|F\| = \|f\|.$$

Selbstverständlich gilt auf G $F(x) = f(x)$.

Dieser letzte Schritt, die Fortsetzung des Funktionals von einer überall dichten Menge auf den ganzen Raum mit Hilfe eines Grenzüberganges, wird als Fortsetzung mittels der Stetigkeit des Funktionals bezeichnet.

G. A. Suchomlinow verallgemeinerte den Fortsetzungssatz auf Räume über den komplexen Zahlen und Quaternionen [54].

Folgerung 1. *E sei ein linearer normierter Raum und x_0 ein beliebiges aber festes Element aus E. Dann existiert ein auf E definiertes lineares Funktional $f(x)$ mit den Eigenschaften*

1. $\|f\| = 1$ *und*
2. $f(x_0) = \|x_0\|$.

Beweis. Wir betrachten die Menge $\{t x_0\} = G$, wo t eine beliebige reelle Zahl ist. G ist ein durch x_0 erzeugter Unterraum von E. Es sei nun

$$\varphi(x) = t\|x_0\|$$

für $x = t x_0$. Offenbar gilt dann

1. $\varphi(x_0) = \|x_0\|$ und
2. $|\varphi(x)| = |t| \|x_0\| = \|t x_0\| = \|x\|$, d. h. $\|\varphi\| = 1$.

Setzen wir nun das Funktional $\varphi(x)$ auf den ganzen Raum fort ohne die Norm zu verändern, so gelangen wir zu einem Funktional $f(x)$ mit den geforderten Eigenschaften.

Folgerung 2. *In dem linearen normierten Raum E sei die lineare Mannigfaltigkeit G und ein Element $y_0 \notin G$ gegeben. y_0 habe den Abstand $d > 0$ von G ($d = \inf_{x \in G} \|y_0 - x\|$). Dann existiert ein überall auf E definiertes Funktional $f(x)$ mit den Eigenschaften*

1. $f(x) = 0$ *für* $x \in G$,
2. $f(y_0) = 1$ *und*
3. $\|f\| = \frac{1}{d}$.

Beweis. Wie wir bereits sahen, ist jedes Element y der Menge $\{G + t y_0\}$ eindeutig in der Form $y = x + t y_0$ mit $x \in G$ und reellem t darstellbar. Das Funktional $\varphi(y)$ definieren wir auf folgende Weise. Es sei $\varphi(y) = t$ für $y = x + t y_0$. Offenbar gilt dann $\varphi(x) = 0$ für $x \in G$ und $\varphi(y_0) = 1$. Wir bestimmen jetzt $\|\varphi\|$. Es gilt

$$|\varphi(y)| = |t| = \frac{|t|\,\|y\|}{\|y\|} = \frac{|t|\,\|y\|}{\|x + t y_0\|} = \frac{\|y\|}{\left\|\frac{x}{t} + y_0\right\|} = \frac{\|y\|}{\left\|y_0 - \left(-\frac{x}{t}\right)\right\|} \leqq \frac{\|y\|}{d}$$

und damit
$$\|\varphi\| \leqq \frac{1}{d}. \tag{4}$$

Ferner gibt es eine Folge $\{x_n\} \in G$ mit

$$\lim_n \|x_n - y_0\| = d.$$

Man hat
$$|\varphi(x_n - y_0)| \leqq \|\varphi\|\,\|x_n - y_0\|,$$
und wegen
$$|\varphi(x_n - y_0)| = |\varphi(x_n) - \varphi(y_0)| = 1$$
ist dann
$$1 \leqq \|\varphi\|\,\|x_n - y_0\|.$$

Durch Grenzübergang folgt hieraus

$$1 \leqq \|\varphi\|\, d$$

oder
$$\|\varphi\| \geqq \frac{1}{d}. \tag{5}$$

Aus (4) und (5) ergibt sich
$$\|\varphi\| = \frac{1}{d}.$$

Durch Fortsetzung von $\varphi(x)$ auf den ganzen Raum unter Beibehaltung der Norm erhalten wir dann ein Funktional $f(x)$ mit den geforderten Eigenschaften.

Die erste Folgerung zeigt die Existenz eines Funktionals in einem beliebigen linearen normierten Raum, welches nicht überall verschwindet. Andererseits besagt diese Folgerung, daß $x = \theta$ gilt, wenn bei festem x aus E für jedes lineare Funktional aus $\overline{E}$ die Gleichung $f(x) = 0$ erfüllt ist.

Man kann dieser Folgerung auch die folgende geometrische Fassung geben: Durch jeden, auf der Oberfläche der Kugel $\|x\| \leqq 1$ gelegenen Punkt x_0 $(\|x_0\| = 1)$ kann man eine Stützebene legen.

Dieser Satz stellt eine Verallgemeinerung einer für den n-dimensionalen Raum von G. Minkowski bewiesenen Behauptung dar.

Die Gleichung der Stützebene an die Einheitskugel lautet $f(x) = \|f\|$. Für x_0 gibt es aber ein Funktional f_0 mit $\|f_0\| = 1$ und

$$f_0(x_0) = \|x_0\| = 1. \tag{6}$$

Wegen (6) geht die Stützebene

$$f_0(x) = \|f_0\| = 1$$

durch x_0.

Die zweite Folgerung ist interessant für das Problem, ein Element y_0 durch Linearkombinationen anderer Elemente $x_1, x_2, \ldots$ aus E zu approximieren. Aus der zweiten Folgerung ergibt sich der

Satz. *y_0 ist dann und nur dann Grenzwert einer Folge von Linearkombinationen $\sum_{i=1}^{n} c_i x_i$, wenn $f(y_0) = 0$ ist für alle Funktionale, die für $x_1, x_2, \ldots$ verschwinden.*

Beweis. Aus $f(x_i) = 0, i = 1, 2, \ldots$, folge $f(y_0) = 0$. Dann kann y keinen Abstand $d > 0$ von der durch die Elemente $\{x_i\}$ erzeugten linearen Mannigfaltigkeit haben, weil sonst nach der zweiten Folgerung ein Funktional f_0 existieren würde mit $f_0(x_i) = 0$, $i = 1, 2, \ldots$, aber $f_0(y_0) = 1$. Es bedeutet aber $d = 0$, daß y_0 entweder Häufungspunkt von G ist oder selbst zu G gehört, d.h., y muß durch Elemente der Form $\sum_{i=1}^{n} c_i x_i$ approximiert werden können.

Nun sei umgekehrt y_0 Grenzwert einer Folge von Elementen aus G und es sei $f(x_i) = 0$ für alle Funktionale f. Setzt man

$$z_n = \sum_{i=1}^{n} c_i x_i\,,$$

so findet man

$$f(z_n) = \sum_{i=1}^{n} c_i f(x_i) = 0$$

und folglich

$$f(y_0) = f(\lim_n z_n) = \lim_n f(z_n) = 0\,.$$

§ 22. Die allgemeine Form linearer Funktionale in speziellen Räumen

Für einige Räume läßt sich die allgemeine Form der auf ihnen definierten Funktionale angeben. Bei verschiedenen Untersuchungen erweist sich dies als nützlich.

Lineare Funktionale im n-dimensionalen Raum E_n. Wie später gezeigt werden wird (siehe S. 122), besitzen im E_n die linearen Funktionale die Form

$$f(x) = \sum_{i=1}^{n} f_i x_i\,,$$

wo die x_i die Komponenten des Vektors $x \in E_n$ und die f_i irgendwelche Zahlen sind. Die f_i lassen sich ihrerseits als Komponenten eines n-dimensionalen Vektors $f \in \overline{E}_n$ auffassen.

Der konjugierte Raum $\overline{E}_n$ ist somit auch ein n-dimensionaler Raum (mit einer Metrik, die im allgemeinen von der von E_n verschieden ist). Zur Angleichung an die in der Tensoralgebra übliche Terminologie heißen die Elemente von E_n Kontravarianten, die von $\overline{E_n}$ Kovarianten. Man kann jedes lineare Funktional auch als skalares Produkt schreiben

$$f(x) = (f, x),$$

wo $x \in E_n$, $f \in \overline{E_n}$ ist.

Lineare Funktionale in s. Es sei $f(x)$ ein auf s gegebenes lineares Funktional (siehe S. 11). Wir setzen $x_n = \{\xi_i^{(n)}\}$ mit $\xi_n^{(n)} = 1$ und $\xi_i^{(n)} = 0$ für $i \neq n$. Weiter sei $f(x_n) = a_n$. Da die Konvergenz in s koordinatenweise ist, so gilt für jedes $x = \{\xi_1, \xi_2, \ldots, \xi_n, \ldots\}$ die Gleichung

$$x = \lim_n \sum_{k=1}^{n} \xi_k x_k = \sum_{k=1}^{\infty} \xi_k x_k,$$

aus der wegen der Stetigkeit von $f(x)$

$$f(x) = \sum_{k=1}^{\infty} \xi_k f(x_k) = \sum_{k=1}^{\infty} a_k \xi_k$$

folgt. Diese Reihe muß nun für jede Zahlenfolge $\{\xi_k\}$ konvergieren. Das ist aber nur möglich, wenn die a_k von einer gewissen Nummer ab durchweg gleich Null sind. Folglich ist

$$f(x) = \sum_{k=1}^{N} a_k \xi_k.$$

Umgekehrt ist jeder solche Ausdruck mit beliebigen reellen Zahlen a_k und natürlichem N ein lineares Funktional in s. Wir haben damit das Ergebnis:

Jedes auf s definierte lineare Funktional hat die Form

$$f(x) = \sum_{k=1}^{N} a_k \xi_k.$$

Leicht ist einzusehen, daß N und a_k, $k = 1, 2, \ldots, N$ durch das Funktional f eindeutig bestimmt sind.

Lineare Funktionale in C[0,1] (Satz von RIESZ). $f(x)$ sei ein lineares Funktional in $C[0, 1]$. Da jede auf $[0, 1]$ gegebene stetige Funktion beschränkt und meßbar ist und für jede stetige Funktion $x(t)$

$$\inf_{\substack{E_0 \subseteq [0,1] \\ \text{Maß } E_0 = 0}} \ \sup_{t \in [0,1] - E_0} |x(t)| = \max_{t \in [0,1]} |x(t)|$$

gilt, so kann man $C[0, 1]$ als Unterraum von $M(0, 1)$ ansehen, da in $M(0, 1)$

$$\|x\| = \varrho(x, \theta) = \inf_{\substack{E_0 \subseteq [1,0] \\ \text{Maß } E_0 = 0}} \ \sup_{t \in [0,1] - E_0} |x(t)|$$

ist. Das auf $C[0, 1]$ gegebene Funktional $f(x)$ setzen wir unter Beibehaltung der Norm auf ganz $M(0, 1)$ fort. Diese Fortsetzung werde mit $F(x)$ bezeichnet.

Für die Funktion

$$u_t(\xi) = \begin{cases} 1 & \text{für} \quad 0 \leqq \xi < t, \\ 0 & \text{für} \quad t \leqq \xi \leqq 1 \end{cases}$$

gilt offenbar $$u_t(\xi) \in M(0, 1).$$
Das durch $$F[u_t(\xi)] = g(t)$$
erklärte $g(t)$ ist eine Funktion von beschränkter Schwankung. Mit

$$t_0 = 0 < t_1 < t_2 < \ldots < t_{n-1} < t_n = 1$$

als Zerlegung des Intervalls $[0, 1]$ betrachten wir die Summe

$$\sum_{i=1}^{n} |g(t_i) - g(t_{i-1})|.$$

Wird $$\varepsilon_i = \operatorname{sgn}[g(t_i) - g(t_{i-1})]$$
gesetzt, so gilt

$$\sum_{i=1}^{n} |g(t_i) - g(t_{i-1})| = \sum_{i=1}^{n} \varepsilon_i [g(t_i) - g(t_{i-1})]$$

$$= \sum_{i=1}^{n} \varepsilon_i [F(u_{t_i}) - F(u_{t_{i-1}})] = F\left[\sum_{i=1}^{n} \varepsilon_i (u_{t_i} - u_{t_{i-1}})\right].$$

Daraus folgt $$\sum_{i=1}^{n} |g(t_i) - g(t_{i-1})| \leq \|F\| \left\| \sum_{i=1}^{n} \varepsilon_i (u_{t_i} - u_{t_{i-1}}) \right\| = \|f\|$$

wegen $$\|F\| = \|f\| \text{ und } \left\| \sum_{i=1}^{n} \varepsilon_i (u_{t_i} - u_{t_{i-1}}) \right\| = 1.$$

Somit haben wir schließlich

$$\left| \sum_{i=1}^{n} [g(t_i) - g(t_{i-1})] \right| \leq \|f\|,$$

d. h., $g(t)$ ist von beschränkter Schwankung.

Es sei $x(t)$ jetzt eine beliebige auf $[0, 1]$ stetige Funktion. Die Funktionen

$$z_n(t) = \sum_{k=1}^{n} x\left(\frac{k}{n}\right) \left[u_{\frac{k}{n}}(t) - u_{\frac{k-1}{n}}(t)\right]$$

approximieren dann $x(t)$. Aus der Gleichung

$$F(z_n) = \sum_{k=1}^{n} x\left(\frac{k}{n}\right) \left[g\left(\frac{k}{n}\right) - g\left(\frac{k-1}{n}\right)\right]$$

folgt $$\lim_n F(z_n) = \lim_n \sum_{k=1}^{n} x\left(\frac{k}{n}\right) \left[g\left(\frac{k}{n}\right) - g\left(\frac{k-1}{n}\right)\right] = \int_0^1 x(t)\, dg(t).$$

Andererseits konvergiert die Folge $\{z_n(t)\}$ stark gegen $x(t)$, d. h., es geht $\|z_n - x\| \to 0$. Da nun $F(x)$ stetig ist, so strebt

$$F(z_n) \to F(x)$$

und deshalb ist $$F(x) = \int_0^1 x(t)\, dg(t).$$

$x(t)$ war nach Voraussetzung stetig, daher gilt

$$F(x) = f(x),$$

und es ist

$$f(x) = \int_0^1 x(t)\, dg(t). \tag{1}$$

Dies führt uns auf den

Satz (F. Riesz). *Jedes lineare Funktional über $C[0, 1]$ läßt sich durch ein* Stieltjes-*Integral* (1) *darstellen. Dabei ist $g(t)$ durch das Funktional $f(x)$ bestimmt und von beschränkter Schwankung.*

Wie man leicht sieht, ist umgekehrt auch

$$\varphi(x) = \int_0^1 x(t)\, dh(t)$$

mit $h(t)$ von beschränkter Schwankung ein lineares Funktional in $C[0, 1]$. Offenbar ist $\varphi(x)$ additiv. Da man für gleichmäßig konvergierende Funktionenfolgen unter dem Stieltjes-Integral zur Grenze übergehen kann, so ist $\varphi(x)$ außerdem stetig. Somit ist (1) die allgemeine Form linearer Funktionale in $C[0, 1]$, d. h., läßt man $g(t)$ alle Funktionen von beschränkter Schwankung durchlaufen, so erhält man alle linearen Funktionale in $C[0, 1]$.

Wir wollen die Norm von $f(x)$ bestimmen. Zunächst gilt

$$\sum_{i=1}^{n} |g(t_i) - g(t_{i-1})| \leqq \|f\|$$

und damit

$$\operatorname*{Var}_0^1 (g) \leqq \|f\|. \tag{2}$$

Aus (1) folgt andererseits

$$|f(x)| = \left|\int_0^1 x(t)\, dg(t)\right| \leqq \max_{t\in[0,1]} |x(t)| \operatorname*{Var}_0^1 (g) = \|x\| \operatorname*{Var}_0^1 (g).$$

Somit ist

$$\|f\| \leqq \operatorname*{Var}_0^1 (g). \tag{3}$$

Aus (2) und (3) ergibt sich

$$\|f\| = \operatorname*{Var}_0^1 (g). \tag{4}$$

Werden zwei Funktionen mit beschränkter Schwankung als gleich angesehen, wenn sie sich an allen ihren Stetigkeitsstellen höchstens um eine additive Konstante unterscheiden, so ist offenbar die obige Zuordnung zwischen den linearen Funktionalen in $C[0, 1]$ und den Funktionen von beschränkter Schwankung umkehrbar eindeutig.

A. A. Markow erweiterte den Satz von Riesz, indem er die allgemeine Form linearer Funktionale im Raum $C(Q)$ der auf einem Kompaktum Q stetigen Funktionen fand [46], [47].

Lineare Funktionale in $L_p(0, 1)$. Wir betrachten irgendein lineares Funktional $f(x)$ aus $L_p(0, 1)$ für $p > 1$, setzen

$$u_t(\xi) = \begin{cases} 1 & \text{für} \quad 0 \leqq \xi < t, \\ 0 & \text{für} \quad t \leqq \xi \leqq 1 \end{cases}$$

und beweisen, daß $g(t) = f[u_t(\xi)]$ absolut stetig ist. Dazu sei $\delta_i = (\tau_i, t_i)$, $i = 1, 2, \ldots, n$ ein beliebiges System sich nicht überdeckender in $[0, 1]$ gelegener Intervalle. Außerdem benutzen wir die schon auf S. 113 definierten ε_i.

Es gilt dann

$$\begin{aligned}\sum_{i=1}^{n} |g(t_i) - g(\tau_i)| &= \sum_{i=1}^{n} \varepsilon_i [g(t_i) - g(\tau_i)] \\ &= f\left\{\sum_{i=1}^{n} \varepsilon_i [u_{t_i}(\xi) - u_{\tau_i}(\xi)]\right\} \leqq \|f\| \left\|\sum_{i=1}^{n} \varepsilon_i [u_{t_i}(\xi) - u_{\tau_i}(\xi)]\right\| \\ &= \|f\| \left(\int_0^1 \left|\sum_{i=1}^{n} \varepsilon_i [u_{t_i}(\xi) - u_{\tau_i}(\xi)]\right|^p d\xi\right)^{\frac{1}{p}} \\ &\leqq \|f\| \left(\sum_{i=1}^{n} \int_{\delta_i} d\xi\right)^{\frac{1}{p}} = \|f\| \left(\sum_{i=1}^{n} \text{Maß } \delta_i\right)^{\frac{1}{p}},\end{aligned}$$

also ist $g(t)$ absolut stetig. Als absolut stetige Funktion besitzt $g(t)$ eine fast überall L-integrable Ableitung und $g(t)$ ist gleich dem LEBESGUEschen Integral seiner Ableitung. Setzt man $\alpha(t) = g'(t)$, so ist

$$g(t) = g(0) + \int_0^t \alpha(\tau)\, d\tau.$$

Nun muß aber $$g(0) = f[u_0(\xi)] = 0$$

sein, weil $$u_0(\xi) \equiv 0$$

das Nullelement von $L_p(0, 1)$ ist. Folglich gilt

$$g(t) = \int_0^t \alpha(\tau)\, d\tau.$$

Mit den oben erklärten Funktionen $u_t(\tau)$ erhalten wir

$$f(u_t(\tau)) = g(t) = \int_0^t \alpha(\tau)\, d\tau = \int_0^1 u_t(\tau)\, \alpha(\tau)\, d\tau,$$

und da f ein lineares Funktional sein sollte, so gilt

$$f(z_n) = \int_0^1 z_n(\tau)\, \alpha(\tau)\, d\tau,$$

wenn
$$z_n(\tau) = \sum_{k=1}^{n} c_k \left[u_{\frac{k}{n}}(\tau) - u_{\frac{k-1}{n}}(\tau) \right]$$
gesetzt wird.

Ist $x(t)$ eine beliebige beschränkte und meßbare Funktion, dann kann man eine Funktionenfolge $\{z_n(t)\}$ angeben, so daß fast überall
$$z_n(t) \to x(t)$$
konvergiert. Dabei kann $\{z_n(t)\}$ als gleichmäßig beschränkt angenommen werden.

Nach dem Satz von LEBESGUE über die Integration einer beschränkten Folge erhalten wir
$$\lim_n f(z_n) = \lim_n \int_0^1 z_n(\tau)\, \alpha(\tau)\, d\tau = \int_0^1 \lim_n z_n(\tau)\, \alpha(\tau)\, d\tau = \int_0^1 x(\tau)\, \alpha(\tau)\, d\tau .$$
Da andererseits fast überall $z_n(t) \to x(t)$ strebt, so geht
$$\|z_n - x\| = \left(\int_0^1 |z_n(t) - x(t)|^p \, dt \right)^{\frac{1}{p}} \to 0$$
für $n \to \infty$. Deshalb strebt $f(z_n) \to f(x)$, und es ist schließlich
$$f(x) = \int_0^1 x(\tau)\, \alpha(\tau)\, d\tau .$$

Die durch
$$x_N(t) = \begin{cases} |\alpha(t)|^{q-1} \operatorname{sgn} \alpha(t), & \text{wenn } |\alpha(t)| \leqq N, \\ N^{q-1} \operatorname{sgn} \alpha(t), & \text{wenn } |\alpha(t)| > N \end{cases}$$
definierten Funktionen sind beschränkt und meßbar. Dabei ist q die zu p konjugierte Zahl, d. h., es ist $\frac{1}{p} + \frac{1}{q} = 1$. Folglich ist
$$f(x_N) = \int_0^1 x_N(t)\, \alpha(t)\, dt$$
und
$$|f(x_N)| \leqq \|f\|\, \|x_N\| = \|f\| \left(\int_0^1 |x_N(t)|^p \, dt \right)^{\frac{1}{p}} .$$
Andererseits gilt
$$|f(x_N)| \geqq f(x_N) = \int_0^1 x_N(t)\, \alpha(t)\, dt = \int_0^1 |x_N(t)|\, |\alpha(t)|\, dt$$
$$\geqq \int_0^1 |x_N(t)|\, |x_N(t)|^{\frac{1}{q-1}} \, dt = \int_0^1 |x_N(t)|^{\frac{q}{q-1}} \, dt = \int_0^1 |x_N(t)|^p \, dt .$$
Also ergibt sich
$$\int_0^1 |x_N(t)|^p \, dt \leqq \|f\|\, \|x_N\| = \|f\| \left(\int_0^1 |x_N(t)|^p \, dt \right)^{\frac{1}{p}}$$

und daraus
$$\left(\int_0^1 |x_N(t)|^p\,dt\right)^{\frac{1}{q}} \leqq \|f\|\,.$$

Offenbar geht aber
$$|x_N(t)| \to |\alpha(t)|^{q-1}$$
fast überall auf $[0, 1]$ für $N \to \infty$, weil $\alpha(t)$ L-integrabel ist und folglich nur für eine Punktmenge vom Maß Null unendlich wird. Für $N \to \infty$ erhält man
$$\left(\int_0^1 |\alpha(t)|^{(q-1)p}\,dt\right)^{\frac{1}{q}} \leqq \|f\|$$
oder
$$\left(\int_0^1 |\alpha(t)|^q\,dt\right)^{\frac{1}{q}} \leqq \|f\|. \tag{5}$$
Also ist
$$\alpha(t) \in L_q(0, 1)\,.$$

Ist $x(t)$ jetzt eine beliebige Funktion aus $L_p(0, 1)$, dann existiert
$$\int_0^1 x(t)\,\alpha(t)\,dt$$
wegen der HÖLDERschen Ungleichung. Ferner läßt sich eine Folge beschränkter Funktionen $\{x_n(t)\}$ angeben, wobei
$$\int_0^1 |x(t) - x_n(t)|^p\,dt \to 0$$
strebt für $n \to \infty$. Nach der HÖLDERschen Ungleichung geht
$$\int_0^1 x_n(t)\,\alpha(t)\,dt \to \int_0^1 x(t)\,\alpha(t)\,dt.$$
Da aber die $x_n(t)$ beschränkte meßbare Funktionen sein sollten, so ist
$$\int_0^1 x_n(t)\,\alpha(t)\,dt = f(x_n)$$
und folglich strebt
$$f(x_n) \to \int_0^1 x(t)\,\alpha(t)\,dt$$
für $n \to \infty$. Andererseits konvergiert
$$f(x_n) \to f(x)\,.$$
Es gilt also
$$f(x) = \int_0^1 x(t)\,\alpha(t)\,dt\,. \tag{6}$$

Wir haben damit das Ergebnis:

Jedes auf $L_p(0, 1)$ definierte Funktional läßt sich in der Form (6) *darstellen.*

Ist $\beta(t)$ eine beliebige zu $L_q(0, 1)$ gehörige Funktion, so ist umgekehrt auch

$$\varphi(x) = \int_0^1 x(t)\,\beta(t)\,dt$$

ein auf $L_p(0, 1)$ definiertes lineares Funktional, weil $\varphi(x)$ additiv und wegen der HÖLDERschen Ungleichung auch beschränkt ist.

Die Formel (6) stellt also für ein beliebiges $\alpha(t) \in L_q(0,1)$ die allgemeine Form der auf $L_p(0,1)$ definierten linearen Funktionale dar.

Die Norm eines solchen Funktionals läßt sich leicht angeben. Aus (6) folgt zunächst

$$|f(x)| = \left|\int_0^1 x(t)\,\alpha(t)\,dt\right| \leq \left(\int_0^1 |x(t)|^p\,dt\right)^{\frac{1}{p}} \left(\int_0^1 |\alpha(t)|^q\,dt\right)^{\frac{1}{q}} = \|x\| \left(\int_0^1 |\alpha(t)|^q\,dt\right)^{\frac{1}{q}}.$$

Also gilt

$$\|f\| \leq \left(\int_0^1 |\alpha(t)|^q\,dt\right)^{\frac{1}{q}}. \tag{7}$$

Aus (7) und (5) erschließt man

$$\|f\| = \left(\int_0^1 |\alpha(t)|^q\,dt\right)^{\frac{1}{q}}.$$

Häufig betrachtet man den Raum $L(0,1) = L_1(0,1)$ der im Sinne von LEBESGUE integrablen Funktionen. Dann ist also $\|x\| = \int_0^1 |x(t)|\,dt$. Die allgemeine Form der auf $L(0, 1)$ definierten linearen Funktionale wird dann $f(x) = \int_0^1 x(t)\,\alpha(t)\,dt$, wo $\alpha(t)$ fast überall beschränkt ist. Für die Norm ergibt sich

$$\|f\| = \inf_{\substack{E \subseteq [0,1] \\ \text{Maß } E = 0}} \; \sup_{t \in [0,1] - E} |\alpha(t)|:$$

Lineare Funktionale in c. Es sei $f(x)$ ein lineares Funktional auf c. Wir betrachten die Elemente

$$x_n = \{\xi_i^{(n)}\},$$

wo $\xi_i^{(n)} = \begin{cases} 1 \text{ für } i = n, \\ 0 \text{ für } i \neq n \end{cases}$ sein soll. Offenbar ist $x_n \in c$, da $\lim\limits_i \xi_i^{(n)}$ existiert und gleich Null ist.

Es sei $x' = \{1, 1, \ldots\}$; offenbar ist auch $x' \in c$. Wir wählen jetzt ein beliebiges $x = \{\xi_1, \xi_2, \ldots\}$, für welches $\lim\limits_i \xi_i = a$ gelte. Das Element

$$y_n = x - a\,x' - \sum_{k=1}^{n} (\xi_k - a)\,x_k$$

läßt sich auch schreiben in der Form

$$y_n = \{0, 0, \ldots, 0, \xi_{n+1} - a, \xi_{n+2} - a, \ldots\}.$$

Also geht
$$\|y_n\| = \sup_{i \geq n+1} |\xi_i - a| \to 0$$
für $n \to \infty$. Deshalb ist
$$x - a x' = \lim_n \sum_{k=1}^{n} (\xi_k - a) x_k$$
oder
$$x = a x' + \sum_{k=1}^{\infty} (\xi_k - a) x_k .$$

Wir setzen $f(x_k) = c_k$, $f(x') = c'$. Die Zahlen c_k und c' sind durch die Wahl von f eindeutig bestimmt. Da f linear sein sollte, muß
$$f(x) = a f(x') + \sum_{k=1}^{\infty} (\xi_k - a) f(x_k),$$
d. h.
$$f(x) = a c' + \sum_{k=1}^{\infty} (\xi_k - a) c_k \tag{8}$$
sein. (8) gilt für beliebiges $x \in c$. Wir notieren einige Eigenschaften der Koeffizienten c' und c_k. Dazu setzen wir
$$x_N = \{\xi_i^{(N)}\},$$
wo $\xi_i^{(N)} = \begin{cases} \operatorname{sgn} c_i & \text{für } i \leq N, \\ 0 & \text{für } i > N \end{cases}$ ist. Für diese x_N gilt dann
$$a^{(N)} = \lim_i \xi_i^{(N)} = 0 \quad \text{und} \quad f(x_N) = \sum_{k=1}^{N} |c_k|.$$
Andererseits folgt aus
$$f(x_N) \leq \|f\| \, \|x_N\| = \|f\|$$
sofort
$$\sum_{k=1}^{N} |c_k| \leq \|f\|.$$
Für $N \to \infty$ erhalten wir hieraus
$$\sum_{k=1}^{\infty} |c_k| \leq \|f\|. \tag{9}$$

Die aus den Beträgen der c_k gebildete Reihe ist somit konvergent. Daher können wir für (8) auch schreiben
$$f(x) = a c' + \sum_{k=1}^{\infty} \xi_k c_k - a \sum_{k=1}^{\infty} c_k$$
oder
$$f(x) = a c_0 + \sum_{k=1}^{\infty} \xi_k c_k , \tag{10}$$
wenn $c' - \sum_{k=1}^{\infty} c_k = c_0$ gesetzt wird. Wir haben damit gefunden:

Jedes lineare auf c definierte Funktional wird durch eine Gleichung (10) *dargestellt, wobei die Reihe* $\sum_{k=1}^{\infty} c_k$ *absolut konvergent ist.*

$d_0, d_1, \ldots, d_k, \ldots$ sei jetzt eine Zahlenfolge, für die $\sum_{k=1}^{\infty} d_k$ absolut konvergiert. Offenbar ist dann

$$\varphi(x) = d_0 a + \sum_{k=1}^{\infty} d_k \xi_k$$

ein lineares auf c definiertes Funktional. Trivialerweise ist $\varphi(x)$ additiv. Die Beschränktheit von $\varphi(x)$ folgt aus der Ungleichung

$$|\varphi(x)| \leqq |d_0|\,|a| + \sum_{k=1}^{\infty} |d_k|\,|\xi_k| \leqq \sup_k |\xi_k| \left(|d_0| + \sum_{k=1}^{\infty} |d_k|\right) = M \|x\|.$$

Die auf c definierten linearen Funktionale besitzen also die Gestalt (10).

Wir berechnen die Norm eines solchen Funktionals. Aus (10) folgt sofort

$$|f(x)| \leqq |c_0|\,|a| + \sum_{k=1}^{\infty} |\xi_k|\,|c_k| \leqq \sup_k |\xi_k| \left(|c_0| + \sum_{k=1}^{\infty} |c_k|\right)$$

und hieraus

$$\|f\| \leqq |c_0| + \sum_{k=1}^{\infty} |c_k|. \tag{11}$$

Für die Elemente

$$x_N = \{\xi_i^{(N)}\}$$

mit $\xi_i^{(N)} = \begin{cases} \operatorname{sgn} c_i & \text{für } i \leqq N, \\ \operatorname{sgn} c_0 & \text{für } i > N \end{cases}$ gilt

$$f(x_N) = |c_0| + \sum_{k=1}^{N} |c_k| + \sum_{k=N+1}^{\infty} c_k \operatorname{sgn} c_0,$$

da $a = \operatorname{sgn} c_0$ ist. Wegen

$$f(x_N) \leqq \|f\|\,\|x_N\| = \|f\|$$

ist

$$|c_0| + \sum_{k=1}^{N} |c_k| + \sum_{k=N+1}^{\infty} c_k \operatorname{sgn} c_0 \leqq \|f\|.$$

Diese Ungleichung ist für jedes N gültig Man erhält hieraus durch Grenzübergang $N \to \infty$

$$|c_0| + \sum_{k=1}^{\infty} |c_k| \leqq \|f\|. \tag{12}$$

Durch Vergleich von (11) und (12) folgt

$$\|f\| = |c_0| + \sum_{k=1}^{\infty} |c_k|.$$

Lineare Funktionale in l_p. Es sei $f(x)$ ein auf l_p, $p > 1$, definiertes Funktional. Wir betrachten in l_p die Elemente

$$x_n = \{\xi_i^{(n)}\}$$

mit $\xi_i^{(n)} = \begin{cases} 1 & \text{für } i = n, \\ 0 & \text{für } i \neq n. \end{cases}$ Ist $x = \{\xi_i\}$ ein beliebiges Element aus l_p, so setzen wir

$$y_n = x - \sum_{k=1}^{n} \xi_k x_k.$$

Für y_n können wir offenbar auch schreiben

$$y_n = \{0, 0, \ldots, 0, \xi_{n+1}, \xi_{n+2}, \ldots\}.$$

Also geht

$$\|y_n\| = \left(\sum_{k=n+1}^{\infty} |\xi_k|^p\right)^{\frac{1}{p}} \to 0$$

für $n \to \infty$, weil die Reihe $\sum_{k=1}^{\infty} |\xi_k|^p$ konvergiert. Folglich ist

$$x = \lim_n \sum_{k=1}^{n} \xi_k x_k = \sum_{k=1}^{\infty} \xi_k x_k.$$

Diese Darstellung für x ist auch eindeutig.

Aus der Linearität von $f(x)$ erhält man

$$f(x) = \sum_{k=1}^{\infty} \xi_k f(x_k).$$

Die Zahlen $f(x_k) = c_k$ sind durch f eindeutig bestimmt. Mit ihnen schreibt man für die letzte Gleichung

$$f(x) = \sum_{k=1}^{\infty} \xi_k c_k. \tag{13}$$

Es sei $x_N = \{\xi_i^{(N)}\}$ mit

$$\xi_i^{(N)} = \begin{cases} |c_i|^{q-1} \operatorname{sgn} c_i & \text{für} \quad i \leq N, \\ 0 & \text{für} \quad i > N. \end{cases}$$

Wie früher soll auch jetzt wieder für q gelten $\frac{1}{p} + \frac{1}{q} = 1$. Dann ist

$$f(x_N) = \sum_{k=1}^{N} |c_k|^q$$

und andererseits

$$f(x_N) \leq \|f\| \, \|x_N\| = \|f\| \left(\sum_{k=1}^{N} |c_k|^{(q-1)p}\right)^{\frac{1}{p}} = \|f\| \left(\sum_{k=1}^{N} |c_k|^q\right)^{\frac{1}{p}}.$$

So erhält man

$$\sum_{k=1}^{N} |c_k|^q \leq \|f\| \left(\sum_{k=1}^{N} |c_k|^q\right)^{\frac{1}{p}},$$

woraus

$$\left(\sum_{k=1}^{N} |c_k|^q\right)^{\frac{1}{q}} \leq \|f\|$$

folgt. Diese Ungleichung gilt für beliebiges N. Für $N \to \infty$ hat man daher

$$\left(\sum_{k=1}^{\infty} |c_k|^q\right)^{\frac{1}{q}} \leq \|f\|, \tag{14}$$

d. h., es ist

$$\{c_k\} \in l_q.$$

Nehmen wir umgekehrt eine beliebige Folge $\{d_k\} \in l_q$, dann ist

$$\varphi(x) = \sum_{k=1}^{\infty} \xi_k d_k$$

ein lineares Funktional in l_p. Neben der trivialen Additivität ergibt sich die Beschränktheit von $\varphi(x)$ aus der HÖLDERschen Ungleichung.

Damit haben wir gefunden:

Gleichung (13) *stellt die allgemeine Form eines auf l_p definierten linearen Funktionals dar.*

Wir berechnen noch die Norm eines solchen Funktionals f. Mit Hilfe der HÖLDERschen Ungleichung erhält man aus (13) sofort

$$|f(x)| = \left|\sum_{k=1}^{\infty} \xi_k c_k\right| \leq \left(\sum_{k=1}^{\infty} |\xi_k|^p\right)^{\frac{1}{p}} \left(\sum_{k=1}^{\infty} |c_k|^q\right)^{\frac{1}{q}} = \left(\sum_{k=1}^{\infty} |c_k|^q\right)^{\frac{1}{q}} \|x\|$$

und hieraus
$$\|f\| \leq \left(\sum_{k=1}^{\infty} |c_k|^q\right)^{\frac{1}{q}}. \tag{15}$$

Mit (14) ergibt sich
$$\|f\| = \left(\sum_{k=1}^{\infty} |c_k|^q\right)^{\frac{1}{q}}.$$

Folgerung. Wir betrachten den Raum l_2. Jedes lineare auf l_2 definierte Funktional läßt sich allgemein in der Form

$$f(x) = \sum_{k=1}^{\infty} \xi_k c_k$$

schreiben, wo $\sum_{k=1}^{\infty} c_k^2 < \infty$ und $\|f\| = \sqrt{\sum_{k=1}^{\infty} c_k^2}$ ist. Betrachten wir insbesondere den n-dimensionalen Vektorraum E_n, so wird die allgemeine Form der auf diesem Raum definierten linearen Funktionale durch

$$f(x) = \sum_{k=1}^{n} \xi_k c_k$$

geliefert. Dabei sind $c_1, c_2, \ldots, c_n$ irgendwelche Zahlen und für die Norm hat man $\|f\| = \sqrt{\sum_{k=1}^{n} c_k^2}$.

Außer den Räumen l_p betrachtet man in der Funktionalanalysis noch den Raum l der Zahlenfolgen $\{\xi_1, \xi_2, \ldots, \xi_n, \ldots\}$, für die $\sum_{i=1}^{\infty} |\xi_i| < \infty$ ist. In l wird die Norm durch $\|x\| = \sum_{i=1}^{\infty} |\xi_i|$ erklärt. Man kann zeigen, daß jedes lineare Funktional von l die Gestalt

$$f(x) = \sum_{i=1}^{\infty} \xi_i c_i$$

hat, wo $\{c_i\}$ eine beschränkte Folge reeller Zahlen ist. Für die Norm eines solchen Funktionals gilt

$$\|f\| = \sup_i |c_i|.$$

Lineare Funktionale im Hilbertraum. Es sei H ein Hilbertraum und $f(x)$ ein beliebiges auf H definiertes lineares Funktional. Mit L werde die Menge der Nullstellen dieses Funktionals, d. h. die Gesamtheit der $x \in H$ mit $f(x) = 0$, bezeichnet. Offenbar ist L ein Unterraum von H. Denn L bildet wegen der Additivität von $f(x)$ ein Linearsystem und ist abgeschlossen, weil $f(x)$ stetig ist.

Für ein beliebiges Element x aus H, welches nicht zu L gehöre, werde mit x_0 die Projektion von x auf den Unterraum $H \ominus L$ bezeichnet. Dann ist offenbar $f(x_0) = \alpha \neq 0$. Für $x_1 = \frac{x_0}{\alpha}$ hat man $f(x_1) = 1$. Ist nun x ein beliebiges Element aus H und $f(x) = \beta$, so gilt

$$f(x) - \beta f(x_1) = 0$$

oder

$$f(x - \beta x_1) = 0.$$

Also muß $x - \beta x_1 = z$ mit $z \in L$ oder

$$x = \beta x_1 + z$$

sein. Diese Gleichung zeigt, daß H die orthogonale Summe des Unterraumes L und des durch x_1 erzeugten eindimensionalen Unterraumes ist.

Da $x_1 \perp z$ ist, so haben wir

$$(x, x_1) = \beta \|x_1\|^2$$

oder, da $\beta = f(x)$ ist,

$$f(x) = \left(x, \frac{x_1}{\|x_1\|^2}\right).$$

Wird $\frac{x_1}{\|x_1\|^2}$ mit u bezeichnet, so gilt

$$f(x) = (x, u), \tag{16}$$

d. h. die Darstellung von $f(x)$ als inneres Produkt das Element x mit einem festen Element u.

Durch $f(x)$ ist u eindeutig bestimmt. Wäre auch

$$f(x) = (x, u'),$$

so würde

$$(x, u - u') = 0$$

folgen. Da diese Beziehung für beliebiges $x \in H$ gelten müßte, so kann nur $u = u'$ sein.

Aus (16) erhält man weiter

$$|f(x)| = |(x, u)| \leq \|u\| \, \|x\|,$$

d. h., es gilt

$$\|f\| \leq \|u\|.$$

Andererseits ist

$$f(u) = (u, u) = \|u\|^2.$$

Also kann $\|f\|$ nicht kleiner als $\|u\|$ sein, somit ist $\|f\| = \|u\|$.

Zusammenfassend gilt: *Jedes lineare, auf einem* HILBERT*raum definierte Funktional $f(x)$ besitzt die Form*

$$f(x) = (x, u), \tag{16}$$

wobei u durch $f(x)$ eindeutig bestimmt und

$$\|f\| = \|u\| \tag{17}$$

ist.

Auch umgekehrt ist für ein beliebiges $u \in H$ durch (16) ein Funktional f definiert und die Norm von f genügt der Gleichung (17). (16) ist also die allgemeine Form linearer Funktionale in einem HILBERTraum.

Daraus ergeben sich wie oben Darstellungen der linearen Funktionale in den Räumen l_2 und $L_2(0, 1)$.

§ 23. Konjugierte Räume und adjungierte Operatoren

Beispiele für konjugierte Räume. Wie schon oben gezeigt wurde, bildet die Gesamtheit der linearen auf einem linearen normierten Raum E definierten Funktionale $f(x)$ einen BANACHraum $\overline{E}$. Er heißt zu E konjugiert. Mit den Ergebnissen aus § 22 kann man in einigen Fällen den Raum $\overline{E}$ angeben.

1. Es sei $E = C[0, 1]$. Die Menge der auf $[0, 1]$ definierten Funktionen $g(t)$ von beschränkter Schwankung ist offenbar ein Linearsystem, wenn man in der üblichen Weise die Addition zweier Funktionen und die Multiplikation einer Funktion mit einer reellen Zahl erklärt. Die Norm einer solchen Funktion definieren wir durch $\|g\| = \operatorname*{Var}_0^1 (g)$. Werden zwei Funktionen von beschränkter Schwankung als gleich angesehen, wenn sie sich an ihren Stetigkeitsstellen höchstens um einen konstanten Summanden unterscheiden, so sind die Axiome der Norm offenbar erfüllt.

Der so erhaltene lineare normierte Raum ist der der Funktionen mit beschränkter Schwankung.

Betrachten wir den Raum $\overline{E} = \overline{C[0, 1]}$ aller linearen Funktionale, die auf $C[0, 1]$ definiert sind, so entspricht jedem linearen Funktional $f \in \overline{C[0, 1]}$ eindeutig bis auf einen konstanten Summanden eine Funktion $g(t)$ mit beschsänkter Schwankung. Umgekehrt ist den Funktionen $g(t) +$ const mit beschränkter Schwankung ein Funktional $f \in \overline{C[0, 1]}$ zugeordnet. Deshalb besteht zwischen der Menge aller linearen Funktionale aus $\overline{C[0, 1]}$ und allen Elementen des Raumes der Funktionen mit beschränkter Schwankung eine umkehrbar eindeutige Zuordnung. Offenbar entspricht bei dieser Zuordnung, falls den Funktionalen f_1, f_2 die Funktionen $g_1(t)$, $g_2(t)$ zugeordnet sind, der Summe $f_1(t) + f_2(t)$ die Summe $g_1(t) + g_2(t)$ und dem Funktional $\lambda f(t)$ die Funktion $\lambda g(t)$. Diese

Zuordnung zwischen $\overline{C[0,1]}$ und dem Raum der Funktionen mit beschränkter Schwankung ist also ein Isomorphismus. Da außerdem $\|f\| = \operatorname{Var}_0^1 (g) = \|g\|$ gilt, ist diese Zuordnung isometrisch.

Vom Standpunkt der Funktionalanalysis aus sind diese beiden Räume gleich. Es ist also $\overline{C[0,1]}$ der Raum der Funktionen von beschränkter Schwankung.

Die allgemeine Form des linearen Funktionals auf $\overline{C[0,1]}$, also der Raum $\overline{\overline{C[0,1]}}$, wurden von A. P. Artemenko und J. I. Grosberg entdeckt [28], [33].

2. Es sei $E = L_p(0,1)$. Da jedem Funktional $f \in \overline{L_p(0,1)}$ eineindeutig eine Funktion $\alpha(t) \in L_q(0,1)$ entspricht, so besteht zwischen $\overline{L_p(0,1)}$ und $L_q(0,1)$ eine umkehrbar eindeutige Zuordnung. Wie oben überzeugt man sich davon, daß diese Zuordnung isomorph und isometrisch ist, d. h., es gilt $\overline{L_p(0,1)} = L_q(0,1)$ bis auf Isomorphismus und Isometrie. Insbesondere ist für $p = 2$ $\overline{L_2(0,1)} = L_2(0,1)$. $L_2(0,1)$ wird daher ein *selbstkonjugierter Raum* genannt.

3. Es ist leicht einzusehen, daß $\overline{l_p} = l_q$ und insbesondere $\overline{l_2} = l_2$ ist.

4. Lineare Funktionale in einem Hilbertraum H werden durch Elemente desselben Raumes erzeugt. Hilberträume sind also selbstkonjugiert.

5. Aus dem gleichen Grunde ist auch der n-dimensionale Euklidische Raum selbstkonjugiert.

Reguläre Räume. Es sei E ein linearer normierter Raum, $\overline{E}$ der zugehörige konjugierte Raum. Da auch $\overline{E}$ linear und normiert ist, so kann man zu $\overline{\overline{E}}$, $\overline{\overline{\overline{E}}}$ usw. gelangen.

$\overline{\overline{E}}$ ist der Raum der auf $\overline{E}$ definierten linearen Funktionale. Nun sei f ein Element aus $\overline{E}$. Es werde f festgehalten, während x alle Elemente von E durchläuft.

Man kann aber auch x festhalten und f in $\overline{E}$ variieren lassen. Ist etwa

$$f(x) = \int_0^1 x(t)\, dg(t),$$

so haben wir bei festem $g(t)$ und veränderlichem $x(t)$ den ersten Fall; festes $x(t)$ und veränderliches $g(t)$ entspricht dagegen dem zweiten Fall.

Hält man x fest und läßt f die Elemente von $\overline{E}$ durchlaufen, so entspricht jedem $f \in \overline{E}$ eine reelle Zahl. Der Ausdruck $f(x)$ ist also für festes x und veränderliches f ein auf $\overline{E}$ definiertes Funktional F_x. Man kann deshalb

$$f(x) = F_x(f)$$

schreiben. Da, wie leicht einzusehen ist, F_x sogar ein lineares Funktional ist, gilt $F_x \in \overline{\overline{E}}$. Denn es ist

$$F_x(f_1 + f_2) = (f_1 + f_2)(x) = f_1(x) + f_2(x) = F_x(f_1) + F_x(f_2).$$

Aus
$$|F_x(f)| = |f(x)| \leq \|x\| \, \|f\|$$
folgt insbesondere
$$\|F_x\| \leq \|x\| . \tag{1}$$
Nach der ersten Folgerung aus dem Satze von BANACH-HAHN gibt es zu jedem x ein lineares Funktional f_0 mit $f_0(x) = \|x\|$ und $\|f_0\| = 1$. Für ein solches Funktional ist $|F_x(f_0)| = |f_0(x)| = \|x\|$ oder $|F_x(f_0)| = \|f_0\| \, \|x\|$, was dasselbe bedeutet. Also haben wir
$$\|F_x\| \geq \|x\| . \tag{2}$$
Aus (1) und (2) folgt
$$\|F_x\| = \|x\| . \tag{3}$$
Offenbar ist auch
$$F_{x_1+x_2}(f) = F_{x_1}(f) + F_{x_2}(f)$$
und
$$F_{\lambda x}(f) = \lambda F_x(f) .$$

Somit entspricht jedem $x \in E$ ein wohlbestimmtes Funktional $F_x \in \overline{\overline{E}}$. Dabei ist diese Zuordnung zwischen dem Raum E und der Menge $\{F_x\} \subseteq \overline{\overline{E}}$ isomorph und isometrisch [die umkehrbare Eindeutigkeit zwischen E und $\{F_x\}$ folgt aus (3)], d. h., es ist $E \subseteq \overline{\overline{E}}$. Ist $E = \overline{\overline{E}}$, so heißt der Raum E *regulär*[1]).

Beispiele. 1. Der n-dimensionale euklidische Raum ist regulär. Ist E ein solcher Raum, so ist $\overline{E}$ ebenfalls ein n-dimensionaler euklidischer Raum, folglich auch $\overline{\overline{E}}$. Ist aber ein n-dimensionaler Raum Teil eines anderen, so stimmen beide überein. Aus $E \subseteq \overline{\overline{E}}$ folgt deshalb $E = \overline{\overline{E}}$.

2. Der Raum $L_p(0, 1)$ ist regulär. Denn es gilt
$$\overline{\overline{L_p(0, 1)}} = \overline{(\overline{L_p(0, 1)})} = \overline{L_q(0, 1)} = L_p(0, 1) .$$

3. l_p ist regulär. Man schließt analog wie bei 2.

4. $C[0, 1]$ ist nicht regulär. Angenommen $C[0, 1]$ wäre regulär. Ein beliebiges lineares auf dem Raum V der Funktionen von beschränkter Schwankung definiertes Funktional $F(f)$ muß bei passender Wahl von $x \in C[0, 1]$ dann die Gestalt $F_x(f) = f(x)$ haben. Erinnern wir uns an die allgemeine Form der auf $C[0, 1]$ definierten Funktionale, so können wir für ein beliebiges $F(f)$
$$F_x(f) = f(x) = \int_0^1 x(t)\, df(t) \tag{4}$$
schreiben. Mit $f(t)$ bezeichnen wir die dem Funktional $f(x)$ aus $\overline{C}[0, 1]$ zugeordnete Funktion von beschränkter Schwankung. Das Funktional
$$F_{x_0}(f) = f(t_0 + 0) - f(t_0 - 0)$$
ordnet jeder Funktion $f(t)$ mit beschränkter Schwankung ihren Sprung im Punkt t_0 zu. Offenbar ist $F_{x_0}(f)$ additiv. Aus
$$|F_{x_0}(f)| = |f(t_0 + 0) - f(t_0 - 0)| \leq \operatorname*{Var}_0^1(f) = \|f\|$$
folgt die Beschränktheit von $F_{x_0}(f)$ und die Tatsache, daß die Norm von $F_{x_0}(f)$ nicht größer als 1 sein kann. Außerdem ist offenbar $F_{x_0}(f) \neq 0$. Es genügt nämlich,

[1]) Auch „reflexiv" genannt.

$F_{x_0}(f_1)$ mit $f_1(t) = \begin{cases} 0 & \text{für } 0 \leq t < t_0, \\ 1 & \text{für } t_0 \leq t \leq 1 \end{cases}$ zu betrachten. Wegen (4) muß es eine stetige Funktion $x_0(t)$ geben derart, daß

$$F_{x_0}(f) = \int_0^1 x_0(t)\, df(t)$$

gilt. Für

$$f_0(t) = \int_0^t x_0(\tau)\, d\tau \tag{5}$$

hat man $F_{x_0}(f_0) = 0$, weil $f_0(t)$ stetig auf $[0, 1]$ ist. Andererseits ist aber

$$F_{x_0}(f_0) = \int_0^1 x_0(t)\, df_0(t) = \int_0^1 x_0^2(t)\, dt > 0,$$

da $x_0(t) \not\equiv 0$ ist. Sonst wäre $F_{x_0}(f) \equiv 0$. Das ist ein Widerspruch.

$C[0, 1]$ kann folglich nicht regulär sein.

A. J. Plessner bewies: *Entweder es ist $E = \overline{\overline{E}}$ oder es sind alle Räume $E, \overline{E}, \overline{\overline{E}}, \overline{\overline{\overline{E}}}, \ldots$ verschieden.*

Adjungierte Operatoren. Der lineare Operator A bilde E in E_1 ab, wobei E und E_1 linear und normiert sind. Ferner sei $\varphi(y)$ ein auf E_1 definiertes lineares Funktional. Dann ist $\varphi(y)$ definiert für $y = Ax$, wo x ein beliebiges Element aus E ist. Es gilt

$$\varphi(y) = \varphi(Ax) = f(x).$$

$f(x)$ stellt ein gewisses auf E definiertes Funktional dar. Offenbar ist $f(x)$ linear. Somit entspricht jedem $\varphi \in \overline{E}_1$ ein Funktional $f \in \overline{E}$.

Die Gesamtheit der so erhaltenen Zuordnungen bildet einen gewissen Operator, der auf $\overline{E}_1$ definiert ist und dessen Wertevorrat $\overline{E}$ angehört. Dieser Operator wird mit A^* bezeichnet und heißt der zu A *adjungierte Operator*. Für die Gleichung $\varphi(y) = f(x)$ schreiben wir

$$f = A^* \varphi.$$

Beispiele. 1. A sei ein Operator aus $(E \to E)$, wo E der n-dimensionale Raum ist. Dann wird A durch eine Matrix (a_{ij}) der Ordnung n gegeben und für

$$y = Ax$$

mit $y = \{\eta_1, \eta_2, \ldots, \eta_n\}$, $x = \{\xi_1, \xi_2, \ldots, \xi_n\}$ kann man auch schreiben $\eta_i = \sum_j a_{ij} \xi_j$. Für jedes lineare Funktional $f \in \overline{E}$ gilt

$$f = (f_1, f_2, \ldots, f_n), \quad f(x) = \sum_i f_i \xi_i$$

und deshalb

$$f(Ax) = \sum_i f_i (Ax)_i = \sum_i \sum_j f_i a_{ij} \xi_j = \sum_i \sum_j a_{ij} f_i \xi_j = \sum_j \Big(\sum_i a_{ij} f_i\Big) \xi_j = \sum_j g_j \xi_j$$

mit

$$g_j = \sum_i a_{ij} f_i.$$

Der Vektor $g = (g_1, g_2, \ldots, g_n)$ ist ein Element von $\overline{E}$. Man erhält g aus dem Vektor $f = (f_1, f_2, \ldots, f_n)$ desselben Raumes durch die lineare Abbildung $g = A^* f$, wo A^* die zu A transponierte Matrix ist. Dem adjungierten Operator entspricht deshalb im n-dimensionalen Raum die transponierte Matrix.

2. Wir betrachten in $L_2(0, 1)$ den Fredholmschen Operator

$$y = K x(t) = \int_0^1 K(t, s)\, x(s)\, ds$$

mit stetigem Kern $K(s, t)$.

Ein beliebiges lineares Funktional $f(y)$ auf $L_2(0,1)$ hat die Form

$$f(y) = \int_0^1 f(s)\, y(s)\, ds, \qquad f \in L_2(0, 1).$$

Deshalb ist

$$f(K x) = \int_0^1 f(s) \left(\int_0^1 K(s, t)\, x(t)\, dt \right) ds = \int_0^1 x(t) \left(\int_0^1 K(s, t)\, f(s)\, ds \right) dt$$

$$= \int_0^1 x(s) \left(\int_0^1 K(t, s)\, f(t)\, dt \right) ds = \int_0^1 x(s)\, g(s)\, ds$$

mit

$$g(s) = \int_0^1 K(t, s)\, f(t)\, dt \qquad (g = K^* f).$$

Im vorliegenden Falle entspricht somit dem adjungierten Operator die Vertauschung der Veränderlichen s und t im Kern $K(s, t)$. Die zugehörige adjungierte Integralgleichung ist die Gleichung mit dem adjungierten Operator.

Satz 1. *Der zu dem linearen Operator A, welcher den linearen normierten Raum E in den linearen normierten Raum E_1 abbildet, adjungierte Operator A^* ist ebenfalls ein linearer Operator und es gilt $\|A^*\| = \|A\|$.*

Zunächst ist klar, daß A^* additiv ist. Weiter gilt

$$|f(x)| = |\varphi(A x)| \leq \|\varphi\|\, \|A x\| \leq \|\varphi\|\, \|A\|\, \|x\|.$$

Daraus folgt $\|f\| \leq \|\varphi\|\, \|A\|$. Da $f = A^* \varphi$ ist, ergibt sich

$$\|A^* \varphi\| \leq \|A\|\, \|\varphi\|.$$

A^* ist somit ein beschränkter Operator, für den

$$\|A^*\| \leq \|A\| \tag{6}$$

gilt. x_0 sei nun irgendein Element aus E. Nach der ersten Folgerung aus dem Satze von Banach-Hahn gibt es dann ein Funktional $\varphi_0 \in \overline{E}_1$ mit $\|\varphi_0\| = 1$ und $\varphi_0(A x_0) = \|A x_0\|$. Hieraus erhalten wir

$$\|A x_0\| = \varphi_0(A x_0) = f_0(x_0) \leq \|f_0\|\, \|x_0\|$$

$$= \|A^* \varphi_0\|\, \|x_0\| \leq \|A^*\|\, \|\varphi_0\|\, \|x_0\| = \|A^*\|\, \|x_0\|,$$

also gilt

$$\|A\| \leq \|A^*\|. \tag{7}$$

Aus dieser Ungleichung und (6) folgt $\|A\| = \|A^*\|$.

Inneres Produkt und orthogonale Elemente. Es sei $x \in E$ und $f \in \overline{E}$. Der Ausdruck

$$[f, x] = f(x) \tag{8}$$

ist für die beiden Veränderlichen x und f ein bilineares Funktional, d. h., er ist in x und auch in f linear.

Ist E ein HILBERTraum, so gilt $\overline{E} = E$, und (8) stellt das innere Produkt $(f, x) = [f, x]$ von x und f dar [siehe (16) in § 22].

Es ist auch im allgemeinen Fall, wenn $\overline{E} \neq E$ ist, üblich, (8) als *inneres Produkt* von $f \in \overline{E}$ und $x \in E$ aufzufassen.

Ist

$$[f, x] = 0,$$

so heißen $f \in \overline{E}$ und $x \in E$ *orthogonal.*

Satz 2. *Es sei λ_0 Eigenwert des linearen Operators $A \in (E \to E)$ und x_0 das entsprechende Eigenelement. Weiter sei λ_1 Eigenwert des adjungierten Operators A^* mit dem Eigenelement f_0.*

Dann sind die Eigenelemente orthogonal, falls $\lambda_0 \neq \lambda_1$ ist.

Dieser Satz ist die Verallgemeinerung des Satzes von der Orthogonalität der Eigenfunktionen adjungierter Integralgleichungen.

Der Zusammenhang zwischen den Operatoren A und A^* läßt sich mit Hilfe des inneren Produktes ausdrücken. Es gilt

$$[f, A x] = [A^* f, x]$$

für alle $f \in \overline{E}$, $x \in E$. Nach Voraussetzung ist dann

$$A x_0 = \lambda_0 x_0, \quad A^* f_0 = \lambda_1 f_0 .$$

Daraus und aus der obigen Gleichung erhalten wir

$$\lambda_0 [f_0, x_0] = [f_0, \lambda_0 x_0] = [f_0, A x_0] = [A^* f_0, x_0] = \lambda_1 [f_0, x_0]$$

oder

$$(\lambda_1 - \lambda_0)[f_0, x_0] = 0 .$$

Da nach Voraussetzung $\lambda_1 - \lambda_0 \neq 0$ ist, so folgt

$$[f_0, x_0] = 0 .$$

Biorthogonale Folgen. Die Folgen $\{x_n\}$, $x_n \in E$ und $\{f_n\}$, $f_n \in \overline{E}$ heißen *biorthogonal*, wenn für alle n und m

$$[f_n, x_m] = \delta_{nm} \tag{9}$$

ist.

Ist E selbstkonjugiert, etwa ein HILBERTraum, so gehören beide Folgen zu E. Fallen $\{x_n\}$ und $\{f_n\}$ zusammen, so wird aus der Biorthogonalität die gewöhnliche Orthogonalität.

Es seien $\{x_n\}$ und $\{f_n\}$ biorthogonal und $x \in E$ sei durch eine Reihe

$$x = \sum_{n=1}^{\infty} c_n x_n \tag{10}$$

darstellbar. Es gilt

$$[f_m, x] = \lim_k \left[f_m, \sum_{i=1}^{k} c_i x_i\right] = \lim_k \sum_{i=1}^{k} c_i [f_m, x_i].$$

Für $k \geqq m$ ist wegen (9) dann $\sum_{i=1}^{k} c_i [f_m, x_i] = c_m$, weil in dieser Summe alle Glieder außer $c_m [f_m, x_m] = c_m$ verschwinden. Hieraus folgt $[f_m, x] = c_m$ und für (10) bekommt man

$$x = \sum_{n=1}^{\infty} [f_n, x]\, x_n. \tag{11}$$

Ist

$$f = \sum_{n=1}^{\infty} d_n f_n, \tag{12}$$

so erhält man analog

$$d_n = [f, x_n].$$

(11) und (12) heißen *Fourierreihen* der biorthogonalen Folgen.

P. L. TSCHEBYSCHEW und A. A. MARKOW untersuchten erstmalig nichttriviale Beispiele biorthogonaler Folgen im Zusammenhang mit Interpolationsaufgaben. *)

Konjugierte Räume von komplexen linearen Räumen. Alle in diesem Paragraphen eingeführten Begriffe lassen sich auch auf den Fall eines komplexen linearen Raumes $\mathfrak{E}$ übertragen. Als zu $\mathfrak{E}$ konjugierten Raum $\overline{\mathfrak{E}}$ bezeichnen wir wieder die Gesamtheit aller linearen Funktionale auf $\mathfrak{E}$.

Wie eben nennen wir inneres Produkt $[x, f]$ mit $x \in \mathfrak{E}$ und $f \in \overline{\mathfrak{E}}$ die Zahl $f(x)$. Damit die Eigenschaften dieses inneren Produktes auch in einem komplexen HILBERTraum erhalten bleiben, muß $[x, f]$ ein lineares Funktional in x und adjungiert-linear in f sein:

$$[x, \lambda f] = \overline{\lambda}[x, f].$$

Dadurch ist auch die Multiplikation mit einer komplexen Zahl λ in $\overline{\mathfrak{E}}$ erklärt: λf ist das lineare Funktional f_λ auf $\mathfrak{E}$ mit

$$f_\lambda(x) = \overline{\lambda} f(x).$$

Der Begriff des zu einem Operator A aus $(\mathfrak{E} \to \mathfrak{E}_1)$ adjungierten Operators A^* wird folgendermaßen definiert: A^* ist derjenige Operator aus $(\overline{\mathfrak{E}}_1 \to \overline{\mathfrak{E}})$, für den

$$[Ax, f] = [x, A^* f]$$

für alle $x \in \mathfrak{E}$ und alle $f \in \overline{\mathfrak{E}}$ gilt.

Alle Eigenschaften des adjungierten Operators übertragen sich unmittelbar auf den komplexen Fall bis auf eine Modifikation. Der Satz von der Orthogonalität der Eigenelemente x_0 und f_0 der Operatoren A bzw. A^* gilt für

$$Ax_0 = \lambda_0 x_0, \quad A^* f_0 = \lambda_1 f_0,$$

wenn $\lambda_0 \neq \overline{\lambda}_1$ ist.

*) Марков, А. А., Избранные трулы, Гостехиздат, 1948, S. 212—230.

§ 24. Schwache Konvergenz von Funktionalfolgen

Schwache Konvergenz. E sei ein BANACHraum. Eine Folge von Funktionalen $\{f_n\}$ aus $\overline{E}$ heißt *schwach konvergent* gegen das Funktional $f_0 \in \overline{E}$, wenn für jedes $x \in E$ die Folge $f_n(x) \to f_0(x)$ geht.

Konvergiert eine Folge von linearen Funktionalen schwach gegen f_0, so ist leicht zu sehen, daß auch jede ihrer Teilfolgen schwach gegen f_0 konvergiert. Eine Folge kann nicht gegen zwei verschiedene Grenzwerte schwach konvergieren.

Es gilt weiterhin der

Satz 1. *Wenn eine Folge $\{f_n\}$ von linearen Funktionalen gegen das Funktional f_0 schwach konvergiert, so sind die Normen der f_n beschränkt.*

Dieser Satz ist ein Spezialfall des BANACHschen Satzes über die Beschränktheit der Norm einer überall konvergierenden Folge linearer Operatoren (siehe § 19).

Satz 2. *Eine Folge $\{f_n\}$ von linearen Funktionalen konvergiert schwach gegen ein lineares Funktional f_0 genau dann, wenn*

1. *die Folge $\{\|f_n\|\}$ beschränkt ist und*

2. *$f_n(x) \to f_0(x)$ konvergiert für beliebige x aus einer Menge G, für die die Linearkombinationen ihrer Elemente in E überall dicht liegen.*

Notwendigkeit. Die Notwendigkeit der ersten Bedingung ergibt sich aus Satz 1, und die der zweiten ist evident.

Hinlänglichkeit. Es sei $M = \sup\limits_n \|f_n\|$ und x beliebig aus E. Man wähle ein x_0, welches eine Linearkombination der Elemente aus G ist, so daß $\|x - x_0\| < \frac{\varepsilon}{4M}$ ist. Man schätzt ab

$$|f_n(x) - f_0(x)| \leqq |f_n(x) - f_n(x_0)| + |f_n(x_0) - f_0(x_0)| + |f_0(x_0) - f_0(x)|$$

$$\leqq |f_n(x_0) - f_0(x_0)| + (\|f_n\| + \|f_0\|)\,\|x - x_0\| < |f_n(x_0) - f_0(x_0)| + \frac{\varepsilon}{2}.$$

Nach der zweiten Bedingung $f_n(x_0) \to f_0(x_0)$ gibt es ein n_0, so daß

$$|f_n(x_0) - f_0(x_0)| < \frac{\varepsilon}{2}$$

für alle $n \geqq n_0$ ist.

Deshalb gilt für $n \geqq n_0$

$$|f_n(x) - f_0(x)| < \varepsilon,$$

und da x ein beliebiges Element aus E war, ist die schwache Konvergenz der Folge $\{f_n\}$ gegen das Funktional f_0 bewiesen.

Schwache Kompaktheit. Der folgende Satz ist wichtig für Anwendungen in der Funktionalanalysis.

Satz 3. *Ist der Raum E separabel, so ist jede Kugel in dem konjugierten Raum $\overline{E}$ schwach kompakt, d. h., aus einer beliebigen Folge linearer Funktionale $\{f_n\}$ mit beschränkten Normen kann man eine Teilfolge auswählen, die gegen ein Funktional f_0 schwach konvergiert.*

Beweis. Früher wurde gezeigt, daß $\overline{E}$ im Sinne der schwachen Konvergenz von Operatoren vollständig ist. Es ist daher hinreichend zu zeigen, daß aus jeder Folge $\{f_n\}$ von linearen Funktionalen mit beschränkten Normen eine schwach konvergierende CAUCHYfolge ausgewählt werden kann. Ohne Beschränkung der Allgemeinheit nehmen wir $\|f_n\| \leqq 1$ an. $x_1, x_2, \ldots, x_n, \ldots$ sei eine in E abzählbare überall dichte Menge. Da

$$|f_n(x_1)| \leqq \|f_n\| \; \|x_1\| \leqq \|x_1\|$$

ist, so ist $\{f_n(x_1)\}$ eine beschränkte Zahlenfolge. Man kann aus ihr eine konvergente Teilfolge

$$f_{n_1^{(1)}}(x_1),\; f_{n_2^{(1)}}(x_1),\; \ldots,\; f_{n_k^{(1)}}(x_1),\; \ldots$$

auswählen. Wir untersuchen nun die Folge $\{f_{n_k^{(1)}}\}$.

Da

$$|f_{n_k^{(1)}}(x_2)| \leqq \|x_2\|$$

ist, ist auch $\{f_{n_k^{(1)}}(x_2)\}$ eine beschränkte Zahlenfolge. Aus dieser läßt sich wiederum eine konvergente Teilfolge

$$f_{n_1^{(2)}}(x_2),\; f_{n_2^{(2)}}(x_2),\; \ldots,\; f_{n_k^{(2)}}(x_2),\; \ldots$$

auswählen. Indem man dieses Verfahren fortsetzt, konstruiert man Folgen $\{f_{n_k^{(3)}}(x_3)\}$, $\{f_{n_k^{(4)}}(x_4)\}, \ldots$ Es ist dabei wesentlich, daß jede folgende Teilfolge aus der vorhergehenden ausgewählt ist, und die Teilfolge $\{f_{n_k^{(m)}}\}$ konvergiert für alle x_i, $i = 1, 2, \ldots, m$.

Wir konstruieren nun die „Diagonalfolge"

$$f_{n_1^{(1)}},\; f_{n_2^{(2)}},\; \ldots,\; f_{n_k^{(k)}},\; \ldots \tag{1}$$

Es ist leicht zu sehen, daß diese Teilfolge für jedes x_m aus der betrachteten abzählbaren überall dichten Menge konvergiert. In der Tat ist es hinreichend zu bemerken, daß $f_{n_m^{(m)}}, f_{n_{m+1}^{(m+1)}} \ldots$ eine Teilfolge von $\{f_{n_k^{(m)}}\}$ ist, die nach Konstruktion für x_m konvergiert. Daher konvergieren auch alle Folgen $\{f_{n_k^{(k)}}\}$ für alle x_m.

Es sei jetzt x beliebig aus E. Für ein $\varepsilon > 0$ kann man ein x_k finden, so daß

$$\|x - x_k\| < \frac{\varepsilon}{3}$$

ist. Dann ist für ein beliebiges $f \in \overline{E}$

$$|f(x_k) - f(x)| = |f(x_k - x)| \leqq \|f\| \; \|x_k - x\| < \|f\| \frac{\varepsilon}{3}.$$

Da $\|f_{n_m^{(m)}}\| \leqq 1$ ist, gilt insbesondere

$$|f_{n_m^{(m)}}(x_k) - f_{n_m^{(m)}}(x)| < \frac{\varepsilon}{3}$$

für jedes $n_m^{(m)}$.

Weil die Folge (1) für jedes x_n konvergiert, so ist für hinreichend große m und p

$$|f_{n_m^{(m)}}(x_k) - f_{n_p^{(p)}}(x_k)| < \frac{\varepsilon}{3}$$

und wir erhalten hieraus

$$|f_{n_m^{(m)}}(x) - f_{n_p^{(p)}}(x)| \leqq |f_{n_m^{(m)}}(x) - f_{n_m^{(m)}}(x_k)|$$

$$+ |f_{n_m^{(m)}}(x_k) - f_{n_p^{(p)}}(x_k)| + |f_{n_p^{(p)}}(x_k) - f_{n_p^{(p)}}(x)| < \frac{\varepsilon}{3} + \frac{\varepsilon}{3} + \frac{\varepsilon}{3} = \varepsilon.$$

Damit ist aber die Konvergenz der Folge $\{f_{n_k^{(k)}}(x)\}$ für jedes x bewiesen, das ist die schwache Konvergenz der Teilfolge (1) von $\{f_n\}$.

Folgerung. *In den Räumen l_p und $L_p(0, 1)$ ist jede Kugel schwach kompakt.* Das folgt aus $l_p = \overline{l_q}$, $L_p(0, 1) = \overline{L_q(0, 1)}$ und der Separabilität von l_p und $L_p(0, 1)$.

Bemerkung. Man beweist leicht, daß in $\overline{E}$ jede Kugel schwach abgeschlossen und folglich auch schwach kompakt in sich ist.

Auswahlprinzip von Helly. Wir betrachten den Raum V der Funktionen $g(t)$, $0 \leqq t \leqq 1$ von beschränkter Schwankung. Da V zu dem separablen BANACHraum $C[0, 1]$ konjugiert ist, so ist jede Kugel in V schwach kompakt in sich.

Satz 4 (Auswahlprinzip von E. Helly). *$M = \{g(t)\}$, $0 \leqq t \leqq 1$ sei eine unendliche Menge von Funktionen mit beschränkter Schwankung, die von rechts stetig sind. Dabei sei*

$$|g(t)| \leqq K \quad \text{und} \quad \operatorname*{Var}_0^1(g) \leqq K$$

für jedes $g(t) \in M$.

Dann gibt es eine Folge $\{g_n(t)\} \subseteq M$, die überall auf $[0, 1]$ *gegen eine Funktion $g_\infty(t)$ von beschränkter Schwankung konvergiert.*

Bekanntlich ist jede Funktion von beschränkter Schwankung als Differenz von zwei nichtfallenden Funktionen darstellbar. Aus diesem Grunde ist es hinreichend den Satz für den Fall zu beweisen, daß M aus nichtfallenden Funktionen besteht. Aus der schwach kompakten Menge M kann man eine Folge $\{g_n(t)\}$ wählen derart, daß ihre zugehörigen Funktionale schwach gegen das zur Funktion $g_0(t)$ von beschränkter Schwankung gehörige Funktional konvergieren: $\int_0^1 f(\tau)\, dg_n(\tau) \to \int_0^1 f(\tau)\, dg_0(\tau)$ für jede stetige Funktion f. $g_0(t)$ hat höchstens abzählbar viele Unstetigkeitsstellen $\{t_j\}$.

$g_0(t)$ sei im Punkte t stetig. Wir untersuchen die stetigen Funktionen

$$\varphi_m(\tau) = \left\{\begin{array}{ll} 1 & 0 \leqq \tau \leqq t, \\ -m(\tau - t) + 1 & t \leqq \tau \leqq t + \frac{1}{m}, \\ 0 & t + \frac{1}{m} \leqq \tau \leqq 1, \end{array}\right\} \quad m = 1, 2, \ldots$$

Dann konvergiert

$$\int_0^1 \varphi_m(\tau)\, dg_n(\tau) \to \int_0^1 \varphi_m(\tau)\, dg_0(\tau) \quad \text{für} \quad n \to \infty. \tag{2}$$

Aus der Stetigkeit von $g_0(\tau)$ in $\tau = t$ und der Beschränktheit von $\varphi_m(\tau)$ folgt weiter, daß $\int_t^{t+\frac{1}{m}} \varphi_m(\tau)\, dg_0(\tau) \to 0$ geht für $m \to \infty$. Somit strebt

$$\int_0^1 \varphi_m(\tau)\, dg_0(\tau) = \int_0^t \varphi_m(\tau)\, dg_0(\tau) + \int_t^{t+\frac{1}{m}} \varphi_m(\tau)\, dg_0(\tau) \to g_0(t) - g_0(0). \tag{3}$$

Da $g_n(\tau)$ eine nichtfallende Funktion und $\varphi_m(\tau) \geqq 0$ ist, erhält man schließlich

$$\int_0^1 \varphi_m(\tau)\, dg_n(\tau) \geqq \int_0^t \varphi_m(\tau)\, dg_n(\tau) = g_n(t) - g_n(0). \tag{4}$$

Aus (2), (3), (4) folgt:

$$\overline{\lim_n}\, [g_n(t) - g_n(0)] \leqq g_0(t) - g_0(0).$$

Wenn wir nun die $\varphi_m(\tau)$ durch die Funktionen $\varphi_m\left(\tau + \frac{1}{m}\right)$ ersetzen, so erhalten wir

$$\underline{\lim_n}\, [g_n(t) - g_n(0)] \geqq g_0(t) - g_0(0).$$

Aus beiden Ungleichungen folgt

$$\lim_n\, [g_n(t) - g_n(0)] = g_0(t) - g_0(0). \tag{5}$$

Wegen der Voraussetzungen $|g_n(0)| \leqq K$, $|g_n(t_j)| \leqq K$, $(n = 1, 2, \ldots)$ gibt es eine Teilfolge $\{g_{n_i}(t)\}$ von $\{g_n(t)\}$ derart, daß $g_{n_i}(0) \to g_0$, $g_{n_i}(t_j) \to g_j$ gehen für $n_i \to \infty$. Hieraus und wegen (5) konvergiert für jedes $t \neq t_i$, $i = 1, 2, \ldots$

$$g_{n_i}(t) \to g_0(t) - g_0(0) + g_0 \quad \text{für} \quad n_i \to \infty. \tag{6}$$

Die Funktion

$$g_\omega(t) = \begin{cases} g_j & \text{für } t = t_j, \\ g_0(t) - g_0(0) + g_0 & \text{für } t \neq t_j, \end{cases} \quad j = 1, 2, \ldots$$

ist von beschränkter Schwankung, wobei für jedes $t \in [0, 1]$

$$g_{n_i}(t) \to g_\omega(t)$$

konvergiert, was zu beweisen war.

Anwendung auf Quadraturformeln [8]. Wir betrachten im Raum $C[0, 1]$ das Funktional

$$f(x) = \int_0^1 x(t)\, d\sigma(t)$$

mit nichtfallendem $\sigma(t)$ und die Folge der Funktionale

$$f_n(x) = \sum_{k=1}^{k_n} c_k^{(n)}\, x(t_k^{(n)}), \qquad n = 1, 2, 3, \ldots$$

Die $c_k^{(n)}$ werden so ausgewählt, daß $f(x)$ und $f_n(x)$ für alle Polynome vom Grade kleiner oder gleich n zusammenfallen:

$$f(x) = f_n(x), \qquad \text{wenn} \qquad x = \sum_{l=0}^{n} a_l t^l.$$

Die f_n werden zur näherungsweisen Berechnung des Funktionals f gebraucht. Die Beziehung

$$f(x) \approx f_n(x),$$

die für alle Polynome vom Grade kleiner oder gleich n in die Gleichheit übergeht, wird *Quadraturformel* genannt.

Wir betrachten eine Folge von Quadraturformeln

$$f(x) \approx f_n(x), \qquad n = 1, 2, 3, \ldots$$

Es tritt jetzt die Frage auf, ob die Folge $f_n(x)$ für $n \to \infty$ gegen den Wert $f(x)$ für jedes $x(t) \in C[0, 1]$ konvergiert. Mit anderen Worten: Konvergiert die Folge der Funktionale f_n schwach gegen das Funktional f?

Satz 5. *Die Quadraturformeln konvergieren, d. h., für jede stetige Funktion $x(t)$ ist*

$$\lim_n \sum_{k=1}^{k_n} c_k^{(n)}\, x(t_k^{(n)}) = \int_0^1 x(t)\, d\sigma(t)$$

genau dann, wenn für jedes n

$$\sum_{k=1}^{k_n} |c_k^{(n)}| \leqq M = \text{const}$$

gilt.

In der Tat ist nach Definition der Funktionale f_n für alle Polynome n-ten Grades $p_n(t)$

$$f_m(p_n) = f(p_n) \qquad \text{für} \qquad m \geqq n.$$

Es ist ferner offensichtlich

$$\|f_n\| \leqq \sum_{k=1}^{k_n} |c_k^{(n)}| \leqq M.$$

Folglich konvergiert die Folge $\{f_n\}$ auf der Menge aller Polynome, die in $C[0, 1]$ überall dicht liegen, gegen das Funktional f, und die Normen sind beschränkt.

Jetzt folgt aber der zu beweisende Satz unmittelbar aus dem Satz 2 dieses Paragraphen.

Satz 6 (W. A. STEKLOW). *Wenn alle Koeffizienten $c_k^{(n)}$ der Quadraturformeln positiv sind, so konvergiert die Folge der Quadraturformeln $f(x) \approx f_n(x)$ für jede stetige Funktion $x(t)$.*

Wir haben in der Tat für ein beliebiges n und für $x_0(t) \equiv 1$

$$f_n(x_0) = f(x_0).$$

Daher ist

$$\sum_{k=1}^{k_n} |c_k^{(n)}| = \sum_{k=1}^{k_n} c_k^{(n)} = \int_0^1 d\sigma = \sigma(1) - \sigma(0),$$

und es sind die Voraussetzungen des vorhergehenden Satzes erfüllt.

§ 25. Schwache Konvergenz von Elementfolgen

Elementare Sätze. Wir führen den Begriff der schwachen Konvergenz für Elementfolgen eines BANACHraumes ein.

Es sei E ein BANACHraum, $\{x_n\}$ eine Folge von Elementen aus E und $x_0 \in E$. Wenn für alle Funktionale $f \in \overline{E}$ die Folge $f(x_n) \to f(x_0)$ für $n \to \infty$ geht, so sagt man, $\{x_n\}$ *konvergiert schwach* gegen x_0 und schreibt:

$$x_n \rightharpoonup x_0.$$

x_0 ist ein *schwacher Limes* der Folge $\{x_n\}$.

Eine Folge kann nicht gegen zwei verschiedene Limites schwach konvergieren.

Wir nehmen an, daß $x_n \rightharpoonup x_0$ und $x_n \rightharpoonup y_0$ schwach konvergiert, d. h., für ein beliebiges lineares f strebe

$$f(x_n) \to f(x_0) \qquad \text{und} \qquad f(x_n) \to f(y_0).$$

Es ist folglich $f(x_0) = f(y_0)$ oder

$$f(x_0 - y_0) = 0.$$

Wählt man nun ein f_0 mit $\|f_0\| = 1$ und $f_0(x_0 - y_0) = \|x_0 - y_0\|$, so erhalten wir $\|x_0 - y_0\| = 0$, d. h., es ist $x_0 = y_0$.

Es ist auch leicht zu sehen: *Jede beliebige Teilfolge $\{x_{n_k}\}$ konvergiert schwach gegen x_0, wenn $x_n \rightharpoonup x_0$ geht.*

Wie früher werden wir die Normkonvergenz als starke Konvergenz bezeichnen ($x_n \to x$).

Weiter ist offensichtlich: *Aus der starken Konvergenz von $\{x_n\}$ gegen x_0 folgt die schwache Konvergenz gegen denselben Limes.*

Die Umkehrung ist nicht immer richtig. Eine Folge kann gegen ein gewisses Element schwach konvergieren, ohne daß sie auch gegen dasselbe Element stark konvergiert.

Wir betrachten z. B. in $L_2(0, 1)$ die Folge $x_n(t) = \sin n\pi t$. Für jedes lineare Funktional f ist

$$f(x_n) = \int_0^1 \sin n\pi t\, a(t)\, dt$$

mit quadratisch integrablem $a(t)$. $f(x_n)$ ist offenbar der n-te FOURIERkoeffizient von $a(t)$ bezüglich $\sin n\pi t$. Folglich geht $f(x_n) \to 0$ für $n \to \infty$. Hieraus ergibt sich aber, daß $x_n \rightharpoonup \theta$ konvergiert. Andererseits ist aber leicht zu sehen, daß $\{x_n\}$ nicht stark gegen das Nullelement konvergieren kann; denn es ist

$$\|x_n - \theta\|^2 = \int_0^1 \sin^2 n\pi t\, dt = \frac{1}{2}.$$

Es gilt jedoch der

Satz 1. *In einem endlichdimensionalen Raum stimmen schwache und starke Konvergenz überein.*

Es ist hinreichend zu beweisen, daß in einem endlichdimensionalen Raum aus der schwachen die starke Konvergenz gegen dasselbe Element folgt. Es sei E ein endlichdimensionaler Raum und $\{x_n\}$ eine Folge mit $x_n \rightharpoonup x_0$. Da E endlichdimensional ist, existiert ein endliches System linear unabhängiger Elemente $e_1, e_2, \ldots, e_k$. Jedes $x \in E$ kann in der Form $x = \xi_1 e_1 + \xi_2 e_2 + \ldots + \xi_k e_k$ mit reellen ξ_j, $j = 1, \ldots, k$ dargestellt werden. Also ist

$$x_n = \xi_1^{(n)} e_1 + \xi_2^{(n)} e_2 + \ldots + \xi_k^{(n)} e_k,$$
$$x_0 = \xi_1^{(0)} e_1 + \xi_2^{(0)} e_2 + \ldots + \xi_k^{(0)} e_k.$$

Wir betrachten nun solche Funktionale $f_i \in \overline{E}$, für die $f_i(e_i) = 1$, $f_i(e_j) = 0$ für $j \neq i$ ist. Es ist also

$$f_i(x_n) = \xi_i^{(n)} \quad \text{und} \quad f_i(x_0) = \xi_i^{(0)}.$$

Da aber für jedes lineare f die Folge $f(x_n) \to f(x_0)$ geht, konvergiert auch $f_i(x_n) \to f_i(x_0)$, d. h., es strebt

$$\xi_i^{(n)} \to \xi_i^{(0)} \quad \text{für} \quad i = 1, 2, \ldots, k.$$

Die größte der Zahlen $\|e_i\|$ $(i = 1, 2, \ldots, k)$ sei M. Für ein vorgegebenes $\varepsilon > 0$ gibt es dann ein solches n_0, so daß für alle $i = 1, 2, \ldots, k$ und $n \geqq n_0$

$$|\xi_i^{(n)} - \xi_i^{(0)}| < \frac{\varepsilon}{M k}$$

ist. Dann gilt auch die Abschätzung

$$\|x_n - x_0\| = \left\| \sum_{i=1}^{k} (\xi_i^{(n)} - \xi_i^{(0)})\, e_i \right\| \leqq \sum_{i=1}^{k} |\xi_i^{(n)} - \xi_i^{(0)}|\, \|e_i\| < \varepsilon.$$

Folglich konvergiert die Folge $\{x_n\}$ stark gegen x_0.

Satz 2. *Wenn $\{x_n\}$ schwach gegen x_0 konvergiert, so existiert eine Folge von Linearkombinationen $\left\{\sum_{i=1}^{m} \lambda_i x_i\right\}$, die gegen x_0 stark konvergiert.*

x_0 gehört zur abgeschlossenen linearen Mannigfaltigkeit $\overline{L}$, die von den $x_1, x_2, \ldots, x_n, \ldots$ erzeugt wird.

Angenommen, x_0 gehöre nicht zu $\overline{L}$. Dann existiert nach der zweiten Folgerung aus dem BANACH-HAHNschen Satz (S. 109) ein lineares Funktional $f \in \overline{E}$ mit $f(x_0) = 1$ und $f(x_n) = 0$ für $n \neq 0$. Das bedeutet aber, daß $f(x_n)$ nicht gegen $f(x_0)$ konvergiert, was jedoch der Voraussetzung $x_n \rightharpoonup x_0$ widerspricht.

Satz 3. *A sei ein auf einem linearen normierten Raum E definierter Operator. Sein Wertebereich liege in dem linearen normierten Raum E_1.*

Wenn die Folge $\{x_n\} \subseteq E$ gegen $x_0 \in E$ schwach konvergiert, so konvergiert $\{A x_n\} \subseteq E_1$ schwach gegen $A x_0 \in E_1$, d. h., jeder lineare Operator A ist nicht nur stark, sondern auch schwach stetig.

Wir wählen ein beliebiges Funktional $\varphi \in \overline{E}_1$. Dann ist $\varphi(A x_n) = f(x_n)$ mit $f \in \overline{E}$. Es ist ebenso $\varphi(A x_0) = f(x_0)$. Da $x_n \rightharpoonup x_0$ geht, konvergiert $f(x_n) \to f(x_0)$ oder $\varphi(A x_n) \to \varphi(A x_0)$. Weil φ nun ein beliebiges Funktional aus $\overline{E}_1$ ist, so konvergiert $A x_n \rightharpoonup A x_0$.

Satz 4. *Wenn eine Folge $\{x_n\}$ gegen x_0 schwach konvergiert, so sind die Normen der Elemente beschränkt.*

Wir fassen die x_n $(n = 1, 2, \ldots)$ als Elemente des Raumes $\overline{\overline{E}}$ auf. Dann bedeutet die schwache Konvergenz von $\{x_n\}$ gegen x_0, daß die Folge der Funktionale $\{x_n\} \subseteq \overline{\overline{E}}$ gegen $x_0 \in \overline{\overline{E}}$ für alle $f \in \overline{E}$ konvergiert. Dann ist aber nach dem BANACHschen Satz die Folge $\{\|x_n\|\}$ beschränkt, was zu beweisen war.

Bemerkung. Ist x_0 der schwache Limes der Folge $\{x_n\}$, so gilt $\|x_0\| \leq \overline{\lim\limits_{n}} \|x_n\|$.

Die Existenz dieses oberen Limes ergibt sich aus dem bewiesenen Satz. Nun nehmen wir an, daß $\|x_0\| > \overline{\lim\limits_{n}} \|x_n\|$ ist. Dann existiert eine Zahl C mit $\|x_0\| > C > \overline{\lim\limits_{n}} \|x_n\|$. Man kann folglich ein n_0 finden, so daß für $n \geq n_0$

$$\|x_0\| > C > \|x_n\|$$

ist.

Wir konstruieren nun ein lineares Funktional f_0 derart, daß $\|f_0\| = 1$ und $f_0(x_0) = \|x_0\|$ ist. Dann ist $f_0(x_n) \leq \|f_0\| \|x_n\| = \|x_n\| < C$ für alle $n \geq n_0$. Es konvergiert folglich $f_0(x_n)$ nicht gegen $f_0(x_0)$, was der Voraussetzung $x_n \rightharpoonup x_0$ widerspricht.

Es sind Fälle möglich, in denen $\|x_0\| < \overline{\lim\limits_{n}} \|x_n\|$ realisiert werden kann, wie das folgende Beispiel zeigt.

Im Raum $L_2(0, 1)$ betrachten wir die Funktionen

$$x_n(t) = \sqrt{2} \sin n\pi t .$$

Es ist $\|x_n\| = 1$ und damit auch $\lim\limits_{n} \|x_n\| = 1$. Wir erhalten andererseits für ein beliebiges lineares Funktional f

$$f(x_n) = \sqrt{2} \int_0^1 a(t) \sin n\pi t \, dt = \sqrt{2}\, c_n ,$$

wo die c_n die FOURIERkoeffizienten von $a(t) \in L_2(0, 1)$ sind. Folglich geht für jedes lineare f und für $n \to \infty$ die Folge $f(x_n) \to 0$, d. h., die x_n konvergieren schwach gegen θ. Es ist somit $x_0 = \theta$ und $\|x_0\| = 0 < 1 = \lim\limits_{n} \|x_n\|$.

Satz 5. *Die Folge $\{x_n\}$ konvergiert schwach gegen x_0 genau dann, wenn*

1. *die Folge $\{\|x_n\|\}$ beschränkt ist und*

2. *$f(x_n) \to f(x_0)$ geht für jedes f aus einer Menge Γ von linearen Funktionalen, deren Linearkombinationen in $\overline{E}$ überall dicht liegen.*

Dieser Satz ist ein Spezialfall des Satzes 2 aus § 24. Denn die schwache Konvergenz einer Folge $\{x_n\} \subseteq E$ gegen $x_0 \in E$ ist gleichbedeutend mit der schwachen Konvergenz derselben Folge, wenn man die x_n und x_0 als auf $\overline{E}$ definierte lineare Funktionale auffaßt.

Schwache Konvergenz in speziellen Räumen.

Satz 6. *Eine Folge $\{x_n\}$, $x_n = \{\xi_i^{(n)}\} \in l_p$ konvergiert schwach gegen $x_0 = \{\xi_i^{(0)}\} \in l_p$ dann und nur dann, wenn*

1. *die Folge $\{\|x_n\|\}$ beschränkt ist und*

2. *$\xi_i^{(n)} \to \xi_i^{(0)}$ für $n \to \infty$ und alle i (aber im allgemeinen nicht gleichgradig) konvergiert.*

Zum Beweis ist zu bemerken, daß die Linearkombinationen der $f_i = \{0, 0, \ldots, 0, 1, 0, \ldots\}$ in $l_q = \overline{l_p}$ überall dicht liegen. Nach dem allgemeinen Satz 5 ist zur schwachen Konvergenz von $x_n \rightharpoonup x_0$ notwendig und hinreichend, daß die erste Bedingung erfüllt wird, und daß für jedes i die Folge $f_i(x_n) = \xi_i^{(n)} \to \xi_i^{(0)} = f_i(x_0)$ geht.

In l_p ist also die schwache Konvergenz gleichbedeutend mit der koordinatenweisen Konvergenz, wenn die Normen der Folgenglieder beschränkt sind.

Satz 7. *Damit eine Folge $\{x_n(t)\} \subseteq L_p(0, 1)$ schwach gegen $x_0(t) \in L_p(0, 1)$ konvergiert, ist notwendig und hinreichend, daß*

1. *die Folge $\{\|x_n\|\}$ beschränkt ist und*

2. *$\int\limits_0^\tau x_n(t)\,dt \to \int\limits_0^\tau x_0(t)\,dt$ für beliebiges $\tau \in [0, 1]$ konvergiert.*

Bedingung 1. fällt mit der von Satz 5 zusammen. Wir untersuchen 2. Dazu setzen wir

$$a_\tau(t) = \begin{cases} 1 & \text{für} \quad 0 \leqq t \leqq \tau, \\ 0 & \text{für} \quad \tau < t \leqq 1. \end{cases}$$

Dann liegen die Linearkombinationen der Funktionen $a_\tau(t)$, d. h. die Summen

$$\sum_{i=1}^{n} c_i \left[a_{\tau_i}(t) - a_{\tau_{i-1}}(t)\right]$$

mit $0 = \tau_0 < \tau_1 < \ldots < \tau_{n-1} < \tau_n = 1$ in $L_q(0, 1) = \overline{L_p(0, 1)}$ überall dicht. Damit $x_n(t) \rightharpoonup x_0(t)$ konvergiert, ist folglich notwendig und hinreichend, daß die erste Bedingung erfüllt wird und daß für $n \to \infty$ und jedes $\tau \in [0, 1]$

$$\int_0^1 x_n(t)\, \alpha_\tau(t)\, dt \to \int_0^1 x_0(t)\, \alpha_\tau(t)\, dt$$

oder

$$\int_0^\tau x_n(t)\, dt \to \int_0^\tau x_0(t)\, dt$$

geht.

Bemerkung. Es sei E ein Raum mit schwach kompakter Einheitskugel $S_1(\|x\| \leqq 1)$. Wir betrachten ein $f(x)$, welches nicht notwendig linear aber schwach stetig sei, d. h., es strebe

$$f(x_n) \to f(x_0)$$

für $x_n \rightharpoonup x_0$. Dann ist $f(x)$ auf S_1 beschränkt und nimmt die obere und untere Grenze an. Der Beweis dieser Behauptung ist der gleiche, wie der des entsprechenden Satzes für stetige Funktionale, die auf einer kompakten Menge eines metrischen Raumes definiert sind.

§ 26. Universalität von C [0, 1]

Der sowjetische Mathematiker P. S. Uryson bewies im Jahre 1927, daß es „universelle" Räume gibt. Ein separabler metrischer Raum E heißt *universell*, wenn sich zu jedem separablen metrischen Raum ein dazu isometrischer Teilraum von E angeben läßt. Später bewiesen die polnischen Mathematiker S. Banach und S. Mazur, daß $C[0, 1]$ universell ist.

Der Beweis des Satzes von Banach und Mazur beruht auf der schwachen Kompaktheit der konjugierten Räume.

Lemma. *N sei eine abgeschlossene Untermenge des Raumes s; für deren Elemente $x = \{\xi_1, \xi_2, \ldots, \xi_n, \ldots\}$ gilt $|\xi_i| \leqq 1$ für $i = 1, 2, \ldots$. Dann ist N das stetige Bild einer abgeschlossenen Teilmenge P des abgeschlossenen Intervalls* $[0, 1]$.

Beweis. Wir wählen einen beliebigen Punkt $x = \{\xi_j\}$ der Menge N. Wenn die Koordinate ξ_i von x nichtnegativ ist, so schreibt man sie im Dualsystem in der Form

$$0, \beta_{i1}\beta_{i2}\beta_{i3} \ldots,$$

wo die β_{ik} gleich 0 oder 1 sind. Ist ξ_i negativ, so setzt man $\xi_i = -1 + \eta_i$ mit nichtnegativem η_i und man hat für ξ_i

$$\bar{1}, \gamma_{i1}\gamma_{i2}\gamma_{i3} \ldots,$$

wo die γ_{ik} die Dualziffern der Zahl η_i sind. Somit wird also jede Koordinate des Punktes x in der Form

$$\xi_i = \bar{\alpha}_{i0}, \alpha_{i1}\alpha_{i2}\alpha_{i3} \ldots \tag{1}$$

mit α_{ik} gleich 0 oder 1 geschrieben.

Wir ordnen nun dem Punkt x die Zahl

$$y = 0,\, \alpha_{10}\,\alpha_{20}\,\alpha_{11}\,\alpha_{30}\,\alpha_{21}\,\alpha_{12}\,\alpha_{03} \cdots \tag{2}$$

des Intervalls [0, 1] zu und fassen sie auf als Darstellung im triadischen System, wobei allerdings nur die Ziffern Null oder Eins auftreten. Umgekehrt ordnen wir auch jedem $y \in [0, 1]$, welches nach dem triadischen System in der Form (2) dargestellt aber nur aus den Ziffern 0 und 1 gebildet wird, den Punkt $x \in s$ mit den Koordinaten ξ_i zu. Die ξ_i werden durch

$$\left.\begin{aligned} \xi_1 &= \bar{\alpha}_{10},\, \alpha_{11}\,\alpha_{12}\,\alpha_{13} \ldots, \\ \xi_2 &= \bar{\alpha}_{20},\, \alpha_{21}\,\alpha_{22}\,\alpha_{23} \ldots, \\ \xi_3 &= \bar{\alpha}_{30},\, \alpha_{31}\,\alpha_{32}\,\alpha_{33} \ldots, \\ &\cdots\cdots\cdots\cdots \end{aligned}\right\} \tag{3}$$

definiert.

Wir betrachten nun die Menge P der $y \in [0, 1]$, deren triadische Darstellung nur die Ziffern 0 und 1 enthält und die ihnen in s entsprechenden $x \in N$. Zweckmäßigerweise wählen wir für die im triadischen System rationalen $y \in P$ jene Darstellung, in der von einer gewissen Stelle ab alle Ziffern gleich Null sind. Dann hat jedes $y \in P$ eine eindeutige triadische Darstellung (2). Damit ist auch die Zuordnung

$$x = \varphi(y), \qquad y \in P, \qquad x \in N$$

mit Hilfe von (3) eindeutig definiert.

Wir beweisen jetzt die Stetigkeit dieser Zuordnung. Es gehe $y_n \to y$, wo y_n und y im triadischen System nur Null und Eins enthalten. Die Anzahl der übereinstimmenden Ziffern in diesen Entwicklungen der y_n und y wächst für $n \to \infty$ unbeschränkt. Wir untersuchen nun die zugeordneten Punkte

$$x_n = \varphi(y_n) \qquad \text{und} \qquad x = \varphi(y).$$

Nach Konstruktion der x_n und x wächst auch die Anzahl der ersten Ziffern, die bei den Koordinaten $\xi_i^{(n)}$ und ξ_i der Punkte x_n bzw. x zusammenfallen, unbeschränkt. Folglich geht $\xi_i^{(n)} \to \xi_i$ für $n \to \infty$ und $i = 1, 2, \ldots$ Laut Definition der Konvergenz in s bedeutet dies, daß $x_n \to x$ konvergiert, und damit ist die Stetigkeit der Abbildung $x = \varphi(y)$ bewiesen.

Wir zeigen noch die Abgeschlossenheit der Menge P. Die Folge $\{y_n\} \subseteq P$ konvergiere gegen y. Die y_n und y haben triadische Entwicklungen, die nur aus den Ziffern 0 und 1 bestehen. Wegen der Stetigkeit des Operators φ geht $x_n \to x$, wobei $x_n = \varphi(y_n)$ und $x = \varphi(y)$ ist. Mit $y_n \in P$ ist per definitionem $x_n \in N$, und da N abgeschlossen ist, ist auch $x \in N$. Dann ist aber auch $y \in P$, und das Lemma ist bewiesen.

Satz 1. *Jeder separable* BANACH*raum E ist einem Teil des Raumes $C[0,1]$ isometrisch isomorph.*

Beweis. Wir bezeichnen die Kugel $\|f\| \leqq 1$ in $\bar{E}$ mit S und benutzen in S die schwache Konvergenz. Dann ist S nach der Bemerkung auf S. 133, § 24 eine in sich kompakte Menge. Die Folge $\{a_n\}$ sei auf der Einheitskugel $\|x\| \leqq 1$ des

Raumes E eine abzählbare überall dichte Menge. Zur schwachen Konvergenz einer Folge $\{f^{(k)}\}$ von Funktionalen aus S gegen das Funktional $f \in S$ ist hinreichend, daß für $k \to \infty$

$$f^{(k)}(a_n) \to f(a_n), \quad n = 1, 2, 3, \ldots$$

konvergiert. Wenn nun jedem $f \in S$ ein Element des Raumes s mit den Koordinaten $\{f(a_i)\}$ zugeordnet wird, so wird die Konvergenz einer Folge von Funktionalen in der Menge S gleichwertig der Konvergenz der Folge aus den zugeordneten Elementen gegen das dem Limes zugeordnete Element in s. Da ferner

$$|f(a_i)| \leqq \|f\| \, \|a_i\| \leqq 1$$

ist, so bilden die Elemente des Raumes s, die den $f \in S$ zugeordnet sind, eine Menge N, die die Voraussetzung des oben bewiesenen Lemmas erfüllt.*) Damit ist N und folglich auch S stetiges Bild einer abgeschlossenen Teilmenge P von $[0, 1]$, und jedem $t \in P$ entspricht ein $f_t \in S$. Die Gesamtheit aller f_t fällt mit S zusammen, und es konvergiert $f_{t_n} \to f_t$ für $t_n \to t$.

Wir wählen ein $x \in E$. Nach Definition der schwachen Konvergenz für Funktionale geht

$$f_{t_n}(x) \to f_t(x) \quad \text{für} \quad t_n \to t .$$

Bei festem x ist somit $f_t(x)$ eine stetige Funktion von $t \in P$. Wir wollen sie mit $\varphi_x(t)$ bezeichnen:

$$f_t(x) = \varphi_x(t) . \tag{4}$$

Auf den an P angrenzenden Intervallen setzt man die auf P definierte Funktion $\varphi_x(t)$ linear und stetig fort. Dadurch ist $\varphi_x(t)$ auf dem abgeschlossenen Intervall $[0, 1]$ stetig, d. h., es gehört zu $C[0, 1]$. Nach Definition der Norm in $C[0, 1]$ gilt

$$\|\varphi_x\|_C = \max_{t \in [0,1]} |\varphi_x(t)| .$$

Aber wegen der Linearität von $\varphi_x(t)$ auf den an P angrenzenden Intervallen fällt das Maximum von $\varphi_x(t)$ auf $[0,1]$ mit dem Maximum von $\varphi_x(t)$ auf P zusammen. Daher ist

$$\|\varphi_x\|_C = \max_{t \in P} |\varphi_x(t)| .$$

Wir haben aber andererseits für $t \in P$ nach (4)

$$|\varphi_x(t)| = |f_t(x)| \leqq \|f_t\| \, \|x\| \leqq \|x\|_E$$

und folglich

$$\max_{t \in P} |\varphi_x(t)| \leqq \|x\|_E . \tag{5}$$

Ferner kann man für ein gegebenes x ein F mit der Norm 1 konstruieren, für welches gilt

$$|F(x)| = \|x\|_E .$$

Da $F \in S$ ist, existiert ein $t_0 \in P$ mit

$$f_{t_0} = F .$$

Folglich ist

$$|f_{t_0}(x)| = \|x\|_E ,$$

---

*) Die Abgeschlossenheit von N folgt aus der Kompaktheit in sich von S.

d. h. $$|\varphi_x(t_0)| = \|x\|_E$$

und daher
$$\max_{t\in P} |\varphi_x(t)| \geqq \|x\|_E. \tag{6}$$

Aus (5) und (6) folgt
$$\|\varphi_x\|_C = \max_{t\in P} |\varphi_x(t)| = \|x\|_E. \tag{7}$$

$x \in E$ sei $\varphi_x(t)$ und $y \in E$ sei $\varphi_y(t)$ zugeordnet. Dann ist aus der Konstruktion der Funktionen ersichtlich, daß $x + y$ bzw. λx den Funktionen $\varphi_x(t) + \varphi_y(t)$ bzw. $\lambda\varphi_x(t)$ entsprechen. Wir haben folglich eine isomorphe Abbildung von E auf einen Teil von $C[0, 1]$. Da aber wegen des Isomorphismus dem Element $x - y$ die Funktion $\varphi_x(t) - \varphi_y(t)$ zugeordnet ist, erhalten wir nach (7) die Beziehung
$$\|x - y\|_E = \|\varphi_x - \varphi_y\|_C,$$
d. h., die Zuordnung von E auf einen Teil von $C[0, 1]$ ist nicht nur isomorph, sondern auch isometrisch. Damit ist der Satz vollständig bewiesen.

Satz 2 (FRÉCHET). *Jeder metrische separable Raum X ist einem Teil eines separablen* BANACH*raumes isometrisch.*

Beweis. $M = \{x_0, x_1, x_2, \ldots, x_n, \ldots\}$ sei eine abzählbare überall dichte Menge in X. Wir lassen jedem $x \in X$ einen Punkt $y = \{\eta_i\}$ des Raumes m mit
$$\eta_i = \varrho(x, x_i) - \varrho(x_0, x_i), \qquad i = 1, 2, 3, \ldots$$
entsprechen. Nach der Dreiecksungleichung ist
$$|\eta_i| = |\varrho(x, x_i) - \varrho(x_0, x_i)| \leqq \varrho(x, x_0),$$
und folglich bilden die $\{\eta_i\}$ eine beschränkte Folge, d. h., y ist ein Punkt des Raumes m. Den Elementen $x \in X$ und $x' \in X$ mögen in unserer Abbildung die Elemente $y = \{\eta_i\}$ und $y' = \{\eta_i'\}$ aus m entsprechen. Es ist
$$\begin{aligned}\|y - y'\| = \sup_i |\eta_i - \eta_i'| &= \sup_i |[\varrho(x, x_i) - \varrho(x_0, x_i)] - [\varrho(x', x_i) - \varrho(x_0, x_i)]| \\ &= \sup |\varrho(x, x_i) - \varrho(x', x_i)| \leqq \varrho(x, x').\end{aligned} \tag{8}$$

ε sei jetzt eine beliebige positive Zahl, die kleiner als $\varrho(x, x')$ ist. Es existiert ein x_n unserer abzählbaren überall dichten Menge M derart, daß $\varrho(x, x_n) \leqq \frac{\varepsilon}{2}$ ist. Folglich ist
$$\varrho(x', x_n) \geqq \varrho(x', x) - \varrho(x_n, x) \geqq \varrho(x', x) - \frac{\varepsilon}{2} > 0$$
und daher auch
$$\begin{aligned}|\eta_n - \eta_n'| = |\varrho(x_n, x) - \varrho(x_n, x')| &\geqq \varrho(x', x_n) - \frac{\varepsilon}{2} \\ &\geqq \varrho(x', x) - \frac{\varepsilon}{2} - \frac{\varepsilon}{2} = \varrho(x, x') - \varepsilon.\end{aligned}$$
Hieraus ergibt sich
$$\|y - y'\| \geqq \varrho(x, x') - \varepsilon. \tag{9}$$

Da $\varepsilon > 0$ beliebig war, so folgt aus (9)

$$\|y - y'\| \geqq \varrho(x, x'), \tag{10}$$

und man erhält aus (8) und (10)

$$\|y - y'\| = \varrho(x, x'). \tag{11}$$

Somit ist der Abstand zweier Punkte x und x' in X gleich dem Abstand der ihnen zugeordneten Punkte y und y' in m. Damit ist aber X einem gewissen $L \subseteq m$ isometrisch. E sei der Unterraum von m, der von den Elementen der Menge L erzeugt wird, und da m separabel, ist E ein separabler BANACHraum. X ist einem Teil dieses Raumes isometrisch, womit der Satz bewiesen ist.

Satz 3 (BANACH und MAZUR). *Jeder metrische separable Raum ist einem Teil von* $C[0, 1]$ *isometrisch.*

Der Beweis dieses Satzes folgt unmittelbar aus den Sätzen 1 und 2.

Wir wollen zum Schluß noch eine Eigenschaft der Universalität von $C[0, 1]$ angeben. M. G. KREIN stellte im Zusammenhang mit einigen Fragen zu Momentenproblemen und zur Theorie der linearen Integralgleichungen die Kegeltheorie in BANACHräumen auf [10], [37], [38], [39].

In einem Raum E heißt eine abgeschlossene konvexe Menge $K \subseteq E$ ein *Kegel*, wenn

1. für $x \neq \theta$ aus K und $\lambda \geqq 0$ folgt $\lambda x \in K$,

2. für $\lambda < 0$ folgt $\lambda x \notin K$ und

3. für $x, y \in K$ auch $x + y \in K$ ist. Diese Menge K wird *Normalkegel* genannt, wenn für je zwei Elemente $x, y \in K$ mit $\|x\| = \|y\| = 1$ gilt $\|x + y\| > \delta$, wo δ eine feste nichtnegative Zahl ist. So bildet z. B. die Gesamtheit der nichtnegativen Funktionen aus $C[0, 1]$ einen Normalkegel. Es gilt der folgende

Satz (M. G. KREIN). *K sei ein Normalkegel eines separablen Raumes E. Es existiert eine umkehrbar eindeutige lineare Abbildung von E in einen Unterraum von* $C[0, 1]$, *bei der die Elemente aus K und nur sie in die nichtnegativen Funktionen übergehen.*

Wenn E nicht separabel ist, so gilt ein analoger Satz. Man ersetzt $C[0, 1]$ *durch den Raum C der auf einem gewissen Bikompaktum stetigen Funktionen.*

KAPITEL IV

VOLLSTETIGE OPERATOREN

§ 27. Vollstetige Operatoren

Definition. Ein auf einem linearen normierten Raum E definierter Operator A, dessen Wertebereich in dem linearen normierten Raum E_1 liegt, heißt *vollstetig*, wenn er jede beschränkte Menge aus E in eine kompakte Menge in E_1 abbildet.

Wir sahen oben, daß jeder lineare Operator A eine beschränkte Menge in eine beschränkte transformiert. Es ist ferner auch leicht zu erkennen, daß jeder lineare Operator A eine kompakte Menge wiederum in ein Kompaktum abbildet. Es sei M eine kompakte Menge in E und M_1 das Bild dieser Menge in E_1 bei Anwendung des Operators A (d. h. $M_1 = \{A x\}$, wo x die Menge M durchläuft). Wir wählen eine beliebige Folge $\{y_n\} \subseteq M_1$. Dann sei $x_n \in M$ ein Urbild von y_n. Wir untersuchen nun die Folge $\{x_n\} \subseteq M$. Da M kompakt ist, kann man aus den x_n eine gegen $x_0 \in E$ konvergierende Teilfolge $\{x_{n_i}\}$ auswählen. Dann geht aber wegen der Stetigkeit von A die Folge $\{y_{n_i}\}$ gegen $y_0 = A x_0$, wobei $y_0 \in E_1$ ist. Man kann also auf diese Weise aus einer beliebigen Folge $\{y_n\} \subseteq M$ eine konvergente Teilfolge auswählen, d. h., M_1 ist kompakt.

Im allgemeinen ist die Vollstetigkeit stärker als die einfache Stetigkeit, die wir von jedem linearen Operator fordern. So ist der Einheitsoperator in einem unendlichdimensionalen Raum E nicht vollstetig, da er zwar die Einheitskugel in sich abbildet, aber diese ist nicht kompakt.

Beispiel. Es sei $E = E_1 = C[0, 1]$ und

$$y(s) = \int_0^1 K(s, t)\, x(t)\, dt = A x,$$

wo $K(s, t)$ ein im Quadrat $0 \leq s \leq 1$, $0 \leq t \leq 1$ stetiger Kern ist. Wir beweisen, daß der Operator A vollstetig ist. $\{x(s)\}$ sei eine beschränkte Menge von Funktionen aus $C[0, 1]$, $\|x\| \leq K$. Offensichtlich ist die Funktion

$$y(s) = \int_0^1 K(s, t)\, x(t)\, dt$$

gleichmäßig beschränkt, wobei $x(t)$ aus der betrachteten Menge ist. Denn ist $M = \max_{s,t} |K(s, t)|$, so wird $|y(s)| \leq MK$. Die Funktionen $y(s)$ sind auch gleichgradig stetig. Zu einem vorgegebenen $\varepsilon > 0$ gibt es wegen der gleichmäßigen Stetigkeit des Kernes $K(s, t)$ ein δ, so daß

$$|K(s_1, t) - K(s_2, t)| < \frac{\varepsilon}{K}$$

für $|s_1 - s_2| < \delta$ und jedes $t \in [0, 1]$ ist. Dann gilt

$$|y(s_1) - y(s_2)| \leqq \int_0^1 |K(s_1, t) - K(s_2, t)|\, |x(t)|\, dt < \varepsilon$$

für alle betrachteten Funktionen $y(s)$, wenn $|s_1 - s_2| < \delta$ ist, was zu zeigen war.

Wegen des Satzes von ARZELÀ ist die Menge $\{y(s)\}$ mit der Metrik des Raumes $C[0, 1]$ kompakt, und die Vollstetigkeit des Operators A ist bewiesen.

Satz 1. *Ein vollstetiger Operator A bildet eine schwach konvergente Folge in eine stark konvergierende ab.*

Die Folge $\{x_n\}$ sei gegen x_0 schwach konvergent und es sei $A x_n = y_n$, $A x_0 = y_0$. Wir nehmen an, daß y_n nicht stark gegen y_0 konvergiert. Dann gibt es zu einem $\varepsilon_0 > 0$ eine wachsende Folge von Indizes $n_1, n_2, \ldots, n_k, \ldots$ derart, daß $\|y_{n_k} - y_0\| \geqq \varepsilon_0$ ist. Wir betrachten die Folge $\{x_{n_k}\}$. Nach Voraussetzung konvergiert die Folge $\{x_n\}$ schwach und ist folglich beschränkt. Deshalb ist auch $\{x_{n_k}\}$ eine beschränkte Folge. Da A aber vollstetig ist, ist $\{y_{n_k}\}$ kompakt und enthält daher eine Teilfolge $\{y_{n_{k_j}}\}$, die gegen ein gewisses y_0' stark konvergiert. Also ist erst recht $y_{n_{k_j}} \rightharpoonup y_0$ schwach konvergent, d. h., es geht

$$A x_{n_{k_j}} \rightharpoonup y_0'. \tag{1}$$

Da $x_{n_{k_j}} \rightharpoonup x_0$ strebt, so geht nach Satz 3, § 25

$$A x_{n_{k_j}} \rightharpoonup A x_0 = y_0. \tag{2}$$

Aus (1) und (2) folgt $y_0' = y_0$. Somit geht einerseits $y_{n_{k_j}} \to y_0$, und es ist andererseits $\|y_{n_{k_j}} - y_0\| \geqq \varepsilon_0$. Aus diesem Widerspruch folgt die Behauptung.

Satz 2. *Wenn eine Folge vollstetiger Operatoren $\{A_n\}$, die E in den vollständigen Raum E_1 abbilden, stark gegen den Operator A konvergiert, d. h., wenn $\|A_n - A\| \to 0$ geht, so ist A ebenfalls ein vollstetiger Operator.*

Beweis. Es muß bewiesen werden, daß A jede beschränkte Menge aus E in eine kompakte Menge in E_1 abbildet. Wir betrachten eine beliebige beschränkte Folge $\{x_n\} \subseteq E$. Da A_1 vollstetig ist, ist $\{A_1 x_n\}$ eine kompakte Menge. Deshalb existiert eine Teilfolge $\{x_n^{(1)}\} \subseteq \{x_n\}$ derart, daß $\{A_1 x_n^{(1)}\}$ konvergiert. Da A_2 vollstetig ist, ist die Folge $\{A_2 x_n^{(1)}\}$ kompakt. Deshalb existiert eine Teilfolge $\{x_n^{(2)}\} \subseteq \{x_n^{(1)}\}$, so daß $\{A_1 x_n^{(2)}\}$ und $\{A_2 x_n^{(2)}\}$ konvergieren.

Wir gewinnen die Teilfolgen $\{x_n^{(k)}\}$ durch Fortsetzung dieses Prozesses. Es sind dann die Folgen $\{A_1 x_n^{(k)}\}, \{A_2 x_n^{(k)}\}, \ldots, \{A_k x_n^{(k)}\}$ konvergent. Betrachtet man die Diagonalfolge

$$x_1^{(1)}, x_2^{(2)}, \ldots, x_n^{(n)}, \ldots,$$

so ist leicht zu sehen, daß die Folgen $\{A_k x_n^{(n)}\}$ für beliebige k konvergieren. Wir beweisen jetzt, daß auch $\{A x_n^{(n)}\}$ konvergent ist. Man schätzt ab:

$$\begin{aligned}\|A x_n^{(n)} - A x_m^{(m)}\| &\leqq \|A x_n^{(n)} - A_k x_n^{(n)}\| + \|A_k x_n^{(n)} - A_k x_m^{(m)}\| + \|A_k x_m^{(m)} - A x_m^{(m)}\| \\ &\leqq \|A - A_k\| \left(\|x_n^{(n)}\| + \|x_m^{(m)}\|\right) + \|A_k x_n^{(n)} - A_k x_m^{(m)}\|.\end{aligned}$$

Wir wählen zu einem vorgegebenen $\varepsilon > 0$ k so groß, daß $\|A - A_k\| < \frac{\varepsilon}{4M}$ ist mit $M = \sup_n \|x_n\|$. Danach bestimmen wir n_0, so daß

$$\|A_k x_n^{(n)} - A_k x_m^{(m)}\| < \frac{\varepsilon}{2}$$

für $n, m \geqq n_0$ ist und erhalten dann

$$\|A x_n^{(n)} - A x_m^{(m)}\| < \varepsilon$$

für $n, m \geqq n_0$. Damit wurde aus $\{x_n\}$ eine Teilfolge $\{x_n^{(n)}\}$ ausgewählt, so daß $\{A x_n^{(n)}\}$ gegen $y_0 \in E_1$ konvergiert. Da $\{x_n\}$ eine beliebige beschränkte Folge war, ist die Vollstetigkeit des Operators A bewiesen.

Beispiel. Wenn $E = E_1 = L_2(0, 1)$ ist, so ist der Operator

$$Ax = y(s) = \int_0^1 K(s, t)\, x(t)\, dt \qquad \text{mit} \qquad \int_0^1 \int_0^1 K^2(s, t)\, ds\, dt < \infty$$

vollstetig.

Wir setzen zuerst voraus, daß $K(s, t)$ ein stetiger Kern ist. G sei eine beschränkte Menge aus $L_2(0, 1)$ und für alle $x(t) \in G$ sei

$$\int_0^1 x^2(t)\, dt \leqq R.$$

Nun betrachten wir die Menge der Funktionen

$$y(s) = \int_0^1 K(s, t)\, x(t)\, dt, \qquad x(t) \in G$$

und beweisen, daß die $y(s)$ gleichmäßig beschränkt und gleichgradig stetig sind. Hieraus folgt dann die Kompaktkeit der Menge $\{y(s)\}$ im Sinne der gleichmäßigen Konvergenz und erst recht im Sinne der Konvergenz im Mittel.

Wir haben

$$|y(s)| = \left|\int_0^1 K(s, t)\, x(t)\, dt\right| \leqq \left(\int_0^1 |K(s, t)|^2\, dt\right)^{\frac{1}{2}} \left(\int_0^1 x^2(t)\, dt\right)^{\frac{1}{2}} \leqq M R^{\frac{1}{2}},$$

wo $M = \max_{s,t} |K(s, t)|$ gesetzt ist. Folglich sind die Funktionen $y(s)$ gleichmäßig beschränkt. Ferner ist

$$|y(s_1) - y(s_2)| \leqq \left(\int_0^1 [K(s_1, t) - K(s_2, t)]^2\, dt\right)^{\frac{1}{2}} \left(\int_0^1 x^2(t)\, dt\right)^{\frac{1}{2}} < \varepsilon$$

für $|s_1 - s_2| < \delta$, wo δ so gewählt ist, daß

$$|K(s_1, t) - K(s_2, t)| < \frac{\varepsilon}{\sqrt{R}}$$

für $|s_1 - s_2| < \delta$ ist. Die Abschätzung $|y(s_1) - y(s_2)| < \varepsilon$ hängt weder von der Lage von s_1, s_2 auf $[0, 1]$ noch von der Wahl von $y(s)$ ab. Folglich sind die $y(s)$ gleichgradig stetig.

Im Falle eines stetigen Kernes ist somit der Operator A vollstetig.[1]) Es sei jetzt $K(s,t)$ ein beliebiger quadratisch integrierbarer Kern. Wir wählen eine Folge stetiger Kerne $\{K_n(s,t)\}$, die im Mittel gegen $K(s,t)$ konvergiert, d. h. eine Folge, so daß

$$\int_0^1\int_0^1 [K(s,t) - K_n(s,t)]^2\, ds\, dt \to 0 \quad \text{geht für} \quad n \to \infty.$$

Man setzt

$$\int_0^1 K_n(s,t)\, x(t)\, dt = A_n x.$$

Es ist nun

$$\|Ax - A_n x\| = \left(\int_0^1\left[\int_0^1 K(s,t)\, x(t)\, dt - \int_0^1 K_n(s,t)\, x(t)\, dt\right]^2 ds\right)^{\frac{1}{2}}$$

$$= \left(\int_0^1\left[\int_0^1 \big(K(s,t) - K_n(s,t)\big)\, x(t)\, dt\right]^2 ds\right)^{\frac{1}{2}}$$

$$\leqq \left(\int_0^1\left[\int_0^1 \big(K(s,t) - K_n(s,t)\big)^2 dt \int_0^1 x^2(t)\, dt\right] ds\right)^{\frac{1}{2}}$$

$$= \left(\int_0^1\int_0^1 \big(K(s,t) - K_n(s,t)\big)^2 ds\, dt\right)^{\frac{1}{2}} \|x\|.$$

Folglich gilt

$$\|A - A_n\| \leqq \left(\int_0^1\int_0^1 \big(K(s,t) - K_n(s,t)\big)^2 ds\, dt\right)^{\frac{1}{2}},$$

woraus sich ergibt, daß $\|A - A_n\| \to 0$ geht für $n \to \infty$. Da alle A_n vollstetig sind, ist nach Satz 2 auch A vollstetig.

Satz 3. *Der Wertebereich eines vollstetigen Operators ist separabel.*

Beweis. Es sei G_n ein stetiges Bild der Kugel $\|x\| \leqq n$. Da A vollstetig ist, so ist G_n kompakt und folglich auch eine separable Menge (siehe S. 40). T_n sei eine in G_n liegende abzählbare überall dichte Menge. Da $G = \bigcup_{n=1}^{\infty} G_n$ der Wertebereich von A ist, so wird $\bigcup_{n=1}^{\infty} T_n$ eine in G abzählbare überall dichte Menge, was zu beweisen war.

Satz 4. *Wenn A ein vollstetiger Operator ist, der E in E_1 abbildet, so ist der adjungierte Operator A^* aus $(\overline{E}_1 \to \overline{E})$ vollstetig.*

---

[1]) Nach dem Satz von Arzelà S. 40.

Beweis. $\{\varphi_n\}$ sei eine beschränkte Folge von Funktionalen aus $\overline{E}_1$, $\|\varphi_n\| \leqq M$ $(n = 1, 2, \ldots)$, und es sei T eine abzählbare Menge, die in dem Wertebereich G von A überall dicht liegt. Mit Hilfe des Diagonalverfahrens kann man eine für alle $y \in T$ konvergierende Teilfolge $\{\varphi_{n_i}\}$ auswählen. Weil jedoch die Normen der $\{\varphi_{n_i}\}$ beschränkt sind, wird diese Teilfolge sogar für alle $y \in G$ (siehe Satz 2, § 24) konvergieren. Wir setzen

$$\lim_i \varphi_{n_i}(A x) = \lim_i f_{n_i}(x) = f(x).$$

Nun zeigen wir, daß mit $i \to \infty$

$$\| f_{n_i} - f \| \to 0$$

strebt.

Es sei $x_i \in E$ mit

$$\|x_i\| = 1 \quad \text{und} \quad |f(x_i) - f_{n_i}(x_i)| \geqq \frac{1}{2} \|f - f_{n_i}\|. \tag{3}$$

Wenn $\|f_{n_i} - f\|$ nicht gegen Null streben würde, so gäbe es ein $\eta > 0$, so daß $\|f - f_{n_i}\| > \eta$ für $i = 1, 2, \ldots$ wäre. Dann erhielten wir aus (3), nachdem wir zur Abkürzung $\varphi_{n_i} = \varphi'_i$ gesetzt haben,

$$|\varphi'_i(A x_i) - \lim_j \varphi'_j(A x_i)| > \frac{\eta}{2}. \tag{4}$$

Wegen $\|x_i\| = 1$ gibt es eine Folge von Indizes k_i, so daß $\lim_i A x_{k_i} = y_0$ existiert. Dann gibt es aber für jedes $\varepsilon > 0$ ein N, so daß für jedes $i \geqq N$ die Ungleichungen

$$\|y_0 - A x_{k_i}\| < \varepsilon \quad \text{und} \quad |\varphi'_{k_i}(y_0) - \lim_j \varphi'_{k_j}(y_0)| < \varepsilon$$

erfüllt sind, und folglich ist

$$|\varphi'_{k_i}(A x_{k_i}) - \lim_j \varphi'_{k_j}(A x_{k_i})| \leqq |\varphi'_{k_i}(A x_{k_i} - y_0)| + |\varphi'_{k_i}(y_0) - \lim_j \varphi'_{k_j}(y_0)|$$
$$+ |\lim_j \varphi'_{k_j}(y_0 - A x_{k_i})| \leqq M\varepsilon + \varepsilon + M\varepsilon.$$

Das ist aber wegen (4) für hinreichend kleine ε unmöglich.

Aus dem Widerspruch folgt die Konvergenz von $\|f_{n_i} - f\| \to 0$. Weil $f_{n_i} = A^*\varphi_{n_i}$ ist, geht auch $\|A^*\varphi_{n_i} - f\| \to 0$, d. h., aus $\{A^*\varphi_n\}$ wurde eine konvergente Teilfolge ausgewählt. Der Satz ist damit bewiesen.

§ 28. Banachräume mit Basis

Definition. E sei ein unendlichdimensionaler Banachraum. Die Folge von Elementen $e_1, e_2, \ldots, e_n, \ldots$ aus E wird *Basis* von E genannt, wenn jedes $x \in E$ eindeutig in der Form $\sum_{i=1}^{\infty} \xi_i e_i$ mit reellem ξ_i $(i = 1, 2, \ldots)$ darstellbar ist. Die Eindeutigkeit der Darstellung ist offenbar mit der Bedingung gleichwertig, daß $\sum_{i=1}^{\infty} \xi_i e_i = 0$ dann und nur dann gilt, wenn für alle i $\xi_i = 0$ ist.

Beispiele. 1. Es sei $E = l_p$. Dann bilden die Elemente

$$e_1 = \{1, 0, 0, \ldots\}$$
$$e_2 = \{0, 1, 0, \ldots\}$$
$$\cdots\cdots\cdots$$

eine Basis in l_p. Denn bei der Darstellung linearer Funktionale in l_p sahen wir, daß für jedes $x \in l_p$ eindeutig $x = \sum_{i=1}^{\infty} \xi_i e_i$ gilt.

2. Es sei $E = C[0, 1]$. Wir betrachten in $C[0, 1]$ die Folge von Elementen

$$t,\ 1 - t;\ u_{00}(t);\ u_{10}(t), u_{11}(t);\ u_{20}(t), u_{21}(t), u_{22}(t), u_{23}(t); \ldots, \tag{1}$$

wo die $u_{kl}(t)$ $(k = 1, 2, 3, \ldots;\ 0 \leqq l < 2^k)$ auf die folgende Weise definiert werden: $u_{kl}(t)$ hat für t aus $\left(\frac{l}{2^k}, \frac{l+1}{2^k}\right)$ die Form eines gleichschenkligen Dreiecks mit der Höhe Eins (in Abb. 2 ist die Funktion $u_{22}(t)$ dargestellt), außerhalb dieses Intervalls ist $u_{kl}(t) = 0$. Jede Funktion $x(t) \in C[0, 1]$ ist durch eine Reihe

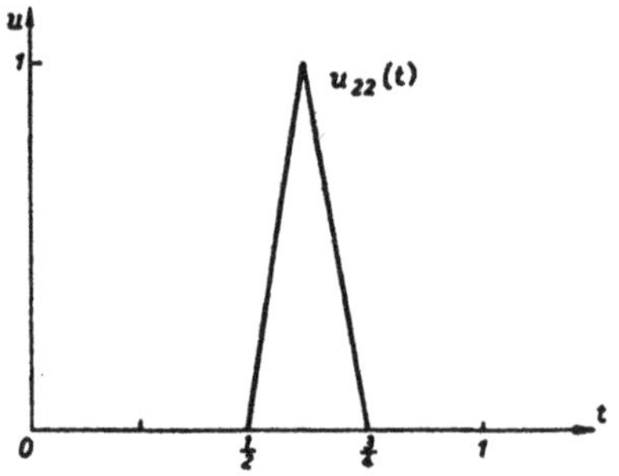

Abb. 2

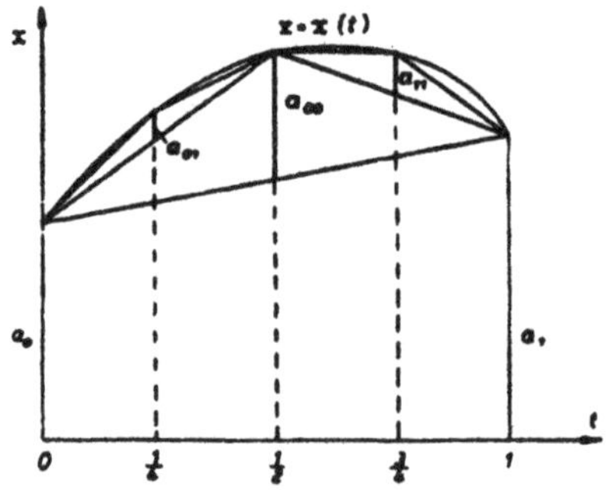

Abb. 3

$$x(t) = a_0 t + a_1(1 - t) + \sum_{k=0}^{\infty} \sum_{l=0}^{2^k-1} a_{kl}\, u_{kl}(t) \tag{2}$$

darstellbar mit $a_0 = x(1)$, $a_1 = x(0)$. Die Koeffizienten a_{kl} lassen sich durch die geometrische Konstruktion, die in Abb. 3 angegeben ist, eindeutig finden. Das Bild der Partialsumme

$$a_0 t + a_1(1 - t) + \sum_{k=0}^{s-1} \sum_{l=0}^{2^k-1} a_{kl}\, u_{kl}(t)$$

der Reihe (2) ist offenbar ein Vieleck mit $2^s + 1$ Ecken, die auf derKurve $x = x(t)$ mit äquidistanten Abszissen liegen. Die Gesamtheit der Funktionen (1) bildet in $C[0, 1]$ eine Basis.

Wenn E eine Basis hat, so ist E offensichtlich separabel. In einem Raum mit Basis ist die Menge der Linearkombinationen $\sum_{i=1}^{n} r_i e_i$ mit rationalen Koeffizienten r_i eine abzählbare überall dichte Menge. Für alle bekannten separablen BANACH-räume sind Basen konstruiert worden. Ihre Existenz für einen beliebigen separablen Raum vom Typ B ist jedoch noch nicht bewiesen worden.

E sei ein BANACHraum mit der Basis $e_1, e_2, \ldots, e_n, \ldots$ Wir betrachten das lineare System E_1, dessen Elemente alle Zahlenfolgen $y = \{\eta_1, \eta_2, \ldots, \eta_n, \ldots\}$ sind, für die die Reihe $\sum_{i=1}^{\infty} \eta_i e_i$ konvergiert.

In E_1 wird eine Norm eingeführt durch

$$\|y\| = \sup_n \left\| \sum_{i=1}^{n} \eta_i e_i \right\|.$$

Wir beweisen jetzt den

Satz. *E_1 ist ein Raum vom Typ B. E und E_1 sind linearisomorph.*

Mit Hilfe von E_1 können Basen für $\overline{E}$ konstruiert werden.

Man zeigt sofort, daß die Axiome der Norm erfüllt sind.

Es sei jetzt eine konvergente Folge

$$\{y_k\}, \quad y_k = \{\eta_1^{(k)}, \eta_2^{(k)}, \ldots\} \in E_1$$

gegeben. Dann ist für ein $\varepsilon > 0$

$$\|y_m - y_k\| = \sup_n \left\| \sum_{i=1}^{n} (\eta_i^{(m)} - \eta_i^{(k)})\, e_i \right\| < \varepsilon \quad \text{für} \quad m, k \geqq m_0(\varepsilon)$$

und folglich

$$\left\| \sum_{i=1}^{n} (\eta_i^{(m)} - \eta_i^{(k)})\, e_i \right\| < \varepsilon \tag{3}$$

für $m, k \geqq m_0$ und beliebiges n. Hiernach ist

$$\|(\eta_n^{(m)} - \eta_n^{(k)})\, e_n\| \leqq \left\| \sum_{i=1}^{n} (\eta_i^{(m)} - \eta_i^{(k)})\, e_i \right\| + \left\| \sum_{i=1}^{n-1} (\eta_i^{(m)} - \eta_i^{(k)})\, e_i \right\| < 2\varepsilon$$

und daher auch für jedes n

$$|\eta_n^{(m)} - \eta_n^{(k)}| < \frac{2\varepsilon}{\|e_n\|}, \quad \text{sobald} \quad m, k \geqq m_0 \quad \text{ist.}$$

Somit konvergiert die Zahlenfolge $\{\eta_n^{(1)}, \eta_n^{(2)}, \ldots\}$ gegen ein $\eta_n^{(0)}$, und das gilt für jedes n.

Wir gehen jetzt in der Ungleichung (3) zum Limes $k \to \infty$ über und erhalten für $m \geqq m_0$ und jedes n

$$\left\| \sum_{i=1}^{n} (\eta_i^{(m)} - \eta_i^{(0)})\, e_i \right\| \leqq \varepsilon. \tag{4}$$

Setzt man

$$s_n^{(m)} = \sum_{i=1}^{n} \eta_i^{(m)} e_i, \quad s_n^{(0)} = \sum_{i=1}^{n} \eta_i^{(0)} e_i$$

und berücksichtigt die Ungleichung (4), so wird für $m \geqq m_0$ und beliebige n und p

$$\|s_{n+p}^{(0)} - s_n^{(0)}\| \leqq \|s_{n+p}^{(m)} - s_n^{(m)}\| + 2\varepsilon.$$

Es sei eine Zahl $\omega > 0$ gegeben. Wir wählen zuerst ε, so daß $2\varepsilon < \frac{\omega}{2}$ ist.[1]) Sodann wird für ein festes $m \geqq m_0$ ein n_0 so bestimmt, daß

$$\|s_{n+p}^{(m)} - s_n^{(m)}\| < \frac{\omega}{2}$$

für jedes $n \geqq n_0$ und jedes $p > 0$ ist (das ist wegen der Konvergenz der Reihe $\sum_{i=1}^{\infty} \eta_i^{(m)} e_i$ immer möglich). Dann ist

$$\|s_{n+p}^{(0)} - s_n^{(0)}\| < \omega$$

für $n \geqq n_0$ und beliebiges $p > 0$, d. h., die Reihe

$$\sum_{i=1}^{\infty} \eta_i^{(0)} e_i$$

konvergiert, und folglich ist $y_0 = \{\eta_1^{(0)}, \eta_2^{(0)}, \ldots, \eta_n^{(0)}, \ldots\} \in E_1$. Außerdem erhalten wir aus (4), daß für $m \geqq m_0$

$$\sup_n \left\| \sum_{i=1}^{n} (\eta_i^{(m)} - \eta_i^{(0)}) e_i \right\| \leqq \varepsilon$$

ist, d. h., für $m \geqq m_0$ gilt

$$\|y_0 - y_m\| < \varepsilon .$$

Damit ist die Vollständigkeit von E_1 bewiesen, also ist E_1 ein BANACHraum.

Offensichtlich ist jedem $x = \sum_{i=1}^{\infty} \xi_i e_i \in E$ genau ein $y_x = \{\xi_i\} \in E_1$ zugeordnet. Umgekehrt entspricht auch jedem $y = \{\eta_i\} \in E_1$ genau ein $x_y \in E$:

$$x_y = \sum_{i=1}^{\infty} \eta_i e_i .$$

Auf diese Weise ist also ein Operator A_0 definiert worden, der E_1 auf E umkehrbar eindeutig abbildet, d. h., es ist $x = A_0 y$. Die Additivität von A_0 ist leicht zu sehen. A_0 ist außerdem beschränkt, denn es ist

$$\|A_0 y\| = \|x\| = \left\| \sum_{i=1}^{\infty} \eta_i e_i \right\| \leqq \sup_n \left\| \sum_{i=1}^{n} \eta_i e_i \right\| = \|y\| .$$

Wir haben somit einen linearen Operator A_0, der E_1 auf E eineindeutig abbildet. Nach dem Satz von BANACH existiert die inverse Operation $y = A_0^{-1} x$, die ebenfalls linear ist.

Es sei

$$x = \sum_{i=1}^{\infty} \xi_i e_i$$

[1]) Damit ist ein $m_0 = m_0(\varepsilon)$ bestimmt.

beliebig aus E. Wir definieren das Funktional f_k, indem wir $f_k(x) = \xi_k$ setzen. Offenbar ist f_k additiv. Es ist ferner

$$|f_k(x)| = |\xi_k| = \frac{|\xi_k|\,\|e_k\|}{\|e_k\|} = \frac{\|\xi_k e_k\|}{\|e_k\|} = \frac{\left\|\sum_{i=1}^{k} \xi_i e_i - \sum_{i=1}^{k-1} \xi_i e_i\right\|}{\|e_k\|}$$

$$\leqq 2 \sup_n \left\|\sum_{i=1}^{n} \xi_i e_i\right\| \frac{1}{\|e_k\|} = \frac{2\,\|y\|}{\|e_k\|} = \frac{2\,\|A_0^{-1} x\|}{\|e_k\|} \leqq 2 \frac{\|A_0^{-1}\|}{\|e_k\|} \|x\|.$$

Hieraus folgt die Beschränktheit von f_k, denn es gilt

$$\|f_k\| \leqq 2 \frac{\|A_0^{-1}\|}{\|e_k\|}.$$

Indem wir zu jedem k ein f_k konstruieren, erhalten wir eine unendliche Folge von Funktionalen $f_1, f_2, \ldots, f_n, \ldots$ aus $\overline{E}$. Jetzt kann man jedes $x \in E$ in der Form

$$x = \sum_{i=1}^{\infty} f_i(x)\, e_i$$

schreiben. Wir setzen insbesondere $x = e_j$. Dann ist

$$\begin{aligned} \xi_i &= \begin{cases} 1 & \text{für} \quad i = j, \\ 0 & \text{für} \quad i \neq j, \end{cases} \\ f_i(e_j) &= \begin{cases} 1 & \text{für} \quad i = j, \\ 0 & \text{für} \quad i \neq j. \end{cases} \end{aligned} \tag{5}$$

Auf diese Weise haben wir die Elemente $\{e_i\}$ und die Funktionale $\{f_i\}$ als biorthogonale Folgen erkannt.

Es sei jetzt F ein beliebiges Funktional aus $\overline{E}$. Da

$$x = \sum_{i=1}^{\infty} f_i(x)\, e_i = \lim_n \sum_{i=1}^{n} f_i(x)\, e_i$$

gilt, so ist

$$F(x) = \lim_n \sum_{i=1}^{n} F[f_i(x)\, e_i] = \lim_n \sum_{i=1}^{n} f_i(x)\, F(e_i) = \sum_{i=1}^{\infty} f_i(x)\, F(e_i).$$

Man setzt $F(e_i) = c_i$, und erhält für jedes lineare $F \in \overline{E}$

$$F(x) = \sum_{i=1}^{\infty} c_i f_i(x)$$

oder

$$F = \sum_{i=1}^{\infty} c_i f_i. \tag{6}$$

Die Darstellung (6) ist offensichtlich auch eindeutig. (6) ist für jedes $x \in E$ konvergent, d. h., die Folge der Partialsummen ist schwach konvergent, q. e. d.

x sei ein beliebiges Element aus E. Dann ist

$$x = \sum_{i=1}^{\infty} \xi_i e_i = \sum_{i=1}^{n} \xi_i e_i + \sum_{i=n+1}^{\infty} \xi_i e_i = S_n x + R_n x.$$

S_n und R_n sind offenbar für festes n lineare Operatoren. Ihre Additivität ist offensichtlich und die Beschränktheit folgt aus den Ungleichungen

$$\|S_n x\| \leqq \sup_n \left\| \sum_{i=1}^{n} \xi_i e_i \right\| = \|A_0^{-1} x\| \leqq \|A_0^{-1}\| \, \|x\|$$

und

$$\|R_n x\| \leqq 2 \|A_0^{-1}\| \|x\| .$$

Kriterium für die Kompaktheit

Satz. *Die Menge M eines* BANACH*raumes E mit Basis ist kompakt genau dann, wenn M beschränkt ist und wenn für jedes $\varepsilon > 0$ ein n_0 existiert, so daß $\|R_n x\| < \varepsilon$ ist für $n \geqq n_0$ und jedes x aus M.*

Notwendigkeit. Die Beschränktheit von M ergibt sich aus Folgerung 3, Satz 3, § 9. Wir beweisen die Gültigkeit der zweiten Bedingung.

Dazu nehmen wir ein $\varepsilon' > 0$ und konstruieren ein endliches ε'-Netz $[x_1, x_2, \ldots, x_k]$ für M. Für ein beliebiges $x \in M$ gibt es ein x_i, welches dem ε'-Netz angehört derart, daß $\|x - x_i\| < \varepsilon'$ ist. Es wird

$$\begin{aligned}\|R_n x\| &= \|x - S_n x\| \leqq \|x - x_i\| + \|x_i - S_n x\| \\ &\leqq \|x - x_i\| + \|S_n x_i - S_n x\| + \|R_n x_i\| \leqq (1 + \|A_0^{-1}\|) \|x - x_i\| + \|R_n x_i\| \\ &< (1 + \|A_0^{-1}\|) \varepsilon' + \|R_n x_i\| .\end{aligned}$$

Für jedes feste x geht $R_n x$ für $n \to \infty$ gegen θ. Deshalb gibt es ein n_0 mit $\|R_n x_i\| < \varepsilon'$ für $n \geqq n_0$ $(i = 1, 2, \ldots, k)$. Daher ist für $n \geqq n_0$

$$\|R_n x\| < (2 + \|A_0^{-1}\|) \varepsilon' .$$

Nimmt man jetzt $\varepsilon' = \dfrac{\varepsilon}{2 + \|A_0^{-1}\|}$, so erhält man die geforderte Ungleichung, denn n_0 hängt nicht von der Wahl der $x \in M$ ab.

Hinlänglichkeit. Wir zeigen, daß aus den Voraussetzungen die Existenz eines endlichen ε-Netzes für M folgt. Zu einem vorgegebenen ε wählt man ein n_0 derart, daß $\|R_{n_0} x\| < \frac{\varepsilon}{2}$ für alle $x \in M$ ist. Wir untersuchen dann die Menge M_{n_0}, die aus den Elementen $S_{n_0} x$ mit $x \in M$ besteht. Man kann M_{n_0} als eine durch $e_1, e_2, \ldots, e_{n_0}$ definierte Menge auffassen, die in einem n_0-dimensionalen Raum $E_{n_0} \subseteq E$ liegt. Wegen

$$\|S_{n_0} x\| \leqq \|A_0^{-1}\| \|x\|$$

und der Beschränktheit von M ist auch M_{n_0} beschränkt und daher kompakt. Dann existiert in E_{n_0} für M_{n_0} ein endliches $\frac{\varepsilon}{2}$-Netz. Dieses Netz wird offensichtlich ein ε-Netz für M, und das Geforderte ist nach Satz 3, § 9 bewiesen.

Beispiel. Der Fundamentalquader U im l_2 (siehe S. 35) ist kompakt. Für ein beliebiges $x \in U$ ist in der Tat $\|R_n x\| \leq \left(\sum_{k=n+1}^{\infty} \frac{1}{k^2}\right)^{\frac{1}{2}}$, woraus folgt, daß $\|R_n x\| \to 0$ gleichmäßig in x konvergiert.

Es sei A ein Operator, der E in E abbildet und $x \in E$. Dann ist

$$x = \lim_n x_n, \qquad \text{falls} \qquad x_n = \sum_{i=1}^{n} \xi_i e_i$$

gesetzt wird.

Folglich ist

$$y = A x = A (\lim_n x_n) = \lim_n A x_n = \lim_n \sum_{i=1}^{n} \xi_i A e_i .$$

Da $A e_i$ wiederum aus E ist, gilt

$$A e_i = \sum_{k=1}^{\infty} a_{ki} e_k .$$

Dann ist

$$y = A x = \lim_n \sum_{i=1}^{n} \xi_i \left(\sum_{k=1}^{\infty} a_{ki} e_k\right) \tag{7}$$

und

$$y = \sum_{k=1}^{\infty} \eta_k e_k , \tag{8}$$

weil $y \in E$ ist. $\{f_i\}$ sei eine zu $\{e_i\}$ biorthogonale Folge. Dann erhalten wir aus (7) und (8)

$$\begin{aligned}\eta_m = f_m(y) = f_m\left(\lim_n \sum_{i=1}^{n} \xi_i \left(\sum_{k=1}^{\infty} a_{ki} e_k\right)\right) &= \lim_n f_m\left(\sum_{i=1}^{n} \xi_i \left(\sum_{k=1}^{\infty} a_{ki} e_k\right)\right) \\ = \lim_n \sum_{i=1}^{n} \xi_i f_m\left(\sum_{k=1}^{\infty} a_{ki} e_k\right) &= \lim_n \sum_{i=1}^{n} \xi_i a_{mi} = \sum_{i=1}^{\infty} a_{mi} \xi_i .\end{aligned} \tag{9}$$

Die Gleichung (9) zeigt, daß A durch die unendliche Matrix $\{a_{mi}\}$ eindeutig bestimmt wird, und dann sind auch die Komponenten von $y = A x$ durch die von x eindeutig definiert.

Wir betrachten jetzt den adjungierten Operator A^*, der $\overline{E}$ in sich abbildet. Es sei $A^* f = \varphi$, d. h., für jedes $x \in E$ ist

$$f(A x) = \varphi(x)$$

Ferner ist

$$f = \sum_{i=1}^{\infty} c_i f_i$$

und

$$\varphi = \sum_{i=1}^{\infty} d_i f_i .$$

Weiter gilt

$$f(Ax) = f\left(\sum_{k=1}^{\infty}\left(\sum_{i=1}^{\infty} a_{ki}\,\xi_i\right)e_k\right) = \lim_n f\left(\sum_{k=1}^{n}\left(\sum_{i=1}^{\infty} a_{ki}\,\xi_i\right)e_k\right)$$

$$= \lim_n \sum_{k=1}^{n}\left(\sum_{i=1}^{\infty} a_{ki}\,\xi_i\right)f(e_k) = \lim_n \sum_{k=1}^{n}\left(\sum_{i=1}^{\infty} a_{ki}\,\xi_i\right)c_k$$

$$= \lim_n \sum_{i=1}^{\infty}\left(\sum_{k=1}^{n} a_{ki}\,c_k\right)\xi_i .$$

Andererseits ist

$$f(Ax) = \varphi(x) = \sum_{i=1}^{\infty} d_i\,f_i(x) = \sum_{i=1}^{\infty} d_i\,\xi_i .$$

Es folgt

$$\sum_{i=1}^{\infty} d_i\,\xi_i = \lim_n \sum_{i=1}^{\infty}\left(\sum_{k=1}^{n} a_{ki}\,c_k\right)\xi_i . \tag{10}$$

Nun sei $x = e_m$, d. h. $\xi_m = 1$ und $\xi_i = 0$ für $i \neq m$. Dann ergibt (10)

$$d_m = \lim_n \sum_{k=1}^{n} a_{km}\,c_k = \sum_{k=1}^{\infty} a_{km}\,c_k . \tag{11}$$

Diese Gleichung zeigt, daß die transponierte Matrix dem adjungierten Operator entspricht. Eine solche Darstellung für Operatoren mit ihren adjungierten gilt z. B. in l_2.

Aus der Matrizendarstellung der Operatoren erhält man leicht

1. $(A + B)^* = A^* + B^*$,
2. $(AB)^* = B^*A^*$ und
3. $(A^{-1})^* = (A^*)^{-1}$, wenn A^{-1} existiert.

§ 29. Lineare Operatorgleichungen mit vollstetigen Operatoren in einem BANACHraum mit Basis

Wie F. RIESZ bewies, überträgt sich die Theorie der FREDHOLMschen Integralgleichungen auf Operatorgleichungen mit vollstetigen Operatoren. Wir beschränken uns auf Gleichungen in Räumen mit Basis.

Zerlegung eines vollstetigen Operators. Wir betrachten die Gleichung

$$Ax - x = y, \tag{1}$$

wo x, y Elemente eines BANACHraumes E mit Basis sind, und A ein vollstetiger Operator ist, der E in sich abbildet. Gleichzeitig betrachten wir die Gleichung

$$A^*f - f = \varphi \tag{2}$$

mit $f, \varphi \in \overline{E}$ und zu A adjungiertem A^*. Wie früher bewiesen wurde, ist A^* vollstetig und $\|A^*\| = \|A\|$. S sei die Einheitskugel von E und M die Gesamtheit der Elemente $y = Ax$ mit $x \in S$. Aus der Vollstetigkeit von A ergibt sich die

Kompaktheit von M. Wir nehmen ein ε mit $0 < \varepsilon < 1$. Dann gibt es nach dem Satz aus § 28 (siehe S. 154) ein n, so daß $\|R_n y\| < \varepsilon$ für alle $y \in M$ ist. Bei festem n erhalten wir

$$A x = y = S_n y + R_n y = S_n(A x) + R_n(A x) = A_1 x + A_2 x,$$

wo A_1 und A_2 lineare Operatoren sind. Dabei ist, wenn wir $x = \sum_{i=1}^{\infty} \xi_i e_i$, $y = \sum_{i=1}^{\infty} \eta_i e_i$ setzen,

$$A_1 x = S_n(A x) = \sum_{k=1}^{n} \eta_k e_k = \sum_{k=1}^{n} \left(\sum_{i=1}^{\infty} a_{ki} \xi_i \right) e_k$$

Hieraus sieht man, daß A_1 endlichdimensional ist, d. h., für jedes x gehört das Element $A_1 x$ zu einem endlichdimensionalen Unterraum, der durch die Basiselemente $e_1, e_2, \ldots, e_n$ definiert wird. Ferner ist $\sup_{x \in S} \|A_2 x\| = \sup_{y \in M} \|R_n y\| \leqq \varepsilon$. Hieraus folgt

$$\|A_2\| \leqq \varepsilon .$$

Somit haben wir den Operator A in eine Summe von zwei Operatoren zerlegt, von denen der eine endlichdimensional und die Norm des zweiten nicht größer als ein beliebig klein gewähltes ε ist. Man sagt auch, die vollstetigen Operatoren sind *fast endlichdimensional*.

Wir gehen von der Gleichung $A = A_1 + A_2$ zu der mit den adjungierten Operatoren über: $A^* = A_1^* + A_2^*$. Dabei ist $\|A_2^*\| = \|A_2\| \leqq \varepsilon$. Weil die Normen von A_2 und A_2^* kleiner als Eins waren, existieren nach Satz 2, § 20 die Operatoren $(I - A_2)^{-1}$ und $(I - A_2^*)^{-1}$. Mit ihrer Hilfe kann man die Gleichungen (1) und (2) in eine einfachere Form transformieren.

Reduktion von Operatorgleichungen auf lineare Gleichungssysteme. Nachdem wir die Gleichung (1) in der Form

$$A_1 x - (I - A_2)\, x = y \tag{3}$$

geschrieben haben, führen wir ein neues Element x_1 durch

$$x_1 = (I - A_2)\, x$$

ein. Dann ist $x = (I - A_2)^{-1} x_1$. Hierbei ist die Zuordnung zwischen x und x_1 eineindeutig.

Die Gleichung (3) geht über in

$$A_1 (I - A_2)^{-1} x_1 - x_1 = y . \tag{4}$$

Wenn wir (2) in der Form

$$A_1^* f - (I - A_2^*)\, f = \varphi \tag{5}$$

schreiben und auf beiden Seiten den Operator $(I - A_2^*)^{-1}$ anwenden, so erhalten wir

$$(I - A_2^*)^{-1} A_1^* f - f = (I - A_2^*)^{-1} \varphi . \tag{6}$$

Wir führen die Bezeichnung

$$A_1(I - A_2)^{-1} = B$$

ein. Offensichtlich ist B ein endlichdimensionaler Operator, welcher E in einen durch die Basiselemente $e_1, e_2, \ldots, e_n$ definierten Unterraum abbildet.

Ferner ist

$$(I - A_2^*)^{-1}A_1^* = [(I - A_2)^*]^{-1}A_1^* = [(I - A_2)^{-1}]^* A_1^* = [A_1(I - A_2)^{-1}]^* = B^*.$$

Bezeichnen wir schließlich $(I - A_2)^{-1}\varphi$ mit φ_1, so kommen wir zu

$$Bx_1 - x_1 = y, \tag{7}$$

$$B^*f - f = \varphi_1, \tag{8}$$

was mit (1) und (2) gleichwertig ist. Diese neuen Gleichungen haben aber den Vorzug, daß in ihnen der Operator B endlichdimensional ist.

B entspreche die Matrix (a_{ik}). Da B endlichdimensional ist, so sind alle $a_{ik} = 0$ für $i > n$. Dadurch wird jedem $x = \sum_{k=1}^{\infty} \xi_k e_k$ mit Hilfe von B ein

$$z = \sum_{i=1}^{n} \zeta_i e_i$$

zugeordnet mit $\zeta_i = \sum_{k=1}^{\infty} a_{ik}\xi_k$ $(i = 1, 2, \ldots, n)$. Dem Operator B^* entspricht die transponierte Matrix (a_{ki}).

Wir schreiben (7) um, indem wir die Matrizendarstellung von B und die Basisdarstellung der Elemente benutzen. Wenn man $x_1 = \sum_{i=1}^{\infty} \xi_i e_i$, $y = \sum_{i=1}^{\infty} \eta_i e_i$ setzt, so ist

$$\sum_{i=1}^{n}\left(\sum_{k=1}^{\infty} a_{ik}\xi_k\right) e_i - \sum_{i=1}^{\infty} \xi_i e_i = \sum_{i=1}^{\infty} \eta_i e_i .$$

Diese Gleichung gilt nur, wenn auf beiden Seiten die Koeffizienten der Basiselemente e_i gleich sind. Wir erhalten daher

$$\sum_{k=1}^{\infty} a_{ik}\xi_k - \xi_i = \eta_i \quad \text{für} \quad i = 1, 2, \ldots, n;$$

$$-\xi_i = \eta_i \quad \text{für} \quad i = n+1,\ n+2,\ \ldots$$

Damit sind die ξ_i für $i > n$ schon gefunden. Um die restlichen ξ_i zu bestimmen, schreiben wir das erste Gleichungssystem in der Form

$$\sum_{k=1}^{n} a_{ik}\xi_k + \sum_{k=n+1}^{\infty} a_{ik}\xi_k - \xi_i = \eta_i .$$

Wir ersetzen in der zweiten Summe ξ_k durch $-\eta_k$ und erhalten

$$\sum_{k=1}^{n} a_{ik}\xi_k - \xi_i = \eta_i + \sum_{k=n+1}^{\infty} a_{ik}\eta_k \quad \text{für} \quad i = 1, 2, \ldots, n. \tag{9}$$

So haben wir ein System von n linearen Gleichungen mit n Unbekannten zur Bestimmung dor Koeffizienten $\xi_1, \xi_2, \ldots, \xi_n$. Da die restlichen Koeffizienten der Entwicklung bekannt sind, führt (7) im wesentlichen auf das Gleichungssystem (9).

Verallgemeinerung des Fredholmschen Satzes. Die Gleichung (8) kann man unter Benutzung der Matrix von B^* auch in der Form

$$\sum_{i=1}^{\infty}\left(\sum_{k=1}^{n} a_{ki} c_k\right) f_i - \sum_{i=1}^{\infty} c_i f_i = \sum_{i=1}^{\infty} d_i f_i$$

schreiben, wo $\{f_i\}$ eine Basis in $\overline{E}$, $f = \sum_{i=1}^{\infty} c_i f_i$ und $\varphi_1 = \sum_{i=1}^{\infty} d_i f_i$ ist.

Wir kommen wieder zu

$$\sum_{k=1}^{n} a_{ki} c_k - c_i = d_i \quad \text{für} \quad i = 1, 2, \ldots, n, n+1, n+2, \ldots$$

Dieses System gliedern wir in

$$\sum_{k=1}^{n} a_{ki} c_k - c_i = d_i \quad \text{für} \quad i = 1, 2, \ldots, n \tag{10}$$

und

$$\sum_{k=1}^{n} a_{ki} c_k - c_i = d_i \quad \text{für} \quad i = n+1, n+2, \ldots \tag{11}$$

Man löst zunächst (10) auf und findet dann die restlichen Koeffizienten aus (11). Die Gleichung (8) führt auf diese Weise zu (10).

Somit haben wir die Lösung der Operatorgleichungen

$$Ax - x = y, \tag{1}$$

$$A^* f - f = \varphi \tag{2}$$

auf die Lösung der linearen Gleichungssysteme

$$\left.\begin{aligned} &\sum_{k=1}^{n} a_{ik}\xi_k - \xi_i = \eta_i + \sum_{k=n+1}^{\infty} a_{ik}\eta_k, && (9)\\ &\sum_{k=1}^{n} a_{ki} c_k - c_i = d_i && (10) \end{aligned}\right\} \quad \text{für} \quad i = 1, 2, \ldots, n$$

zurückgeführt. Die Systeme (9) und (10) sind zueinander transponiert. Wenn also eines für beliebige rechte Seite lösbar ist, so ist es auch das andere, und beide Lösungen sind eindeutig bestimmt. Die homogenen Systeme haben nur die triviale Lösung.

Aus diesen Überlegungen folgt der

Satz. *Wenn eine der Gleichungen* (1) *oder* (2) *für beliebige rechte Seite lösbar ist, so gilt das auch für die andere. Aus der Lösbarkeit dieser Gleichungen für beliebige rechte Seiten folgt die Eindeutigkeit und insbesondere die Existenz nur der trivialen Lösung der homogenen Gleichungen. Wenn $Ax - x = \theta$ eine nichttriviale Lösung hat, so hat $A^* f - f = \overline{\theta}$ (wo $\overline{\theta}$ das Nullelement aus $\overline{E}$ ist) ebenfalls eine nicht-*

triviale Lösung. Die Anzahl der linear unabhängigen Lösungen beider Gleichungen stimmen überein. Die inhomogene Gleichung $Ax - x = y$ hat in diesem Falle nur dann eine Lösung, wenn y zu allen Lösungen f der konjugierten homogenen Gleichung $A^* f - f = \overline{\theta}$ orthogonal ist.

Ebenso kann man auch Gleichungen untersuchen, die von einem Parameter abhängen:

$$Ax - \lambda x = y,$$
$$A^* f - \lambda f = \varphi.$$

Bemerkung. In einem komplexen Raum wird in der zweiten Gleichung λ durch $\overline{\lambda}$ ersetzt.

Zum Schluß beweisen wir den

Satz. *Für einen beliebigen* BANACH*raum hat*

$$Ax = x \tag{12}$$

mit vollstetigem Operator A nur eine endliche Anzahl linear unabhängiger Lösungen. (Dies ist eine Verallgemeinerung des dritten FREDHOLMschen Satzes.)

Mit E_1 bezeichnen wir die Gesamtheit der Lösungen von (12). E_1 ist offensichtlich ein Unterraum von E. A verändert die Elemente aus E_1 nicht und führt eine beliebige beschränkte Menge $S_0 \subseteq E_1$ in sich über. Andererseits transformiert A als vollstetiger Operator S_0 in eine kompakte Menge. Mit dem Satz aus § 16 (S. 76) folgt, daß E_1 endlichdimensional ist, was zu beweisen war.

KAPITEL V

ELEMENTE DER SPEKTRALTHEORIE SELBSTADJUNGIERTER OPERATOREN IN HILBERTRÄUMEN

§ 30. Selbstadjungierte Operatoren

Adjungierte Operatoren im HILBERTraum. Wenn wir lineare Operatoren betrachten, die in einem HILBERTraum definiert sind, so kann man wegen der Selbstkonjugiertheit dieses Raumes und der Existenz des Skalarproduktes eine Klasse von Operatoren, die hermiteschen oder selbstadjungierten untersuchen. Diese Operatoren sind für viele Untersuchungen zugänglicher als beliebige lineare Operatoren in BANACHräumen. Sie spielen in der Analysis und in der theoretischen Physik eine wichtige Rolle, und über sie existiert eine umfangreiche Literatur.

H sei ein HILBERTraum und A ein auf H definierter linearer Operator, dessen Wertebereich in H liegt. Wir betrachten ein lineares Funktional

$$f_y(x) = (A\,x,\, y)\,. \tag{1}$$

$f_y(x)$ hat als lineares Funktional andererseits die Form

$$f_y(x) = (x,\, y^*)\,,$$

wo $y^* \in H$ durch f_y eindeutig definiert wird. Mit einer Veränderung von y ändert sich offensichtlich auch f_y und dadurch auch y^*, und wir erhalten den Operator

$$y^* = A^* y\,,$$

der auf H definiert ist und dort seinen Wertebereich hat. Dieses A^* ist mit A durch

$$(A\,x,\, y) = (x,\, A^* y) \tag{2}$$

verknüpft und ist der zu A *adjungierte* Operator (siehe S. 127). A^* ist, wie leicht ersichtlich, durch (2) eindeutig definiert. Wenn für alle x und y

$$(A\,x,\, y) = (x,\, A^* y) \text{ und } (A\,x,\, y) = (x,\, A_1^* y)$$

gilt, so muß

$$A^* y = A_1^* y$$

für alle y sein. Das bedeutet aber, daß

$$A^* = A_1^*$$

ist. Nach Satz 1, § 23 ist A^* ein beschränkter Operator mit

$$\|A^*\| \doteq \|A\|\,. \tag{3}$$

Wir bezeichnen den zu A^* adjungierten Operator mit A^{**}.
Nach (2) ist für alle $x, y \in H$

$$(A^* x, y) = \overline{(y, A^* x)} = \overline{(A y, x)} = (x, A y).$$

Hieraus folgt $A^{**} = A$ und analog ist $(A^{**})^* = A^{***} = A^*$, $A^{****} = A$ usw.
Es ergibt sich leicht

$$\begin{aligned} (A_1 + A_2)^* &= A_1^* + A_2^*, \\ (\lambda A)^* &= \bar{\lambda} A^*, \\ (A_1 A_2)^* &= A_2^* A_1^*. \end{aligned} \tag{4}$$

Wie am Schluß von § 28 bewiesen wurde, sind die erste und dritte Formel auch für adjungierte Operatoren über beliebigen BANACHräumen mit Basis gültig.

Selbstadjungierte Operatoren. Ein linearer beschränkter Operator A wird *selbstadjungiert* (oder *hermitesch*) genannt, wenn $A^* = A$ ist.

Beispiele. 1. In einem n-dimensionalen komplexen Raum, den man als endlichdimensionales Analogon des HILBERTraumes betrachten kann, lassen sich die linearen Operatoren als Matrizen (a_{ik}) mit komplexen Zahlen a_{ik} auffassen. Der zu (a_{ik}) adjungierte Operator ist $(\bar{a}_{ki})$. Ein selbstadjungierter Operator ist eine hermitesche Matrix, d. h. eine Matrix mit $a_{ik} = \bar{a}_{ki}$.

Ist (a_{ik}) reell, so bedeutet Selbstadjungiertheit Symmetrie.

2. Wie aus den Resultaten des § 28 folgt, wird ein Operator A in einem HILBERTraum als unendliche Matrix (a_{ik}) dargestellt. Analog zum n-dimensionalen Fall hat der adjungierte Operator die Gestalt $(\bar{a}_{ki})$. Die Selbstadjungiertheit von A ist auch hier

$$a_{ik} = \bar{a}_{ki}.$$

3. Bei einem FREDHOLMschen Operator in L_2 mit dem Kern $K(s, t)$ hat der adjungierte Operator den Kern $\overline{K(t, s)}$. Die Selbstadjungiertheit ist identisch mit

$$K(s, t) = \overline{K(t, s)}.$$

Im Falle eines reellen Kernes haben wir die Symmetrie.

4. Wir betrachten in $L_2(0, 1)$ den Operator A, der jedem $x(t) \in L_2(0, 1)$ die Funktion $A x = t x(t) \in L_2(0, 1)$ zuordnet. Es ist leicht zu verifizieren, daß dieser Operator selbstadjungiert ist.

Nach (4) ist bei selbstadjungiertem A und reellem λ auch λA selbstadjungiert. Wenn A_1 und A_2 selbstadjungiert sind, so ist $A_1 A_2$ dann und nur dann selbstadjungiert, wenn A_1 und A_2 vertauschbar sind. Wenn schließlich $A_n \to A$ stark konvergiert und alle A_n selbstadjungierte Operatoren sind, so ist auch A selbstadjungiert.

Wir betrachten $(A x, y)$ mit selbstadjungiertem A als Funktional von x und y und schreiben dafür $A(x, y)$. Dann ist

$$A(\lambda x_1 + \mu x_2, y) = \lambda A(x_1, y) + \mu A(x_2, y),$$

$$A(x, y) = \overline{A(y, x)},$$

wie leicht zu sehen ist. Ein solches Funktional bezeichnen wir als eine *bilineare hermitesche Form*. Diese Form ist beschränkt, d. h., es ist

$$|A(x, y)| \leq C_A \|x\| \|y\|,$$

wobei C_A eine Konstante ist ($C_A = \|A\|$).

Auf diese Weise *erzeugt jeder selbstadjungierte Operator A eine beschränkte bilineare hermitesche Form*

$$A(x, y) = (Ax, y) = (x, Ay).$$

Wenn umgekehrt eine beschränkte bilineare hermitesche Form $A(x, y)$ gegeben ist, so definiert sie einen selbstadjungierten Operator A, der die Gleichung

$$(Ax, y) = A(x, y).$$

erfüllt.

Denn halten wir in $A(x, y)$ das y fest, dann bekommen wir ein lineares Funktional von x. Es folgt

$$A(x, y) = (x, y^*),$$

wo y^* eindeutig bestimmt ist. So kommen wir zu einem Operator B, der durch die Gleichung

$$By = y^*$$

derart definiert wird, daß

$$A(x, y) = (x, By) = (B^* x, y)$$

ist. Man setzt $B^* = A$ und erhält

$$(Ax, y) = A(x, y).$$

A ist offenbar auch ein additiver Operator. Man überzeugt sich sofort von der Beschränktheit von A, denn es ist

$$|(Ax, y)| = |A(x, y)| \leq C_A \|x\| \|y\|.$$

Setzt man $y = Ax$ und dividiert durch $\|Ax\|$, so ist

$$\|Ax\| \leq C_A \|x\|.$$

Schließlich sieht man, daß der Operator A eindeutig definiert ist.

Wir zeigen, daß $A^* = A$ ist.

Da die betrachtete Form hermitesch ist, ist $A(x, x)$ für jedes x reell. Es sind folglich insbesondere $A(x + y, x + y)$ und $A(x + iy, x + iy)$ reell. Daher ist

$$(A(x + y), x + y) = (x + y, A(x + y))$$

und

$$(A(x + iy), x + iy) = (x + iy, A(x + iy)).$$

Man löst das innere Produkt auf und erhält

$$(Ax, y) + (Ay, x) = (x, Ay) + (y, Ax),$$
$$(Ax, y) - (Ay, x) = (x, Ay) - (y, Ax)$$

Durch Addition folgt

$$(Ax, y) = (x, Ay)$$

für beliebige x und y, das heißt, A ist selbstadjungiert.

Quadratische Formen. In einer bilinearen hermiteschen Form $A(x, y)$ setzen wir $x = y$. Man erhält eine quadratische Form $A(x, x)$, die für alle x reelle Werte annimmt. Es ist

$$A(\alpha x + \beta y, \alpha x + \beta y) = \alpha\bar{\alpha} A(x, x) + \alpha\bar{\beta} A(x, y) + \bar{\alpha}\beta A(y, x) + \beta\bar{\beta} A(y, y).$$

$A(x, x)$ heißt *quadratische hermitesche Form*. Zu jeder bilinearen hermiteschen Form $A(x, y)$ kann man die entsprechende quadratische hermitesche Form $A(x, x)$ bilden. Es gilt auch die Umkehrung. Durch eine quadratische hermitesche Form $A(x, x)$ wird die bilineare hermitesche Form $A(x, y)$ eindeutig bestimmt. Sie ist definiert durch die Gleichung

$$A(x, y) = \frac{1}{4}\{[A(x_1, x_1) - A(x_2, x_2)] + i[A(x_3, x_3) - A(x_4, x_4)]\}$$

mit

$$x_1 = x + y, \quad x_2 = x - y$$

und

$$x_3 = x + iy, \quad x_1 = x - iy.$$

Wenn $A(x, x)$ eine beschränkte quadratische hermitesche Form ist, d.h., wenn

$$|A(x, x)| \leqq C_A \|x\|^2$$

gilt, so ist die entsprechende bilineare hermitesche Form ebenfalls beschränkt, wie man leicht sieht. Die Umkehrung ist evident.

Damit ist gezeigt: *Jeder selbstadjungierte Operator A erzeugt eindeutig eine beschränkte quadratische hermitesche Form*

$$(Ax, x) = A(x, x)$$

und umgekehrt.

Es sei $m = \inf\limits_{\|x\|=1} (Ax, x)$ und $M = \sup\limits_{\|x\|=1} (Ax, x)$. m und M werden *untere* und *obere Grenze des selbstadjungierten Operators A* genannt.

Wir zeigen: ***Es ist***

$$\|A\| = \max\{|m|, |M|\} = \sup_{\|x\|=1} |(Ax, x)|.$$

Denn ist $\|x\| = 1$, so gilt

$$|(Ax, x)| \leqq \|Ax\| \|x\| \leqq \|A\| \|x\|^2 = \|A\|$$

und folglich

$$C_A = \sup_{\|x\|=1} |(Ax, x)| \leqq \|A\|. \tag{5}$$

Andererseits haben wir für ein beliebiges $y \in H$

$$(Ay, y) \leqq C_A \|y\|^2.$$

Wenn $z \in H$ und ungleich dem Nullelement θ ist, so setzen wir

$$\lambda = \left(\frac{\|Az\|}{\|z\|}\right)^{\frac{1}{2}} \quad \text{und} \quad u = \frac{1}{\lambda} Az.$$

Wir finden

$$\|Az\|^2 = (A\lambda z, u) = \frac{1}{4}\{(A(\lambda z + u), \lambda z + u) - (A(\lambda z - u), \lambda z - u)\}$$
$$\leq \frac{1}{4} C_A\{\|\lambda z + u\|^2 + \|\lambda z - u\|^2\} = \frac{1}{2} C_A\{\|\lambda z\|^2 + \|u\|^2\}$$
$$= \frac{1}{2} C_A\left\{\lambda^2\|z\|^2 + \frac{1}{\lambda^2}\|Az\|^2\right\} = C_A\|z\|\,\|Az\|.$$

Also ist

$$\|Az\| \leq C_A\|z\|$$

und folglich

$$\|A\| \leq C_A = \sup_{\|x\|=1} |(Ax, x)|. \tag{6}$$

Aus den Ungleichungen (5) und (6) erhält man die behauptete Gleichung.

Aus dem Bewiesenen folgt insbesondere, daß $A = B$ ist, wenn die selbstadjungierten Operatoren A und B für alle $x \in H$ die Gleichung

$$(Ax, x) = (Bx, x)$$

erfüllen.

§ 31. Das Spektrum selbstadjungierter Operatoren

Wir betrachten eine Schar von Operatoren $A_\lambda = A - \lambda I$ mit komplexem Scharparameter λ.

Eigenwerte. Nach der früher gegebenen Definition (siehe S. 103) nennt man λ einen Eigenwert des Operators A, wenn für die Gleichung

$$Ax = \lambda x \tag{1}$$

eine Lösung $x \neq \theta$ existiert. Das Element x heißt Eigenelement. Mit E_λ bezeichnet man den Unterraum, der von allen Lösungen von (1) zum Eigenwert λ gebildet wird.

Wir erwähnen folgende Eigenschaften der Eigenwerte eines selbstadjungierten Operators A.

1. *Wenn x ein Eigenelement des Eigenwertes λ ist, so gilt*

$$(Ax, x) = \lambda\|x\|^2. \tag{2}$$

Dies ergibt sich aus (1) durch innere Multiplikation mit x. Wenn insbesondere für das Eigenelement x $\|x\| = 1$ gilt, so ist

$$(Ax, x) = \lambda. \tag{3}$$

Hieraus folgt:

2. *Die Eigenwerte eines selbstadjungierten Operators A sind reelle Zahlen.*

3. *Eigenelemente, die zu verschiedenen Eigenwerten gehören, sind orthogonal.* Dies ist eine Folgerung aus Satz 2, § 23 und der Gleichung $A = A^*$.

4. G_λ sei der Wertebereich des Operators A_λ, d.h. die Gesamtheit der $y \in H$ mit

$$y = A_\lambda x.$$

Der Unterraum $\overline{G}_\lambda$ ist die orthogonale Ergänzung zu E_λ, d. h., es ist

$$H = \overline{G}_\lambda \oplus E_\lambda . \tag{4}$$

Denn ist $y \in G_\lambda$ und $x \in E_\lambda$, dann wird

$$y = A_\lambda x', \quad A_\lambda x = \theta ,$$

woraus

$$(y, x) = (A_\lambda x', x) = (x', A_\lambda x) = (x', \theta) = 0$$

folgt.

Wenn $y \in \overline{G}_\lambda$ ist, so gilt $y = \lim_n y_n$ mit $y_n \in G_\lambda$, und da nach dem Vorhergehenden $(y_n, x) = 0$ ist für $x \in E_\lambda$, wird

$$(y, x) = \lim_n (y_n, x) = 0 .$$

Es sei umgekehrt x ein Element mit

$$(y, x) = 0$$

für alle $y \in G_\lambda$. Für ein beliebiges $x_1 \in H$ ist $A_\lambda x_1 \in G_\lambda$ und deshalb

$$(A_\lambda x_1, x) = 0 \qquad \text{und} \qquad (x_1, A_\lambda x) = 0 .$$

Da x_1 aber beliebig war, erhalten wir hieraus $A_\lambda x = \theta$, d. h. $x \in E_\lambda$, was zu beweisen war.

Folgerung. *Wenn λ kein Eigenwert des selbstadjungierten Operators A ist, so geht* (4) *in die Gleichung*

$$\overline{G}_\lambda = H$$

über.

Mit E bezeichnen wir die direkte Summe aller E_λ oder, was auf dasselbe hinausläuft, die abgeschlossene lineare Hülle aller Eigenelemente.

In E kann man aus den Elementen der E_λ ein dichtes (endliches oder unendliches) orthonormales System von Eigenelementen auswählen. Da die Eigenelemente aus den verschiedenen E_λ orthogonal sind, erhalten wir ein in E dichtes Orthogonalsystem von Eigenelementen $\{x_n\}$.

Spektrum. Ist λ Punkt des Spektrums, dann kann der beschränkte lineare Operator $R_\lambda = A_\lambda^{-1} = (A - \lambda I)^{-1}$ nicht existieren.

Wie wir wissen, gehören alle Eigenwerte zum Spektrum. Aber wie wir später erkennen werden, ist nicht jeder Punkt des Spektrums ein Eigenwert.

Für die Existenz eines beschränkten Operators A_λ^{-1} ist notwendig und hinreichend, daß H durch A_λ umkehrbar eindeutig auf sich abgebildet wird, d. h. daß

$$G_\lambda = \overline{G}_\lambda = H$$

ist.

Satz 1. *Der Punkt λ ist ein regulärer Wert des selbstadjungierten Operators A genau dann, wenn eine positive Konstante C existiert, so daß für alle $x \in E$*

$$\|A_\lambda x\| = \|A x - \lambda x\| \geqq C \|x\| \tag{5}$$

ist.

Beweis. Wenn ein beschränkter Operator A_λ^{-1} mit $\|A_\lambda^{-1}\| = d$ existiert, so folgt aus $y = A_\lambda x$

$$\|x\| = \|A_\lambda^{-1} y\| \leqq d \|A_\lambda x\| .$$

Es ist also $\|A_\lambda x\| \geqq \frac{1}{d}\|x\|$ und die Notwendigkeit ist bewiesen.

Umgekehrt gelte jetzt (5). Dann ist die Gleichung $A_\lambda x = \theta$ nur für $x = \theta$ erfüllt. Deshalb ist λ kein Eigenwert, und wegen der auf S. 166 erwähnten Folgerung ist

$$\overline{G}_\lambda = H .$$

Wir beweisen jetzt, daß G_λ abgeschlossen ist, d. h. daß $G_\lambda = \overline{G}_\lambda = H$. Es sei $y = \lim\limits_n y_n$ mit $y_n \in G_\lambda$, und es ist zu zeigen, daß $y \in G_\lambda$ ist. Nach Definition von G_λ ist $y_n = A x_n$. Ferner ist

$$\|y_{n+p} - y_n\| = \|A(x_{n+p} - x_n)\| > C \|x_{n+p} - x_n\| . \tag{6}$$

Die Folge $\{y_n\}$ konvergiert und somit in sich. Wegen (6) konvergiert auch $\{x_n\}$ in sich. Da H ein vollständiger Raum ist, so existiert ein

$$x = \lim_n x_n .$$

Hierbei ist

$$A x = \lim_n A x_n = \lim_n y_n = y .$$

Folglich ist $y \in G_\lambda$. Obige Bemerkung liefert dann die Behauptung.

Folgerung. *λ liegt im Spektrum eines selbstadjungierten Operators A dann und nur dann, wenn eine Folge $\{x_n\}$ existiert, so daß*

$$\|A x_n - \lambda x_n\| \leqq C_n \|x_n\| \quad \textit{ist, und} \quad C_n \to 0 \quad \textit{geht.} \tag{7}$$

In (7) kann man $\|x_n\| = 1$ setzen. Dann erhält man:

Es konvergiert

$$\|A x_n - \lambda x_n\| \to 0, \quad \textit{falls} \quad \|x_n\| = 1 \quad \textit{ist.} \tag{8}$$

Satz 2. *Die komplexen Zahlen $\lambda = \alpha + \beta i$ mit $\beta \neq 0$ sind reguläre Werte des selbstadjungierten Operators A.*

Wenn

$$y = A_\lambda x = A x - \lambda x$$

ist, so gilt

$$(y, x) = (A x, x) - \lambda (x, x) ,$$

$$(x, y) = \overline{(y, x)} = (A x, x) - \overline{\lambda}(x, x) .$$

Hieraus folgt

$$(x, y) - (y, x) = (\lambda - \overline{\lambda})(x, x) = 2\beta i \|x\|^2$$

oder

$$2|\beta| \|x\|^2 = |(x, y) - (y, x)| \leqq |(x, y)| + |(y, x)| \leqq 2\|y\| \|x\|$$

und somit

$$\|y\| \geqq |\beta| \|x\| \quad \text{bzw.} \quad \|A_\lambda x\| \geqq |\beta| \|x\| . \tag{9}$$

Aus Satz 1 und (9) folgt die Behauptung.

Satz 3. *Das Spektrum eines selbstadjungierten Operators A liegt ganz in dem Intervall* $[m, M]$ *der reellen Achse, wo* $M = \sup\limits_{\|x\|=1} (Ax, x)$ *und* $m = \inf\limits_{\|x\|=1} (Ax, x)$ *ist.*

Aus den letzten Sätzen folgt, daß das Spektrum nur auf der reellen Achse liegen kann. Wir zeigen, daß die reellen λ, die im Äußeren von $[m, M]$ liegen, regulär sind.

Es sei z. B. $\lambda > M$, also $\lambda = M + d$ mit $d > 0$.
Man hat

$$(A_\lambda x, x) = (Ax, x) - \lambda(x, x) \leqq M(x, x) - \lambda(x, x) = -d\,\|x\|^2,$$

hieraus folgt
$$|(A_\lambda x, x)| \geqq d\,\|x\|^2. \tag{10}$$

Andererseits ist aber $|(A_\lambda x, x)| \leqq \|A_\lambda x\|\,\|x\|$. Folglich ist auch

$$\|A_\lambda x\| \geqq d\,\|x\|,$$

womit die Regularität von λ bewiesen ist.

Satz 4. *M und m sind Punkte des Spektrums.*

Bemerkung. Ersetzt man A durch A_λ, so verschiebt sich das Spektrum um λ nach links und m und M gehen über in $m - \lambda$ und $M - \lambda$. Also können wir ohne Beschränkung der Allgemeinheit $M \geqq m \geqq 0$ annehmen. Dann ist $M = \|A\|$ (siehe S. 164). Wir beweisen, daß M ein Punkt des Spektrums ist.

Es existiert nach Definition von M eine Folge $\{x_n\}$ mit $\|x_n\| = 1$, so daß

$(Ax_n, x_n) = M - \delta_n$ mit $\delta_n \geqq 0$ ist und $\delta_n \to 0$ geht.

Ferner ist
$$\|Ax_n\| \leqq \|A\|\,\|x_n\| = \|A\| = M.$$
Deshalb gilt
$$\begin{aligned}\|Ax_n - Mx_n\|^2 &= (Ax_n - Mx_n, Ax_n - Mx_n)\\ &= \|Ax_n\|^2 - 2M(Ax_n, x_n) + M^2\,\|x_n\|^2\\ &\leqq M^2 - 2M(M - \delta_n) + M^2 = 2M\delta_n\end{aligned}$$
oder
$$\|Ax_n - Mx_n\| \leqq \sqrt{2M\delta_n}.$$
Somit geht
$$\|Ax_n - Mx_n\| \to 0,$$
woraus sich mit der Folgerung von Satz 1 ergibt, daß M zum Spektrum gehört.

Folgerung. *Jeder selbstadjungierte Operator hat ein nichtleeres Spektrum.**)

Beispiele. 1. Wenn A der identische Operator I ist, so besteht sein Spektrum aus dem einzigen Eigenwert 1, für den der Raum der Eigenelemente $E_1 = H$ ist. Für $\lambda \neq 1$ ist $R_\lambda = \frac{1}{\lambda - 1} I$ ein beschränkter Operator.

---

*) In der Theorie der normierten Ringe wird bewiesen, daß ein beliebiger beschränkter Operator, der in einem BANACHraume definiert ist, ein nichtleeres Spektrum hat [7].

2. Wir definieren den Operator A aus $(L_2(0, 1) \to L_2(0, 1))$ durch

$$A\,y(t) = t\,y(t) \quad (0 \leqq t \leqq 1)\,.$$

Offensichtlich ist $m \geqq 0$ und $M \leqq 1$. Wir zeigen, daß das Intervall $[0, 1]$ das Spektrum von A ist. Hieraus folgt $m = 0$ und $M = 1$.

Es sei in der Tat $0 \leqq \lambda \leqq 1$ und $\varepsilon > 0$. Wir betrachten dasjenige der Intervalle $[\lambda, \lambda + \varepsilon]$, $[\lambda - \varepsilon, \lambda]$, welches in $[0, 1]$ liegt. Es sei

$$y_\varepsilon(t) = \begin{cases} \dfrac{1}{\sqrt{\varepsilon}} & \text{für} \quad t \in [\lambda, \lambda + \varepsilon]\,, \\ 0 & \text{für} \quad t \notin [\lambda, \lambda + \varepsilon]\,, \end{cases}$$

dann folgt

$$\int_0^1 y_\varepsilon^2\,dt = \int_\lambda^{\lambda+\varepsilon} \frac{1}{\varepsilon}\,dt = 1\,.$$

Also ist

$$y_\varepsilon \in L_2(0, 1) \quad \text{und} \quad \|y_\varepsilon\| = 1\,.$$

Ferner ist

$$A_\lambda y_\varepsilon(t) = (t - \lambda)\,y_\varepsilon(t)\,,$$

woraus

$$\|A_\lambda y_\varepsilon(t)\|^2 = \frac{1}{\varepsilon} \int_\lambda^{\lambda+\varepsilon} (t - \lambda)^2\,dt = \frac{\varepsilon^2}{3}$$

folgt. Für $\varepsilon \to 0$ geht $\|A_\lambda y_\varepsilon\| \to 0$. Folglich ist λ mit $0 \leqq \lambda \leqq 1$ ein Punkt des Spektrums.

A hat keinen Eigenwert, denn es ist

$$A_\lambda y(t) = (t - \lambda)\,y(t),$$

und wenn $A_\lambda y(t) = \theta$ ist, so verschwindet $(t - \lambda)\,y(t)$ auf $[0, 1]$ fast überall, und darum ist auch $y(t)$ fast überall gleich Null, d. h., es ist $y(t) = \theta$.

Invariante Räume. Der Unterraum $H_1 \subseteq H$ heißt *invarianter Raum des selbstadjungierten Operators* A, wenn für $x \in H_1$ auch

$$A\,x \in H_1$$

ist.

Beispiele für invariante Räume sind G_λ und E_λ. Wir geben einige Eigenschaften solcher Räume an.

1. *Aus der Invarianz vvn H_1 folgt die Invarianz seiner orthogonalen Ergänzung H_2.* H_2 ist die Gesamtheit aller y mit $(y, x) = 0$ für alle $x \in H_1$. Aber wenn $x \in H_1$ ist, so ist auch $A\,x \in H_1$. Daher ist für $y \in H_2$ stets $(y, A\,x) = 0$ oder $(A\,y, x) = 0$. Somit ist also $A\,y$ zu jedem $x \in H_1$ orthogonal, d. h. $A\,y \in H_2$, was zu beweisen war.

A definiert in dem invarianten Raum H_1 einen Operator A_{H_1} aus $(H_1 \to H_1)$, und zwar ist für $x \in H_1$ stets $A_{H_1}x = A\,x$. A_{H_1} ist ein selbstadjungierter Operator.

2. *Wenn die invarianten Räume H_1 und H_2 orthogonale Ergänzungen zueinander bilden, so ist das Spektrum von A die mengentheoretische Vereinigung der Spektren von A_{H_1} und A_{H_2}.*

Es sei λ ein Punkt des Spektrums von A_{H_1} (oder A_{H_2}). Dann existiert eine Folge $\{x_n\} \in H_1$ (entsprechend H_2) derart, daß $\|x_n\| = 1$ ist und $\|A_{H_1\lambda}x_n\| \to 0$ geht. Da aber $\|A_\lambda x_n\| = \|A_{H_1\lambda}x_n\|$ ist, gehört λ dem Spektrum von A an.

λ gehöre jetzt weder dem Spektrum von A_{H_1} noch dem von A_{H_2} an. Dann existiert eine positive Zahl c derart, daß für beliebige $x_1 \in H_1$ und $x_2 \in H_2$

$$\|A_\lambda x_1\| = \|A_{H_1\lambda} x_1\| \geqq c\|x_1\| \quad \text{und} \quad \|A_{H_2\lambda} x_2\| \geqq c\|x_2\|$$

gilt. Aber jedes $x \in H$ hat die Form

$$x = x_1 + x_2 \quad \text{mit} \quad x_1 \in H_1, \quad x_2 \in H_2, \quad \text{und es ist } [\|x\|^2 = \|x_1\|^2 + \|x_2\|^2.$$

Hieraus folgt

$$\|A_\lambda x\| = \|A_\lambda x_1 + A_\lambda x_2\| = (\|A x_1\|^2 + \|A x_2\|^2)^{\frac{1}{2}}$$

$$\geqq c(\|x_1\|^2 + \|x_2\|^2)^{\frac{1}{2}} = c\|x\|.$$

Somit ist λ kein Punkt des Spektrums von A.

Kontinuierliche Spektren und Punktspektren. E sei die lineare abgeschlossene Hülle aller Eigenelemente eines selbstadjungierten Operators A und G ihre orthogonale Ergänzung. Wie wir wissen, ist H als orthogonale Summe der Räume E und G darstellbar. E ist ein invarianter Raum von A, folglich ist das Spektrum von A die mengentheoretische Summe der Spektren von A_E und A_G. Das Spektrum von A_E heißt *Punktspektrum* und das von A_G *kontinuierliches Spektrum* des Operators A. Wenn $E = H$ ist, so hat A ein *reines Punktspektrum*. Dieses tritt bei vollstetigen Operatoren auf, wie wir unten sehen werden. Wenn der Operator kein Eigenelement hat, so ist das Spektrum des Operators *rein kontinuierlich*. Der Operator A aus Beispiel 2 ist von dieser Art.

§ 32. Operatoren mit reinem Punktspektrum

Der selbstadjungierte Operator A habe ein reines Punktspektrum. Dann ist $E = H$ und folglich existiert ein vollständiges Orthonormalsystem von Eigenelementen $\{x_n\}$ mit

$$A x_n = \lambda_n x_n, \tag{1}$$

wo die λ_n Eigenwerte sind.

Jedes x ist in Form einer Fourierreihe

$$x = \sum_n c_n x_n \quad \text{mit} \quad c_n = (x, x_n) \tag{2}$$

darstellbar. Wir bezeichnen mit P_n den Operator, der durch

$$P_n x = (x, x_n)\, x_n = c_n x_n$$

definiert wird. (P_n ist ein Projektionsoperator auf die Gerade $t x_n$, $-\infty < t < +\infty$. Siehe § 33.)

Die Reihe (2) kann auch in der Gestalt

$$x = I x = \sum_n P_n x$$

oder in Operatorform
$$I = \sum_n P_n \tag{3}$$
geschrieben werden. Es folgt leicht
$$\left.\begin{aligned} P_n P_m &= 0 \quad \text{für} \quad n \neq m, \\ P_n^2 &= P_n. \end{aligned}\right\} \tag{4}$$
Nach (1) und (2) ist
$$A x = \sum_n \lambda_n c_n x_n = \sum_n \lambda_n P_n x. \tag{5}$$
(Da $|\lambda_n| \leqq \|A\|$ ist und $\sum_n c_n^2$ konvergiert, so ist $\sum_n (\lambda_n c_n)^2$ konvergent.)
Man schreibt für (5) auch
$$A = \sum_n \lambda_n P_n. \tag{6}$$
Dann folgt aus (5) und
$$(P_n x, x) = (c_n x_n, x) = c_n (x_n, x) = c_n^2$$
die Relation
$$(A x, x) = \sum_n \lambda_n c_n^2. \tag{7}$$

Somit haben wir die quadratische Form $(A x, x)$ auf eine Summe von Quadraten reduziert.

(7) ist gleichwertig mit
$$(A x, x) = \sum_n \lambda_n (P_n x, x). \tag{8}$$

Es sei jetzt λ nicht in der abgeschlossenen Hülle von $\{\lambda_n\}$ enthalten. Dann existiert eine Konstante $d > 0$ derart, daß $|\lambda - \lambda_n| > d$ ist. Man hat
$$A_\lambda x = (A - \lambda I)\, x = \sum_n (\lambda_n - \lambda)\, P_n x.$$
Hieraus und aus (4) erhält man leicht
$$R_\lambda x = A_\lambda^{-1} x = \sum_n \frac{1}{\lambda_n - \lambda} P_n x. \tag{9}$$

Wegen $P_n x = c_n x_n$ gilt
$$R_\lambda x = \sum_n \frac{c_n}{\lambda - \lambda_n} x_n,$$
und da
$$\left|\frac{c_n}{\lambda_n - \lambda}\right| \leqq \frac{|c_n|}{d}$$
ist, so folgt
$$\|R_\lambda x\| \leqq \frac{1}{d} \left(\sum_n c_n^2\right)^{\frac{1}{2}} = \frac{1}{d} \|x\|$$
und
$$\|R_\lambda\| \leqq \frac{1}{d}.$$

Also gehört nach Satz 1 aus § 31 λ nicht zum Spektrum. Wir schreiben nun (9) um in
$$R_\lambda = \sum_n \frac{1}{\lambda_n - \lambda} P_n. \tag{10}$$

Diese Formeln sind denen für quadratische Formen und für symmetrische (hermitesche) Matrizen im n-dimensionalen Falle analog. Sie unterscheiden sich nur von jenen durch die unendliche Summation.

HILBERT untersuchte als erster in seiner Arbeit [35] die allgemeine Theorie der selbstadjungierten Operatoren und der entsprechenden Formen (Ax, x), die er als Grenzwerte quadratischer Formen mit n Veränderlichen für $n \to \infty$ auffaßte. Bei unbeschränktem Anwachsen von n können die endlichen Summen sowohl in unendliche Summen als auch in Integralausdrücke übergehen (diese werden in den §§ 36 und 37 behandelt). Das reine Punktspektrum ist besonders einfach wegen seiner vollständigen Analogie zum endlichdimensionalen Fall. In dieser Arbeit von HILBERT ist die Klasse der vollstetigen Operatoren, die ein reines Punktspektrum aufweisen, untersucht worden.

Satz 1. *Jeder von Null verschiedene Punkt des Spektrums eines selbstadjungierten vollstetigen Operators A ist ein Eigenwert von A.*

Wenn $\lambda \neq 0$ ein Punkt des Spektrums von A ist, so existiert eine Folge $\{x_n\} \in H$ derart, daß

$$\|x_n\| = 1 \quad \text{ist und} \quad \|A x_n - \lambda x_n\| \to 0 \quad \text{konvergiert.}$$

Indem man $A x_n - \lambda x_n = y_n$ setzt, geht $\|y_n\| \to 0$, und es ist

$$x_n = \frac{1}{\lambda}(A x_n - y_n).$$

A bildet die Folge $\{x_n\}$ in eine kompakte Folge $\{A x_n\}$ ab. Daher existiert eine konvergierende Teilfolge $\{A x_{n_k}\}$. Mit ihr konvergiert auch die Teilfolge

$$x_{n_k} = \frac{1}{\lambda}(A x_{n_k} - y_{n_k}). \tag{11}$$

Geht $x_{n_k} \to x$, dann strebt $A x_{n_k} \to A x$ und auch $y_{n_k} \to \theta$. Daher folgt aus (11)

$$x = \frac{1}{\lambda} A x \quad \text{oder} \quad A x = \lambda x$$

mit $\|x\| = \lim\limits_{k} \|x_{n_k}\| = 1$.

Somit ist x Eigenelement und λ Eigenwert von A.

Folgerung 1. *Jeder selbstadjungierte vollstetige von O verschiedene Operator hat wenigstens einen Eigenwert.*

Diese Aussage ergibt sich unmittelbar aus Satz 1 und der Folgerung aus Satz 4, § 31.

Folgerung 2. *Jeder invariante Raum H_1 eines selbstadjungierten vollstetigen Operators A enthält ein Eigenelement.*

Mit A ist auch $A_{H_1} \in (H_1 \to H_1)$ vollstetig. Dieser Operator besitzt wegen Folgerung 1 einen Eigenwert λ_1. Folglich existiert in H_1 ein Eigenelement des Operators A_{H_1} und deshalb auch von A.

Folgerung 3. *Ein selbstadjungierter vollstetiger Operator besitzt ein reines Punktspektrum.*

Der invariante Raum G, der orthogonal zu allen Eigenvektoren ist, ist leer. Wäre G nicht leer, so müßte nach Folgerung 2 G ein Eigenelement enthalten, was im Widerspruch zur Definition von G steht.

Satz 2. *Die Menge der Eigenwerte $\{\lambda_n\}$ eines selbstadjungierten vollstetigen Operators A kann nur einen Häufungspunkt $\lambda = 0$ haben.*

Wenn eine Folge von Eigenwerten $\{\lambda_n\}$ existieren würde mit $|\lambda_n| \geqq c > 0$, so hätten wir wegen der Orthogonalität für Eigenelemente x_n mit $\|x_n\| = 1$

$$\|A x_n - A x_m\|^2 = \|\lambda_n x_n - \lambda_m x_m\|^2 = \lambda_n^2 + \lambda_m^2 \geqq 2c^2 \quad \text{falls} \quad m \neq n \quad \text{ist.}$$

Dann wäre aber die Folge $\{A x_n\}$ im Widerspruch zur Vollstetigkeit von A nicht kompakt.

§ 33. Projektionsoperatoren

Wir führen jetzt den Begriff des Projektionsoperators ein.

Es sei $L \subseteq H$ und jedes $x \in H$ eindeutig in der Form

$$x = y + z$$

mit $y \in L$ und $z \perp L$ darstellbar. Man setzt $Px = y$ und erhält einen Operator, der auf ganz H definiert und dessen Wertebereich der Unterraum L ist. Dieser Operator wird *Projektionsoperator* genannt und mit P_L bezeichnet. Wir beweisen den

Satz 1. *P_L ist ein selbstadjungierter Operator mit $\|P_L\| = 1$, und es gilt $P_L^2 = P_L$.*

P_L ist ein additiver Operator. Denn für

$$x_1 = y_1 + z_1 \qquad \text{und} \qquad x_2 = y_2 + z_2$$

mit $y_1, y_2 \in L$ und $z_1, z_2 \perp L$ ist

$$x_1 + x_2 = (y_1 + y_2) + (z_1 + z_2)$$

mit $y_1 + y_2 \in L$ und $z_1 + z_2 \perp L$. Daraus folgt

$$P_L(x_1 + x_2) = y_1 + y_2 = P_L x_1 + P_L x_2 .$$

Wegen der Orthogonalität von y und z ist ferner

$$\|x\|^2 = \|y + z\|^2 = (y + z, y + z) = (y, y) + (z, z) = \|y\|^2 + \|z\|^2 .$$

Folglich ist $\qquad \|y\| \leqq \|x\| ,$

d. h. $\qquad \|P_L x\| \leqq \|x\|$

für jedes x. Es ist also $\qquad \|P_L\| \leqq 1 .$

Für $x \in L$ folgt aus $P_L x = x$ $\qquad \|P_L x\| = \|x\| ,$

also ist $\qquad \|P_L\| = 1 .$

Wir zeigen, daß P_L selbstadjungiert ist. Es seien $x_1, x_2 \in H$ und y_1, y_2 ihre Projektionen auf L. Man hat

$$(P_L x_1, x_2) = (y_1, x_2) = (y_1, y_2)$$

und ebenso $$(x_1, P_L x_2) = (x_1, y_2) = (y_1, y_2).$$

Es folgt $$(P_L x_1, x_2) = (x_1, P_L x_2).$$

Da für alle $x \in H$ auch $P_L x \in L$ ist, folgt $P_L^2 x = P_L(P_L x) = P_L x$ für jedes $x \in H$, d. h., es ist

$$P_L^2 = P_L,$$

und der Satz ist bewiesen.

Wir zeigen jetzt die Umkehrung.

Satz 2. *Jeder selbstadjungierte Operator P mit $P^2 = P$ ist ein Projektionsoperator in einen Unterraum L.*

Wir betrachten die Menge L_P von Elementen der Form $y = Px$, wo x ganz H durchläuft. L_P ist wegen der Additivität und der Homogenität von P eine lineare Mannigfaltigkeit. Es ist leicht zu zeigen, daß L_P abgeschlossen ist. Geht nämlich $y_n \to y$ mit $y_n \in L_P$, so ist $y_n = Px_n$ mit $x_n \in H$ und folglich $Py_n = P^2 x_n = Px_n = y_n$. Aus $y_n \to y$ folgt wegen der Stetigkeit von P die Konvergenz von $Py_n \to Py$. Da aber $Py_n = y_n$ ist, strebt $y_n \to Py$, und es ist $y = Py$, d. h. $y \in L_P$. Es ist schließlich $x - Px \perp Px$ auf Grund der Selbstadjungiertheit von P und wegen $P^2 = P$, denn es ist

$$(x - Px, Px) = (Px - P^2 x, x) = 0.$$

Nun folgt aus der Definition von L_P, daß P Projektionsoperator in diesen Unterraum ist, was zu beweisen war.

Wir weisen noch auf einige einfache Eigenschaften der Projektionsoperatoren hin. Zwei Projektionsoperatoren P_1, P_2 werden *orthogonal* genannt, wenn $P_1 P_2 = O$ ist. Dies ist mit $P_2 P_1 = O$ gleichwertig. Ebenso ist für $P_1 P_2 = O$ auch $(P_1 P_2)^* = P_2^* P_1^* = P_2 P_1 = O$ und umgekehrt.

Satz 3. *Die Projektionsoperatoren P_1 und P_2 sind orthogonal genau dann, wenn die entsprechenden Unterräume L_1 und L_2 orthogonal sind.*

Wenn $P_1 P_2 = O$ ist, so ist für $x_1 \in L_1$, $x_2 \in L_2$

$$(x_1, x_2) = (P_1 x_1, P_2 x_2) = (P_2 P_1 x_1, x_2) = (\theta, x_2) = 0.$$

Es sei $L_1 \perp L_2$, dann folgt für alle $x \in H$ $P_2 x \in L_2$ und somit $P_1 P_2 x = \theta$, d. h., es ist $P_1 P_2 = O$.

Lemma 1. *Die Summe zweier Projektionsoperatoren P_{L_1}, P_{L_2} ist ein Projektionsoperator dann und nur dann, wenn diese Operatoren orthogonal sind. Wenn $P_{L_1} P_{L_2} = O$ ist, so gilt*

$$P_{L_1} + P_{L_2} = P_{L_1 \oplus L_2}.$$

Notwendigkeit. Es sei

$$P = P_{L_1} + P_{L_2}$$

ein Projektionsoperator. Dann ist

$$(P_{L_1} + P_{L_2})^2 = P_{L_1} + P_{L_2},$$

woraus

$$P_{L_1} P_{L_2} + P_{L_2} P_{L_1} = O$$

folgt. Wir multiplizieren von links mit P_{L_1} und erhalten

$$P_{L_1} P_{L_2} + P_{L_1} P_{L_2} P_{L_1} = O.$$

Multipliziert man jetzt von rechts mit P_{L_1}, so ist

$$P_{L_1} P_{L_2} P_{L_1} = O.$$

Wegen der vorhergehenden Gleichung ist aber $P_{L_1} P_{L_2} = O$ und folglich auch $P_{L_2} P_{L_1} = O$.

Hinlänglichkeit. Es sei

$$P_{L_1} P_{L_2} = P_{L_2} P_{L_1} = O.$$

Dann ist

$$(P_{L_1} + P_{L_2})^2 = P_{L_1} + P_{L_2}.$$

Folglich ist $P_{L_1} + P_{L_2}$ ein Projektionsoperator.

Nach der Voraussetzung $P_{L_1} P_{L_2} = O$ sind die Unterräume L_1 und L_2 orthogonal. Wenn $x \in H$ ist, so wird

$$Px = P_{L_1} x + P_{L_2} x = x_1 + x_2 \quad \text{mit} \quad x_1 + x_2 \in L_1 \oplus L_2,$$

wobei $(x - Px, Px) = (Px - P^2 x, x) = 0$ ist. Das bedeutet aber, daß P ein Projektionsoperator in $L_1 \oplus L_2$ ist. Damit ist das Lemma bewiesen.

Lemma 2. *Das Produkt zweier Projektionsoperatoren P_{L_1}, P_{L_2} ist ein Projektionsoperator dann und nur dann, wenn P_{L_1} und P_{L_2} vertauschbar sind. Ist diese Bedingung erfüllt, so gilt $P_{L_1} P_{L_2} = P_{L_1 \cap L_2}$.*

Notwendigkeit. Da $P = P_{L_1} P_{L_2}$ selbstadjungiert ist, wird

$$P_{L_1} P_{L_2} = (P_{L_1} P_{L_2})^* = P_{L_2}^* P_{L_1}^* = P_{L_2} P_{L_1},$$

und die Vertauschbarkeit ist bewiesen.

Hinlänglichkeit. Wenn $P_{L_1} P_{L_2} = P_{L_2} P_{L_1}$ ist, so ist $P = P_{L_1} P_{L_2}$ selbstadjungiert. Außerdem wird

$$(P_{L_1} P_{L_2})^2 = P_{L_1} P_{L_2} P_{L_1} P_{L_2} = P_{L_1}^2 P_{L_2}^2 = P_{L_1} P_{L_2},$$

und folglich ist P ein Projektionsoperator.

Es sei $x \in H$ beliebig. Dann liegt

$$Px = P_{L_1} P_{L_2} x = P_{L_2} P_{L_1} x$$

in L_1 und L_2, d. h. in $L_1 \cap L_2$. Es sei jetzt $y \in L_1 \cap L_2$. Dann ist

$$Py = P_{L_1}(P_{L_2} y) = P_{L_1} y = y.$$

Also ist P ein Projektionsoperator auf $L_1 \cap L_2$, und das Lemma ist bewiesen.

Der Projektionsoperator P_{L_2} wird *Teil* des Projektionsoperators P_{L_1} genannt, wenn $P_{L_1} P_{L_2} = P_{L_2}$ ist. Wenn man zu den adjungierten Operatoren übergeht, so überzeugt man sich davon, daß diese Definition mit $P_{L_2} P_{L_1} = P_{L_2}$ äquivalent ist. Aus der Definition folgt unmittelbar, daß P_{L_2} *Teil von* P_{L_1} *dann und nur dann ist, wenn* L_2 *Teilraum von* L_1 *ist.*

Satz 4. *Ein Projektionsoperator* P_{L_2} *ist Teil eines Projektionsoperators* P_{L_1} *genau dann, wenn für alle* $x \in H$ *die Ungleichung* $\|P_{L_2} x\| \leqq \|P_{L_1} x\|$ *erfüllt ist.*

Aus $P_{L_2} P_{L_1} x = P_{L_2} x$ folgt $\|P_{L_2} x\| \leqq \|P_{L_2}\| \|P_{L_1} x\| = \|P_{L_1} x\|$.

Ist diese Bedingung umgekehrt für alle $x \in L_2$ erfüllt, so gilt

$$\|P_{L_1} x\| \geqq \|P_{L_2} x\| = \|x\|.$$

Und wegen

$$\|P_{L_1} x\| \leqq \|x\|$$

folgt

$$\|P_{L_1} x\| = \|x\|.$$

Somit ist $x \in L_1$. Daher ist für alle $x \in H$ auch $P_{L_2} x \in L_1$ und das bedeutet $P_{L_1} P_{L_2} x = P_{L_2} x$, d. h., es ist $P_{L_1} P_{L_2} = P_{L_2}$, was zu beweisen war.

Lemma 3. *Die Differenz* $P_1 - P_2$ *zweier Projektionsoperatoren ist ein Projektionsoperator dann und nur dann, wenn* P_2 *Teil von* P_1 *ist. Wenn diese Bedingung erfüllt ist, so ist* $L_{P_1 - P_2}$ *die orthogonale Ergänzung zu* L_{P_2} *in* L_{P_1}.

Notwendigkeit. Wenn $P_1 - P_2$ ein Projektionsoperator ist, so wird

$$E - (P_1 - P_2) = (E - P_1) + P_2$$

ebenfalls ein Projektionsoperator.*) Dann hat man nach Lemma 1

$$(E - P_1) P_2 = O,$$

d. h. $P_1 P_2 = P_2$.

Hinlänglichkeit. P_2 sei Teil von P_1. Dann ist $E - P_1$ zu P_2 orthogonal, und nach Lemma 1 ist $(E - P_1) + P_2$ ein Projektionsoperator und folglich auch $P_1 - P_2$.

Aus der Voraussetzung $P_1 P_2 = P_2$ folgt schließlich, daß $P_1 - P_2$ und P_2 orthogonal sind. Dann ist aber wiederum wegen Lemma 1

$$L_{P_1} = L_{P_1 - P_2} \oplus L_{P_2},$$

was zu beweisen war.

§ 34. Positive Operatoren

Ein selbstadjungierter vom Nulloperator verschiedener Operator A heißt *positiv*, $A \geqq O$, wenn für alle $x \in H$

$$(Ax, x) \geqq 0$$

*) Bis zum Schluß dieses Kapitels werden wir den Einheitsoperator mit E bezeichnen.

ist. Wenn $A - B \geqq O$ ist, so nennt man den selbstadjungierten Operator A *größer* als den selbstadjungierten Operator B. Man sagt auch, B ist *kleiner* als A. Es ist leicht zu verifizieren, daß A^2 für jeden selbstadjungierten Operator $A \neq O$, AA^* und A^*A für jeden linearen Operator $A \neq O$ positiv sind.

Satz. *Das Produkt zweier positiver selbstadjungierter vertauschbarer Operatoren A und B ist positiv.*

Beweis. Wir setzen

$$A_1 = \frac{A}{\|A\|}, \quad A_2 = A_1 - A_1^2, \quad \ldots, \quad A_{n+1} = A_n - A_n^2, \quad \ldots$$

und zeigen, daß für jedes n

$$O \leqq A_n \leqq E \tag{1}$$

gilt. Für $n = 1$ ist das offensichtlich. (1) sei für $n = k$ richtig. Dann ist

$$(A_k^2(E - A_k)\, x, x) = ((E - A_k)\, A_k x, A_k x) \geqq 0,$$

d. h., es ist

$$A_k^2(E - A_k) \geqq O$$

und analog

$$A_k(E - A_k)^2 \geqq O.$$

Daher ist

$$A_{k+1} = A_k^2(E - A_k) + A_k(E - A_k)^2 \geqq O$$

und

$$E - A_{k+1} = (E - A_k) + A_k^2 \geqq O.$$

Somit ist (1) für $n = k + 1$ richtig.

Wir haben ferner

$$A_1 = A_1^2 + A_2 = A_1^2 + A_2^2 + A_3 = \ldots = A_1^2 + A_2^2 + \ldots + A_n^2 + A_{n+1},$$

woraus

$$\sum_{k=1}^{n} A_k^2 = A_1 - A_{n+1} \leqq A_1$$

wegen $A_{n+1} \geqq O$ folgt. Daher ist

$$\sum_{k=1}^{n} (A_k x, A_k x) \leqq (A_1 x, x).$$

Folglich konvergiert die Reihe

$$\sum_{k=1}^{\infty} \|A_k x\|^2$$

und daher geht $\|A_k x\| \to 0$. Deshalb strebt

$$\left(\sum_{k=1}^{n} A_k^2\right) x = A_1 x - A_{n+1} x \to A_1 x.$$

Wir erhalten, da B offensichtlich mit allen A_k vertauschbar ist,

$$(ABx, x) = \|A\|\,(BA_1 x, x) = \|A\| \lim_n \sum_{k=1}^{n} (BA_k^2 x, x)$$

$$= \|A\| \lim_n \sum_{k=1}^{n} (BA_k x, A_k x) \geqq 0.$$

Aus dem Bewiesenen folgt nun leicht der

Satz. *Wenn $\{A_n\}$ eine Folge von selbstadjungierten untereinander vertauschbaren Operatoren ist, wenn für alle n $A_n B = BA_n$ ist und*

$$A_1 \leqq A_2 \leqq \ldots \leqq A_n \leqq \ldots \leqq B$$

gilt, so konvergieren die A_n gegen A, und es ist $A \leqq B$. (Eine analoge Behauptung gilt für monoton fallende Folgen.)

Wir betrachten die selbstadjungierten Operatoren $C_n = B - A_n$. Diese sind positiv, vertauschbar und bilden eine monoton fallende Folge. Daher sind für $m < n$ auch die Operatoren

$$(C_m - C_n)\, C_m \quad \text{und} \quad C_n (C_m - C_n)$$

positiv, woraus

$$(C_m^2 x, x) \geqq (C_m C_n x, x) \geqq (C_n^2 x, x) \tag{2}$$

folgt.

Eine monoton fallende nicht negative Zahlenfolge $\{(C_n^2 x, x)\}$ besitzt einen Limes. Gegen denselben Grenzwert strebt für $n, m \to \infty$ wegen (2) auch die Folge $\{(C_m C_n x, x)\}$. Daher geht für $n, m \to \infty$

$$\|C_m x - C_n x\|^2 = ((C_m - C_n)^2 x, x) = (C_m^2 x, x) - 2(C_m C_n x, x) + (C_n^2 x, x) \to 0.$$

Also konvergiert die Folge $\{C_n x\}$ und somit auch $\{A_n x\}$ für beliebige x gegen Ax, d. h., es ist $Ax = \lim\limits_n A_n x$. Offensichtlich ist A ein selbstadjungierter Operator, der die Ungleichung $A \leqq B$ erfüllt, was zu beweisen war.

§ 35. Quadratwurzeln aus positiven Operatoren

Ein selbstadjungierter Operator B wird *Quadratwurzel* des positiven Operators A genannt, wenn $B^2 = A$ ist. Wir beweisen den

Satz. *Die positive Quadratwurzel B aus einem beliebigen positiven selbstadjungierten Operator A existiert und ist eindeutig. Sie ist mit jedem Operator vertauschbar mit dem A vertauschbar ist.*

Beweis. Wir können ohne Beschränkung der Allgemeinheit $A \leqq E$ annehmen und setzen $B_0 = O$ und

$$B_{n+1} = B_n + \frac{1}{2}(A - B_n^2). \tag{1}$$

Alle B_n sind selbstadjungiert, positiv und mit jedem Operator vertauschbar mit dem A vertauschbar ist. Insbesondere ist $B_n B_m = B_m B_n$. Man überzeugt sich sofort von der Gültigkeit der Gleichungen

$$E - B_{n+1} = \frac{1}{2}(E - B_n)^2 + \frac{1}{2}(E - A) \tag{2}$$

und

$$B_{n+1} - B_n = \frac{1}{2}[(E - B_{n-1}) + (E - B_n)]\,(B_n - B_{n-1}). \tag{3}$$

Aus (2) folgt $B_n \leqq E$ für alle n. Man verifiziert leicht, daß $B_n \leqq B_{n+1}$ ist. Für $n = 0$ ist dies wegen der Ungleichung

$$B_1 = \frac{1}{2} A \geqq O = B_0$$

evident. Die Gleichung (3) zeigt ferner, daß $B_{n+1} - B_n \geqq O$ ist, falls $B_n - B_{n-1} \geqq O$. Folglich ist $B_n \leqq B_{n+1}$ für alle n. Wir haben auf diese Weise eine beschränkte monoton wachsende Folge $\{B_n\}$ von selbstadjungierten Operatoren erhalten.

Diese Folge konvergiert nach den vorhergehenden Ausführungen gegen ein positives B.

(1) ergibt nach dem Grenzübergang

$$B = B + \frac{1}{2}(A - B^2),$$

d. h.

$$B^2 = A.$$

Die Existenz einer positiven Quadratwurzel B aus dem Operator A ist bewiesen. Schließlich ist B mit jedem Operator vertauschbar, der mit A vertauschbar ist, weil die B_n diese Eigenschaft besitzen.

B_1 sei eine andere positive Quadratwurzel aus A. Da B_1 mit A vertauschbar ist, wird $B_1 B = B B_1$. Wenn $x \in H$ und $y = (B - B_1) x$ ist, erhalten wir daher

$$\begin{aligned}(By, y) + (B_1 y, y) &= ((B + B_1) y, y) \\ &= ((B + B_1)(B - B_1) x, y) = ((B^2 - B_1^2) x, y) = 0.\end{aligned}$$

Da B und B_1 positiv sind, folgt $(By, y) = (B_1 y, y) = 0$. Weil aber Wurzeln positiv sind, gilt $B = C^2$, wo C ein selbstadjungierter Operator ist.
Es ist nun $\|Cy\|^2 = (C^2 y, y) = (By, y) = 0$, also $Cy = \theta$. Folglich ist auch $By = C(Cy) = \theta$ und analog gilt $B_1 y = \theta$. Dann wird aber

$$\|B_1 x - Bx\|^2 = ((B - B_1)^2 x, x) = ((B - B_1) y, x) = 0,$$

d. h. für beliebiges $x \in H$ ist

$$Bx = B_1 x,$$

und die Eindeutigkeit der Quadratwurzel ist bewiesen.

Beispiel. In $L_2(0, 1)$ hat der durch

$$Af(t) = tf(t)$$

definierte Operator die Quadratwurzel B aus

$$Bf(t) = \sqrt{t}\, f(t).$$

Lemma 1. *A und B seien selbstadjungierte vertauschbare Operatoren, und es sei $A^2 = B^2$. Dann existiert ein Projektionsoperator P mit den Eigenschaften:*

1. *Jeder mit $A - B$ vertauschbare lineare beschränkte Operator C ist mit P vertauschbar.*

2. *Aus* $Ax = \theta$ *folgt* $Px = x$, *und es ist*

3. $A = (2P - E)B$.

Wir betrachten die Menge der $x \in H$, für die $(A - B)x = \theta$ ist. Diese Menge bildet einen Unterraum $L \subseteq H$. P sei ein Projektionsoperator auf L. Wenn C mit $A - B$ vertauschbar und $y \in L$ ist, so gehört Cy ebenfalls zu L. Denn es ist $(A - B)Cy = C(A - B)y = \theta$. Daher ist $CPx \in L$ für alle $x \in H$ und darum auch $PCPx = CPx$, d. h. $PCP = CP$. Analog ergibt sich $C^*P = PC^*P$. Hieraus folgt $PC = (C^*P)^* = (PC^*P)^* = PCP$. Somit ist $CP = PC$ und 1. ist bewiesen.

Es gelte $Ax = \theta$. Dann ist

$$\|Bx\|^2 = (Bx, Bx) = (B^2x, x) = (A^2x, x) = \|Ax\|^2 = 0,$$

d. h. $Bx = \theta$. Also gilt
$$(A - B)x = \theta,$$
folglich ist
$$Px = x$$
und 2. ist ebenfalls gezeigt.

Es ist schließlich

$$(A - B)(A + B) = A^2 - B^2 = O.$$

Deshalb gilt für alle x
$$(A + B)x \in L$$
und somit
$$P(A + B)x = (A + B)x,$$
d. h.
$$P(A + B) = A + B.$$
Da nun aber außerdem $P(A - B) = O$ ist, so wird

$$P(A + B) - P(A - B) = A + B$$

und
$$A = (2P - E)B.$$

Das Lemma ist hiermit bewiesen.

§ 36. Spektralzerlegung eines selbstadjungierten Operators

Zerlegung der Einheit. Wir verallgemeinern die Formeln (3), (6) und (10) aus § 32 auf beliebige selbstadjungierte Operatoren.

Satz 1. *Zu jedem selbstadjungierten Operator* A *existiert ein Projektionsoperator* E_+ *mit den Eigenschaften:*

1. *Ein beliebiger mit* A *vertauschbarer linearer beschränkter Operator* C *ist mit* E_+ *vertauschbar.*

2. *Es ist* $AE_+ \geqq O$, $A(E - E_+) \leqq O$ *und*

3. *wenn* $Ax = \theta$ *ist, so folgt* $E_+x = x$.

Es sei B die positive Quadratwurzel aus A^2. Bezeichnen wir den nach Lemma 1 aus § 35 existierenden Operator mit E_+, so gilt 1. und 3. Wegen dieses Lemmas gilt auch
$$A = (2E_+ - E)B,$$

demnach

$$AE_+ = BE_+ \geqq O, \quad A(E - E_+) = -(E - E_+)\,B \leqq O$$

und 2. ist bewiesen.

Wir bemerken, daß aus der Gleichung $A = (2E_+ - E)\,B$ folgt $BE_+ = \frac{1}{2}(A+B)$ und hieraus

$$AE_+ = \frac{1}{2}(A + B),$$

$$A(E - E_+) = \frac{1}{2}(A - B).$$

Der Operator AE_+ wird mit A_+ bezeichnet und heißt *positiver Teil von A*. Für $A(E - E_+)$ schreibt man A_- und nennt A_- den *negativen Teil von A*. Es gilt dann

$$A = A_+ + A_- .$$

Beispiele. 1. $\mathfrak{A}$ sei eine symmetrische Matrix n-ter Ordnung mit den Eigenwerten $\lambda_1, \lambda_2, \ldots, \lambda_n$, wobei die $\lambda_1, \lambda_2, \ldots, \lambda_k$ kleiner als 0 und die $\lambda_{k+1}, \lambda_{k+2}, \ldots, \lambda_n$ größer als 0 sind. Man hat also (siehe S. 69)

$$\mathfrak{A} = \mathfrak{U}\begin{pmatrix} \lambda_1 & & 0 \\ & \ddots & \\ 0 & & \lambda_n \end{pmatrix}\mathfrak{U}^{-1}.$$

Dann ist

$$\mathfrak{A}_+ = \mathfrak{U}\begin{pmatrix} 0 & & & & & \\ & \ddots & & & & 0 \\ & & 0 & & & \\ & & & \lambda_{k+1} & & \\ 0 & & & & \ddots & \\ & & & & & \lambda_n \end{pmatrix}\mathfrak{U}^{-1} \quad \text{und} \quad \mathfrak{A}_- = \mathfrak{U}\begin{pmatrix} \lambda_1 & & & & & \\ & \ddots & & & & 0 \\ & & \lambda_k & & & \\ & & & 0 & & \\ 0 & & & & \ddots & \\ & & & & & 0 \end{pmatrix}\mathfrak{U}^{-1}.$$

2. Es sei der Operator A in $L_2(0, 1)$ durch die Gleichung

$$Af(t) = tf(t)$$

definiert. Dann ist

$$A_+f(t) = \frac{t + |t|}{2}f(t), \quad A_-f(t) = \frac{t - |t|}{2}f(t).$$

Satz 2. *Jeder selbstadjungierte Operator A erzeugt eine Schar $\{E_\lambda\}$ von Projektionsoperatoren, die von einem reellen Parameter λ $(-\infty < \lambda < +\infty)$ abhängen und die folgenden Bedingungen erfüllen:*

1. *Aus $AC = CA$ folgt $E_\lambda C = CE_\lambda$ für jedes λ,*

2. *$E_\lambda \leqq E_\mu$ für $\lambda < \mu$,*

3. *E_λ ist stetig von links, d. h., es ist $E_{\lambda-0} = E_\lambda$,*

4. *$E_\lambda = O$ für $-\infty < \lambda \leqq m$ und $E_\lambda = E$ für $M < \lambda < +\infty$, wo m und M die untere bzw. obere Grenze von A sind.*

Die Schar $\{E_\lambda\}$ heißt die durch A erzeugte *Zerlegung der Einheit*. Wir bringen zunächst Beispiele solcher Zerlegungen.

1. A sei eine symmetrische Matrix n-ter Ordnung

$$\mathfrak{A} = \mathfrak{U} \begin{pmatrix} \lambda_1 & & 0 \\ & \ddots & \\ 0 & & \lambda_n \end{pmatrix} \mathfrak{U}^{-1}$$

mit $\lambda_1 < \lambda_2 < \lambda_3 < \ldots < \lambda_n$ und e_i seien Eigenvektoren, die den Eigenwerten λ_i entsprechen. Für $\lambda_i < \lambda \leqq \lambda_{i+1}$ bezeichne E_i den Operator, der auf den durch die Vektoren $e_1, e_2, \ldots, e_i$ erzeugten i-dimensionalen Unterraum projiziert. Für $\lambda \leqq \lambda_1$ sei $E_\lambda = O$ und für $\lambda > \lambda_n$ sei $E_\lambda = E$.

Analoges gilt auch für den im § 32 betrachteten Fall.

2. Es sei A in $L_2(-1, 1)$ durch die Gleichung

$$Af(t) = tf(t)$$

definiert. Dann ist

$$E_\lambda f(t) = \begin{cases} 0 & \text{für } t \geqq \lambda, \\ f(t) & \text{für } t < \lambda. \end{cases}$$

Für $\lambda \leqq -1$ ist offensichtlich $E_\lambda = O$ und für $\lambda > 1$ wird $E_\lambda = E$.

Wir führen nun für den Satz 2 den

Beweis. λ sei eine reelle Zahl und $A_\lambda = A - \lambda E$. Mit E_λ bezeichnen wir den Projektionsoperator $E - E_+(\lambda)$. $E_+(\lambda)$ ist ein für A_λ nach Satz 1 konstruierter Projektionsoperator.

Bedingung 1. wird offensichtlich erfüllt. Hieraus folgt insbesondere, daß E_λ und E_μ für beliebige λ und μ vertauschbar sind.

Wir betrachten 2. und untersuchen für $\lambda < \mu$ den Projektionsoperator

$$P = E_\lambda(E - E_\mu).$$

Es ist
$$E_\lambda P = E_\lambda^2(E - E_\mu) = E_\lambda(E - E_\mu) = P \tag{1}$$

und analog
$$(E - E_\mu)\, P = P. \tag{2}$$

Nach Definition von E_λ ist

$$(A - \lambda E)\, E_\lambda \leqq O, \tag{3}$$

$$(A - \mu E)\,(E - E_\mu) \geqq O. \tag{4}$$

Wir setzen für beliebiges $x \in H$ $Px = y$. Aus (1) und (2) folgt

$$E_\lambda y = E_\lambda P x = P x = y$$

und analog
$$(E - E_\mu)\, y = y.$$

Aus (3) und (4) ergibt sich nun

$$((A - \lambda E)\, E_\lambda y, y) = ((A - \lambda E)\, y, y) \leqq 0,$$

$$((A - \mu E)\,(E - E_\mu)\, y, y) = ((A - \mu E)\, y, y) \geqq 0.$$

Aus beiden Ungleichungen erhält man

$$((\mu - \lambda)\, y, y) \leqq 0$$

oder
$$(\mu - \lambda)\, \|y\|^2 \leqq 0.$$

Da nun nach Voraussetzung $\mu - \lambda > 0$ ist, so folgt hieraus, daß $y = Px = \theta$ ist, und da $x \in H$ beliebig war, gilt $P = O$, d. h.

$$E_\lambda(E - E_\mu) = E_\lambda - E_\lambda E_\mu = O,$$

und 2. ist nach Satz 4 von § 33 bewiesen.

Wir betrachten das halboffene Intervall $\Delta = [\lambda, \mu)$ der Zahlengeraden. Für den Projektionsoperator $E(\Delta) = E_\mu - E_\lambda$ ist

$$E_\mu E(\Delta) = E(\Delta) \tag{5}$$

und

$$(E - E_\lambda)\, E(\Delta) = E(\Delta).$$

Deshalb ist

$$(A - \mu E)\, E(\Delta) = (A - \mu E)\, E_\mu E(\Delta) \leqq O,$$

$$(A - \lambda E)\, E(\Delta) = (A - \lambda E)\,(E - E_\lambda)\, E(\Delta) \geqq O$$

und folglich

$$\lambda E(\Delta) \leqq A E(\Delta) \leqq \mu E(\Delta). \tag{6}$$

(Wir machen von der Tatsache Gebrauch, daß man mit Operatorungleichungen unter Beachtung der gewöhnlichen Vorzeichenregeln rechnen kann.)

Wir beweisen jetzt 3. Für beliebiges $x \in H$ ist der Ausdruck $(E_\lambda x, x)$ eine nichtfallende Funktion von λ. Daher existiert $\lim\limits_{\substack{\lambda \to \mu \\ \lambda < \mu}} (E_\lambda x, x)$. Man erhält hieraus die Konvergenz von

$$\|E_\nu x - E_\lambda x\|^2 = ((E_\nu - E_\lambda)\, x, x) = (E_\nu x, x) - (E_\lambda x, x) \to 0$$

für $\lambda < \nu < \mu$, $\lambda \to \mu$ und $\nu \to \mu$. Folglich existiert für alle $x \in H$

$$\lim_{\substack{\lambda \to \mu \\ \lambda > \mu}} E_\lambda x = x' = E_{\mu - 0} x.$$

Es ist leicht zu sehen, daß $E_{\mu-0}$ ein Projektionsoperator ist. Wir beweisen, daß

$$E_{\mu-0} = E_\mu$$

gilt. Es sei

$$E(\Delta_0) = E_\mu - E_{\mu-0}.$$

Dann geht $\quad E(\Delta) = E_\mu - E_\lambda \to E(\Delta_0) \quad$ für $\quad \lambda \to \mu,\ \lambda < \mu$

im Sinne der starken Konvergenz von Operatoren. Geht man nun in der Ungleichung (6) zur Grenze über, was offensichtlich möglich ist, so erhält man

$$\mu E(\Delta_0) = A E(\Delta_0).$$

Es sei jetzt $x \in H$ beliebig und $y = E(\Delta_0)\, x$. Wegen der vorhergehenden Gleichung ist

$$(A - \mu E)\, y = \theta,$$

woraus man nach 3. von Satz 1 $E_\mu y = \theta$ erhält. Aus (5) ergibt sich durch Grenzübergang

$$E_\mu E(\Delta_0) = E(\Delta_0)$$

und folglich

$$E(\Delta_0)\, x = E_\mu E(\Delta_0)\, x = E_\mu y = \theta.$$

Da $x \in H$ beliebig war, ist $E(\Delta_0) = O$ und 3. ist bewiesen.*)

Es bleibt 4. zu beweisen. Es sei $\lambda < m$ und $E_\lambda \neq O$. Dann existiert ein x, so daß $E_\lambda x \neq \theta$ ist. Man setzt $E_\lambda x = y$ und hat $E_\lambda y = y$, wobei man $\|y\| = 1$ annehmen kann. Dann ist nach (3)

$$(Ay, y) - \lambda = (Ay, y) - \lambda(y, y) = ((A - \lambda E)\, y, y) = ((A - \lambda E)\, E_\lambda y, y) \leqq 0,$$

d. h.

$$(Ay, y) \leqq \lambda < m,$$

was im Widerspruch zur Definition der Zahl m steht. Folglich ist $E_\lambda = O$ für $\lambda < m$ und wegen der Linksstetigkeit auch $E_m = O$. Analog zeigt man $E_\lambda = E$ für $\lambda > M$.

Spektraldarstellung eines selbstadjungierten Operators.

Satz 3. *Für jeden selbstadjungierten Operator A und für jedes positive ε gilt*

$$A = \int\limits_m^{M+\varepsilon} \lambda\, dE_\lambda, \tag{7}$$

wobei das Integral als Grenzwert von Stieltjesschen Summen im Sinne der gleichmäßigen Konvergenz im Raume der Operatoren aufzufassen ist.

Beweis. Das halboffene Intervall $[m, M + \varepsilon)$ mit $\varepsilon > 0$ sei in die halboffenen Intervalle $\Delta_1, \Delta_2, \ldots, \Delta_n$ zerlegt, wobei $\Delta_k = [\lambda_k, \mu_k)$ ist. Für jedes Δ_k ist nach (6)

$$\lambda_k E(\Delta_k) \leqq AE(\Delta_k) \leqq \mu_k E(\Delta_k).$$

Summiert man über k und berücksichtigt

$$\sum_{k=1}^{n} E(\Delta_k) = E,$$

so folgt

$$\sum_{k=1}^{n} \lambda_k E(\Delta_k) \leqq A \leqq \sum_{k=1}^{n} \mu_k E(\Delta_k).$$

Man wähle nun $\nu_k \in [\lambda_k, \mu_k)$, dann ist

$$\sum_{k=1}^{n} (\lambda_k - \nu_k)\, E(\Delta_k) \leqq A - \sum_{k=1}^{n} \nu_k E(\Delta_k) \leqq \sum_{k=1}^{n} (\mu_k - \nu_k)\, E(\Delta_k).$$

Wir setzen $\max\limits_k (\mu_k - \lambda_k) = \delta$ und finden aus diesen Ungleichungen

$$-\delta E \leqq A - \sum_{k=1}^{n} \nu_k E(\Delta_k) \leqq \delta E$$

und folglich

$$-\delta(x, x) \leqq \left(\left(A - \sum_{k=1}^{n} \nu_k E(\Delta_k)\right) x, x\right) \leqq \delta(x, x).$$

*) Nach der Definition von E_λ gehören Elemente, für die $(A - \lambda E)\, x = \theta$ ist, zur orthogonalen Ergänzung des Unterraumes L_{E_λ}. Wenn jedoch E_λ so definiert wird, daß diese Elemente in L_{E_λ} abgebildet werden (was ohne Verletzung von 1. 2. und 4. gemacht werden kann), so wird E_λ von rechts stetig.

Hieraus folgt
$$\left\| A - \sum_{k=1}^{n} \nu_k E(\Delta_k) \right\| \leqq \delta,$$

d. h., es ist
$$A = \lim_{n} \sum_{k=1}^{n} \nu_k E(\Delta_k) = \int_{m}^{M+\varepsilon} \lambda \, dE_\lambda,$$

was zu beweisen war. Für einen vollstetigen Operator geht diese Gleichung in (7), § 32 über.

Bemerkung. Da die Konvergenz einer Folge von Operatoren $\{A_n\}$ gegen A im Sinne der gleichmäßigen Konvergenz die starke Operatorenkonvergenz und die Konvergenz der quadratischen Formen $(A_n x, x)$ gegen $(A x, x)$ zur Folge hat, so folgt aus Satz 3

$$1.\quad A x = \lim_{n} \sum_{k=1}^{n} \nu_k E(\Delta_k)\, x = \int_{m}^{M+\varepsilon} \lambda \, dE_\lambda x,$$

und
$$2.\quad (A x, x) = \lim_{n} \sum_{k=1}^{n} \nu_k (E(\Delta_k)\, x, x) = \int_{m}^{M+\varepsilon} \lambda \, d(E_\lambda x, x)$$

für alle $x \in H$.

§ 37. Operatorfunktionen. Resolventen

Definition von $F(A)$. Wir definieren

$$\int_{m}^{M+\varepsilon} F(\lambda)\, dE_\lambda,$$

wobei $F(\lambda)$ eine beliebige komplexe Treppenfunktion auf dem abgeschlossenen Intervall $[m, M]$ und $\{E_\lambda\}$ die von dem selbstadjungierten Operator A erzeugte Zerlegung der Einheit ist. Wenn λ_0 eine Unstetigkeitsstelle dieser Funktion ist, so verabreden wir, daß $F(\lambda_0) = F(\lambda_0 - 0)$ gesetzt wird. Wir setzen $F(\lambda)$ auf das halboffene Intervall $[m, M + \varepsilon)$ fort, indem wir dort $F(\lambda) = F(M)$ definieren. Es ist also $F(\lambda) = \nu_k$ auf $\Delta_k = [\lambda_k, \mu_k)$ $(k = 1, 2, \ldots, n)$, wobei

$$\bigcup_{k=1}^{n} \Delta_k = [m, M + \varepsilon)$$

ist.

Per definitionem ist

$$\int_{m}^{M+\varepsilon} F(\lambda)\, dE_\lambda = \sum_{k=1}^{n} \nu_k E(\Delta_k).$$

Es ist leicht zu sehen, daß auch die Gleichung

$$\int_{m}^{M+\varepsilon} F(\lambda)\, dE_\lambda = \sum_{k=1}^{m} \nu'_k E(\Delta'_k)$$

gilt, wo Δ'_k beliebige Teilintervalle der Δ_k sind, deren Vereinigung das Intervall $[m, M+\varepsilon)$ ergibt. Den Operator $\int\limits_m^{M+\varepsilon} F(\lambda)\,dE_\lambda$ bezeichnen wir mit $F(A)$. Er ist eine von der Funktion $F(\lambda)$ der reellen Veränderlichen λ abhängige *Funktion des Operators* A. Man erhält auf diese Weise eine Zuordnung der Treppenfunktionen einer reellen Veränderlichen zu den Operatorfunktionen von A.

Diese Zuordnung besitzt die folgenden Eigenschaften.

1. Wenn
$$F(\lambda) = aF_1(\lambda) + bF_2(\lambda)$$
ist, so gilt
$$F(A) = aF_1(A) + bF_2(A) \quad \text{(Additivität).}$$

2. Für
$$F(\lambda) = F_1(\lambda)\,F_2(\lambda)$$
ist
$$F(A) = F_1(A)\,F_2(A) \quad \text{(Multiplikativität).}$$

3. $\overline{F}(A) = (F(A))^*$, wo $\overline{F}$ die konjugiert komplexe Funktion bezeichnet.

4. $\|F(A)\| \leqq \max\limits_\lambda |F(\lambda)|$.

5. Aus $AB = BA$ folgt $F(A)B = BF(A)$ für jeden beschränkten linearen Operator B.

Zum Beweis der 1. und 2. Eigenschaft zerlegen wir $[m, M+\varepsilon)$ in die Teilintervalle Δ_k, auf denen die beiden Funktionen $F_1(\lambda)$ und $F_2(\lambda)$ konstant sind. Dann hat man für $F(\lambda) = aF_1(\lambda) + bF_2(\lambda)$

$$\begin{aligned} F(A) &= \sum_{k=1}^{n} (a c_k^{(1)} + b c_k^{(2)})\, E(\Delta_k) \\ &= a \sum_{k=1}^{n} c_k^{(1)} E(\Delta_k) + b \sum_{k=1}^{n} c_k^{(2)} E(\Delta_k) = aF_1(A) + bF_2(A) \end{aligned}$$

und für $F(\lambda) = F_1(\lambda)F_2(\lambda)$ wegen der Orthogonalität von $E(\Delta_k)$ und $E(\Delta_l)$ für $k \neq l$

$$F_1(A)\,F_2(A) = \left(\sum_{k=1}^{n} c_k^{(1)} E(\Delta_k)\right)\left(\sum_{l=1}^{n} c_l^{(2)} E(\Delta_l)\right) = \sum_{k=1}^{n} c_k^{(1)} c_k^{(2)} E(\Delta_k) = F(A).$$

Weiter gilt

$$(F(A)\,x, x) = \left(\sum_{k=1}^{n} c_k E(\Delta_k)\,x, x\right) = \left(x, \sum_{k=1}^{n} \bar{c}_k E(\Delta_k)\,x\right) = (x, \overline{F}(A)\,x),$$

hieraus folgt

$$(F(A))^* = \overline{F}(A).$$

Schließlich ist

$$|(F(A)\,x, x)| = \left|\sum_{k=1}^{n} c_k (E(\Delta_k)\,x, x)\right| \leqq \sum_{k=1}^{n} |c_k|\,(E(\Delta_k)\,x, x) \leqq \max_\lambda |F(\lambda)|\,(x, x).$$

Hieraus ergibt sich

$$\|F(A)\| = \sup_{\|x\|=1} |(F(A)\,x, x)| \leqq \max_\lambda |F(\lambda)|.$$

Die 5. Eigenschaft ist offensichtlich.

Aus der Definition von $F(A)$ folgt insbesondere, daß $E(\Delta) = \chi_\Delta(A)$ ist, wo $\chi_\Delta(\lambda)$ die charakteristische Funktion des halboffenen Intervalls Δ bedeutet.[1]) Es sei jetzt $F(\lambda)$ eine beliebige auf $[m, M]$ stetige Funktion. Wir setzen sie auf $[m, M+\varepsilon)$ fort, indem wir $F(\lambda) = F(M)$ für $\lambda \in (M, M+\varepsilon)$ setzen. Es existiert eine Folge von Treppenfunktionen $F_n(\lambda)$, die auf $[m, M+\varepsilon)$ gleichmäßig gegen $F(\lambda)$ konvergiert. Wir betrachten die zugeordneten Operatorfunktionen $F_n(A)$. Es geht

$$\|F_m(A) - F_n(A)\| \leq \max_\lambda |F_m(\lambda) - F_n(\lambda)| \to 0 \quad \text{für} \quad m, n \to \infty .$$

Wegen der Vollständigkeit des Raumes der Operatoren existiert ein Operator

$$B = \lim_n F_n(A) .$$

Das Integral
$$\int_m^{M+\varepsilon} F(\lambda)\, dE_\lambda$$

ist nach Definition von B die durch die Grenzfunktion $F(\lambda)$ erzeugte Operatorfunktion, die wir mit $F(A)$ bezeichnen. Ein Satz über Stieltjesintegrale liefert die Gleichheit von $F(A)$ und B. Man überzeugt sich leicht davon, daß dieser Prozeß von der speziellen Wahl der gegen $F(\lambda)$ konvergierenden Folge $F_n(\lambda)$ unabhängig ist. Nun ist leicht nachzuprüfen, daß die Eigenschaften 1. bis 5. im Falle stetiger Funktionen erhalten bleiben. Insbesondere ist

$$A^n = \int_m^{M+\varepsilon} \lambda^n dE_\lambda, \qquad n = 0, 1, 2, \ldots$$

Resolventen. Die Zuordnung zwischen den Funktionen einer reellen Veränderlichen und den Operatorfunktionen kann man zur Untersuchung von Eigenschaften der selbstadjungierten Operatoren insbesondere der Spektraleigenschaften verwenden.

Satz 1. *Für gegebenes A und λ_0 existiert die Resolvente $R_{\lambda_0} = (A - \lambda_0 E)^{-1}$, wenn eine der folgenden Bedingungen erfüllt ist:*

1. *λ_0 ist nicht reell,*

2. *λ_0 ist reell und liegt außerhalb des abgeschlossenen Intervalls $[m, M]$, oder*

3. *wenn $\lambda_0 \in [m, M]$ ist, so existiere ein halboffenes Intervall $[\alpha, \beta)$ mit $\alpha < \lambda_0 < \beta$ innerhalb dessen E_λ konstant ist.*

Dann ist stets

$$R_{\lambda_0} = \int_m^{M+\varepsilon} \frac{dE_\lambda}{\lambda - \lambda_0} .$$

---

[1]) Es ist
$$X_\Delta(\lambda) = \begin{cases} 1 & \text{für } \lambda \in \Delta, \\ 0 & \text{für } \lambda \notin \Delta. \end{cases}$$

Beweis. In den ersten zwei Fällen ist die Funktion

$$f(\lambda) = \frac{1}{\lambda - \lambda_0}$$

für hinreichend kleine ε in $[m, M + \varepsilon)$ stetig. Es ist

$$\int_m^{M+\varepsilon} \frac{dE_\lambda}{\lambda - \lambda_0} \int_m^{M+\varepsilon} (\lambda - \lambda_0)\, dE_\lambda = \int_m^{M+\varepsilon} dE_\lambda = E .$$

Und weil

$$\int_m^{M+\varepsilon} (\lambda - \lambda_0)\, dE_\lambda = A - \lambda_0 E$$

ist, gilt

$$\int_m^{M+\varepsilon} \frac{dE_\lambda}{\lambda - \lambda_0} = R_{\lambda_0} .$$

Im dritten Fall zerlegen wir $[m, M + \varepsilon)$ in drei halboffene Intervalle $[m, \alpha)$, $[\alpha, \beta)$ und $[\beta, M + \varepsilon)$. Es sei

$$\varphi(\lambda) = \frac{1}{\lambda - \lambda_0} \quad \text{auf} \quad [m, \alpha) \quad \text{und} \quad [\beta, M + \varepsilon)$$

und auf $[\alpha, \beta)$ sei $\varphi(\lambda)$ linear, wobei $\varphi(\alpha) = \dfrac{1}{\alpha - \lambda_0}$, $\varphi(\beta) = \dfrac{1}{\beta - \lambda_0}$ ist. Für jede Funktion $\psi(\lambda)$ ist wegen der Konstanz von E_λ

$$\int_\alpha^\beta \psi(\lambda)\, dE_\lambda = O,$$

daher können wir auch

$$\int_m^{M+\varepsilon} \varphi(\lambda)\, dE_\lambda = \int_m^{M+\varepsilon} \frac{dE_\lambda}{\lambda - \lambda_0}$$

schreiben. Man hat also wie auch in den ersten zwei Fällen

$$\int_m^{M+\varepsilon} \frac{dE_\lambda}{\lambda - \lambda_0} \int_m^{M+\varepsilon} (\lambda - \lambda_0)\, dE_\lambda = E .$$

Hieraus folgt die Existenz von

$$R_{\lambda_0} = \int_m^{M+\varepsilon} \frac{dE_\lambda}{\lambda - \lambda_0} .$$

Satz 2. *Wenn R_{λ_0} für ein reelles λ_0 existiert, so liegt λ_0 im Innern eines Intervalles $[\alpha, \beta)$ in dem E_λ konstant ist.*

Wir bilden für ein beliebiges $x \in H$

$$(A - \lambda_0 E)\, x = \int_m^{M+\varepsilon} (\lambda - \lambda_0)\, dE_\lambda x$$

und wenden auf beiden Seiten den Operator $R_{\lambda_0} E(\Delta)$ an, wo $\Delta = [\alpha, \beta)$ ein gewisses halboffenes Intervall ist, welches λ_0 in seinem Innern enthält. Man bekommt

$$E(\Delta)\, x = R_{\lambda_0} \left(\int_\alpha^\beta (\lambda - \lambda_0)\, dE_\lambda x \right).$$

Hieraus folgt
$$\| E(\Delta)\, x \| \leqq \| R_{\lambda_0} \| \left\| \int_\alpha^\beta (\lambda - \lambda_0)\, dE_\lambda x \right\|.$$

Nun wird aber, wie man leicht verifiziert,

$$\left\| \int_\alpha^\beta (\lambda - \lambda_0)\, dE_\lambda x \right\| \leqq K \| E(\Delta)\, x \|,$$

wo $K = \max \{\beta - \lambda_0, \lambda_0 - \alpha\}$ ist. Folglich ist

$$\| E(\Delta)\, x \| \leqq K \| R_{\lambda_0} \| \| E(\Delta)\, x \|.$$

Wir wählen jetzt das Intervall $[\alpha, \beta)$ so klein, daß $K \| R_{\lambda_0} \| < \frac{1}{2}$ wird. Dann erhält man

$$\| E(\Delta)\, x \| \leqq \frac{1}{2} \| E(\Delta)\, x \|.$$

Das ist aber nur möglich, wenn $E(\Delta)\, x = \theta$ ist, und da $x \in H$ beliebig war, muß $E(\Delta) = O$ sein. Also muß für jedes halboffene Intervall $\Delta' \subseteq \Delta$ erst recht $E(\Delta') = O$ sein. Das bedeutet aber, E_λ ist in $[\alpha, \beta)$ konstant.

Wir erhalten aus den Sätzen 1 und 2 die

Folgerung. *Die Menge der regulären reellen Punkte eines selbstadjungierten Operators A ist offen. Folglich stellt das Spektrum von A eine abgeschlossene Menge auf der reellen Zahlengeraden dar.*

Die Abgeschlossenheit des Spektrums ist eine allgemeine Eigenschaft der beschränkten linearen Operatoren in BANACHräumen.

Eigenwerte eines selbstadjungierten Operators.

Satz 3. *λ_0 ist Eigenwert eines selbstadjungierten Operators A genau dann, wenn λ_0 eine Unstetigkeitsstelle von E_λ ist.*

Notwendigkeit. Es sei für ein gewisses $x_0 \neq \theta$

$$A x_0 - \lambda_0 x_0 = \theta.$$

Dann ist
$$((A - \lambda_0 E)^2\, x_0, x_0) = 0$$

und folglich
$$\int_m^{M+\varepsilon} (\lambda - \lambda_0)^2\, d(E_\lambda x_0, x_0) = 0.$$

Da der Integrand nicht negativ ist und die Belegung monoton wächst, ist auch

$$\int_\alpha^\beta (\lambda - \lambda_0)^2\, d\,(E_\lambda x_0, x_0) = 0$$

für beliebige Intervalle $[\alpha, \beta)$. Insbesondere ist für jedes $\varepsilon > 0$

$$\int_{\lambda_0+\varepsilon}^{M+\varepsilon} (\lambda - \lambda_0)^2 \, d(E_\lambda x_0, x_0) = 0 .$$

Da auf dem Integrationsintervall $(\lambda - \lambda_0)^2 \geqq \varepsilon^2$ ist, so wird erst recht

$$\varepsilon^2 \int_{\lambda_0+\varepsilon}^{M+\varepsilon} d(E_\lambda x_0, x_0) = \varepsilon^2 \left[(x_0, x_0) - (E_{\lambda_0+\varepsilon} x_0, x_0)\right] = 0 .$$

Folglich ist

$$(x_0, x_0) - (E_{\lambda_0+\varepsilon} x_0, x_0) = 0 ,$$

d. h., es gilt

$$E_{\lambda_0+\varepsilon} x_0 = x_0 . \tag{1}$$

Analog wird

$$\int_{m}^{\lambda_0-\varepsilon} (\lambda - \lambda_0)^2 \, d(E_\lambda x_0, x_0) = 0 ,$$

woraus wir unter Berücksichtigung von $E_m = O$

$$E_{\lambda_0-\varepsilon} x_0 = \theta \tag{2}$$

erhalten. Aus (1) und (2) folgt

$$(E_{\lambda_0+\varepsilon} - E_{\lambda_0-\varepsilon}) \, x_0 = x_0 ,$$

und da ε beliebig war, ist

$$(E_{\lambda_0+0} - E_{\lambda_0}) \, x_0 = x_0 .$$

λ_0 ist somit eine Unstetigkeitsstelle von E_λ, wobei der Eigenvektor x_0 in dem Unterraum liegt, der dem Projektionsoperator $E_{\lambda_0+0} - E_{\lambda_0}$ zugeordnet ist.

Hinlänglichkeit. Es sei $E_{\lambda_0+0} \neq E_{\lambda_0}$ und x_0 ein beliebiges Element des Unterraumes, der $E_{\lambda_0+0} - E_{\lambda_0}$ zugeordnet ist. Dann wird

$$(E_{\lambda_0+0} - E_{\lambda_0}) \, x_0 = \theta ,$$

d. h., x_0 liegt in der orthogonalen Ergänzung von $L_{E_{\lambda_0}}$ in $L_{E_{\lambda_0+0}}$. Daher ist

$$E_{\lambda_0+0} x_0 = x_0 , \quad E_{\lambda_0} x_0 = \theta .$$

Also ist sicher

$$E_\lambda x_0 = x_0 \quad \text{für} \quad \lambda > \lambda_0$$

und folglich

$$E(\Delta) \, x_0 = x_0 \quad \text{für} \quad \Delta = [\lambda_0, \lambda_0 + \varepsilon) .$$

Dann wird aber

$$A x_0 = A E(\Delta) \, x_0 = \int_{\lambda_0}^{\lambda_0+\varepsilon} \lambda \, d E_\lambda x_0 ,$$

$$\lambda_0 x_0 = \lambda_0 E(\Delta) \, x_0 = \int_{\lambda_0}^{\lambda_0+\varepsilon} \lambda_0 \, d E_\lambda x_0$$

und folglich
$$A x_0 - \lambda_0 x_0 = \int\limits_{\lambda_0}^{\lambda_0+\varepsilon} (\lambda - \lambda_0)\, dE_\lambda x_0 .$$

Hieraus ergibt sich
$$\| A x_0 - \lambda_0 x_0 \| \leqq \varepsilon \, \| E(\Delta)\, x_0 \| ,$$
und da ε beliebig war, ist
$$\| A x_0 - \lambda_0 x_0 \| = 0 .$$

Wir haben gleichzeitig gefunden, daß der ganze Unterraum, der dem Operator $E_{\lambda_0+0} - E_{\lambda_0}$ zugeordnet ist, aus den Eigenvektoren von A besteht, die zu dem Eigenwert λ_0 gehören.

Damit beschließen wir den Exkurs über die Spektraltheorie von linearen Operatoren in HILBERTräumen.

KAPITEL VI

EINIGE FRAGEN DER NICHTLINEAREN FUNKTIONALANALYSIS

In diesem Kapitel werden wir Differentiation und Integration in abstrakten Räumen studieren und einige Anwendungen erörtern.

§ 38. Differentiation abstrakter Funktionen von reellen Veränderlichen

Es sei E ein linearer normierter Raum und K das abgeschlossene Intervall [0, 1] der Zahlengeraden. Wir betrachten einen Operator $x = x(t)$, der nicht linear zu sein braucht und K in E abbildet. Einen solchen Operator x werden wir im folgenden *abstrakte Funktion auf dem Intervall* [0, 1] nennen.

Für diese Funktionen werden wir die fundamentalen Operationen der Analysis, die Differentiation und Integration, definieren und Eigenschaften herleiten.

Differentiation. Wir betrachten die Funktion $x = x(t)$ mit $x \in E$ und $t \in [0, 1]$.

Die Ableitung $x'(t)$ definieren wir durch

$$\frac{d}{dt}x(t) = x'(t) = \lim_{\Delta t \to 0} \frac{1}{\Delta t}[x(t + \Delta t) - x(t)], \tag{1}$$

falls der Grenzwert der rechten Seite[1]) existiert. Es ergibt sich

$$x'(t) = \frac{1}{\Delta t}[x(t + \Delta t) - x(t)] + \alpha(t, \Delta t),$$

dabei konvergiert $\alpha(t, \Delta t) \to \theta$ mit $\Delta t \to 0$.

Deshalb gilt $$x(t + \Delta t) - x(t) = x'(t)\,\Delta t - \alpha(t, \Delta t)\,\Delta t. \tag{2}$$

Für $\Delta t \to 0$ strebt die rechte Seite der Gleichung (2) gegen θ. Hieraus folgt: Wenn $x(t)$ in t eine Ableitung hat, dann ist $x(t)$ im Punkte t stetig.

Als Beispiel führen wir die Differentiation einer Vektorfunktion $x_n(t)$ an. Interpretiert man t als Zeit, so ist $x_n'(t)$ der Geschwindigkeitsvektor.

Dem Übergang von der Mechanik eines Punktsystems zur Mechanik der Kontinua entspricht der Übergang von einem n-dimensionalen Vektor $x_n(t)$ zu einem von der Zeit t abhängigen Element $x(t)$ eines gewissen Funktionenraumes. $x'(t)$ ist dann die Geschwindigkeit.

---

[1]) Im Sinne der Konvergenz in E.

Bei eindimensionalen Problemen (Saite, Stab usw.) können $x(t)$ und $x'(t)$ als Elemente des Raumes $C[0, 1]$ angesehen werden.

Man erkennt leicht folgende Eigenschaften der Differentiation:

1. $[x(t) + y(t)]' = x'(t) + y'(t)$.

2. $[\lambda x(t)]' = \lambda x'(t)$ für jede Zahl λ.

3. Für die Elemente $x \in E$ sei eine linksseitige (rechtsseitige) Multiplikation mit Elementen $y \in E_1$ definiert. Sie sei stetig und distributiv bezüglich der Addition und vertauschbar mit der Multiplikation von Zahlenfaktoren. Dann gilt

$$[y\,x(t)]' = y\,x'(t), \tag{3}$$

d. h., der konstante Faktor kann vor das Differentiationszeichen gezogen werden.

Die Eigenschaften 1. und 2. sind klar, 3. folgt aus Stetigkeit und Distributivität der linksseitigen Multiplikation, und zwar ist

$$\begin{aligned} y\,x'(t) &= y \lim_{\Delta t \to 0} \frac{1}{\Delta t}[x(t + \Delta t) - x(t)] \\ &= \lim_{\Delta t \to 0} y \left\{\frac{1}{\Delta t}[x(t + \Delta t) - x(t)]\right\} \\ &= \lim_{\Delta t \to 0} \frac{1}{\Delta t}[y\,x(t + \Delta t) - y\,x(t)] = \frac{d}{dt}[y\,x(t)]. \end{aligned}$$

Analog erhält man

$$[x(t)\,y]' = x'(t)\,y \tag{3a}$$

bei rechtsseitiger Multiplikation.

Beispiel. Es sei $x = x(t)$ mit $x \in E$ und A ein Operator aus $(E \to E_1)$.

$$[A\,x(t)]' = A\,x'(t). \tag{4}$$

Ist $A = A(t) \in (E \to E_1)$ und $x \in E$, dann ergibt sich

$$[A(t)\,x]' = A'(t)\,x. \tag{4a}$$

Insbesondere gilt für ein lineares Funktional $f \in \overline{E}$:

$$\{f[x(t)]\}' = f[x'(t)], \tag{5}$$

$$\{f(t)\,(x)\}' = f'(t)\,(x). \tag{5a}$$

Ableitungen höherer Ordnung. Wir wollen nun Ableitungen höherer Ordnung definieren. Man kann zwei Definitionen der n-ten Ableitung einer abstrakten Funktion $x = x(t)$ geben, wie man dies auch bei gewöhnlichen Funktionen kennt.*)

1. Es ist

$$\overline{\Delta}^n_{\Delta t} x(t) = \sum_{k=0}^{n} (-1)^{n-k} \binom{n}{k} x(t + k\,\Delta t),$$

die *n-te Differenz* von $x(t)$ im Punkte t. Weiter heißt

$$\Delta^n_{\Delta t} x(t) = \overline{\Delta}^n_{\Delta t}\, x\left(t - \frac{n}{2}\Delta t\right)$$

*) S. Anhang II.

n-te zentrale Differenz.

Der Ausdruck
$$x^{[n]}(t) = \lim_{\Delta t \to 0} \frac{1}{(\Delta t)^n} \Delta^n_{\Delta t} x(t) \tag{6}$$

soll — unter der Voraussetzung, daß dieser Grenzwert existiert — *n-te Differenzenableitung* der Funktion $x(t)$ im Punkte t genannt werden.

Ist der Grenzübergang in der Formel (6) in der Umgebung eines jeden Punktes t gleichmäßig, so heißt $x^{[n]}(t)$ eine gleichmäßige n-te Differenzenableitung.

2. Die *n-te Ableitung* $x^{(n)}(t)$ wird durch n-malige sukzessive Differentiation der Funktion $x(t)$ definiert

$$x'(t) = \frac{d}{dt} x(t), \quad x''(t) = \frac{d}{dt}[x'(t)], \ldots, x^{(n)}(t) = \frac{d}{dt}[x^{(n-1)}(t)].$$

Satz. *Wenn in einer Umgebung eines Punktes t die stetige n-te Ableitung $x^{(n)}(t)$ existiert, dann gibt es in dieser Umgebung auch die gleichmäßige n-te Differenzenableitung $x^{[n]}(t)$, und es gilt:*
$$x^{[n]}(t) = x^{(n)}(t). \tag{7}$$

Gibt es umgekehrt in einer Umgebung eines Punktes t die gleichmäßig stetige, gleichmäßige Differenzenableitung $x^{[n]}(t)$, so existiert in dieser Umgebung auch die *n-te Ableitung $x^{(n)}(t)$, und es gilt wieder* (7).

Diese Aussagen gelten auch für Funktionen, deren Wertevorrat aus Zahlen besteht. Der Übergang zu abstrakten Funktionen geschieht mit einer Methode, die in der Funktionalanalysis häufig angewandt wird. Wir führen dies für die erste Aussage durch.

Für ein beliebiges lineares Funktional $f \in \overline{E}$ ist

$$\varphi(t) = f[x(t)]$$

eine Funktion, deren Definitionsbereich und Wertevorrat aus Zahlen bestehen. Für sie erhält man wegen (5)

$$f[x'(t)] = \{f[x(t)]\}' = \varphi'(t),$$
$$f[x''(t)] = \{f[x'(t)]\}' = \{\varphi'(t)\}' = \varphi''(t),$$
$$\cdots\cdots\cdots\cdots\cdots\cdots\cdots$$
$$f[x^{(n)}(t)] = \{f[x^{(n-1)}(t)]\}' = \{\varphi^{(n-1)}(t)\}' = \varphi^{(n)}(t).$$

Ferner gilt

$$f\left[\frac{1}{(\Delta t)^n}\Delta^n_{\Delta t} x(t)\right] = \frac{1}{(\Delta t)^n}\sum_{k=0}^{n}(-1)^{n-k}\binom{n}{k}\varphi\left(t + \left(k - \frac{n}{2}\right)\Delta t\right)$$
$$= \frac{1}{(\Delta t)^n}\Delta^n_{\Delta t}\varphi(t) = \varphi^{(n)}(t + \vartheta\Delta t) = f[x^{(n)}(t + \vartheta\Delta t)] \ {}^{*)},$$

*) S. Anhang II.

wobei $-\frac{1}{2} \leqq \vartheta \leqq \frac{1}{2}$ ist. Da $x^{(n)}(t)$ nach Voraussetzung in einer Umgebung des Punktes t stetig ist, so ist zu vorgegebenem $\varepsilon (\varepsilon > 0)$

$$\|x^{(n)}(t + \vartheta \Delta t) - x^{(n)}(t)\| \leqq \varepsilon,$$

und zwar gleichmäßig in einer Umgebung des Punktes t.

Daraus ergibt sich

$$\left| f\left[\frac{1}{(\Delta t)^n} \Delta^n_{\Delta t} x(t)\right] - f[x^{(n)}(t)]\right| \leqq \varepsilon \|f\|. \tag{8}$$

Die Ungleichung (8) gilt für beliebiges $f \in \overline{E}$, deshalb ist

$$\left\| \frac{1}{(\Delta t)^n} \Delta^n_{\Delta t} x(t) - x^{(n)}(t)\right\| \leqq \varepsilon$$

und folglich
$$x^{(n)}(t) = \lim_{\Delta t \to 0} \frac{1}{(\Delta t)^n} \Delta^n_{\Delta t} x(t).$$

Dabei ist die Konvergenz in einer Umgebung eines jeden Punktes t gleichmäßig, q. e. d.

Partielle Ableitungen. Wir führen den Begriff der partiellen Ableitung einer abstrakten Funktion ein.

Dazu betrachten wir eine Funktion von n reellen Veränderlichen $t_1, t_2, \ldots, t_n$ mit einem Wertevorrat, der in einem linearen normierten Raum E liegt: $y = f(t_1, t_2, \ldots, t_n) \in E$. Man kann $t_1, t_2, \ldots, t_n$ als Komponenten des n-dimensionalen Vektors $T = \sum_{i=1}^{n} t_i e_i$ auffassen, wo die e_i orthonormale Basisvektoren, d. h. n-dimensionale paarweise orthogonale Einheitsvektoren, sind.

Wir definieren die *n-te partielle Differenzenableitung*

$$\frac{\partial^n}{\partial t_1 \partial t_2 \ldots \partial t_n} f(t_1, t_2, \ldots, t_n)$$

im Punkte $T_0 = \sum_{i=1}^{n} t_i^{(0)} e_i$.

Dazu bilden wir die n-te partielle Differenz:

$$\overline{\Delta}^n_{t_1, t_2, \ldots, t_n; \Delta t} f(T_0) = \sum_{i_1, i_2, \ldots, i_k} (-1)^{n-k} f[T_0 + \Delta t(e_{i_1} + e_{i_2} + \cdots + e_{i_k})].$$

Hierbei ist $(i_1, i_2, \ldots, i_k)$ eine Teilmenge von $(1, 2, \ldots, n)$. Die Summe wird über alle derartigen Teilmengen erstreckt. Für die leere Teilmenge ist $k = 0$ und als Argument T_0 zu nehmen. Die *zentrale n-te partielle Differenz* im Punkte T_0

$$\Delta^n_{t_1, t_2, \ldots, t_n; \Delta t} f(T_0)$$

ist die n-te partielle Differenz im Punkte

$$T_0' = T_0 - \frac{1}{2} \Delta t \sum_{i=1}^{n} e_i.$$

Es gilt also

$$\Delta^n_{t_1, t_2, \ldots, t_n; \Delta t} f(T_0) = \overline{\Delta}^n_{t_1, t_2, \ldots, t_n; \Delta t} f\left(T_0 - \frac{1}{2} \Delta t \sum_{i=1}^{n} e_i\right).$$

Dann heißt der Limes für $\Delta t \to 0$ von

$$\frac{1}{(\Delta t)^n} \Delta^n_{t_1, t_2, \ldots, t_n; \Delta t} f(T_0),$$

falls er existiert, *n-te partielle Differenzenableitung*

$$\frac{\partial^n}{\partial t_1 \, \partial t_2 \ldots \partial t_n} f(t_1^{(0)}, t_2^{(0)}, \ldots, t_n^{(0)})$$

der Funktion f im Punkte $T_0 = (t_1^{(0)}, t_2^{(0)}, \ldots, t_n^{(0)})$.

Parallel hierzu kann man die *n-te partielle Ableitung* definieren. Sie ist das Resultat nacheinander ausgeführter Differentiationen der Funktion $f(t_1, t_2, \ldots, t_n)$ nach t_{k_n}, nach $t_{k_{n-1}}$ und schließlich nach t_{k_1}, wo $k_1, k_2, \ldots, k_n$ eine beliebige Permutation der Indizes $1, 2, \ldots, n$ ist. Es muß natürlich vorausgesetzt werden, daß die nacheinander erhaltenen Ableitungen

$$\frac{\partial}{\partial t_{k_n}} f(t_1, t_2, \ldots, t_n), \frac{\partial}{\partial t_{k_{n-1}}}\left(\frac{\partial}{\partial t_{k_n}} f(t_1, t_2, \ldots, t_n)\right),$$
$$\ldots, \frac{\partial}{\partial t_{k_i}}\left\{\frac{\partial}{\partial t_{k_{i+1}}}\left(\ldots \frac{\partial}{\partial t_{k_n}} f(t_1, t_2, \ldots, t_n)\right)\right\}, \ldots$$

in einer Umgebung von T_0 existieren.

Satz. *Wenn in der Umgebung des Punktes $T_0 = (t_1^{(0)}, t_2^{(0)}, \ldots, t_n^{(0)})$ eine n-te partielle Ableitung der Funktion f existiert und diese Ableitung in T_0 stetig ist, so existiert in T_0 auch die n-te partielle Differenzenableitung. Beide Ableitungen stimmen überein.*

Beweis. l sei ein beliebiges lineares Funktional aus $\overline{E}$. Dann ist

$$l[f(t_1, t_2, \ldots, t_n)] = l f(t_i)$$

eine Funktion von $t_1, t_2, \ldots, t_n$, deren Wertevorrat aus Zahlen besteht. Es gilt*)

$$\frac{1}{\Delta t^n} \Delta^n_{t_1, t_2, \ldots, t_n; \Delta t} l f(t_i^{(0)}) = \frac{\partial}{\partial t_{k_1}}\left\{\ldots \frac{\partial}{\partial t_{k_n}} l f(t_i^{(0)} + \vartheta_i \Delta t)\right\}$$

für jede Permutation $k_1, k_2, \ldots, k_n$ der Indizes $1, 2, \ldots, n$ und daraus folgt

$$\begin{aligned} l\left[\frac{1}{(\Delta t)^n} \Delta^n_{t_1, t_2, \ldots, t_n; \Delta t} f(t_i^{(0)})\right] &= \frac{1}{(\Delta t)^n} \Delta^n_{t_1, t_2, \ldots, t_n; \Delta t} l f(t_i^{(0)}) \\ &= \frac{\partial}{\partial t_{k_1}}\left\{\ldots \frac{\partial}{\partial t_{k_n}} l f(t_i^{(0)} + \vartheta_i \Delta t)\right\} \\ &= l\left[\frac{\partial}{\partial t_{k_1}}\left\{\ldots \frac{\partial}{\partial t_{k_n}} f(t_i^{(0)} + \vartheta_i \Delta t)\right\}\right], \end{aligned}$$

*) S. Anhang II.

weil das lineare Funktional l vor das Differentiationszeichen genommen werden kann.

Nach Voraussetzung ist die n-te partielle Ableitung von $f(t_i)$ stetig im Punkt $(t_i^{(0)})$, daraus folgt für beliebiges positives ε

$$\left\| \frac{\partial}{\partial t_{k_1}} \left\{ \cdots \frac{\partial}{\partial t_{k_n}} f(t_i^{(0)} + \vartheta_i \Delta t) \right\} - \frac{\partial}{\partial t_{k_1}} \left\{ \cdots \frac{\partial}{\partial t_{k_n}} f(t_i^{(0)}) \right\} \right\| \leqq \varepsilon$$

für hinreichend kleinen $|\Delta t|$. Es gilt

$$\begin{aligned} &\left| l \left[\frac{1}{(\Delta t)^n} \Delta^n_{t_1, t_2, \ldots, t_n; \Delta t} f(t_i^{(0)}) \right] - l \left[\frac{\partial}{\partial t_{k_1}} \left\{ \cdots \frac{\partial}{\partial t_{k_n}} f(t_i^{(0)}) \right\} \right] \right| \\ &= \left| l \left[\frac{\partial}{\partial t_{k_1}} \left\{ \cdots \frac{\partial}{\partial t_{k_n}} f(t_i^{(0)} + \vartheta_i \Delta t) \right\} \right] - l \left[\frac{\partial}{\partial t_{k_1}} \left\{ \cdots \frac{\partial}{\partial t_{k_n}} f(t_i^{(0)}) \right\} \right] \right| \\ &\leqq \|l\| \left\| \frac{\partial}{\partial t_{k_1}} \left\{ \cdots \frac{\partial}{\partial t_{k_n}} f(t_i^{(0)} + \vartheta_i \Delta t) \right\} - \frac{\partial}{\partial t_{k_1}} \left\{ \cdots \frac{\partial}{\partial t_{k_n}} f(t_i^{(0)}) \right\} \right\| \leqq \|l\| \varepsilon. \end{aligned}$$

Diese Ungleichung ist für jedes $l \in \overline{E}$ richtig, also ist

$$\left\| \frac{1}{(\Delta t)^n} \Delta^n_{t_1, t_2, \ldots, t_n; \Delta t} f(t_i^{(0)}) - \frac{\partial}{\partial t_{k_1}} \left\{ \cdots \frac{\partial}{\partial t_{k_n}} f'(t_i^{(0)}) \right\} \right\| \leqq \varepsilon.$$

Hieraus ergibt sich, daß

$$\frac{1}{(\Delta t)^n} \Delta^n_{t_1, t_2, \ldots, t_n; \Delta t} f(t_i^{(0)}) \to \frac{\partial}{\partial t_{k_1}} \left\{ \cdots \frac{\partial}{\partial t_{k_n}} f(t_i^{(0)}) \right\}$$

strebt für $\Delta t \to 0$, und wir haben damit die Existenz des Grenzwertes für den Ausdruck

$$\frac{1}{(\Delta t)^n} \Delta^n_{t_1, t_2, \ldots, t_n; \Delta t} f(t_i^{(0)})$$

und seine Gleichheit mit der n-ten partiellen Ableitung bewiesen:

Folgerung. *Zwei n-te partielle Ableitungen, die verschiedenen Permutationen der Indizes* 1, 2, ..., n *entsprechen, stimmen an den Punkten, wo sie beide stetig sind, überein. Das heißt, die n-te partielle Ableitung hängt nicht von der Reihenfolge der Differentiation ab.*

In diesem Falle gilt die Gleichung

$$\frac{\partial}{\partial t_{k_1}} \left\{ \cdots \frac{\partial}{\partial t_{k_n}} f(t_i) \right\} = \lim_{\Delta t \to 0} \frac{1}{(\Delta t)^n} \Delta^n_{t_1, t_2, \ldots, t_n; \Delta t} f(t_i).$$

Ihre rechte Seite hängt aber nicht von der Permutation $k_1, \ldots, k_n$ ab.

Wenn wir im folgenden von der n-ten partiellen Ableitung in einem gewissen Gebiet sprechen, werden wir annehmen, daß sie auch stetig in diesem Gebiet ist. Deshalb liefern die beiden Definitionen dasselbe, und wir werden diese Ableitung durch das Symbol

$$\frac{\partial^n}{\partial t_1 \, \partial t_2 \ldots \partial t_n} f(t_i)$$

bezeichnen.

Sind h_i beliebige Elemente des Raumes E und gilt

$$y = f\left(\sum_{i=1}^{n} t_i h_i\right) \in E,$$

so ist y eine Funktion der n Parameter $t_1, t_2, \ldots, t_n$. Die Funktion

$$f\left(\sum_{i=1}^{n} t_i h_i\right)$$

habe für beliebige $h_1, \ldots, h_n$ eine n-te partielle Ableitung

$$\left[\frac{\partial^n}{\partial t_1\, \partial t_2 \ldots \partial t_n} f\left(\sum_{i=1}^{n} t_i h_i\right)\right]_{t_1 = \ldots = t_n = 0}$$

Ist $h_1 = \ldots = h_n = h$ und $t = \sum_{i=1}^{n} t_i$, so ist unschwer zu zeigen, daß

$$\left[\frac{\partial^n}{\partial t_1\, \partial t_2 \ldots \partial t_n} f\left(x + \sum_{i=1}^{n} t_i h_i\right)\right]_{t_1 = \ldots = t_n = 0} = \frac{d^n}{dt^n} f(x + th)_{t=0}$$

gilt.

§ 39. Integration abstrakter Funktionen. Differentialgleichungen

Integration. Wir betrachten eine Zerlegung $A = A[t_0, t_1, \ldots, t_n]$ des abgeschlossenen Intervalles $[a, b]$ in abgeschlossene Teilintervalle $[t_i, t_{i+1}]$ mit $t_0 = a < t_1 < \ldots < t_n = b$.

Die Zerlegung $B = B[t'_0, t'_1, \ldots, t'_m]$ heißt eine Verfeinerung von $A = A[t_0, t_1, \ldots, t_n]$, wenn jedes der Intervalle $[t'_i, t'_{i+1}]$ in einem $[t_l, t_{l+1}]$ enthalten ist. Bei der Zerlegung B wird also jedes Intervall von A wiederum zerlegt. Wenn alle Intervalle $[t_i, t_{i+1}]$ der Zerlegung A eine Länge haben, die eine positive Zahl τ nicht überschreitet, $t_{i+1} - t_i \leqq \tau$, so heißt A eine τ-Zerlegung des Intervalls $[a, b]$ und wird mit A_τ bezeichnet.

Wir nennen
$$S(A, x(t)) = \sum_{i=0}^{n-1} x(t_i)\,(t_{i+1} - t_i) \tag{1}$$
eine Integralsumme der abstrakten Funktion $x(t)$ mit $x \in E$ und $t \in [a, b]$ für die Zerlegung $A = A[t_0, t_1, \ldots, t_n]$.

Satz. *In einem vollständigen Raum E sei $x(t)$ eine stetige Funktion mit $t \in [a, b]$ und A_{τ_n} eine Zerlegungsfolge des Intervalls $[0, 1]$ derart, daß $\tau_n \to 0$ geht für $n \to \infty$. Bilden wir nun die Integralsummen $S(A_{\tau_n}, x(t))$, so streben sie für $n \to \infty$ gegen einen Limes $S = \lim_{n\to\infty} S(A_{\tau_n}, x(t))$. Der Grenzwert S hängt nicht von der Wahl der A_{τ_n} ab.*

Der Beweis des Satzes beruht auf den folgenden drei Hilfssätzen.

Lemma 1. *Jede stetige Funktion $x(t) \in E$ mit $t \in [a, b]$ ist gleichmäßig stetig, d. h., zu jeder positiven Zahl ε kann man eine Zahl τ_ε bestimmen, so daß für $t', t'' \in [a, b]$*
$$\| x(t') - x(t'') \| < \varepsilon \tag{2}$$
ausfällt, wenn nur $|t' - t''| < \tau_\varepsilon$ ist.

Beweis. Wir bezeichnen mit $\varphi(t, t')$ die Funktion, die auf dem Quadrat $a \leqq t \leqq b$, $a \leqq t' \leqq b$ durch

$$\varphi(t, t') = \| x(t) - x(t') \|$$

definiert ist. Die Funktion φ ist stetig auf diesem Quadrat, also gleichmäßig stetig. Folglich kann man für jedes $\varepsilon > 0$ eine Zahl τ_ε bestimmen, so daß

$$|\varphi(t, t'') - \varphi(t', t'')| < \varepsilon \quad \text{für} \quad |t - t'| < \tau_\varepsilon \tag{3}$$

erfüllt ist.

Ferner gilt für $t' = t$ $\qquad \varphi(t, t) = \| x(t) - x(t) \| = 0.$

Deshalb folgt mit Rücksicht auf (3)

$$\varphi(t, t') = |\varphi(t, t') - \varphi(t, t)| < \varepsilon \quad \text{für} \quad |t - t'| < \tau_\varepsilon$$

oder $\qquad \| x(t') - x(t) \| < \varepsilon$ für $|t - t'| < \tau_\varepsilon$,

q. e. d.

Lemma 2. *Ist die Zerlegung W des abgeschlossenen Intervalls $[a, b]$ eine Verfeinerung der τ-Zerlegung V_τ von $[a, b]$, so gilt*

$$\| S(V_\tau, x(t)) - S(W, x(t)) \| \leqq \varepsilon(b - a), \tag{4}$$

wenn ε und $\tau = \tau_\varepsilon$ die Zahlen aus Lemma 1 sind.

Beweis. Gehört der Punkt t' dem Intervall $[t_l, t_{l+1}]$ der τ-Zerlegung V_τ an, so ist $|t' - t_l| \leqq t_{l+1} - t_l \leqq \tau$. Deshalb gilt wegen (2)

$$\| x(t') - x(t_l) \| \leqq \varepsilon. \tag{5}$$

n bzw. m seien die Anzahlen der Intervalle $[t_l, t_{l+1}]$ von V_τ bzw. $[t_j', t_{j+1}']$ von W. Da W eine Verfeinerung von V_τ ist, so fällt jeder der Punkte t_l, $l = 1, 2, \ldots, n$, mit einem der t_j' zusammen: $t_{k_l}' = t_l$ (wir haben hier also die Anordnung $0 = k_0 < k_1 < \ldots < k_n = m$, $m \geqq n$). So wird das Intervall $[t_l, t_{l+1}]$ von V_τ in $k_{l+1} - k_l$ Intervalle $[t_j', t_{j+1}']$ von W zerlegt $(j = k_l, k_l + 1, \ldots, k_{l+1} - 1)$. Für diese j erhalten wir nach (5)

$$\| x(t_j') - x(t_l) \| \leqq \varepsilon.$$

Deshalb folgt

$$S(V_\tau, x(t)) = \sum_{l=0}^{n-1} x(t_l)(t_{l+1} - t_l) = \sum_{l=0}^{n-1} x(t_l) \sum_{j=k_l}^{k_{l+1}-1} (t_{j+1}' - t_j'),$$

$$S(W, x(t)) = \sum_{j=0}^{m-1} x(t_j')(t_{j+1}' - t_j') = \sum_{l=0}^{n-1} \sum_{j=k_l}^{k_{l+1}-1} x(t_j')(t_{j+1}' - t_j'),$$

$$\begin{aligned} \| S(V_\tau, x(t)) - S(W, x(t)) \| &= \left\| \sum_{l=0}^{n-1} \sum_{j=k_l}^{k_{l+1}-1} [x(t_l) - x(t_j')](t_{j+1}' - t_j') \right\| \\ &\leqq \sum_{l=0}^{n-1} \sum_{j=k_l}^{k_{l+1}-1} \| x(t_l) - x(t_j') \| (t_{j+1}' - t_j') \\ &\leqq \sum_{l=0}^{n-1} \sum_{j=k_l}^{k_{l+1}-1} \varepsilon(t_{j+1}' - t_j') = \varepsilon(b - a), \end{aligned}$$

was zu beweisen war.

Lemma 3. *V_τ und $V_{\tau'}$ seien beliebige τ- bzw. τ'-Zerlegungen des abgeschlossenen Intervalls $[a, b]$. Dann gilt*

$$\|S(V_\tau, x(t)) - S(V_{\tau'}, x(t))\| \leqq 2\varepsilon(b-a), \tag{6}$$

wenn ε, τ und τ' dieselbe Bedeutung wie in Lemma 1 haben.

Beweis. Man kann immer eine Zerlegung W des Intervalls $[a, b]$ wählen, die sowohl eine Verfeinerung von V_τ als auch von $V_{\tau'}$ ist. Dann gilt wegen (4)

$$\|S(V_\tau, x(t)) - S(W, x(t))\| \leqq \varepsilon(b-a)$$

und

$$\|S(V_{\tau'}, x(t)) - S(W, x(t))\| \leqq \varepsilon(b-a),$$

woraus

$$\|S(V_\tau, x(t)) - S(V_{\tau'}, x(t))\| \leqq 2\varepsilon(b-a)$$

folgt, was zu beweisen war.

Wir beweisen nun den anfangs formulierten Satz, zu einem vorgegebenen ε betrachten wir eine Folge von τ_n-Zerlegungen V_{τ_n} des Intervalls $[a, b]$ mit $\tau_n \to 0$ für $n \to \infty$. Für die entsprechenden Integralsummen $S(V_{\tau_n}, x(t))$ gilt wegen Lemma 3 die Ungleichung

$$\|S(V_{\tau_n}, x(t)) - S(V_{\tau_{n+p}}, x(t))\| \leqq 2\varepsilon(b-a).$$

Da sie für jedes ε gilt, ist die Folge $S(V_{\tau_n}, x(t))$ eine Fundamentalfolge und weil $S(V_{\tau_n}, x(t)) \in E$ und E vollständig ist, hat diese Folge ein Grenzelement S in E.

Es sei nun $V\tau'_n$ eine andere Folge von Zerlegungen des Intervalls $[a, b]$ mit $\tau'_n \to 0$. Auf Grund der vorhergehenden Überlegung konvergiert $S(V_{\tau'_n}, x(t))$ für $n \to \infty$ gegen einen Limes S_1. Wir beweisen, daß $S_1 = S$ ist.

Wir vereinigen dazu beide Zerlegungsfolgen und gewinnen die Folge $V_{\tau_1}, V_{\tau'_1}, V_{\tau_2}, V_{\tau'_2}, \ldots$ Die dieser Folge entsprechenden Integralsummen $S(V_{\tau_n}, x(t))$ bzw. $S(V_{\tau'_n}, x(t))$ bilden eine konvergente Folge. Ist ihr Limes S_2, so muß er gleich den Limites S und S_1 sein. Folglich ist $S = S_1 = S_2$, und der Satz ist bewiesen.

Wir nennen S *Integral* von $x(t)$ über $[a, b]$ und bezeichnen es mit $\int_a^b x(t)\,dt$.

Man kann auch eine kompliziertere Integraldefinition (z. B. Stieltjes-Integral) untersuchen. Ein konkretes Beispiel hierfür wurde auf Seite 184 behandelt, wo die Spektraldarstellung eines selbstadjungierten Operators angegeben wurde.

Eigenschaften des Integrals.

1. $\int_a^b [x(t) + y(t)]\,dt = \int_a^b x(t)\,dt + \int_a^b y(t)\,dt.$

2. Für einen konstanten Zahlenfaktor λ gilt:

$$\int_a^b \lambda x(t)\,dt = \lambda \int_a^b x(t)\,dt.$$

Diese Eigenschaften sind evident.

3.
$$\left\| \int_a^b x(t)\,dt \right\| \leqq \int_a^b \|x(t)\|\,dt. \tag{7}$$

Denn für eine Zerlegung $V_\tau = V_\tau(t_0, t_1, \ldots, t_n)$ gilt

$$\begin{aligned} \|S(V_\tau, x(t))\| &= \left\| \sum_{i=0}^{n-1} x(t_i)\,(t_{i+1} - t_i) \right\| \\ &\leqq \sum_{i=0}^{n-1} \|x(t)\|\,(t_{i+1} - t_i) = S(V_\tau, \|x(t)\|). \end{aligned} \tag{8}$$

Für $\tau \to 0$ streben die Integralsummen gegen die Integrale

$$\int_a^b x(t)\,dt \quad \text{und} \quad \int_a^b \|x(t)\|\,dt,$$

und die Ungleichung (8) geht in (7) über, q. e. d.

4. Wenn für die Elemente $x \in E$ eine rechts- (oder links-) seitige Multiplikation mit Elementen $y \in E_1$ (s. S. 193) definiert ist, dann gilt

$$\int_a^b x(t)\,y\,dt = \int_a^b x(t)\,dt\,y. \tag{9}$$

Denn wir haben für eine τ-Zerlegung $V_\tau(t_0, t_1, \ldots, t\ )$:

$$\begin{aligned} S(V_\tau, x(t)\,y) &= \sum_{i=0}^{n-1} x(t_i)\,y\,(t_{i+1} - t_i) \\ &= \left(\sum_{i=0}^{n-1} x(t_i)\,(t_{i+1} - t_i)\right) y = S(V_\tau, x(t))\,y. \end{aligned} \tag{10}$$

Für $\tau \to 0$ geht Gleichung (10) in (9) über.

Bei linksseitiger Multiplikation gilt analog

$$\int_a^b y\,x(t)\,dt = y \int_a^b x(t)\,dt. \tag{9'}$$

Beispiele. 1. Ist A ein linearer Operator, der E in E_1 abbildet, und $x(t) \in E$, so gilt

$$\int_a^b Ax(t)\,dt = A \int_a^b x(t)\,dt.$$

2. Ist $A = A(t)$ ein Operator aus $(E \to E_1)$, der stetig von t abhängt, und ist $x \in E$, so gilt

$$\int_a^b A(t)\,x\,dt = \left(\int_a^b A(t)\,dt\right) x.$$

Im ersten Beispiel ist der Operator A ein konstanter linksseitiger, im zweiten ist x ein konstanter rechtsseitiger Faktor.

Ist insbesondere f ein lineares Funktional aus $\overline{E}$, so gilt:

$$f\left(\int_a^b x(t)\,dt\right) = \int_a^b f(x(t))\,dt, \quad \int_a^b f(t)(x)\,dt = \left(\int_a^b f(t)\,dt\right)(x). \tag{10'}$$

5. Besitzt die Funktion $x = x(t)$ mit $x \in E$ und $t \in [a, b]$ eine stetige Ableitung nach t, $x'(t) = \frac{d}{dt}\,x(t)$, so gilt

$$\int_a^b x'(t)\,dt = x(b) - x(a). \tag{11}$$

Wir erhalten nämlich für ein beliebiges lineares Funktional l nach (10')

$$l\left(\int_a^b x'(t)\,dt\right) = \int_a^b l[x'(t)]\,dt = \int_a^b \frac{d}{dt}\{l[x(t)]\}\,dt.$$

$l[x(t)]$ ist jedoch eine Funktion von t, deren Wertevorrat aus Zahlen besteht. Deshalb hat man

$$\int_a^b \{l[x(t)]\}'\,dt = l[x(b)] - l[x(a)].$$

Also ist

$$l\left(\int_a^b x'(t)\,dt\right) = l[x(b) - x(a)]. \tag{12}$$

Die Gleichung (12) gilt für ein beliebiges lineares Funktional $l \in \overline{E}$. Damit ist aber (11) bewiesen.

6. Ist die Funktion $x(t)$ stetig auf $[a, b]$ und ist c innerer Punkt dieses Intervalls, so gilt

$$\int_a^b x(t)\,dt = \int_a^c x(t)\,dt + \int_c^b x(t)\,dt.$$

Zum Beweis betrachte man eine Folge von τ_n-Zerlegungen mit $\tau_n \to 0$, von denen jede c als Teilpunkt enthält.

7. Ist $x(t)$ stetig auf $[a, b]$, so ist die Funktion

$$y(t) = \int_a^t x(\tau)\,d\tau$$

auf $[a, b]$ differenzierbar, und es gilt $y'(t) = x(t)$. Denn es ist

$$\left\|\frac{y(t+\Delta t) - y(t)}{\Delta t} - x(t)\right\| = \frac{1}{|\Delta t|}\left\|\int_t^{t+\Delta t} x(\tau)\,d\tau - \int_t^{t+\Delta t} x(t)\,d\tau\right\|.$$

$$\leq \frac{1}{|\Delta t|}\int_t^{t+\Delta t} \|x(\tau) - x(t)\|\,d\tau.$$

Zu beliebig vorgegebenem $\varepsilon > 0$ gibt es wegen der gleichmäßigen Stetigkeit von $x(t)$ auf $[a, b]$ ein $\delta > 0$, so daß

$$\|x(\tau) - x(t)\| < \varepsilon \quad \text{für} \quad \tau \in [t, t + \Delta t] \quad \text{und} \quad |\Delta t| < \delta$$

gilt. Dann ist aber

$$\left\| \frac{y(t + \Delta t) - y(t)}{\Delta t} - x(t) \right\| < \varepsilon \quad \text{für} \quad |\Delta t| < \delta,$$

w. z. b. w.

Lösung von Differentialgleichungen. Wir betrachten die Differentialgleichung

$$\frac{dx}{dt} = f(t, x). \tag{13}$$

$x = x(t)$ und $f(t, x)$ sind Elemente eines normierten Raumes E und es sei $t \in [a, b]$. Wir setzen voraus, daß $f(t, x)$ in t stetig und in x der LIPSCHITZ-bedingung

$$\|f(t, x_1) - f(t, x_2)\| \leq M \|x_1 - x_2\| \tag{14}$$

genügt.

Wir bezeichnen mit $C^E[a, b]$ den Raum der stetigen Funktionen $x(t)$ mit $t \in [a, b]$ und $x(t) \in E$. In $C^E[a, b]$ führen wir eine Norm ein, indem wir

$$\|x\|_C = \max_{a \leq t \leq b} \|x(t)\|$$

setzen.

Mit E ist auch $C^E[a, b]$ ein vollständiger Raum. Diese Behauptung beweist man ebenso wie jene auf S. 16 für den Spezialfall $E = R$ und $C^E[a, b] = C[0, 1]$.

Neben der Gleichung (13) betrachten wir

$$x(t) = x_0 + \int_{t_0}^{t} f(\bar{t}, x(\bar{t}))\, d\bar{t}, \quad a \leq t_0 \leq t \leq t_0 + \delta \leq b. \tag{15}$$

Wir bezeichnen die rechte Seite dieser Gleichung mit $A(x)$. A ist ein Operator, der $x = x(t)$ aus $C^E[t_0, t_0 + \delta]$ in ein Element desselben Raumes überführt. Wir erhalten

$$\|A(x) - A(y)\|_C = \left\| \int_{t_0}^{t} [f(\bar{t}, x(\bar{t})) - f(\bar{t}, y(\bar{t}))]\, d\bar{t} \right\|_C$$

$$\leq \int_{t_0}^{t_0+\delta} \|f(\bar{t}, x(\bar{t})) - f(\bar{t}, y(\bar{t}))\|\, d\bar{t}.$$

Daraus ergibt sich nach (14)

$$\|A(x) - A(y)\|_C \leq M \int_{t_0}^{t_0+\delta} \|x(t) - y(t)\|\, dt$$

$$\leq M\delta \max_{t_0 \leq t \leq t_0+\delta} \|x(t) - y(t)\| = M\delta \|x(t) - y(t)\|_C. \tag{16}$$

Wenn $M\delta < 1$ ist, dann liefert der Operator A nach (16) eine kontrahierende Abbildung des Raumes $C^E[a, b]$ in sich und folglich existiert genau eine Lösung von (15) (s. § 7).

Die Gleichung (15) ist äquivalent zu (13) für den Anfangswert $x(t_0) = x_0$ wegen der Eigenschaften 5. und 7. für Integrale. Folglich hat (13) genau eine Lösung in dem Intervall $[t_0, t_0 + \delta]$.

Insbesondere hat diese Gleichung für einen beliebigen Anfangswert $x(a) = x_0$ eine einzige Lösung $x(t)$ auf dem Intervall $[a, a + \delta]$. $x(t)$ kann auf das ganze Intervall $[a, b]$ fortgesetzt werden. Ist nämlich $a + \delta < b$ und $x(a + \delta) = x_1$, so konstruieren wir durch Wiederholung dieses Prozesses eine Lösung auf dem Intervall $[a + \delta, a + 2\delta]$ mit dem Anfangswert x_1 usw.

Beispiele. 1. Ist E der n-dimensionale Raum, so erhalten wir den bekannten Existenzsatz für ein System von n Differentialgleichungen.

2. Ist $|E|$ einer der Räume l_p, c, m usw., so erhalten wir den Existenzsatz für eine Lösung der entsprechenden Klassen unendlicher Differentialgleichungssysteme.

3. Wir betrachten die Integro-Differentialgleichung

$$\frac{dy}{dt} = f(t, y) + \int_a^b K(t, s)\, y(s)\, ds. \tag{17}$$

$f(t, y)$ genüge der LIPSCHITZbedingung (14) und der Kern $K(t, s)$ sei beschränkt, d. h. $|K(t, s)| < M_1$.

Wenn die rechte Seite von (17) mit $F(t, y)$ bezeichnet wird, erhält man die Ungleichung

$$|F(t, y) - F(t, z)| \leqq M\,|y - z| + M_1(b - a)\,|y - z| = (M + M_1(b - a))\,|y - z|.$$

$F(t, y)$ genügt damit der LIPSCHITZbedingung. Infolgedessen hat (17) für einen beliebigen Anfangswert $y = y_0$ eine einzige Lösung.

§ 40. Homogene Formen und Polynome

Multiplikation von Elementen. Häufig hat man es mit einer Multiplikation zu tun, bei der Faktoren und Produkt Elemente aus verschiedenen Räumen sind.

Wir betrachten drei lineare Räume E_1, E_2 und E_3 und führen eine Multiplikation ein, die je zwei beliebigen Elementen $x \in E_1$ und $y \in E_2$ ein Element $z = xy \in E_3$ zuordnet. Diese Multiplikation soll die folgenden Eigenschaften haben:

1. $(x_1 + x_2)y = x_1 y + x_2 y$,
2. $x(y_1 + y_2) = x y_1 + x y_2$ und
3. für $x_n \to x$ und $y_n \to y$ soll $x_n y_n \to xy$ gehen.

Die Multiplikation xy ist für festes x eine bezüglich y additive und stetige Operation. Sie ist somit eine lineare Operation, die auf E_2 definiert ist, und deren

Wertevorrat in E_3 liegt. Ebenso ist die Multiplikation xy für festes y eine lineare Operation, die E_1 in E_3 abbildet. Hieraus folgt, daß

$$(\lambda x) y = \lambda (x y) \quad \text{und} \quad x(\lambda y) = \lambda (x y)$$

gelten.

Beispiele. 1. A bzw. B seien lineare Operatoren, die E_1 in E_2 bzw. E_2 in E_3 abbilden. Dann ist BA ein linearer Operator, der E_1 in E_3 transformiert.

2. Wenn $x(t)$ eine Funktion aus $L_p(0, 1)$ und $y(t)$ aus $L_q(0, 1)$ ist, dann ist ihr Produkt

$$z(t) = x(t) \cdot y(t)$$

ein Element aus $L_r(0, 1)$, wobei $\frac{1}{r} = \frac{1}{p} + \frac{1}{q}$ ist, wie aus der HÖLDERschen Ungleichung unmittelbar folgt.

3. Das innere Produkt zweier Elemente x und y eines reellen HILBERTraumes kann man als Produkt von x mit y auffassen: $x \in H$, $y \in H$, $xy = (x, y)$ aus $R = (-\infty, \infty)$.

4. Wenn $x \in E$ und A ein linearer Operator aus $(E \to E')$ ist, so kann $Ax \in E'$ als Produkt von A mit x angesehen werden.

Man prüft leicht nach, daß für die angeführten Beispiele alle Eigenschaften der oben erklärten Multiplikation erfüllt sind.

Satz. *Sind E_1, E_2 und E_3 lineare normierte Räume, so existiert eine positive Konstante N derart, daß*

$$\| x y \|_{E_3} \leqq N \| x \|_{E_1} \| y \|_{E_2}$$

ist.

Wir nehmen das Gegenteil an. Dann kann man für jede natürliche Zahl n Elemente $x_n \in E_1$ und $y_n \in E_2$ finden, so daß

$$\| x_n y_n \|_{E_3} \geqq n^2 \| x_n \|_{E_1} \| y_n \|_{E_2}$$

ist. Wir setzen

$$x'_n = \frac{1}{n \| x_n \|_{E_1}} x_n, \quad y'_n = \frac{1}{n \| y_n \|_{E_2}} y_n$$

und erhalten

$$\| x'_n y'_n \|_{E_3} = \frac{1}{n^2 \| x_n \|_{E_1} \| y_n \|_{E_2}} \| x_n y_n \|_{E_3} \geqq 1 .$$

Andererseits ist

$$\| x'_n \|_{E_1} = \frac{1}{n}, \quad \| y'_n \|_{E_2} = \frac{1}{n} .$$

Somit streben $\| x'_n \|_{E_1}$ und $\| y'_n \|_{E_2}$ gegen Null, während $\| x'_n y'_n \|_{E_3}$ größer als 1 bleibt. Dies ist aber ein Widerspruch zur Stetigkeit der Multiplikation.

n-gliedrige Linearformen. $E_1, E_2, \ldots, E_n, E_0$ seien lineare normierte Räume. Eine Funktion $a_n(h_1, h_2, \ldots, h_n)$ mit $h_i \in E_i$ und Wertebereich in E_0 heißt *n-gliedrige Linearform*, wenn sie linear und homogen in jeder der Veränderlichen $h_1, h_2, \ldots, h_n$ ist.

Als Beispiel können bilineare Formen dienen. Sie wurden in § 30 behandelt. Für sie ist $E_1 = E$, $E_2 = E$, $E_0 = R$.

Wir vereinbaren $a_n(h_1, h_2, \ldots, h_n) = a_n h_1 h_2 \ldots h_n$ zu schreiben. Als Norm von a_n werden wir die Zahl

$$\| a_n \| = \sup_{\substack{h_i \in E_i \\ h_i \neq \theta}} \frac{\| a_n h_1 h_2 \ldots h_n \|_{E_0}}{\| h_1 \|_{E_1} \| h_2 \|_{E_2} \ldots \| h_n \|_{E_n}} \tag{1}$$

bezeichnen. Offenbar ist

$$\|a_n h_1 \dots h_n\|_{E_0} \leq \|a_n\| \, \|h_1\|_{E_1} \|h_2\|_{E_2} \dots \|h_n\|_{E_n}.$$

Ist

$$a_n h_1 \dots h_n = b_n h_1 \dots h_n$$

für beliebige $h_1, h_2, \dots, h_n$, so soll $a_n = b_n$ sein. Die Gesamtheit der Formen $a_n = a_n h_1 \dots h_n$ mit $h_i \in E_i$ und $a_n h_1 \dots h_n \in E_0$ bildet einen linearen normierten Raum, wenn man die Summe und die Multiplikation mit einem Skalar im gewöhnlichen Sinne auffaßt und die Norm von a_n durch die Gleichung (1) definiert. Man kann also die Form $a_n h_1 \dots h_n$ wie folgt interpretieren:

$$a_n h_1 \dots h_{n-1} \in (E_n \to E_0),$$
$$a_n h_1 \dots h_{n-2} \in [E_{n-1} \to (E_n \to E_0)],$$
$$\dots \dots \dots \dots \dots \dots \dots \dots$$
$$a_n h_1 \in (E_2 \to [E_3 \to \dots \to (E_n \to E_0) \dots]),$$
$$a_n \in (E_1 \to \{E_2 \to [E_3 \to \dots \to (E_n \to E_0) \dots]\}).$$

$a_n h_1 h_2 \dots h_n$ ist somit als ein von links nach rechts gebildetes Produkt der Elemente $a_n, h_1, h_2, \dots, h_n$ aufzufassen:

$$a_n h_1 h_2 \dots h_n = \{\dots [(a_n h_1) h_2] h_3 \dots\} h_n.$$

Eine Form heißt *symmetrisch*, wenn $E_1 = E_2 = \dots = E_n = E$ und $a_n h_1 h_2 \dots h_n = a_n h_{i_1} h_{i_2} \dots h_{i_n}$ gilt, wo $i_1, i_2, \dots, i_n$ eine beliebige Permutation der Indizes $1, 2, \dots, n$ ist.

Als Beispiel einer symmetrischen Form führen wir die Bilinearform $(A x, y)$ an, wobei A ein selbstadjungierter Operator auf dem reellen Hilbertraum ist.

Jeder Form $b_n h_1 h_2 \dots h_n$ kann eine symmetrische Form

$$S b_n h_1 h_2 \dots h_n = \frac{1}{n!} \sum_{(i_1, i_2, \dots, i_n)} b_n h_{i_1} h_{i_2} \dots h_{i_n} \tag{2}$$

zugeordnet werden. Die Summe wird über alle Permutationen $i_1, i_2, \dots, i_n$ der Indizes $1, 2, \dots, n$ erstreckt. Wenn $a_n h_1 h_2 \dots h_n$ schon symmetrisch ist, dann gilt $S a_n = a_n$.

Die Form $a_n h \dots h$, welche man aus der symmetrischen Form $a_n h_1 \dots h_n$ für $h_1 = \dots = h_n = h$ erhält, heißt eine *homogene Form n-ten Grades*. Eine homogene Form zweiten Grades nennt man quadratisch (s. § 30).

Wir führen für sie die abkürzende Bezeichnung

$$a_n \underbrace{h \dots h}_{n\text{-mal}} = a_n h^n$$

ein.

Eigenschaften von n-gliedrigen homogenen Linearformen.

1. Es gilt

$$a_n (t h)^n = t^n a_n h^n.$$

2. Wenn a_n eine symmetrische Form ist, so ist $a_n h_1 h_2 \ldots h_n$ distributiv und kommutativ in bezug auf jedes $h_1, h_2, \ldots, h_n$. Deshalb erhält man z. B. nach dem polynomischen Lehrsatz

$$a_n(t_1 h_1 + t_2 h_2 + \ldots + t_k h_k)^n = \sum_{n_1+\ldots+n_k=n} \frac{n!}{n_1! \ldots n_k!} t_1^{n_1} \ldots t_k^{n_k} a_n h_1^{n_1} \ldots h_k^{n_k}. \tag{3}$$

3. Es gilt
$$\frac{\partial^n}{\partial t_1\, \partial t_2 \ldots \partial t_n} \{a_n(t_1 h_1 + \ldots + t_n h_n)^n\} = n!\, a_n h_1 \ldots h_n. \tag{4}$$

Denn der Operator $\frac{\partial^n}{\partial t_1\, \partial t_2 \ldots \partial t_n}$ macht alle Summenglieder auf der rechten Seite der Gleichung (3) mit $k < n$ zu Null, ausgenommen ist nur der Summand, der alle Faktoren $t_1, t_2, \ldots, t_n$ enthält, d. h. das Glied mit $n_1 = n_2 = \ldots = n_n = 1$. Es ist gleich $n!\, t_1 \ldots t_n a_n h_1 \ldots h_n$ und folglich gilt (4)[1].

4. Wenn die Gleichung
$$a_n h^n \quad \text{und} \quad b_n h^n \tag{5}$$
für beliebige $h \in E$ gilt, dann stimmen die zugehörigen linearen Formen
$$a_n h_1 h_2 \ldots h_n \quad \text{und} \quad b_n h_1 h_2 \ldots h_n \tag{6}$$
für alle $h_1, h_2, \ldots, h_n \in E$ überein, d. h., es ist $a_n = b_n$.

Wegen (5) ist nämlich für beliebige $h_1, h_2, \ldots, h_n$
$$a_n(t_1 h_1 + t_2 h_2 + \ldots + t_n h_n)^n = b_n(t_1 h_1 + t_2 h_2 + \ldots + t_n h_n)^n,$$
woraus sich
$$\frac{\partial^n}{\partial t_1 \ldots \partial t_n} a_n(t_1 h_1 + \ldots + t_n h_n)^n = \frac{\partial^n}{\partial t_1 \ldots \partial t_n} b_n(t_1 h_1 + \ldots + t_n h_n)^n$$
ergibt. Mit Rücksicht auf (4) erhalten wir dann (6).

5. Wenn ein linearer Operator $A \in (E_1 \to E_2)$ und eine homogene Form n-ten Grades $a_n h^n$ mit $h \in E$ und $a_n h^n \in E_1$ vorgegeben sind, dann ist auch $A(a_n h^n)$ eine homogene Form n-ten Grades.

Es sei $a_n h_1 h_2 \ldots h_n$ die zugehörige symmetrische lineare Form. Da $A(a_n h_1 h_2 \ldots h_n)$ linear von jedem der h_i abhängt, so ist $A(a_n h_1 \ldots h_n)$ eine n-gliedrige lineare Form bezüglich $h_1, h_2, \ldots, h_n$ mit einem Wertevorrat in E_2. Diese Form ist symmetrisch. Darum ist $A(a_n h^n)$ eine homogene Form n-ten Grades.

6. Das Produkt $(a_n h^n)(b_m h^m)$ der homogenen Formen $a_n h^n$ und $b_m h^m$ n-ten bzw. m-ten Grades ist eine homogene Form vom Grade $n + m$.

Das Produkt $(a_n h_1 \ldots h_n)(b_m h_{n+1} \ldots h_{n+m})$ der entsprechenden n- bzw. m-gliedrigen linearen Formen ist eine lineare Form von $n + m$ Veränderlichen. Wir betrachten jetzt die zugehörige symmetrische Form $c_{n+m} h_1 \ldots h_{n+m} = S[(a_n h_1 \ldots h_n)(b_m h_{n+1} \ldots h_{n+m})]$ und setzen $h_1 = \ldots = h_{n+m} = h$. Wir er-

[1]) Man nennt die in (4) auftretende Form $a_n h_1 \ldots h_n$ die zu $a_n h^n$ symmetrische lineare Form.

halten die homogene Form $(n+m)$-ten Grades $c_{n+m}h^{n+m}$. Sie ist wegen (2) gleich $(a_n h^n)(b_m h^m)$.

Polynome. Eine Summe $P_n(h) = \sum_{k=1}^{n} a_k h^k$ von homogenen Formen mit $h \in E$, wobei alle $a_k h^k$ Elemente des Raumes E_1 sind, heißt *Polynom n-ten Grades in h.*

Wir führen einige einfache Eigenschaften der Polynome an.

1. Wenn

$$y = P_n(h) = \sum_{k=1}^{n} a_k h^k \in E_1, \quad z = Q_m(h) = \sum_{l=1}^{m} b_l h^l \in E_2$$

Polynome vom Grade n bzw. m in h sind und ein Produkt von zwei beliebigen Elementen aus E_1 und E_2 definiert ist, dann ist

$$yz = P_n(h)\,Q_m(h)$$

ein Polynom vom Grade $n+m$ in h.

Wegen der Distributivität der Multiplikation ist nämlich

$$yz = \left(\sum_{k=1}^{n} a_k h^k\right)\left(\sum_{l=1}^{m} b_l h^l\right) = \sum_{k=1}^{n}\sum_{l=1}^{m} (a_k h^k)(b_l h^l).$$

Jeder Summand $(a_k h^k)(b_l h^l)$ ist nach Eigenschaft 6. homogener Formen eine Form vom Grade $k+l \leqq n+m$. Dabei ist das Glied $(a_n h^n)(b_m h^m)$ eine Form $(n+m)$-ten Grades. Also ist das Produkt yz ein Polynom $(n+m)$-ten Grades in h.

2. Es seien $P_n(h)$ und $Q_m(g)$ Polynome n-ten Grades in h bzw. m-ten Grades in g. Für $h = Q_m(g)$ ist $P_n(h) = P_n(Q_m(g))$ ein Polynom vom Grade nm in g.

Wir beweisen dies durch Induktion nach n. Für $n = 1$ ist

$$P_1(h) = Ah$$

mit A als linearem Operator bezüglich h. Wenn

$$Q_m(g) = \sum_{k=1}^{m} b_k g^k$$

gilt, dann ist wegen Eigenschaft 5. homogener Formen

$$Ah = AQ_m(g) = \sum_{k=1}^{m} A b_k g^k$$

ein Polynom vom Grade m in g. Die Behauptung ist also für $n = 1$ richtig.

Sie gelte nun für alle Polynome $P_k(h)$ mit $k \leqq n-1$.

Wir betrachten ein Polynom $P_n(h) = \sum_{k=1}^{n} a_n h^n$ und erhalten

$$P_n(h) = P_{n-1}(h) + a_n h^n = P_{n-1}(h) + (a_n h^{n-1})h.$$

$P_{n-1}(h)$ ist ein Polynom $(n-1)$-ten Grades in h. Ist

$$h = Q_m(g),$$

so gilt nach der Induktionsannahme

$$P_{n-1}(h) = R_{(n-1)m}(g) \text{ und } a_n h^{n-1} = R^*_{(n-1)m}(g),$$

$R_{(n-1)m}(g)$ und $R^*_{(n-1)m}(g)$ sind hierbei Polynome vom Grade $(n-1)m$ in g; daraus folgt

$$P_n(h) = R_{(n-1)m}(g) + R^*_{(n-1)m}(g)\, Q_m(g).$$

Wegen Polynomeigenschaft 1. ist ein Produkt zweier Polynome $R^*_{(n-1)m}(g)\, Q_m(g)$ ein Polynom $R_{nm}(g)$. Also ergibt sich für $P_n(h)$

$$P_n(h) = P_n[Q_m(g)] = R_{(n-1)m}(g) + R_{nm}(g) = R^*_{nm}(g),$$

und $R^*_{nm}(g)$ ist ein Polynom nm-ten Grades in g, q. e. d.

§ 41. Das Differential einer abstrakten Funktion

Bezeichnungen. Wir führen die folgenden Bezeichnungen ein.

Ist $\beta = \varphi(\alpha)\cdot(\alpha$ und β aus $R)$ und strebt $\frac{\beta}{\alpha} \to 0$ für $\alpha \to 0$, so werden wir

$$\beta = o(\alpha).$$

schreiben.

Wenn die Ungleichung $|\beta| \leqq N\,|\alpha|$ für $\alpha \to 0$ gilt und N eine Konstante ist, so benutzen wir das Symbol

$$\beta = O(\alpha).$$

Es seien $x \in E$, $y_1 = y_1(x) \in E_1$, $y_2 = y_2(x) \in E_1$ und E, E_1 linear und normiert. Für die Beziehung

$$\| y_1(x) - y_2(x) \| = o(\| x \|^n)$$

schreiben wir kurz

$$y_1 \overset{x}{\underset{n}{=}} y_2.$$

D. h., $\| y_1 - y_2 \|$ wird von höherer als n-ter Ordnung klein, falls $\| x \| \to 0$ geht.

Für diese asymptotische Gleichheit gilt:

1. Aus $y_1 \overset{x}{\underset{n}{=}} y_2$ und $y_2 \overset{x}{\underset{n}{=}} y_3$ folgt $y_1 \overset{x}{\underset{n}{=}} y_3$.

2. Aus $y_1 \overset{x}{\underset{n}{=}} y_2$, $x = f(x_1)$ und $\| x_1 \| = O(\| x \|)$ folgt $y_1 \overset{x_1}{\underset{n}{=}} y_2$.

3. Sind $P(h)$ und $Q(h)$ Polynome in h mit gleichen Koeffizienten für die Potenzen $h, h^2, \ldots, h^n$, d. h., ist

$$P(h) - Q(h) = \sum_{k=n+1}^{p} a_k h^k,$$

so folgt

$$P(h) \overset{h}{\underset{n}{=}} Q(h).$$

Wir setzen voraus, daß die Multiplikationen, die in den folgenden Formeln auftreten, einen Sinn haben.

4. Wenn $\|A(x)\|$ in einer Umgebung von $x = \theta$ beschränkt und $y_1(x) \overset{x}{\underset{n}{=}} y_2(x)$ ist, dann folgt
$$A(x)\, y_1(x) \overset{x}{\underset{n}{=}} A(x)\, y_2(x).$$
Analog gilt:
$$y_1(x)\, A(x) \overset{x}{\underset{n}{=}} y_2(x)\, A(x).$$
5. Aus
$$A(x) \overset{x}{\underset{n}{=}} A_1(x) \quad \text{und} \quad B(x) \overset{n}{\underset{x}{=}} B_1(x)$$
folgt
$$A(x)\, B(x) \overset{x}{\underset{n}{=}} A_1(x)\, B_1(x).$$
Wegen der 4. Eigenschaft ist nämlich
$$A(x)\, B(x) \overset{x}{\underset{n}{=}} A(x)\, B_1(x) \overset{x}{\underset{n}{=}} A_1(x)\, B_1(x).$$
Daraus ergibt sich aber wegen 1. die Eigenschaft 5.

Wir geben jetzt zwei Definitionen des Differentials einer abstrakten Funktion.

Starkes Differential (FRÉCHETsches Differential). Es seien h und x beliebige Elemente des Raumes E und $f \in (E \to E_1)$. Ferner existiere ein linearer Operator $l \in (E \to E_1)$ (er hängt im allgemeinen von x ab) derart, daß
$$f(x + h) - f(x) = lh + \alpha(x, h) \tag{1}$$
ist, und dabei strebe
$$\frac{\|\alpha(x, h)\|}{\|h\|} \to 0 \quad \text{für} \quad \|h\| \to 0. \tag{2}$$
Wir schreiben also
$$f(x + h) - f(x) \overset{h}{\underset{1}{=}} lh. \tag{3}$$
Dann heißt lh *Differential der Funktion* $f(x)$ *im Punkte* x *für den Zuwachs* h. Es wird mit $df(x, h)$ oder $df(x)h$ bezeichnet.

Beispiel. E sei ein normierter Ring mit Einselement (s. S. 101—102). Wir betrachten die abstrakte Funktion $f(x) = x^{-1}$. Wenn für ein vorgegebenes $x \in E$ auch x^{-1} existiert, dann gibt es nach Satz 3 aus § 20 für hinreichend kleine $\|\Delta x\|$ auch das Element $f(x + \Delta x) = (x + \Delta x)^{-1}$. Weil $y^{-1} - x^{-1} = x^{-1}(x - y)\, y^{-1}$ ist, erhalten wir, wenn wir $y = x + \Delta x$ setzen,
$$\begin{aligned} f(x + \Delta x) - f(x) &= (x + \Delta x)^{-1} - x^{-1} \\ &= -x^{-1}\, \Delta x (x + \Delta x)^{-1} = -x^{-1} \Delta x\, x^{-1} + \alpha(x, \Delta x) \end{aligned}$$
mit
$$\alpha(x, \Delta x) = -x^{-1} \Delta x[(x + \Delta x)^{-1} - x^{-1}] = x^{-1}\, \Delta x\, x^{-1} \Delta x (x + \Delta x)^{-1}.$$
Es ist
$$\|\alpha(x, \Delta x)\| \leqq \|x^{-1}\|^2\, \|(x + \Delta x)^{-1}\|\, \|\Delta x\|^2 = \gamma \|\Delta x\|.$$
Mit $\|\Delta x\| \to 0$ geht $\gamma \to 0$, also folgt
$$df(x, \Delta x) = -x^{-1}\, \Delta x\, x^{-1}.$$
Ist Δx mit x^{-1} vertauschbar, so ist $df(x, \Delta x) = -x^{-2}\, \Delta x$.

Den linearen Operator l, der im allgemeinen von x abhängt, bezeichnen wir auch mit $f'(x)$. Dann ist also

$$df(x, h) = f'(x)h \quad \text{mit} \quad f'(x) \in (E \to E_1).$$

Der Operator $f'(x)$ kann als Funktion von x angesehen werden. Er ist auf einer gewissen Teilmenge von E definiert.

Wir nennen $f'(x)$ die *erste* FRÉCHET*sche Ableitung der Funktion* $f(x)$ *im Punkte* x. Die Gleichung (3) kann man in der Form

$$f(x + h) \overset{h}{\underset{1}{=}} f(x) + f'(x)h \tag{4}$$

schreiben. Die rechte Seite ist ein Polynom ersten Grades in h, das $f(x + h)$ von höherer als erster Ordnung in $\|h\|$ approximiert.

Schwaches Differential. Als *Richtungsableitung* oder *schwaches Differential* der Funktion $f(x)$ im Punkte x bezeichnet man den Ausdruck

$$Df(x, h) = \frac{d}{dt} f(x + th)\Big|_{t=0} = \lim_{t \to 0} \frac{f(x + th) - f(x)}{t}.$$

Dabei wird selbstverständlich vorausgesetzt, daß der rechts stehende Limes im Sinne der Normkonvergenz existiert.*)

Beispiel. Wir betrachten den Raum $C'[a, b]$ der auf dem Intervall $a \leqq t \leqq b$ stetig differenzierbaren Funktionen $y(t)$ mit der Norm

$$\|y\| = \max\left(\max_{a \leqq t \leqq b} |y(t)|, \max_{a \leqq t \leqq b} |y'(t)|\right)$$

und das Funktional einer einfachen Variationsaufgabe

$$I(y) = \int_a^b f(t, y, y')\, dt.$$

Die Definitionen des FRÉCHETschen Differentials und der Richtungsableitung entsprechen hier den üblichen Definitionen des Differentials bzw. der Variation.

Analoges stellt man auch für andere Funktionale der Variationsrechnung fest. Der Begriff des Differentials einer abstrakten Funktion hat sogar seinen Ursprung in der Variationsrechnung.

Satz 1. *Existiert das* FRÉCHET*sche Differential, dann existiert die Richtungsableitung und es ist* $df(x, h) = Df(x, h)$.

Beweis. Es ist

$$f(x + th) - f(x) = df(x, th) + \alpha(x, th) = t\, df(x, h) + \alpha(x, th).$$

Nach (2) wird $\quad \|\alpha(x, th)\| = o(\|th\|) = o(|t|\, \|h\|) = \gamma(t)$

*) Zuweilen nennt man $\lim\limits_{t \to 0} \dfrac{f(x + th) - f(x)}{t}$ eine schwache Richtungsableitung, wenn der Limes im Sinne der *schwachen* Konvergenz der Elemente verstanden wird.

für $t \to 0$ von höherer als erster Ordnung klein. Darum strebt

$$\frac{f(x+th)-f(x)}{t} = df(x,h) + \frac{\alpha(x,th)}{t} \to df(x,h)$$

für $t \to 0$. Also ist

$$df(x,h) = \lim_{t\to 0} \frac{f(x+th)-f(x)}{t} = Df(x,h).$$

Damit haben wir bewiesen, daß die Richtungsableitung existiert und gleich dem FRÉCHETschen Differential ist.

Die Richtungsableitung $Df(x,h)$ braucht nicht linear in h zu sein. Ist dies aber der Fall, so folgt $Df(x,h) = l_1 h = f^{\langle\prime\rangle}(x)h$, wobei $f^{\langle\prime\rangle}(x)$ ein linearer Operator bezüglich h und $f^{\langle\prime\rangle}(x) \in (E \to E_1)$ ist. Wir nennen dann $f^{\langle\prime\rangle}(x)$ die *schwache Ableitung der Funktion $f(x)$ im Punkte x.*

Satz 2. *Existiert in $\|x'-x\| \leq r$ die Richtungsableitung $Df(x,h)$ und ist sie gleichmäßig stetig in x und stetig in h, so gibt es in dieser Umgebung das* FRÉCHET*sche Differential $df(x,h)$ und es gilt $df(x,h) = Df(x,h)$.*

Beweis. Für $\|h\| \leq r$ existiert in allen Punkten $x_t = x + th$, $0 \leq t \leq 1$ die Richtungsableitung $Df(x_t, h)$. Da

$$Df(x_t,h) = \lim_{\Delta t\to 0} \frac{f(x_t+\Delta t h)-f(x_t)}{\Delta t}$$

und

$$x_t + \Delta t h = x + (t+\Delta t)h = x_{t+\Delta t}$$

ist, so folgt

$$Df(x_t,h) = \lim_{\Delta t\to 0} \frac{f(x_{t+\Delta t})-f(x_t)}{\Delta t} = \frac{d}{dt} f(x_t) = \frac{d}{dt} f(x+th).$$

Wir zeigen die Additivität von $Df(x,h)$ in bezug auf h

$$Df(x, h+h') = Df(x.h) + Df(x,h'). \tag{5}$$

Zunächst bemerken wir, daß aus

$$Df(x_t,h) = \frac{d}{dt} f(x+th)$$

folgt

$$f(x+th) - f(x) = \int_0^t \frac{d}{d\tau} f(x+\tau h)\, d\tau = \int_0^t Df(x+\tau h, h)\, d\tau$$
$$= t\,Df(x,h) + \varepsilon_1, \tag{6}$$

wobei

$$\varepsilon_1 = \int_0^t [Df(x+\tau h, h) - Df(x,h)]\, d\tau$$

gesetzt wurde. Entsprechend erhalten wir

$$f(x + t(h+h')) - f(x) = t\,Df(x, h+h') + \varepsilon_2 \tag{7}$$

mit $$\varepsilon_2 = \int\limits_0^t \{Df(x + \tau(h + h'), h + h') - Df(x, h + h')\}\, d\tau,$$

sowie $$f(x + t(h + h')) - f(x + th) = t\,Df(x, h') + \varepsilon_3 \tag{8}$$

mit $$\varepsilon_3 = \int\limits_0^t \{Df(x + th + \tau h', h') - Df(x, h')\}\, d\tau.$$

Da $Df(x, h)$ stetig in x ist, ergibt sich für ein beliebiges $\eta > 0$ bei hinreichend kleinem $t > 0$ und $0 \leqq \tau \leqq t$

$$\|Df(x + \tau h, h) - Df(x, h)\| \leqq \frac{\eta}{3},$$

$$\|Df(x + \tau(h + h'), h + h') - Df(x, h + h')\| \leqq \frac{\eta}{3},$$

$$\|Df(x + th + \tau h', h') - Df(x, h')\| \leqq \frac{\eta}{3}.$$

Also folgt

$$\|\varepsilon_1\| = \left\| \int\limits_0^t \{Df(x + \tau h, h) - Df(x, h)\}\, d\tau \right\| \leqq \frac{1}{3}\eta t$$

und entsprechend

$$\|\varepsilon_2\| \leqq \frac{1}{3}\eta t, \quad \|\varepsilon_3\| \leqq \frac{1}{3}\eta t.$$

Aus (6), (7) und (8) ergibt sich

$$0 = [f(x + th) - f(x)] + [f(x + t(h + h')) - f(x + th)] - [f(x + t(h + h')) - f(x)]$$
$$= t[Df(x, h) + Df(x, h') - Df(x, h + h')] + (\varepsilon_1 + \varepsilon_3 - \varepsilon_2),$$

d. h. $$Df(x, h) + Df(x, h') - Df(x, h + h') = \frac{1}{t}(\varepsilon_2 - \varepsilon_3 - \varepsilon_1)$$

und damit

$$\|Df(x, h) + Df(x, h') - Df(x, h + h')\| \leqq \frac{1}{t}(\|\varepsilon_1\| + \|\varepsilon_2\| + \|\varepsilon_3\|) \leqq \eta.$$

Weil aber η beliebig gewählt war, wird

$$\|Df(x, h) + Df(x, h') - Df(x, h + h')\| = 0,$$

womit (5) bewiesen ist.

Außerdem war $Df(x, h)$ stetig in h vorausgesetzt. Dann ist $Df(x, h)$ aber ein linearer Operator in bezug auf h: $Df(x, h) = f^{\langle\prime\rangle}(x)h$ und mit $Df(x, h)$ ist auch $f^{\langle\prime\rangle}(x)$ gleichmäßig stetig in x.

Wir beweisen nun, daß

$$f(x + h) - f(x) \frac{h}{1} f^{\langle\prime\rangle}(x)\, h \tag{4'}$$

ist. Dann stimmt nämlich $Df(x, h)$ als der in h lineare Anteil des Zuwachses $f(x+h) - f(x)$ mit $df(x, h)$ überein. Wir erhalten

$$f(x+h) - f(x) = \int_0^1 \frac{d}{dt} f(x+th)\,dt = \int_0^1 Df(x+th, h)\,dt$$

$$= \left\{ \int_0^1 f^{\langle\prime\rangle}(x+th)\,dt \right\} h = f^{\langle\prime\rangle}(x)h + \varepsilon \tag{9}$$

mit

$$\varepsilon = \left\{ \int_0^1 [f^{\langle\prime\rangle}(x+th) - f^{\langle\prime\rangle}(x)]\,dt \right\} h.$$

Wegen der gleichmäßigen Stetigkeit von $f^{\langle\prime\rangle}(x)$ geht für $0 \leqq t \leqq 1$

$$\|f^{\langle\prime\rangle}(x+th) - f^{\langle\prime\rangle}(x)\| = \alpha(\|h\|) \to 0 \quad \text{für} \quad \|h\| \to 0.$$

Daraus folgert man

$$\|\varepsilon\| \leqq \left\| \int_0^1 [f^{\langle\prime\rangle}(x+th) - f^{\langle\prime\rangle}(x)]\,dt \right\| \|h\|$$

$$\leqq \int_0^1 \|f^{\langle\prime\rangle}(x+th) - f^{\langle\prime\rangle}(x)\|\,dt\,\|h\| = \alpha(\|h\|)\,\|h\|, \tag{9'}$$

und (4') ist bewiesen. Somit haben wir

$$Df(x, h) = df(x, h) \quad \text{und} \quad f^{\langle\prime\rangle}(x) = f'(x)$$

gefunden, q. e. d.

Im folgenden werden wir stets voraussetzen, daß für alle betrachteten differenzierbaren Funktionen $Df(x, h) = df(x, h)$ ist.

B e m e r k u n g. Wenn in der Umgebung $\|x - x_0\| \leqq r$ von x_0 die Ungleichung

$$\|f'(x)\| \leqq N$$

gilt und x_1, x_2 dieser Umgebung angehören, dann folgt daraus

$$\|f(x_2) - f(x_1)\| \leqq N\|x_2 - x_1\|. \tag{10}$$

Da der Bereich $\|x - x_0\| \leqq r$ konvex ist, gehört mit x_1 und x_2 auch die Strecke

$$x_t = (1-t)x_1 + tx_2, \ 0 \leqq t \leqq 1$$

zu dieser Umgebung. Danach ist

$$\|f'(x_t)\| \leqq N.$$

Weil aber

$$f(x_2) - f(x_1) = \int_0^1 f'(x_t)(x_2 - x_1)\,dt$$

gilt, so folgt

$$\|f(x_2) - f(x_1)\| \leqq \int_0^1 \|f'(x_t)\|\,dt\,\|x_2 - x_1\| \leqq N\|x_2 - x_1\|.$$

§ 42. Differentiale und Ableitungen höherer Ordnung

Die Taylorsche Formel. Wir haben das FRÉCHETsche Differential erster Ordnung definiert, indem wir eine Approximation der Funktion $f(x+h)$ durch ein Polynom ersten Grades in h betrachteten.

Es existiere nun ein Polynom

$$P_n(h) = a_1 h + a_2 h^2 + \ldots + a_n h^n$$

vom Grade n in h derart, daß

$$f(x+h) - f(x) \underset{n}{\overset{h}{-}} P_n(h) \tag{1}$$

ist. D. h., es sei $\qquad f(x+h) - f(x) = P_n(h) + \alpha_n(h)$

mit

$$\|\alpha_n(h)\| \leqq \varepsilon(\|h\|)\, \|h\|^n, \tag{2}$$

und es gehe $\qquad \varepsilon(\|h\|) \to 0$ für $\|h\| \to 0.$

Das Polynom $P_n(h)$ heißt Taylorsche Summe vom Grade n für die Funktion f. Das mit $n!$ multiplizierte n-te Glied heißt *n-tes FRÉCHETsches Differential der Funktion $f(x)$ im Punkte x*, und die Funktion $f(x)$ selbst heißt *n-mal differenzierbar*. (Die n-malige Differenzierbarkeit ist von M. A. GAWURIN untersucht worden.)

Wir bezeichnen das n-te FRÉCHETsche Differential mit $d^n f(x, h)$, und es ist dann

$$d^n f(x, h) = n!\, a\, h^n.$$

Die zu $d^n f(x, h)$ gehörige symmetrische n-gliedrige lineare Form lautet $d^n f(x, h_1, \ldots, h_n) = n!\, a_n h_1 \ldots h_n$. Diese lineare Form $n!\, a_n$ heißt *n-te FRÉCHETsche Ableitung der Funktion $f(x)$ im Punkte x* und wird mit $f^{(n)}(x)$ bezeichnet. Somit ist

$$d^n f(x, h) = f^{(n)}(x) h^n.$$

Die Formel (1) lautet

$$f(x+h) - f(x) \underset{n}{\overset{h}{-}} f'(x) h + \frac{1}{2} f''(x) h^2 + \ldots + \frac{1}{n!} f^{(n)}(x) h^n.$$

Wir beweisen[1]) $\qquad d^n f(x, h) = \left.\frac{d^n}{dt^n} f(x + th)\right|_{t=0}. \qquad (3)$

Aus (1) folgt

$$f(x + th) = f(x) + \sum_{k=1}^{n-1} t^k a_k h^k + t^n a_n h^n + \alpha(th)$$

mit

$$\lim_{t \to 0} \frac{\alpha(th)}{t^n} = \theta.$$

---

[1]) Es ist $\qquad \left.\frac{d^n}{dt^n} f(x+th)\right|_{t=0} = \lim_{\Delta t \to 0} \left[\frac{1}{(\Delta t)^n} \Delta^n_{\Delta t} f(x+th)\right]_{t=0}.$

(S. § 38, (6).)

Wir erhalten
$$\frac{d^n}{dt^n}\sum_{k=1}^{n-1}(t^k a_k h^k) = \theta,$$
$$\frac{d^n}{dt^n}(t^n a_n h^n) = n!\, a_n h^n$$

und schließlich
$$\left.\frac{d^n}{dt^n}(\alpha(th))\right|_{t=0} = \lim_{\Delta t\to 0}\frac{\Delta^n(\alpha(th)|_{t=0}}{(\Delta t)^n}$$
$$= \lim_{\Delta t\to 0}\frac{1}{(\Delta t)^n}\sum_{k=0}^{n}(-1)^k\binom{n}{k}\alpha\left[\left(k-\frac{n}{2}\right)\Delta t h\right].$$

Wegen (2) strebt für $\Delta t \to 0$
$$\frac{\alpha\left[\left(k-\frac{n}{2}\right)\Delta t h\right]}{(\Delta t)^n} \to \theta,$$

daraus folgt
$$\frac{d^n}{dt^n}[\alpha(th)]_{t=0} = \theta.$$

Somit haben wir
$$d^n f(x, h) = n!\, a_n h^n = \left.\frac{d^n}{dt^n} f(x + th)\right|_{t=0}$$

erhalten.

Wenn $d^n f(x, h)$ in einem gewissen Gebiet existiert und die Relation (2) (in der $a_n(h)$ noch von x abhängig ist) gleichmäßig für alle x in diesem Gebiet erfüllt ist, wollen wir $d^n f(x, h)$ ein *gleichmäßiges* FRÉCHET*sches Differential* nennen. In diesem Falle steht auf der rechten Seite von (3) die gleichmäßige Differenzenableitung.

Wir bringen jetzt eine andere Definition des n-ten Differentials. In einer Umgebung des Punktes x existiere das erste Differential $df(x, h) = df(x)h = f'(x)h$. Die Funktion $f'(x)$ und damit folglich auch $df(x)h$ seien ihrerseits wieder nach x differenzierbar. Wir gelangen so zum *zweiten Differential* $d[df(x)h]\, h_1 = d\,[f'(x)h]\, h_1 = [df'(x)h_1]\, h$.[1]) Wenn wir
$$df'(x)\, h_1 = f''(x)\, h_1$$

schreiben, dann soll $f''(x)$ *zweite Ableitung* heißen, und wir erhalten nach (3)
$$d[df(x)\, h]\, h_1 = f''(x)\, h_1 h = \left.\frac{d}{dt} df(x + th_1)\, h\right|_{t=0}$$
$$= \left.\frac{\partial}{\partial t}\left[\left.\frac{\partial}{\partial t_1} f(x + th + t_1 h_1)\right|_{t_1=0}\right]\right|_{t=0}$$
$$= \left.\frac{\partial^2}{\partial t\,\partial t_1} f(x + th + t_1 h_1)\right|_{t=t_1=0}.$$

---

[1]) Denn wegen der Linearität ist
$$d[f'(x)h]h_1 \overset{h_1}{\underset{1}{=}} f'(x + h_1)h - f'(x)h = [f'(x + h_1) - f'(x)]h \overset{h_1}{\underset{1}{=}} [df'(x)h_1]h.$$

Analog wird das *n-te Differential* definiert, und zwar unter der Voraussetzung, daß das $(n-1)$-te Differential

$$d\{\ldots d[df(x)h_1]\,h_2\ldots\}\,h_{n-1} = f^{n-1}(x)\,h_{n-1}h_{n-2}\ldots h_1$$

existiert und daß es als Funktion von x differenzierbar ist, d. h., es sei $f^{n-1}(x)$ differenzierbar. Wir erhalten schließlich

$$\begin{aligned} d(d\{\ldots d[df(x)h_1]h_2\ldots\}\,h_{n-1})\,h_n &= d[f^{n-1}(x)\,h_{n-1}h_{n-2}\ldots h_1]h_n \\ &= df^{n-1}(x)\,h_n h_{n-1}h_{n-2}\ldots h_1. \end{aligned} \tag{4}$$

Schreiben wir für $df^{n-1}(x)h_n = f^n(x)h_n$, so erhalten wir die *n-te Ableitung* $f^n(x)$ und

$$d(d\{\ldots df(x)\,h_1\ldots\}\,h_{n-1})\,h_n = f^n(x)\,h_1h_2\ldots h_n.$$

Aus Gleichung (4) wird

$$\frac{\partial^n}{\partial t_1\partial t_2\ldots\partial t_n} f\left(x+\sum_{i=1}^n t_i h_i\right)\Bigg|_{t_1=t_2=\ldots=t_n=0} = f^n(x)\,h_1h_2\ldots h_n.$$

Setzen wir $h_1 = h_2 = \ldots = h_n = h$, so erhalten wir

$$f^n(x)\,h^n = \frac{d^n}{dt^n} f(x+th)\Big|_{t=0}. \tag{5}$$

Aus den Formeln (3) und (5) folgt der

Satz. *Wenn in einem Gebiet Q ein n-tes gleichmäßiges* FRÉCHET*sches Differential $f^{(n)}(x)\,h^n$ existiert und stetig in x ist, dann gibt es in Q auch das n-te Differential $f^n(x)\,h^n$, und es gilt*

$$f^{(n)}(x) = f^n(x).$$

Es existiere nun umgekehrt das n-te Differential und $f^n(x)$ sei gleichmäßig stetig in x in einem Gebiet Q. Dann existiert in Q auch das n-te gleichmäßige FRÉCHET*sche Differential, und es stimmt in Q mit dem n-ten Differential überein.*

Wir beweisen diesen Satz durch Induktion. Für $n = 1$ fällt die Aussage mit Satz 2 und den Formeln (9') bzw. (9) des § 41 zusammen und ist dort bewiesen. Der Satz gelte nun für $n-1$. Weil

$$f^n(x) = [f'(x)]^{n-1} = [f'(x)]^{(n-1)}$$

ist, erhalten wir

$$f'(x+h) = f'(x) + f''(x)h + \frac{1}{2}f'''(x)\,h^2 + \ldots + \frac{1}{(n-1)!}f^n(x)\,h^{n-1} + \alpha(x, h),$$

wobei $\|\alpha(x, h)\| \leqq \varepsilon(\|h\|)\,\|h\|^{n-1}$ ist und $\varepsilon(\|h\|) \to 0$ konvergiert für $\|h\| \to 0$.

Daraus folgt für $0 \leqq t \leqq 1$

$$\begin{aligned} f'(x+th) = f'(x) + tf''(x)\,h + \frac{1}{2}t^2f'''(x)h^2 + \ldots \\ + \frac{1}{(n-1)!}t^{n-1}f^n(x)\,h^{n-1} + \alpha(t, h), \end{aligned}$$

dabei ist $\|\alpha(th)\| \leqq \varepsilon_n t^n\|h\|^n \leqq \varepsilon_n\|h\|^n$, und es strebt $\varepsilon_n \to 0$ für $\|h\| \to 0$.

Weiter ist

$$f(x+h)-f(x)=\int_0^1 f'(x+th)\,h\,dt$$

$$=\int_0^1\Big[f'(x)+tf''(x)h+\frac{1}{2}t^2f'''(x)h^2+\dots$$

$$+\frac{1}{(n-1)!}t^{n-1}f^n(x)\,h^{n-1}\Big]h\,dt+R_n$$

mit $R_n=\int_0^1 \alpha(th)\,h\,dt.$

Also folgt

$$f(x+h)=f(x)+f'(x)h+\frac{1}{2!}f''(x)h^2+\frac{1}{3!}f'''(x)h^3+\dots$$

$$+\frac{1}{n!}f^n(x)\,h^n+R_n$$

mit $\|R_n\|\leqq\int_0^1\|\alpha(th)\|\,\|h\|\,dt\leqq\varepsilon_n\|h\|^n$, und es strebt $\varepsilon_n\to 0$ für $\|h\|\to 0$.

Somit ist die Summe auf der rechten Seite des letzten Ausdrucks für $f(x+h)$ eine Taylorsumme für die Funktion $f(x)$, und es gilt $f^n(x)h^n=d^nf(x,h)$, d. h. aber, es ist $f^n(x)=f^{(n)}(x)$, q. e. d.

Im folgenden sollen die n-te Ableitung und das n-te Differential im FRÉCHETschen Sinne aufgefaßt werden. Wir untersuchen jetzt die n-te Ableitung einer mittelbaren Funktion und eines Produkts.

1. *Es sei* $z=\varphi(y)$, $y=\psi(x)$, $x\in E$, $y\in E_1$, $z\in E_2$, *und* $z=\varphi(\psi(x))=f(x)$. *Weiter sei* $y_0=\psi(x_0)$, $z_0=\varphi(y_0)=f(x_0)$. *Wenn* $\varphi(y)$ *und* $\psi(x)$ *in den Punkten* x_0 *bzw.* y_0 *n-mal differenzierbar sind, dann ist auch* $f(x)$ *in* x_0 *n-mal differenzierbar.*

Beweis. Nach Voraussetzung gibt es in E ein Polynom n-ten Grades $P_n(h)$ derart, daß

$$\psi(x_0+h)-\psi(x_0)\underset{n}{\overset{h}{=}}P_n(h)$$

ist. Andererseits existiert in E_1 ein Polynom n-ten Grades $Q_n(g)$, so daß

$$\varphi(y_0+g)-\varphi(y_0)\underset{n}{\overset{g}{=}}Q_n(g)$$

gilt. Setzen wir

$$g=\psi(x_0+h)-\psi(x_0),$$

dann erhalten wir

$$\psi(x_0+h)=\psi(x_0)+g=y_0+g$$

und

$$f(x_0+h)-f(x_0)=\varphi[\psi(x_0+h)]-\varphi[\psi(x_0)]=\varphi(y_0+g)-\varphi(y_0)\underset{n}{\overset{g}{=}}Q_n(g). \quad (6)$$

Für g gilt aber $$g = \psi(x_0 + h) - \psi(x_0) \underset{n}{\overset{h}{=}} P_n(h)$$

und somit $$Q_n(g) \underset{n}{\overset{h}{=}} Q_n(P_n(h)).$$

Wegen Eigenschaft 2 für Polynome ist $Q_n(P_n(h))$ ein Polynom in h. Es kann mit der erforderlichen Genauigkeit durch ein Polynom $R_n(h)$ vom Grade n in h approximiert werden:
$$Q_n(g) \underset{n}{\overset{h}{=}} Q_n[P_n(h)] \underset{n}{\overset{h}{=}} R_n(h). \tag{7}$$

Weil die Funktion ψ im Punkte x_0 differenzierbar ist, folgt
$$\|g\| = \|\psi(x_0 + h) - \psi(x_0)\| = O(\|h\|).$$

Darum kann das Symbol $\underset{n}{\overset{g}{=}}$ durch $\underset{n}{\overset{h}{=}}$ ersetzt werden, und die Gleichung (6) nimmt die Form
$$f(x_0 + h) - f(x_0) \underset{n}{\overset{h}{=}} Q_n(g)$$
an.

Hieraus und aus (7) folgt
$$f(x_0 + h) - f(x_0) \underset{n}{\overset{h}{=}} R_n(h). \tag{8}$$

Weil somit ein Polynom $R_n(h)$ die Relation (8) erfüllt, gilt unser Satz.

Sind $\varphi(x)$ und $\psi(x)$ n-mal stetig differenzierbar nach x, so hat auch $f(x) = \varphi[\psi(x)]$ diese Eigenschaft. In diesem Falle sind die Koeffizienten der Polyonme $P_n(h)$ und $Q_n(h)$ stetige Funktionen von x. Also sind auch die Koeffizienten von $Q_n(P_n(h))$ stetig in x. Folglich kann auch das Polynom $R_n(h)$ so gewählt werden, daß die Koeffizienten stetig sind.

2. *Es sei $x \in E$, $y = f(x) \in E_1$, $z = \varphi(x) \in E_2$, und für die Elemente $y \in E_1$ und $z \in E_2$ sei ein Produkt definiert, das in E_3 liegt. Wenn $f(x)$ und $\varphi(x)$ n-mal stetig differenzierbar sind, dann ist auch $F(x) = f(x)\,\varphi(x)$ n-mal stetig differenzierbar.*

Beweis. Nach Voraussetzung ist
$$f(x + h) \underset{n}{\overset{h}{=}} f(x) + P_n(h) \quad \text{und} \quad \varphi(x + h) \underset{n}{\overset{h}{=}} \varphi(x) + Q_n(h)$$

mit $$P_n(h) = \sum_{k=1}^{n} a_k(x) h^k \quad \text{und} \quad Q_n(h) = \sum_{k=1}^{n} b_k(x) h^k$$

und stetigen Funktionen $a_k(x)$ und $b_k(x)$. Daraus ergibt sich
$$f(x + h)\,\varphi(x + h) \underset{n}{\overset{h}{=}} f(x)\,\varphi(x) + [f(x)\,Q_n(h) + \varphi(x)\,P_n(h) + P_n(h)\,Q_n(h)].$$

Der in den Klammern stehende Ausdruck ist ein Polynom mit stetigen Koeffizienten. Wir vernachlässigen die Glieder, die h in höherer als n-ter Potenz enthalten und bekommen $R_n(h) = \sum_{k=1}^{n} c_k(x)\, h^n$ mit stetigen $c_k(x)$. Somit ist

$$f(x)\,Q_n(h) + \varphi(x)\,P_n(h)\,P_n(h)\,Q_n(h) \overset{h}{\underset{n}{=}} R_n(h)$$

und

$$f(x+h)\,\varphi(x+h) \overset{h}{\underset{n}{=}} f(x)\,\varphi(x) + R_n(h). \tag{9}$$

Diese Gleichung zeigt, daß $F(x) = f(x)\,\varphi(x)$ eine n-mal stetig differenzierbare Funktion von x ist.

Zum Abschluß bemerken wir, daß für Funktionale, die in linearen komplexen Räumen definiert sind, schon aus der Existenz des ersten Differentials in einer Umgebung eines Punktes die Existenz aller Differentiale höherer Ordnung in dieser Umgebung folgt. Man kann ein Funktional auch durch eine „Taylorreihe" darstellen [54].

§ 43. Differentiation der Funktionen von zwei Variablen

Wir untersuchen eine Funktion von zwei Veränderlichen $\varphi(x, y)$ mit $x \in E_1$, $y \in E_2$, $\varphi(x, y) \in E$. Man kann (x, y) als Element der direkten Summe $E_1 \oplus E_2$ ansehen. Wir definieren die Norm des Elements $(x, y) \in E_1 \oplus E_2$ durch $\|(x, y)\|_{E_1 \oplus E_2} = \|x\|_{E_1} + \|y\|_{E_2}$. Dann ist $E_1 \oplus E_2$ ein linearer normierter Raum. Die Funktion $\varphi(x, y)$ heißt *n-mal differenzierbar im Punkte* (x_0, y_0), wenn die Beziehung

$$\varphi(x_0 + h,\ y_0 + g) - \varphi(x_0, y_0) \overset{(h,\,g)}{\underset{n}{=}} a_1(h, g) + a_2(h, g)^2 + \dots + a_n(h, g)^n$$

besteht. Hierbei sind $a_k(h, g)^k$ homogene Formen des Elementes $(h, g) \in E_1 \oplus E_2$ vom Grade k. Offenbar ist $a_n(h, g)^n$ eine Summe von linearen Formen der Gestalt $a_n h_1 h_2 \dots h_n$, wo jedes der h_i gleich h oder g ist.

Satz. *Wenn $\varphi(x, y)$ und $y = f(x)$ in (x_0, y_0) bzw. x_0 n-mal differenzierbar sind mit $y_0 = f(x_0)$, dann ist $\varphi(x, f(x))$ eine n-mal differenzierbare Funktion von x in $x = x_0$.*

Beweis. Ist
$$g = f(x_0 + h) - f(x_0),$$
so folgt
$$f(x_0 + h) = y_0 + g.$$
und
$$g \overset{h}{\underset{n}{=}} P_n(h) = a_1 h + a_2 h^2 + \dots + a_n h^n. \tag{1}$$
Dann ist
$$\|g\| = O(\|h\|)$$
und also auch
$$\|(h, g)\|_E = \|h\|_{E_1} + \|g\|_{E_2} = O(\|h\|). \tag{2}$$
Da $\varphi(x, y)$ eine n-mal differenzierbare Funktion ist, so folgt

$$\varphi(x_0 + h,\ y_0 + g) - \varphi(x_0, y_0) \overset{h}{\underset{n}{=}} A_1(h, g) + A_2(h, g)^2 + \dots + A_n(h, g)^n, \tag{3}$$

denn wegen (2) können wir in (3) das Symbol $\overset{(h,\,g)}{\underset{n}{=}}$ durch $\overset{h}{\underset{n}{=}}$ ersetzen. Weil aus (1)

$$A_k(h, g) \overset{h}{\underset{n}{=}} A_k(h, P_n(h))^k$$

folgt, ergibt sich

$$\varphi(x_0 + h, y_0 + g) - \varphi(x_0, y_0) \overset{h}{\underset{n}{=}} \sum_{k=1}^{n} A_k(h, P_k(h))^k. \tag{4}$$

$A_k(h, P_k(h))^k$ ist eine Summe von Gliedern der Form $a_k h_1 h_2 \ldots h_k$, wo ein jedes der h_i gleich h oder gleich $P_k(h)$ ist. Also ist $A_k(h, P_k(h))^k$ und folglich auch die ganze Summe in (4) ein Polynom in h. Lassen wir die Glieder von höherem als n-ten Grade in h fort, so erhalten wir ein Polynom $R_n(h)$, für das

$$R_n(h) \overset{h}{\underset{n}{=}} \sum_{k=1}^{n} A_k(h, P_k(h))^k$$

gilt. Somit ist $\quad \varphi(x_0 + h, y_0 + g) - \varphi(x_0, y_0) \overset{h}{\underset{n}{=}} R_n(h),$

q. e. d.

Wir führen nun den Begriff der *partiellen Ableitungen* einer Funktion von zwei Veränderlichen ein. Es ist

$$d\varphi[(x_0, y_0); (h, g)] = A_1(h, g) = a_1 h + a_2 g,$$
$$d^2\varphi[(x_0, y_0); (h, g)] = A_2(h, g)^2 = a_{11} h^2 + a_{12} hg + a_{21} gh + a_{22} g^2$$

usw. Mit den Bezeichnungen

$$a_1 = \varphi'_x(x_0, y_0), \qquad a_2 = \varphi'_y(x_0, y_0),$$
$$a_{11} = \varphi''_{xx}(x_0, y_0), \qquad a_{12} = \varphi''_{xy}(x_0, y_0),$$
$$a_{21} = \varphi''_{yx}(x_0, y_0), \qquad a_{22} = \varphi''_{yy}(x_0, y_0)$$

erhalten wir

$$a_1 h = \varphi'_x h = \frac{d}{dt} \varphi(x_0 + th, y_0)_{t=0},$$

$$a_2 g = \varphi'_y g = \frac{d}{dt} \varphi(x_0, y_0 + tg)_{t=0},$$

$$a_{11} h^2 = \varphi''_{xx} h^2 = \frac{d^2}{dt^2} \varphi(x_0 + th, y_0)_{t=0},$$

$$a_{12} hg = \varphi''_{xy} hg = \frac{\partial^2}{\partial t_1 \partial t_2} \varphi(x_0 + t_1 h, y_0 + t_2 g)_{t_1=t_2=0},$$

$$a_{21} gh = \varphi''_{yx} gh = \frac{\partial^2}{\partial t_2 \partial t_1} \varphi(x_0 + t_1 h, y_0 + t_2 g)_{t_1=t_2=0},$$

$$a_{22} g^2 = \varphi''_{yy} g^2 = \frac{d^2}{dt^2} \varphi(x_0, y_0 + tg)_{t=0}$$

usw.

Hat $\varphi(x, y)$ ein stetiges zweites Differential, so gilt $a_{12}hg = a_{21}gh$, denn die Operationen $\frac{\partial}{\partial t_1}$ und $\frac{\partial}{\partial t_2}$ sind vertauschbar, wenn $\frac{\partial^2}{\partial t_1 \partial t_2}\varphi(x_0 + t_1 h, y_0 + t_2 g)$ eine stetige Funktion von t_1 und t_2 ist.

§ 44. Sätze über implizite Funktionen

Wir beweisen eine Verallgemeinerung des Satzes über implizite Funktionen. Dazu betrachten wir die direkte Summe $E \oplus E_1$ der Räume E und E_1 sowie einen Operator $\varphi(x, y)$, der $E \oplus E_1$ in E überführt:

Es sei also $x \in E$, $y \in E_1$, $\varphi(x, y) \in E$ und

1. $\varphi(x_0, y_0) = \theta$,

2. in einer Umgebung des Punktes (x_0, y_0) habe $\varphi(x, y)$ eine stetige Ableitung $\varphi'_y(x, y)$ und

3. existiere $[\varphi'_y(x_0, y_0)]^{-1}$.

Infolge der Stetigkeit des Operators $\varphi'_y(x, y)$ ist der Operator $[\varphi'_y(x, y)]^{-1}$ für alle (x, y) einer gewissen η-Umgebung des Punktes (x_0, y_0) definiert, und seine Norm ist beschränkt:

$$\|[\varphi'_y(x_0 + h, y_0 + g)]^{-1}\| \leqq K \quad \text{für} \quad \|h\| \leqq \eta, \; \|g\| \leqq \eta. \tag{2}$$

Satz 1. *Sind die Voraussetzungen 1.—3. erfüllt, so gibt es zu jedem τ_1 mit $0 \leqq \tau_1 \leqq \eta$ eine positive Zahl $\tau_0 \leqq \eta$ und einen stetigen Operator $y = f(x)$, $x \in E$, $y \in E_1$, der in der Umgebung $\|x - x_0\| \leqq \tau_0$ von x_0 definiert ist, so daß*

$$y = f(x) \tag{3}$$

in einer gewissen Umgebung von (x_0, y_0) mit

$$\varphi(x, y) = \theta \tag{4}$$

äquivalent ist. D. h., jedes Element (x, y) mit $\|x - x_0\| \leqq \tau_0$, das (3) genügt, erfüllt auch die Gleichung (4), und umgekehrt befriedigt jedes Element (x, y) aus $\|x - x_0\| \leqq \tau_0$, $\|y - y_0\| \leqq \tau_1$, das (4) genügt, auch (3). Der Operator $f(x)$ ist stetig in x, und es gilt $f(x_0) = y_0$.

Beweis. Wir setzen $x = x_0 + h$, $y = y_0 + h$, wählen h mit $\|h\| \leqq \eta$ fest und wollen eine Lösung $g = g(h)$ von

$$\varphi(x_0 + h, y_0 + g) = \theta \tag{5}$$

oder der äquivalenten Gleichung

$$g = \psi(h, g) \tag{6}$$

suchen, wo

$$\begin{aligned} \psi(h, g) &= g - [\varphi'_y(x_0 + h, y_0)]^{-1} \varphi(x_0 + h, y_0 + g) \\ &= -[\varphi'_y(x_0 + h, y_0)]^{-1} [\varphi(x_0 + h, y_0 + g) - \varphi'_y(x_0 + h, y_0)\, g] \end{aligned} \tag{7}$$

gesetzt ist. Nachdem wir $g(h)$ definiert haben, erklären wir die Funktion $y = f(x)$ für $x = x_0 + h$, $y = y_0 + g$ durch $y_0 = f(x_0)$ und

$$y = f(x) = f(x_0 + h) = f(x_0) + g(h).$$

Wir werden die Gleichung (6) durch Iteration lösen, indem wir

$$g^{(0)}(h) = g^{(0)} = \theta, \quad g^{(n)}(h) = g^{(n)} = \psi(h, g^{(n-1)})$$

setzen.

Nach (7) ist $\quad \psi(h, \theta) = -[\varphi_y'(x_0 + h, y_0)]^{-1} \varphi(x_0 + h, y_0).$

Infolge der Stetigkeit der Funktionen $[\varphi_y']^{-1}$ und φ strebt

$$g^{(1)}(h) = \psi(h, \theta) \to -[\varphi_y'(x_0, y_0)]^{-1} \varphi(x_0, y_0) = \theta \tag{8}$$

für $h \to \theta$. Wegen (7) ergibt sich weiter

$$\psi_g'(h, g) = -[\varphi_y'(x_0 + h, y_0)]^{-1} [\varphi_y'(x_0 + h, y_0 + g) - \varphi_y'(x_0 + h, y_0)]. \tag{9}$$

Weil die Funktion φ_y' im Punkte (x_0, y_0) stetig ist, gibt es zu jedem vorgegebenen $\varepsilon > 0$ ein $\delta = \delta(\varepsilon) \leqq \eta$, so daß für $\|h\| \leqq \delta$ und $\|g\| \leqq \delta$

$$\|\varphi_y'(x_0 + h, y_0 + g) - \varphi_y'(x_0 + h, y_0)\| \leqq \varepsilon$$

gilt. Hieraus, aus (9) und (2) folgt

$$\|\psi_g'(h, g)\| \leqq K\varepsilon \quad \text{für} \quad \|h\| \leqq \delta \quad \text{und} \quad \|g\| \leqq \delta.$$

Wenn also $\|h\| \leqq \delta$, $\|g'\| \leqq \delta$, $\|g''\| \leqq \delta$ ist, dann gilt wegen (10) aus § 41

$$\|\psi(h, g') - \psi(h, g'')\| \leqq K\varepsilon \|g' - g''\|. \tag{10}$$

Man denke sich ε von vornherein so gewählt, daß $K\varepsilon \leqq \frac{1}{2}$ ist. Dann bestimme man zu $\tau_1 \leqq \delta$ ein $\tau_0 \leqq \delta$, so daß wegen (8) $\|\psi(h, \theta)\| \leqq \frac{\tau_1}{2}$ ist für $\|h\| \leqq \tau_0$. Dann ist

$$\|\psi(h, g') - \psi(h, g'')\| \leqq \frac{1}{2} \|g' - g''\|,$$

so daß der Operator $\psi(h, g)$ in der Kugel $\|g\| \leqq \tau_1$ eine kontrahierende Abbildung mit dem Koeffizienten $\frac{1}{2}$ liefert.

Ist $\|g\| \leqq \tau_1$ und $g^* = \psi(h, g)$ mit $\|h\| \leqq \tau_0$, so folgt außerdem

$$\begin{aligned} \|g^*\| = \|\psi(h, g)\| &\leqq \|\psi(h, g) - \psi(h, \theta)\| + \|\psi(h, \theta)\| \\ &\leqq K\varepsilon \|g\| + \|\psi(h, \theta)\| \leqq \frac{1}{2}\tau_1 + \frac{1}{2}\tau_1 = \tau_1, \end{aligned}$$

so daß durch die Operation $\psi(h, g)$ die Kugel $\|g\| \leqq \tau_1$ in sich abgebildet wird.

Wenn wir diese Kugel als metrischen Raum ansehen, so sind die Voraussetzungen für eine kontrahierende Abbildung erfüllt (s. § 7, Bemerkung 2).

Deshalb konvergiert die Folge $g^{(n)} = g^{(n)}(h)$ gegen die Lösung $g = g(h)$ von (5) und (6). Diese Lösung ist eindeutig in der Kugel $\|g\| \leqq \tau_1$ und hängt stetig von h ab. Wir notieren noch die Ungleichung

$$\|g(h)\| \leqq 2\, \|g^{(1)}(h)\|. \tag{11}$$

Bemerkung 1. Ist $\|h\|$ hinreichend klein und wählt man $\tau_1 = \max\,(\|h\|;\ 2\,\|g^{(1)}(h)\|)$, dann ist $\tau_1 \leqq \eta$ und mit $\|h\| \to 0$ geht $\tau_1 \to 0$.

Bemerkung 2. Gibt es in der η-Umgebung des Punktes (x_0, y_0) eine stetige zweite Ableitung $\varphi''_{yy}(x, y)$ und ist

$$\|\varphi''_{yy}(x, y)\| \leqq K_2, \tag{12}$$

so erhält man als rechte Seite der Ungleichung (10) $K\, K_2 \tau_1 \|g' - g''\|$.

In der η-Umgebung des Punktes (x_0, y_0) existiere nun φ'_x, und es gelte

$$\|\varphi'_x(x_0 + h, y_0)\| \leqq l \quad \text{für} \quad \|h\| \leqq \eta.$$

Dann ist wegen (10) aus § 41

$$\|\varphi(x_0 + h, y_0\| = \|\varphi(x_0 + h, y_0) - \varphi(x_0, y_0)\| \leqq l\, \|h\|.$$

Mit (2), (11) und

$$g^{(1)}(h) = -[\varphi'_y(x_0 + h, y_0)]^{-1}\, \varphi(x_0 + h, y_0)$$

erhalten wir infolgedessen

$$\|g^{(1)}(h)\| \leqq K l \|h\|, \quad \|g(h)\| \leqq 2 K l \|h\|.$$

Also ist jetzt nach Bemerkung 1. $\tau_1 = m\, \|h\|$ mit $m = \max\,(1; 2Kl)$.

Satz 2. *Wir setzen voraus, daß in der η-Umgebung von (x_0, y_0) φ'_x, φ'_y und für $k > 1$ auch φ''_{yy} beschränkt und stetig sind. Ist dann $\varphi(x, y)$ in einer η-Umgebung des Punktes (x_0, y_0) aus $E \oplus E_1$ eine k-mal differenzierbare Funktion, so ist auch $y = f(x)$ in einer τ_0-Umgebung des Punktes $x_0 \in E$ k-mal differenzierbar.*

Beweis. Wir zeigen zunächst die k-malige Differenzierbarkeit von $f(x)$ im Punkte x_0, d. h. die k-malige Differenzierbarkeit von $g(h)$ für $h = \theta$. Dazu ist es erforderlich, die Existenz eines Polynoms

$$g_k(h) = \sum_{l=1}^{k} a_l h^l$$

mit

$$g(h) \overset{h}{\underset{k}{=}} g_k(h) \tag{13}$$

nachzuweisen.

Wir konstruieren nacheinander Polynome $g_n(h)$ vom Grade n in h, $n = 0, 1, 2, \ldots, k$, so daß

$$g(h) \overset{h}{\underset{n}{=}} g_n(h) \tag{14}$$

gilt. Aus der Konstruktion der $g_n(h)$ ergibt sich der Beweis des Satzes. Wir setzen $g_0(h) = \theta$. Es sei $n \leqq k$ und das Polynom $g_{n-1}(h)$ bereits konstruiert: $g(h) \overset{h}{\underset{n-1}{=}} g_{n-1}(h)$. Wir führen die Bezeichnung

$$\begin{aligned} t_n(h) &= \psi(h, g_{n-1}(h)) \\ &= g_{n-1}(h) - [\varphi_y'(x_0 + h, y_0)]^{-1} \varphi(x_0 + h, y_0 + g_{n-1}(h)) \end{aligned} \tag{15}$$

ein ($t^{(1)}(h)$ stimmt mit dem $g^{(1)}(h)$ aus Satz 1 überein).

Weil φ k-mal nach beiden Argumenten differenzierbar und $g_{n-1}(h)$ ein Polynom ist, so ist $\varphi(x_0 + h, y_0 + g_{n-1}(h))$ als Funktion von h auch k-mal differenzierbar. Es ist also

$$\varphi(x_0 + h, y_0 + g_{n-1}(h)) = P_k(h) + o_1(\|h\|^k)$$
$$\text{mit} \quad P_k(h) \in E \quad \text{und} \quad o_1(\|h\|^k) \in E.$$

Für $h \to \theta$ und $g_{n-1}(h) \to \theta$ strebt auch $\varphi(x_0 + h, y_0 + g_{n-1}(h))$ gegen $\varphi(x_0, y_0) = \theta$. Daher enthält das Polynom $P_k(h)$ kein absolutes Glied, und man kann $P_k(h) = h\tilde{P}_{k-1}(h)$ schreiben. $\varphi_y'(x_0 + h, y_0)$ ist $(k-1)$-mal nach h differenzierbar, also hat auch $[\varphi_y'(x_0 + h, y_0)]^{-1}$ diese Eigenschaft. Also gilt

$$[\varphi_y'(x_0 + h, y_0)]^{-1} = Q_{k-1}(h) + o_2(\|h\|^{k-1})$$
$$\text{mit} \quad Q_{k-1}(h) \in E \oplus E_1 \quad \text{und} \quad o_2(\|h\|^{k-1}) \in E \oplus E_1.$$

Folglich ist

$$\begin{aligned} [\varphi_y'(x_0 + h, y_0)]^{-1} \varphi(x_0 + h, y_0 + g_{n-1}(h)) &= Q_{k-1}(h)\, P_k(h) + Q_{k-1}(h)\, o_1(\|h\|^k) \\ &+ o_2(\|h\|^{k-1})\, \tilde{P}_{k-1}(h)\, h + o_2(\|h\|^{k-1})\, o_1(\|h\|^k). \end{aligned}$$

Die drei letzten Summanden werden für $h \to \theta$ von höherer Ordnung klein als $\|h\|^k$. Somit hat man

$$[\varphi_y'(x_0 + h, y_0)]^{-1} \varphi(x_0 + h, y_0 + g_{n-1}(h)) = R_k(h) + o(\|h\|^k),$$

und daher ist $t_n(h)$ k-mal differenzierbar mit $k \geqq n$.

Daher existiert ein Polynom $g_n(h)$, so daß

$$t_n(h) \overset{h}{\underset{n}{=}} g_n(h) \tag{16}$$

gilt.

Wir zeigen nun $g(h) \overset{h}{\underset{n}{=}} t_n(h)$. Daraus folgt mit (16) die Beziehung (14). Da $g = g(h)$ eine Lösung der Gleichung $g = \psi(h, g)$ ist, $g(h) = \psi(h, g(h))$, so ergibt sich wegen (10)

$$\|g(h) - t_n(h)\| = \|\psi(h, g(h)) - \psi(h, g_{n-1}(h))\| \leqq K\varepsilon \|g(h) - g_{n-1}(h)\|. \tag{17}$$

Es sei $n = 1$. Dann ist

$$\|g(h) - t_1(h)\| \leqq K\varepsilon \|g(h) - g_0(h)\| = K\varepsilon \|g(h)\| \leqq 2K^2 l\varepsilon \|h\|,$$

daraus folgt
$$g(h) \overset{h}{\underset{1}{=}} t_1(h).$$

Es sei $n > 1$, dann ist $k \geqq n \geqq 2$. Nach Voraussetzung existiert in einer η-Umgebung des Punktes (x_0, y_0) eine beschränkte zweite Ableitung φ''_{yy}, und dann gilt wegen Bemerkung 2 zu Satz 1 und (17) auch

$$\|g(h) - t_n(h)\| \leqq K_3 \|h\| \, \|g(h) - g_{n-1}(h)\|.$$

Nach Voraussetzung ist $g(h) \overset{h}{\underset{n-1}{=}} g_{n-1}(h)$, d. h.,

es ist $\quad \|g(h) - g_{n-1}(h)\| = \alpha \|h\|^{n-1}$ mit $\alpha \to 0$ für $\|h\| \to 0$.

Infolgedessen gilt $\quad \|g(h) - t_n(h)\| \leqq \alpha K_3 \|h\|^n$,

d. h.
$$g(h) \overset{h}{\underset{n}{=}} t_n(h) \overset{h}{\underset{n}{=}} g_n(h),$$

q. e. d.

Wir haben die k-malige Differenzierbarkeit der Funktion $y = f(x)$ im Punkte $x = x_0$ nachgewiesen. Bei Veränderung von x in der Kugel $\|x - x_0\| \leqq \eta$ bleiben alle Eigenschaften von $f(x)$ erhalten, auf die sich das gewonnene Resultat stützt. Darum ist die k-malige Differenzierbarkeit von $f(x)$ in der ganzen Kugel gesichert.

Bemerkung. Wir haben die Beschränktheit der Ableitungen φ'_x, φ'_y und φ'_{yy} in der Kugel $\|x - x_0\| \leqq \eta$ benutzt. Für die anderen Ableitungen brauchen wir nicht die Beschränktheit.

Zum Schluß zeigen wir, daß

$$df(x_0, h) = g_1(h) = [\varphi'_y(x_0, y_0)]^{-1} \varphi'_x(x_0, y_0) \tag{18}$$

oder
$$f'(x_0) = [\varphi'_y(x_0, y_0)]^{-1} \varphi'_x(x_0, y_0)$$

gilt. In der Tat ist nach Definition $g_1(h)$ ein linearer Operator (ein Polynom ersten Grades in h) mit

$$\psi(h, g_0) = \psi(h, \theta) \overset{h}{\underset{1}{=}} g_1(h).$$

Weil
$$\varphi(x_0 + h, y_0) = \varphi(x_0 + h, y_0) - \varphi(x_0, y_0) \overset{h}{\underset{1}{=}} g_1(h)$$

gilt, folgt
$$[\varphi'_y(x_0 + h, y_0)]^{-1} \varphi(x_0 + h, y_0)$$
$$\overset{h}{\underset{1}{=}} [\varphi'_y(x_0 + h, y_0)]^{-1} \varphi'_x(x_0, y_0) \overset{h}{\underset{1}{=}} [\varphi'_y(x_0, y_0)]^{-1} \varphi'_x(x_0, y_0).$$

Hieraus ergibt sich (18).

§ 45. Anwendungen des Satzes über implizite Funktionen

Abhängigkeit der Lösung von der Gleichung. Wir untersuchen den Raum $D_{U,E}$ der Funktionen $f(x)$, die auf der Teilmenge U von E definiert sind und deren Wertevorrat ebenfalls in E liegt, d. h., ist $x \in U$, so sei $f(x) \in E$. Die Funktionen $f(x)$ seien differenzierbar, sowie $f(x)$, $f'(x)$ stetig und von beschränkter Norm.

Es sei
$$\|f\| = \sup_{x \in U} (\|f(x)\| + \|f'(x)\|).$$
Dann ist $D_{U,E}$ ein linearer normierter Raum.

Wir untersuchen die Gleichung
$$f(x) = \theta \quad \text{mit} \quad x \in U \quad \text{und} \quad f \in D_{U,E}.$$
und nehmen an, daß $f(x_0) = \theta$ ist für ein $x_0 \in U$ und daß $f' \in (E \to E)$ einen inversen Operator hat. Dann gilt der folgende

Satz 1. *Zu jedem $\tau_1 > 0$ gibt es ein $\tau_0 > 0$, so daß bei beliebigem $f_1 \in D_{U,E}$ mit $\|f_1 - f\| \leqq \tau_0$ die Gleichung $f_1(x) = \theta$ eine Lösung $x = x_0 + \Delta x$ mit $\|\Delta x\| \leqq \tau_1$ hat, und wenn $f_1 \to f$ konvergiert, so strebt $\Delta x \to \theta$.*

Beweis. Wir sehen $f(x)$ als Funktion von $x \in E$ und $f \in D_{U,E}$ an: $f(x) = \Phi(f, x)$. Dann ist $\Phi'_x(f, x) = f'(x)$. Nach Voraussetzung ist $f(x_0) = \theta$, und es existiert $[f'(x_0)]^{-1}$. Dies bedeutet, daß $\Phi(f, x_0) = \theta$ ist und $[\Phi'_x(f, x_0)]^{-1}$ existiert. Auf Grund des Satzes über implizite Funktionen ergibt sich: Für jedes $\tau_1 > 0$ gibt es ein $\tau_0 > 0$, so daß die Gleichung $\Phi(f + \Delta f, x + \Delta x) = \theta$ eine Lösung $x_0 + \Delta x$ besitzt, wenn nur $\|\Delta f\| \leqq \tau_1$ ist. Das heißt, es ist $f_1(x) = \theta$, $f_1 = f + \Delta f$ und $x = x_0 + \Delta x$. Hierbei strebt $\Delta x \to \theta$, wenn $\Delta f \to \theta$ geht. Damit ist unser Satz bewiesen.

Bemerkung. Für $\Phi(f, x) = f(x)$ existiert das Differential $\Phi'_f(f, x)\,\Delta f = \Delta f(x)$. Aus der Existenz von $\Phi'_f(f, x)$ folgt, daß Δx eine differenzierbare Funktion von Δf ist, und es gilt
$$\Delta x \frac{\Delta f}{1} [\Phi'_x(f, x_0)]^{-1} [\Phi'_f(f, x_0)\,\Delta f] = [f'(x_0)]^{-1}\,\Delta f(x_0).$$
Die rechte Seite dieser Gleichung ist ein gleichmäßiges Differential der Funktion $\Delta x = \varphi(\Delta f)$ für $\Delta x = \theta$, d. h. gleich $d\varphi(\theta, \Delta f)$.

Anwendung auf Eigenelemente. Wir betrachten die direkte Summe $H_1 = H \oplus R$, dabei sei H ein reeller Hilbertraum und R die Zahlengerade, und bezeichnen mit $\{x, t\}$ das Element aus H_1 mit $x \in H$ und $t \in R$. f sei ein nichtlinearer Operator aus $(H_1 \to H_1)$
$$f(x, t) = \{y, t_1\} \quad \text{mit} \quad x, y \in H \quad \text{und} \quad t, t_1 \in R.$$
Er habe die spezielle Gestalt
$$y = A x - t x, \quad t_1 = (x, x) - 1.$$
Dabei sei A ein vollstetiger linearer selbstadjungierter Operator aus $(H \to H)$.

Die Gleichung $f(x, t) = \theta_{H_1}$ lautet also
$$A x - t x = \theta, \quad (x, x) = 1,$$
d. h., t ist ein Eigenwert und x das entsprechende normierte Eigenelement des Operators A. Wenn $\{x, t\}$ den Zuwachs $\{\Delta x, \Delta t\}$ erfährt, dann ändert sich $f(x, t)$ um
$$\{A\,\Delta x - t\,\Delta x - \Delta t\,x - \Delta t\,\Delta x,\ 2(x, \Delta x) + (\Delta x, \Delta x)\}.$$

Der lineare Anteil dieses Zuwachses ist

$$df(x, t;\ \Delta x, \Delta t) = \{A\,\Delta x - t\,\Delta x - \Delta t\,x,\ 2(x, \Delta x)\}.$$

$f'(x, t)$ ist infolgedessen ein linearer Operator aus $(H_1 \to H_1)$. Er führt $\{\Delta x, \Delta t\}$ in $\{(A\,\Delta x - t\,\Delta x - \Delta t\,x,\ 2(x, \Delta x)\}$ über.

Ist t ein einfacher Eigenwert, so existiert ein inverser Operator

$$[f'(x, t)]^{-1},$$

d. h. für jedes $\{z, r\} \in H_1$ haben die Gleichungen

$$A\,\Delta x - t\,\Delta x - \Delta t\,x = z,\quad 2(x, \Delta x) = r \tag{1}$$

eine Lösung $\{\Delta x, \Delta t\}$. Setzen wir $\Delta x_1 = \Delta x - a\,x$ mit $a = (\Delta x, x)$ und $z_1 = z - b\,x$ mit $b = (z, x)$, so ist $(\Delta x_1, x) = (z_1, x) = 0$. Da $(A - tE)\,x = \theta$ ist, folgt weiter

$$(A\,\Delta x - t\,\Delta x) - \Delta t\,x = (A - tE)\,\Delta x_1 - \Delta t\,x$$

und $$((A - tE)\,\Delta x_1, x) = (\Delta x_1, (A - tE)\,x) = 0.$$

Hieraus und aus (1) ergibt sich

$$(A - tE)\,\Delta x_1 = z_1, \tag{2}$$

$$\Delta t = -b = -(z, x),\ 2a = r. \tag{3}$$

Weil die rechte Seite von (2) orthogonal zu x ist (d. h. orthogonal zu allen zum Eigenwert t gehörenden Eigenelementen), hat diese Gleichung eine eindeutige zu x orthogonale Lösung

$$\Delta x_1 = (A - tE)_1^{-1} z_1 = (A - tE)_1^{-1} [z - (z, x)\,x].$$

Hier ist mit $(A - tE)_1$ der auf den Unterraum der zu x orthogonalen Elemente eingeschränkte Operator $A - tE$ bezeichnet.

Also ist notwendig für jedes $\{z, r\} \in H_1$

$$\Delta x = \frac{r}{2}\,x + (A - tE)_1^{-1} [z - (z, x)\,x],\quad \Delta t = -(z, x),$$

und man verifiziert, daß dies Lösung von (1) ist. Hieraus folgt die Existenz des Operators $[f'(x, t)]^{-1}$.

Wegen Satz 1 gibt es zu jedem τ_1 ein τ_0 mit $\|A\| \leqq \tau_0$, einen Eigenwert $t + \Delta t$ und ein normiertes Eigenelement $x + \Delta x$ zum Operator $A + \Delta A$:

$$[(A + \Delta A) - (t + \Delta t)\,E]\,(x + \Delta x) = \theta,\quad (x + \Delta x,\ x + \Delta x) = 1.$$

Für $\|\Delta x\| + |\Delta t| \leqq \tau_1$ sind hierbei Eigenwert und Eigenelement eindeutig bestimmt.

Die erste Näherung $\{\Delta x_1, \Delta t_1\}$ von $\{\Delta x, \Delta t\}$ findet man aus den Gleichungen

$$A\,\Delta x_1 - t\,\Delta x_1 - \Delta t_1 x + \Delta A\,x = \theta \quad \text{und} \quad (x, \Delta x_1) = 0.$$

Wenn wir die erste dieser Gleichungen skalar mit x multiplizieren und beachten, daß $$((A - tE)\,\Delta x_1, x) = ((A - tE)\,x, \Delta x_1) = 0$$

ist, so erhalten wir $$\Delta t_1 = (\Delta A\,x, x).$$

Weiter ergibt sich $$(A - tE)\, \Delta x_1 = \Delta t_1\, x - \Delta A\, x. \tag{4}$$

Die Gleichung (4) hat immer eine Lösung, weil ihre rechte Seite orthogonal zu x ist:
$$(\Delta t_1 x, x) - (\Delta A\, x, x) = \Delta t_1 - (\Delta A\, x, x) = 0.$$
Folglich ist $$\Delta x_1 = (A - tE)_1^{-1}\, [\Delta t_1\, x - \Delta A\, x].$$

Parameterabhängige Gleichungen.

Satz 2. *$y = f(x, t)$ sei eine Funktion des Elementes $x \in E$ und des Zahlenparameters t. Ihr Wertevorrat liege wiederum in E. Ferner sei $f(x, t)$ n-mal nach x und t differenzierbar. Die Gleichung $f(x, 0) = \theta$ habe eine Lösung $x = x_0$, und es existiere der Operator $[f_x'(x_0, 0)]^{-1}$. Dann gibt es zu jedem $\tau_1 > 0$ ein $\tau_0 > 0$, so daß für $|t| < \tau_0$ die Gleichung* $$f(x, t) = \theta \tag{5}$$ *eine und nur eine Lösung x_t mit $\|x_t - x_0\| \leqq \tau_1$ hat. x_t ist als Funktion von t auch n-mal differenzierbar.*

Dies ist eine unmittelbare Folgerung aus dem Satz über implizite Funktionen.

Beispiel. A_t sei ein vollstetiger linearer Operator aus $(H \to H)$ und als Funktion von t n-mal differenzierbar. Der Operator A_0 habe einen einfachen Eigenwert λ_0 mit dem normierten Eigenelement x_0:
$$A_0 x_0 - \lambda_0 x_0 = \theta, \quad (x_0, x_0) = 1.$$
Wir betrachten die direkte Summe $H \oplus R$ und definieren eine Funktion $\Phi_t(x, \lambda)$ mit
$$\{x, \lambda\} \in H \oplus R, \quad \Phi_t(x, \lambda) \in H \oplus R$$
durch
$$\Phi_t(x, \lambda) = \{A_t x - \lambda x, (x, x) - 1)\}.$$

Diese Gleichung hat für ein normiertes Eigenelement x_t und für einen Eigenwert λ_t des Operators A_t die Form
$$\Phi_t(x, \lambda) = \theta_{H \oplus R}.$$
Weil A_t n-mal nach t differenzierbar ist, so hat $\Phi_t(x, \lambda)$ auch diese Eigenschaft. Wie im vorhergehenden Abschnitt überzeugen wir uns davon, daß $\left[\frac{\partial}{\partial x} \Phi_t(x_0, \lambda_0)\Big|_{t=0}\right]^{-1}$ existiert. Dann kann aber Satz 2 angewendet werden. Demzufolge hat
$$\Phi_t(x, \lambda) = \theta_{H \oplus R},$$
d. h. $$A_t x - \lambda x = \theta \quad \text{mit} \quad (x, x) = 1 \tag{6}$$
die Lösung x_t. Sie ist n-mal nach t differenzierbar.

Variationsgleichungen. Unter den Voraussetzungen von Satz 2 ist die Lösung $x(t)$ von (5) eine nach t differenzierbare Funktion. Die Ableitung $x'(t)$ der Funktion $x(t)$ nach t für $t = 0$ heißt Variation
$$\delta x = \frac{dx}{dt}\Big|_{t=0}.$$
Entsprechend ist für $y = y(x, t)$
$$\delta y = \frac{\partial y}{\partial t}\Big|_{t=0}.$$

Die Gleichung $y(x(t), t) = \theta$ ist eine Identität. Differentiation nach t liefert

$$y'_x(x(t), t)\, x'(t) + \frac{\partial y(x(t), t)}{\partial t} = \theta.$$

Für $t = 0$ erhalten wir $\quad y'_x(x_0, 0)\, \delta x + \delta y = \theta. \quad (7)$

(7) heißt *Variationsgleichung* für $y(x, t) = \theta$.

Weil $[y'_x(x_0, 0)]^{-1}$ existiert, ist

$$\delta x = -[y'_x(x_0, 0)]^{-1}\, \delta y. \tag{8}$$

Zum Beispiel kann $(A - \lambda E)\Delta x + \Delta A\, x - \Delta\lambda x = \theta$ als Variationsgleichung für (6) angesehen werden, wenn ΔA, Δx, $\Delta\lambda$ durch δA, δx, $\delta\lambda$ ersetzt werden. Wir erhalten dann

$$\delta x = -(A - \lambda E)_1^{-1}(\delta A\, x - \delta\lambda\, x), \quad \delta\lambda = (\delta A\, x, x).$$

Anwendungen auf Differentialgleichungen. Wir kommen auf die Differentialgleichung

$$\frac{dx}{dt} = f(x, t) \quad \text{mit} \quad x(0) = x_0 \tag{9}$$

zurück. Hier sind $x = x(t)$, x_0 und $f(x, t)$ Elemente des Raumes E. (9) ist äquivalent mit der Integralgleichung

$$x(t) - x_0 - \int_0^t f(x, \tau)\, d\tau = \theta. \tag{10}$$

Wir bezeichnen die linke Seite der Gleichung (10) mit $F(x(t), x_0)$. Die Funktionen $x(t)$ sind aus $C_1^E[0, 1]$*), $F(x(t), x_0)$ ist ein Operator, der die direkte Summe

$$E \oplus C_1^E[0, 1] \tag{11}$$

in $C_1^E[0, 1]$ abbildet. Wenn $f(x, \tau)$ n-mal nach x differenzierbar ist und $\dfrac{\partial^n f}{\partial x^n}$ stetig in τ ist, dann ist $f(x(\tau), \tau)$ ein n-mal differenzierbarer Operator aus $(C_1^E[0, 1] \to C_1^E[0, 1])$. Hieraus folgt, daß $F(x(\tau), x_0)$ ein n-mal nach $x(\tau)$ differenzierbarer Operator ist. Weil x_0 als einzelner Summand in F eingeht, ist F eine n-mal differenzierbare Funktion in (11).

Wenn $X = x(t)$ den Zuwachs $\Delta X = \Delta x(t)$ erfährt, dann ist

$$F'_X\, \Delta X = \Delta x(t) - \int_0^t f'_x(x(\tau), \tau)\, \Delta x(\tau)\, d\tau. \tag{12}$$

der bezüglich ΔX lineare Anteil des Zuwachses von $F(X, x_0)$. Die rechte Seite von (12) ist ein Operator aus $(C_1^E[0, 1] \to C_1^E[0, 1])$. Er besitzt einen inversen Operator. Denn für jedes $z(t)$ aus $C_1^E[0, 1]$ ist

$$F'_X\, \Delta X = z(t)$$

*) C_1^E ist die Menge der stetig differenzierbaren Funktionen $x(t)$ mit $t \in [0, 1]$ und $x(t) \in E$.

oder
$$\Delta x(t) - \int_0^t f'_x(x(\tau), \tau)\, \Delta x(\tau)\, d\tau = z(t)$$

äquivalent mit der Differentialgleichung für $\Delta x(t)$

$$\frac{d\Delta x(t)}{dt} = f'_x(x(t), t)\ \Delta x(t) + z'(t).$$

Die letzte Gleichung hat auf Grund des Existenzsatzes eine eindeutig bestimmte Lösung (die rechte Seite ist linear bezüglich $\Delta x(t)$ — die LIPSCHITZ-bedingung in bezug auf Δx ist automatisch erfüllt). Diese Lösung stellt den inversen Operator
$$\Delta x(t) = \Delta X = (F'_X)^{-1} z(t)$$
dar.

Die Voraussetzungen des Satzes über implizite Funktionen sind erfüllt.

Die Lösung $X = x(t)$ der Gleichung (12) kann als Funktion des Anfangswertes x_0 angesehen werden: $X = X(x_0)$ und $X(x_0)$ ist n-mal nach x_0 differenzierbar.

Ist E insbesondere ein k-dimensionaler Raum, dann erhalten wir den Satz über die stetig differenzierbare Abhängigkeit der Lösung von den Anfangswerten.

Jetzt seien alle in (9) auftretenden Größen Funktionen eines Parameters ξ. (9) lautet dann
$$\frac{dx_\xi}{dt} = f(x_\xi, \xi, t) \tag{9'}$$
mit der Anfangsbedingung $x_\xi(0) = x_{0\xi}$.

Diese Gleichung kann durch die äquivalente

$$F_\xi(x_\xi(t), t) = x_\xi(t) - x_{0\xi} - \int_0^t f_\xi(x_\xi(\tau), \tau)\, d\tau = \theta \tag{10'}$$

ersetzt werden.

Wir wollen annehmen, daß für $\xi = 0$ alle in (10′) auftretenden Größen in die entsprechenden ohne den Index ξ übergehen, d. h. aus (10′) werde (10). Die linke Seite von (10′) kann als Operator angesehen werden, der auf das Element $x_\xi(t)$ aus $C_1^E[0, 1]$ und den Zahlenparameter ξ angewandt wird. Aus der Existenz des inversen Operators $(F'_x)^{-1}$ folgen Anwendungen von Variationsgleichungen. Die Variationsgleichung für (10′) lautet

$$\delta x(t) - \delta x_0 - \int_0^t f'_x(x(\tau), \tau)\, \delta x(\tau)\, d\tau = \theta.$$

oder
$$\delta x'(t) = f'_x(x(t), t)\, \delta x(t)$$
mit der Anfangsbedingung $\delta x(0) = \delta x_0$.

Dies ist die Variationsgleichung für (9′).

Anwendungen des Satzes über implizite Funktionen stammen von G. P. AKILOW.

§ 46. Tangentialmannigfaltigkeiten

Spezialfall. Die Funktion $\varphi(x)$ bilde den Banachraum E in den Banachraum E_1 ab: $x \in E$, $\varphi(x) \in E_1$. Wir betrachten die Gesamtheit N der Elemente x, die der Gleichung

$$\varphi(x) = \theta$$

genügen. Es sei ferner $\varphi(x_0) = \theta$, d. h. $x_0 \in N$, und die Funktion $\varphi(x)$ sei im Punkte x_0 differenzierbar, d. h., es gelte

$$\varphi(x_0 + h) \overset{h}{\underset{1}{=}} \varphi'(x_0)\, h.$$

Bildet der Operator $\varphi'(x_0) \in (E \to E_1)$ den Raum E auf den ganzen Raum E_1 ab, so werden wir das Element x_0 *regulär* nennen.

Für das folgende sei stets x_0 regulär. Die Gesamtheit der Elemente $h \in E$, für die

$$\varphi'(x_0) h = \theta$$

gilt, werden wir mit T_0 bezeichnen. T_0 ist ein Unterraum von E.

Die Menge der Elemente $x_0 + h$ mit $h \in T_0$ nennen wir *lineare Tangentialmannigfaltigkeit* T_{x_0} von N im Punkte x_0.

Zunächst sei E orthogonale Summe von T_0 und einem Unterraum T_1. Jedes Element $y \in E$ ist also von der Form

$$y = h + g \quad \text{mit} \quad h \in T_0 \quad \text{und} \quad g \in T_1.$$

Der lineare Operator $\varphi'(x_0)$ bildet T_1 auf ganz E_1 ab. In der Tat, $\varphi'(x_0)$ bildet E auf den ganzen Raum E_1 ab, also läßt sich für jedes $z \in E_1$ ein Element $y \in E$ derart finden, daß

$$\varphi'(x_0)\, y = z$$

ist. Nun ist aber $y = h + g$ mit $h \in T_0$, $g \in T_1$ und $\varphi'(x_0) h = \theta$. Somit ist

$$\varphi'(x_0)\, y = \varphi'(x_0)\, g = z.$$

Wir definieren einen linearen Operator A aus $(T_1 \to E_1)$ durch $A g = \varphi'(x_0) g$. A bildet nach dem, was eben bewiesen wurde, T_1 auf ganz E_1 ab. Sind dabei $g, g_1 \in T_1$ und gilt $A g = A g_1$, so folgt $g = g_1$. Denn wegen

$$A(g - g_1) = \theta, \text{ d. h. } \varphi'(x_0)(g - g_1) = \theta$$

ist $g - g_1 \in T_0$. E ist aber orthogonale Summe von T_0 und T_1. Also folgt $g - g_1 = \theta$ und damit $g = g_1$.

Nach dem Satz von Banach hat der Operator A einen inversen linearen Operator A^{-1}.

Satz 1. *Wenn E orthogonale Summe der Unterräume T_0 und T_1 ist, dann gibt es eine topologische (d. h. umkehrbar eindeutige und umkehrbar stetige) Abbildung, die eine Umgebung von x_0 in der Menge N und eine Umgebung desselben Elementes x_0 in der linearen Tangentialmannigfaltigkeit T_{x_0} ineinander überführt. Dabei haben entsprechende Punkte einen Abstand, der von höherer Ordnung klein wird als ihre Entfernung von x_0.*

Beweis. In der Umgebung von x_0 haben die Elemente die Form

$$x = x_0 + h + g \quad \text{mit} \quad h \in T_0, \ g \in T_1.$$

Die Definitionsgleichung von N schreiben wir in der Form

$$\Phi(h, g) = \varphi(x_0 + h + g) = \theta. \tag{1}$$

Für $h = \theta$ und $g = \theta$ ist (1) erfüllt. Ferner hat das partielle Differential der Funktion $\Phi(h, g)$, das dem Zuwachs Δg entspricht, für $h = \theta$, $g = \theta$ die Gestalt

$$\Phi_g'(\theta, \theta)\, \Delta g = \varphi'(x_0)\, \Delta g = A\, \Delta g. \tag{2}$$

Der Operator $A = \Phi_g'(\theta, \theta)$ hat einen inversen Operator. Darum ist nach dem Satz über implizite Funktionen in einer Umgebung von $h = \theta$, $g = \theta$ die Gleichung (1) äquivalent mit

$$g = \psi(h),$$

wo $\psi(h)$ eine differenzierbare Funktion mit $\psi(\theta) = \theta$ ist. Somit können wir jeden Punkt $x \in N$ in einer Umgebung von x_0 durch

$$x = x_0 + h + \psi(h), \ h \in T_0, \ \psi(h) \in T_1$$

darstellen. Wir haben also eine Abbildung konstruiert, die jedem Punkt $x' = x_0 + h$ einer Umgebung von x_0 in T_{x_0} umkehrbar eindeutig und stetig ein $x'' = x_0 + h + \psi(h)$ aus einer Umgebung von x_0 in N zuordnet. Die Abbildung ist also topologisch. Wegen

$$\Phi_h'(\theta, \theta) h + \Phi_g'(\theta, \theta)\, \psi'(\theta)\, h = \Phi_h'(\theta, \theta)\, h + A\psi'(\theta)\, h = \theta$$

erhalten wir

$$d\psi(\theta, h) = \psi'(\theta) h = -A^{-1}\, \Phi_h'(\theta, \theta) h = -A^{-1}\, \varphi'(x_0)\, h = -A^{-1}\, \theta = \theta.$$

Darum gilt

$$\psi(h) \frac{h}{1} \psi(\theta) + \psi'(\theta) h = \theta,$$

d. h. $\|\psi(h)\| = o(\|h\|)$. $o(\|h\|)$ wird von höherer als erster Ordnung in $\|h\|$ für $\|h\| \to 0$ klein. $\|\psi(h)\|$ ist aber der Abstand des Punktes $x_0 + h$ der linearen Tangentialmannigfaltigkeit T_{x_0} von dem entsprechenden Punkt $x = x_0 + h + \psi(h)$ von N. Dieser Abstand geht von höherer Ordnung gegen Null als $\|h\|$ oder $\|h + \psi(h)\|$, d. h. als der Abstand der Punkte $x_0 + h$ und $x_0 + h + \psi(h)$ vom Berührungspunkt x_0, q. e. d.

Allgemeiner Fall. Im allgemeinen können wir die Existenz eines Unterraumes T_1, so daß $E = T_0 \oplus T_1$ ist, nicht annehmen; dennoch ist der Satz 1 in einer etwas abgeschwächten Form richtig, wie wir sehen werden.

Wir bilden den Faktorraum E/T_0 der Nebenklassen in bezug auf T_0 (s. S. 62, 74). Jedes Element T des Faktorraumes E/T_0 ist eine Menge von Elementen aus E. Wenn h_1 und h_2 aus T sind, so ist $h_1 - h_2 \in T_0$, d. h. $\varphi'(x_0)\,(h_1 - h_2) = \theta$. Deshalb gilt

$$\varphi'(x_0) h_1 = \varphi'(x_0) h_2.$$

Der Operator $\varphi'(x_0) \in (E \to E_1)$ transformiert die beliebigen Elemente h_1 und h_2 aus T in eines aus E_1. Ist umgekehrt

$$\varphi'(x_0) h_1 = \varphi'(x_0) h_2,$$

so folgt $$\varphi'(x_0)(h_1 - h_2) = \theta, \quad \text{d. h.} \quad h_1 - h_2 \in T_0,$$

also gehören h_1 und h_2 derselben Klasse T aus E/T_0 an. Infolgedessen erzeugt der Operator $\varphi'(x_0)$ einen linearen Operator A, der E/T_0 in E_1 abbildet, und zwar ist
$$AT = \varphi'(x_0)h,$$
wenn $T \in E/T_0$ und h ein beliebiger Punkt aus T ist. Nach diesen Überlegungen hängt AT nicht von der Wahl von $h \in T$ ab.

y sei ein willkürlich gewähltes Element aus E_1. Nach Voraussetzung bildet der Operator $\varphi'(x_0)$ den Raum E in ganz E_1 ab. Deshalb läßt sich ein Element $h \in E$ finden, so daß $\varphi'(x_0)h = y$ ist. h gehört aber zu einem bestimmten T aus E/T_0. Nach Definition ist $AT = \varphi'(x_0)h = y$. Der Operator A hat somit eine Inverse A^{-1}. Nach dem Satz von Banach ist A^{-1} auch linear.

Satz 2. *Jedem Punkt der Menge N kann man einen Punkt der Tangentialmannigfaltigkeit T_{x_0} zuordnen, und umgekehrt gehört zu jedem Element von T_{x_0} eines von N, so daß der Abstand zwischen entsprechenden Punkten von höherer Ordnung klein wird als ihr Abstand vom Berührungspunkt x_0 (diese Zuordnung ist nicht eindeutig).*

Man beweist diesen Satz ähnlich wie den über implizite Funktionen.

Beweis. Es sei $h \in T_0$. Wir konstruieren eine Folge $\{T_n\}$ von Elementen aus E/T_0 und von Punkten $\{g_n\}$ mit $g_n \in T_n$: Es sei $g_0 = \theta \in T_0$ und es seien alle g_i, T_i mit $i = 1, 2, \ldots, n-1$ konstruiert. Wir definieren dann T_n und g_n wie folgt:
$$T_n = T_{n-1} - A^{-1}\varphi(x_0 + h + g_{n-1}) \tag{3}$$
und entnehmen der Nebenklasse T_n ein g_n mit
$$\|g_n - g_{n-1}\| \leqq 2\,\|T_n - T_{n-1}\|.$$
Eine solche Wahl ist möglich, denn es ist
$$\|T_n - T_{n-1}\| = \inf_{g \in T_n} \|g - g_{n-1}\|.$$
Weil g_{n-1} in T_{n-1} liegt, erhalten wir nach Definition des Operators A
$$AT_{n-1} = \varphi'(x_0)g_{n-1}.$$
Deshalb können wir (3) auch in der Form
$$T_n = -A^{-1}[\varphi(x_0 + h + g_{n-1}) - \varphi'(x_0)g_{n-1}]$$
schreiben. Nun ist ebenso
$$T_{n-1} = -A^{-1}[\varphi(x_0 + h + g_{n-2}) - \varphi'(x_0)\,g_{n-2}].$$
Daraus folgt
$$T_n - T_{n-1} = -A^{-1}[\varphi(x_0 + h + g_{n-1}) - \varphi(x_0 + h + g_{n-2}) \\ - \varphi'(x_0)(g_{n-1} - g_{n-2})].$$
Wir setzen $$g_t = g_{n-2} + t(g_{n-1} - g_{n-2})$$

und erhalten

$$\varphi(x_0 + h + g_{n-1}) - \varphi(x_0 + h + g_{n-2}) = \int_0^1 \varphi'(x_0 + h + g_t)\, dt (g_{n-1} - g_{n-2}).$$

Somit folgt

$$T_n - T_{n-1} = -A^{-1} \int_0^1 [\varphi'(x_0 + h + g_t) - \varphi'(x_0)]\, dt (g_{n-1} - g_{n-2}). \quad (4)$$

Es sei $\|h\| = r, \ \|g_{n-2}\| \leqq r, \ \|g_{n-1}\| \leqq r.$

Dann ergibt sich $\|g_t\| \leqq r,$

also auch $\|h + g_t\| \leqq 2r.$

Wegen der Stetigkeit von $\varphi'(x)$ im Punkte x_0 gibt es für jedes $\varepsilon > 0$ eine Zahl $r > 0$, so daß

$$\|\varphi'(x) - \varphi'(x_0)\| \leqq \varepsilon \quad \text{für} \quad \|x - x_0\| \leqq 2r$$

ist. Daraus ergibt sich

$$\|\varphi'(x_0 + h + g_t) - \varphi'(x_0)\| \leqq \varepsilon,$$

und aus (4) und der Definition von g_n folgt:

$$\|T_n - T_{n-1}\| \leqq \|A^{-1}\| \int_0^1 \|\varphi'(x_0 + h + g_t) - \varphi'(x_0)\|\, dt\, \|g_{n-1} - g_{n-2}\| \leqq \|A^{-1}\|\, \varepsilon\, \|g_{n-1} - g_{n-2}\|$$

und $\|g_n - g_{n-1}\| \leqq 2\|T_n - T_{n-1}\| \leqq 2\, \|A^{-1}\|\, \varepsilon\, \|g_{n-1} - g_{n-2}\|.$

Für hinreichend kleines ε ist

$$2\, \|A^{-1}\|\, \varepsilon \leqq \frac{1}{2},$$

also auch $\|g_n - g_{n-1}\| \leqq \frac{1}{2} \|g_{n-1} - g_{n-2}\|.$

Nun sei $\|h\| = r$ und $\|g_i\| \leqq r$ für $i = 1, 2, \ldots, n-1$. Dann ist

$$\|g_n - g_{n-1}\| \leqq \frac{1}{2} \|g_{n-1} - g_{n-2}\| \leqq \cdots \leqq \frac{1}{2^{n-1}} \|g_1 - g_0\| = \frac{1}{2^{n-1}} \|g_1\|$$

und

$$\|g_n\| = \|g_1 + (g_2 - g_1) + \cdots + (g_n - g_{n-1})\| \leqq \|g_1\| + \|g_2 - g_1\| + \cdots + \|g_n - g_{n-1}\| \leqq \|g_1\| \left(1 + \frac{1}{2} + \cdots + \frac{1}{2^{n-1}}\right) \leqq 2\, \|g_1\|.$$

Wegen $g_0 = \theta$ ist $T_1 = T_0 - A^{-1}\varphi(x_0 + h)$ und

$$\|g_1\| \leqq 2\|T_1 - T_0\| \leqq 2\, \|A^{-1}\|\, \|\varphi(x_0 + h)\|.$$

Ferner gilt

$$\varphi(x_0 + h) = \varphi(x_0) + \varphi'(x_0)h + \varepsilon(h) \text{ mit } \|\varepsilon(h)\| = o(\|h\|).$$

Nun ist aber $\varphi(x_0) = \theta$, und h liegt in T_0; folglich ist auch

$$\varphi'(x_0)h = \theta$$

und $$\varphi(x_0 + h) = \varepsilon(h).$$

Hieraus erhalten wir $$\|g_1\| \leqq 2\,\|A^{-1}\|\,\|\varepsilon(h)\|. \tag{5}$$

Für hinreichend kleines $r > 0$ und $\|h\| \leqq r$ ist

$$\|\varepsilon(h)\| \leqq \frac{1}{4\,\|A^{-1}\|}\|h\|.$$

Daraus gewinnen wir $$\|g_1\| \leqq \frac{1}{2}\|h\| \leqq \frac{1}{2}r$$

und schließlich $$\|g_n\| \leqq r.$$

Es gilt also für alle n

$$\|g_n - g_{n-1}\| \leqq \frac{1}{2}\|g_{n-1} - g_{n-2}\|.$$

Deshalb konvergiert die Folge $\{g_n\}$ gegen ein Element $g \in E$ mit $\|g\| \leqq \|h\|$, und darüber hinaus ist

$$\|g\| \leqq 2\,\|g_1\| \leqq 4\,\|A^{-1}\|\,\|\varepsilon(h)\|. \tag{6}$$

Entsprechend konvergieren die T_n aus E/T_0 gegen ein T aus E/T_0, und es ist $g \in T$.

Da $g_n \to g$ und $T_n \to T$ streben, geht die Gleichung (3) in

$$T = T - A^{-1}\varphi(x_0 + h + g),$$

d. h. $$A^{-1}\varphi(x_0 + h + g) = \theta$$

oder $$\varphi(x_0 + h + g) = \theta$$

über. Demzufolge ist $$x_0 + h + g \in N.$$

Diesem Punkt ordnen wir $x_0 + h \in T_{x_0}$ zu.

Die Ungleichung (6) zeigt, daß

$$\|g\| = o(\|h\|)$$

gilt, d. h., der Abstand $\|g\|$ von $x_0 + h \in T_{x_0}$ und dem entsprechenden Punkt $x_0 + h + g \in N$ wird von höherer Ordnung klein als der Abstand $\|h\|$ vom Berührungspunkt x_0.

Der Punkt $x = x_0 + d$ liege nun in N, also gelte

$$\varphi(x_0 + d) = \varphi(x_0) = \theta.$$

Wir erhalten hieraus

$$\varphi(x_0 + d) - \varphi(x_0) = \varphi'(x_0)d + \varepsilon(d) = \theta$$

mit $\|\varepsilon(d)\| = o(\|d\|)$. Daraus folgt

$$\varphi'(x_0)d = -\varepsilon(d).$$

Mit T bezeichnen wir die Klasse aus E/T_0, welche d enthält. Dann ist $\varphi'(x_0)d = AT$ oder $AT = -\varepsilon(d)$, woraus sich

$$T = -A^{-1}\varepsilon(d), \qquad \|T\| \leqq \|A^{-1}\| \, \|\varepsilon(d)\|$$

ergibt. Unter den Elementen des Raumes E, die zu T gehören, sei g ein Element, für das

$$\|g\| \leqq 2\,\|T\| \leqq 2\,\|A^{-1}\|\,\|\varepsilon(d)\|$$

gilt. Da $g \in T$ und $d \in T$ ist, so folgt

$$d - g \in T_0, \quad x_0 + d - g \in T_{x_0}.$$

Diesen Punkt ordnen wir $x = x_0 + d$ zu. Für den Abstand $\|g\|$ dieser Punkte gewinnen wir die Abschätzung

$$\|g\| = o(\|d\|).$$

Damit ist der Satz bewiesen.

Im Kleinen lineare Räume. Mit dem Begriff der Tangentialmannigfaltigkeit steht der Begriff „*im Kleinen linearer Raum*" im Zusammenhang. Er ist für gewisse Untersuchungen wichtig [43], [44].

Wir betrachten zwei metrische Räume X und Y, und es sei φ eine topologische Abbildung von X in Y. Dem Punkte $x \in X$ entspreche $\varphi(x) \in Y$. Die Abbildung φ heißt *fastisometrisch im Punkte* $x_0 \in X$, wenn der Abstand zweier beliebiger Elemente x_1 und x_2 aus X mit der Entfernung ihrer Bilder in Y durch die Ungleichung

$$\varrho(x_1, x_2)(1 - \varepsilon) \leqq \varrho(\varphi(x_1), \varphi(x_2)) \leqq \varrho(x_1, x_2)(1 + \varepsilon)$$

verknüpft ist, worin ε mit $\varrho(x_0, x_1) + \varrho(x_0, x_2)$ gegen Null strebt.

Beispiel. Es sei N wieder die Menge in E, die durch $\varphi(x) = \theta$ gegeben ist, T_{x_0} die zu N gehörige lineare Tangentialmannigfaltigkeit im regulären Punkte $x_0 \in N$ und $E = T_0 \oplus T$, wobei T_0 die Gesamtheit der Elemente h mit $\varphi'(x_0)h = \theta$ bedeutet. Für ein $r > 0$ ordnen wir jedem Element

$$x_0 + h \quad \text{aus} \quad T_{x_0} \quad \text{mit} \quad \|h\| \leqq r$$

das Element $\qquad x_0 + h + \psi(h) \quad$ aus N

zu (s. Satz 1). Wir erhalten eine topologische Abbildung ψ der Umgebung des Punktes θ in T_0 auf eine Umgebung von x_0 in N, in der θ und x_0 sich eineindeutig entsprechen.

Die Abbildung ψ ist fast isometrisch in $\theta \in T_0$ (oder $x \in N$). Denn sind h und h_1 aus T_0, $\|h\| \leqq r$ und $\|h_1\| \leqq r$, dann. gehört zu h der Punkt $x = x_0 + h + \psi(h) \in N$, zu h_1 $x_1 = x_0 + h_1 + \psi(h_1) \in N$. Es ist

$$\|x - x_1\| = \|h - h_1 + [\psi(h) - \psi(h_1)]\|,$$

woraus sich

$$\|h - h_1\| - \|\psi(h) - \psi(h_1)\| \leqq \|x - x_1\| \leqq \|h - h_1\| + \|\psi(h) - \psi(h_1)\| \qquad (7)$$

ergibt. Die Funktion $\psi(h)$ hat eine stetige Ableitung $\psi'(h)$ mit $\psi'(\theta) = \theta$. Darum ist für $\|h\| \leqq \tau$ die Norm $\|\psi'(h)\| \leqq \varepsilon$. Ferner gilt

$$\|\psi(h) - \psi(h_1)\| = \left\| \left\{ \int_0^1 \psi'(h_1 + t(h - h_1))\, dt \right\} (h - h_1) \right\|$$

$$\leqq \int_0^1 \|\psi'(h_1 + t(h - h_1))\| dt \, \|h - h_1\|.$$

Ist
$$\|h\| + \|h_1\| = \tau,$$
so sind
$$\|h\| \leqq \tau \quad \text{und} \quad \|h_1\| \leqq \tau$$
für $0 \leqq t \leqq 1$, folglich auch

$$\|h_1 + t(h - h_1)\| \leqq \tau \quad \text{und} \quad \|\psi(h) - \psi(h_1)\| \leqq \varepsilon \, \|h - h_1\|.$$

Deshalb wird aus (7)

$$\|h - h_1\| (1 - \varepsilon) \leqq \|x - x_1\| \leqq \|h - h_1\| (1 + \varepsilon).$$

Damit ist bewiesen, daß unsere Abbildung fastisometrisch ist.

Wir definieren nun den im Kleinen linearen Raum.

Gegeben sei ein metrischer Raum X. Wenn jede hinreichend kleine Umgebung eines Punktes $x \in X$ fast isometrisch auf eine Umgebung von θ eines BANACHraumes abgebildet werden kann, dann heißt X *im Kleinen linear.*

Das vorhergehende Beispiel zeigt, daß *in einem* BANACH*raum jede Menge, deren sämtliche Punkte regulär sind, einen im Kleinen linearen Raum bildet.*

Man kann den Begriff des Differentials auf Funktionen ausdehnen, die auf solchen Räumen definiert sind. Die Räume der zulässigen Funktionen bei verschiedenen klassischen Variationsaufgaben sind im Kleinen linear. Die Variationen der dort betrachteten Funktionale sind Differentiale von Funktionen in im Kleinen linearen Räumen [11], [43]. [44].

§ 47. Extrema

Wir bringen nun Anwendungen aus der Variationsrechnung. $f(x)$ sei ein im Raum E definiertes Funktional. $f(x)$ besitzt in $x_0 \in E$ ein *Minimum* (bzw. *Maximum*), wenn für alle Punkte einer Umgebung von x_0 $f(x) \geqq f(x_0)$ (bzw. $f(x) \leqq f(x_0)$) ist. Minima und Maxima heißen *Extrema.*

Satz 1. *Hat das differenzierbare Funktional $f(x)$ in x_0 ein Extremum, dann gilt $f'(x_0) = 0$, d. h., es ist $df(x_0, h) = 0$ für alle $h \in E$.*

Beweis. Zunächst ist

$$f'(x_0)\, h = \frac{d}{dt} f(x_0 + th)_{t=0}.$$

$f(x_0 + th)$ ist aber eine Funktion von t, ihre Werte sind reell und für $t = 0$ nimmt sie ein Extremum an; darum gilt

$$df(x_0, h) = f'(x_0)h = \frac{d}{dt} f(x_0 + th)_{t=0} = 0.$$

Weil h ein beliebiges Element aus E war, ist das Gewünschte gezeigt.

Wir untersuchen jetzt Extrema mit Nebenbedingungen. $\varphi(x)$ sei eine Funktion, die auf E definiert ist und deren Wertevorrat in E_1 liegt. Außerdem sei $f(x)$ ein auf E definiertes Funktional.

$f(x)$ besitzt in x_0 ein *Minimum* (bzw. *Maximum*) *mit der Nebenbedingung* $\varphi(x) = \theta$, wenn $f(x) \geqq f(x_0)$ (bzw. $f(x) \leqq f(x_0)$) in einer Umgebung von x_0 ist, für die $\varphi(x) = \theta$ gilt.

Satz 2. *Wenn $f(x)$ in x_0 ein Minimum unter der Bedingung $\varphi(x) = \theta$ hat, wobei x_0 aus N ist, dann existiert ein lineares Funktional l, das auf E_1 definiert ist und für das Funktional*

$$F(x) = f(x) - l\varphi(x)$$

gilt $\qquad F'(x_0) = 0, \quad$ d. h., es ist $\quad dF(x_0, h) = 0$

für jedes $h \in E$.

Beweis. Wir zeigen zunächst, daß $df(x_0, h) = 0$ ist für alle h aus T_0. Angenommen es wäre

$$h \in T_0 \quad \text{und} \quad df(x_0, h) = c \neq 0.$$

Für jedes t entspricht dem Punkte $x_0 + th$ nach Satz 2 aus § 46 ein Punkt $x_0 + th + g$ der Menge N mit $\|g\| = o(\|th\|)$. Nach Definition des Differentials erhalten wir

$$\begin{aligned} f(x_0 + th + g) &= f(x_0) + df(x_0, th + g) + \varepsilon \\ &= f(x_0) + f'(x_0)th + f'(x_0)g + \varepsilon = f(x_0) + ct + f'(x_0)g + \varepsilon. \end{aligned}$$

Für $t \to 0$ wird $f'(x_0)g + \varepsilon$ von höherer Ordnung Null als ct. Deshalb stimmt das Vorzeichen der Differenz

$$f(x_0 + th + g) - f(x_0)$$

mit dem von ct überein, so daß t und diese Differenz gleichzeitig ihr Vorzeichen wechseln. Dann kann aber x nicht Stelle eines Extremums von $f(x)$ sein. Folglich ist die Annahme $c \neq 0$ falsch.

Unter den Voraussetzungen des Satzes gilt also

$$df(x_0, h) = 0$$

für alle h mit $\varphi'(x_0)h = \theta$, d. h., es ist

$$d\varphi(x_0, h) = \theta.$$

Daraus folgt

$$df(x_0, h_1) = df(x_0, h_2),$$

wenn h_1 und h_2 derselben Nebenklasse $T \in E/T_0$ angehören. Wir führen das Funktional

$$\chi(T) = df(x_0, h)$$

ein, wobei h beliebig aus T ist. Es ist

$$|\chi(T)| = |df(x_0, h)| = |f'(x_0)h| \leq \|f'(x_0)\| \, \|h\|,$$

und durch Übergang zur unteren Grenze für alle $h \in T$ gewinnen wir

$$|\chi(T)| \leq \|f'(x_0)\| \, \|T\|.$$

Infolgedessen ist $\chi(T)$ ein lineares Funktional auf E/T_0. Andererseits gilt

$$T = A^{-1}y,$$

dabei ist y ein Element aus E mit $\varphi'(x_0)h = y$ für alle $h \in T$ (s. S. 234). Es folgt

$$df(x_0, h) = \chi(T) = \chi(A^{-1}y) = l(y).$$

Wegen $y = \varphi'(x_0)h = d\varphi(x_0, h)$ ist

$$df(x_0, h) = l[d\varphi(x_0, h)].$$

Setzen wir

$$F(x) = f(x) - l[\varphi(x)],$$

so ergibt sich

$$dF(x_0, h) = 0$$

für alle $h \in E$, q. e. d.

Beispiel. Eine isoperimetrische Aufgabe [45]. Wir wollen ein Extremum des Funktionals $f_0(x)$ unter den Bedingungen $f_i(x_0) = 0$, $i = 1, 2, \ldots, n$ suchen. f_0, f_i seien auf E definierte Funktionale. Wir sehen die f_i als Komponenten eines n-dimensionalen Vektors $\vec{f}$ an und bezeichnen mit $\vec{f}(x)$ den Vektor mit den Komponenten $f_i(x)$, $i = 1, 2, \ldots, n$. Es liege im Punkt $x_0 \in E$ ein Extremum vor. Nach Satz 2 gibt es ein lineares Funktional $l(\vec{f})$ derart, daß für $F(x) = f_0(x) - l[\vec{f}(x)]$ $dF(x_0, h) = 0$ ist. Im n-dimensionalen Raum der Vektoren $\vec{f}$ ist jedoch

$$l(\vec{f}) = \sum_{i=1}^{n} \lambda_i f_i,$$

dabei sind die λ_i Konstanten. Daraus folgt

$$F(x) = f_0(x) - \sum_{i=1}^{n} \lambda_i f_i(x).$$

Also gilt im Punkte x_0

$$f_0'(x_0) - \sum_{i=1}^{n} \lambda_i f_i'(x_0) = 0.$$

ANHANG

I. Ungleichungen

Man sagt, eine auf dem abgeschlossenen Intervall [0, 1] definierte und meßbare Funktion $x(t)$ gehöre zur Klasse $L_p(0, 1)$, wenn

$$\int_0^1 |x(t)|^p \, dt < \infty$$

ist. Das Integral wird im LEBESGUEschen Sinne aufgefaßt; p bedeutet eine positive Zahl.

Im folgenden nehmen wir $p \geqq 1$ an. Ist $p = 1$, so handelt es sich um die Klasse der integrablen Funktionen, sie wird mit $L(0, 1)$ bezeichnet.

Satz. *Ist* $x(t) \in L_p(0, 1)$ *und* $y(t) \in L_p(0, 1)$, *so ist auch*

$$x(t) + y(t) \in L_p(0, 1).$$

Für beliebige Zahlen a und b gilt

$$|a + b| \leqq |a| + |b|.$$

Wir untersuchen 2 Fälle:

1. Ist $|a| > |b|$, dann folgt $\quad |a + b| \leqq 2\,|a|$

und $\quad |a + b|^p \leqq 2^p\,|a|^p \leqq 2^p\,(|a|^p + |b|^p).$

2. Ist $|b| \geqq |a|$, dann gilt

$$|a + b|^p \leqq 2^p\,|b|^p \leqq 2^p\,(|a|^p + |b|^p).$$

Auf diese Weise bekommen wir stets

$$|a + b|^p \leqq 2^p\,(|a|^p + |b|^p).$$

Wir setzen nun $a = x(t)$, $b = y(t)$ und erhalten

$$|x(t) + y(t)|^p \leqq 2^p\,(|x(t)|^p + |y(t)|^p).$$

Weil $\quad \int_0^1 |x(t)|^p \, dt < \infty \quad$ und $\quad \int_0^1 |y(t)|^p \, dt < \infty$

ist, gilt auch $\quad \int_0^1 |x(t) + y(t)|^p \, dt < \infty,$

q. e. d.

Gegeben sei die Menge der Zahlenfolgen $x = \{\xi_i\}$ mit

$$\sum_{i=1}^{\infty} |\xi_i|^p < \infty.$$

Wir bezeichnen diese Menge mit l_p. Wie im vorhergehenden Falle überzeugen wir uns davon, daß auch $x + y \in l_p$ ist, wenn $x \in l_p$ und $y \in l_p$ sind. Das heißt, wenn

$$x = \{\xi_i\}, \quad y = \{\eta_i\}, \quad \sum_{i=1}^{\infty} |\xi_i|^p < \infty \quad \text{und} \quad \sum_{i=1}^{\infty} |\eta_i|^p < \infty$$

vorausgesetzt werden, folgt

$$\sum_{i=1}^{\infty} |\xi_i + \eta_i|^p < \infty.$$

Die Hölder sche Ungleichung. Bei vielen Untersuchungen wird die Schwarzsche Ungleichung[1]) verwendet. Wir beweisen anschließend eine Verallgemeinerung dieser Ungleichung, die von Hölder stammt.

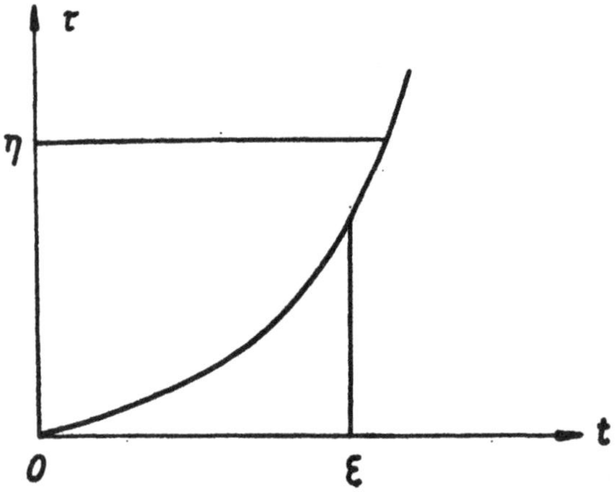

Abb. 4

Wir betrachten die Funktion $\tau = t^a$ mit $a > 0$. Es ist $\tau' = a t^{a-1} > 0$ für $t > 0$ und somit $\tau = t^a$ eine wachsende Funktion für positive t. Für diese t ist die eindeutige Funktion $t = \tau^{\frac{1}{a}}$ definiert.

Wir stellen die Funktion $\tau = t^a$ graphisch dar, wählen zwei reelle positive Zahlen ξ und η, markieren die ihnen entsprechenden Punkte auf der t- bzw. τ-Achse und ziehen durch diese Punkte achsenparallele Geraden.

Wir erhalten zwei krummlinig begrenzte „Dreiecke“, deren Flächeninhalte durch

$$S_1 = \frac{\xi^{a+1}}{a+1} \quad \text{und} \quad S_2 = \frac{\eta^{\frac{1}{a}+1}}{\frac{1}{a}+1}$$

gegeben sind. Andererseits ist klar, daß

$$S_1 + S_2 \geqq \xi\eta$$

gilt, und es steht nur für $\eta = \xi^a$ das Gleichheitszeichen. So ergibt sich

$$\xi\eta \leqq \frac{\xi^{a+1}}{a+1} + \frac{\eta^{\frac{1}{a}+1}}{\frac{1}{a}+1}.$$

[1]) Im Original: Bunjakowskische Ungleichung genannt.

Wir setzen $\alpha + 1 = p$ und $\frac{1}{\alpha} + 1 = q$. Dann sind p und q durch

$$\frac{1}{p} + \frac{1}{q} = 1$$

verknüpft. Solche Zahlen p und q heißen zueinander konjugiert. Offenbar ist für $p > 1$ auch $q > 1$. Wir erhalten somit für beliebige ξ und η und für alle Paare konjugierter Zahlen p und q

$$\xi\eta \leqq \frac{\xi^p}{p} + \frac{\eta^q}{q}. \tag{1}$$

Wir nehmen Funktionen $x(t) \in L_p(0, 1)$ und $y(t) \in L_q(0, 1)$ und setzen

$$\xi = \frac{|x(t)|}{\left(\int_0^1 |x(t)|^p\,dt\right)^{\frac{1}{p}}} \quad \text{bzw.} \quad \eta = \frac{|y(t)|}{\left(\int_0^1 |y(t)|^q\,dt\right)^{\frac{1}{q}}}$$

Wenn wir diese Größen in (1) einführen, finden wir

$$\frac{|x(t)|\,|y(t)|}{\left(\int_0^1 |x(t)|^p\,dt\right)^{\frac{1}{p}}\left(\int_0^1 |y(t)|^q\,dt\right)^{\frac{1}{q}}} \leqq \frac{|x(t)|^p}{p\int_0^1 |x(t)|^p\,dt} + \frac{|y(t)|^q}{q\int_0^1 |y(t)|^q\,dt}.$$

Auf der rechten Seite stehen integrable Funktionen. Also ist auch die linke Seite der Gleichung integrabel. Wir integrieren und erhalten

$$\frac{\int_0^1 |x(t)|\,|y(t)|\,dt}{\left(\int_0^1 |x(t)|^p\,dt\right)^{\frac{1}{p}}\left(\int_0^1 |y(t)|^q\,dt\right)^{\frac{1}{q}}} \leqq \frac{1}{p} + \frac{1}{q} = 1$$

oder

$$\int_0^1 |x(t)y(t)|\,dt \leqq \left(\int_0^1 |x(t)|^p\,dt\right)^{\frac{1}{p}}\left(\int_0^1 |y(t)|^q\,dt\right)^{\frac{1}{q}}. \tag{2}$$

Dies ist die HÖLDERsche Ungleichung für Integrale. Für den Spezialfall $p = q = 2$ stellt sie die SCHWARZsche Ungleichung dar.

Es sei nun $x = \{\xi_i\}$, $y = \{\eta_i\}$ mit $x \in l_p$, $y \in l_q$. Wir setzen in die Ungleichung (1)

$$\xi = \frac{|\xi_i|}{\left(\sum_{i=1}^{\infty} |\xi_i|^p\right)^{\frac{1}{p}}} \quad \text{und} \quad \eta = \frac{|\eta_i|}{\left(\sum_{i=1}^{\infty} |\eta_i|^q\right)^{\frac{1}{q}}}$$

ein. Dann erhalten wir

$$\frac{|\xi_i|\,|\eta_i|}{\left(\sum_{i=1}^{\infty}|\xi_i|^p\right)^{\frac{1}{p}}\left(\sum_{i=1}^{\infty}|\eta_i|^q\right)^{\frac{1}{q}}} \leqq \frac{|\xi_i|^p}{p\sum_{i=1}^{\infty}|\xi_i|^p} + \frac{|\eta_i|^q}{q\sum_{i=1}^{\infty}|\eta_i|^q}.$$

Wenn wir über i summieren, gewinnen wir die HÖLDERsche Ungleichung für Summen

$$\sum_{i=1}^{\infty}|\xi_i\eta_i| \leqq \left(\sum_{i=1}^{\infty}|\xi_i|^p\right)^{\frac{1}{p}}\left(\sum_{i=1}^{\infty}|\eta_i|^q\right)^{\frac{1}{q}}. \tag{3}$$

Für $p = q = 2$ geht sie in die SCHWARZsche Ungleichung für Summen über.

Die MINKOWSKIsche Ungleichung. *Gehören $x(t)$ und $y(t)$ dem Raum $L_p(0, 1)$ an, dann gilt die MINKOWSKIsche Ungleichung*

$$\left(\int_0^1 |x(t) + y(t)|^p\,dt\right)^{\frac{1}{p}} \leqq \left(\int_0^1 |x(t)|^p\,dt\right)^{\frac{1}{p}} + \left(\int_0^1 |y(t)|^p\,dt\right)^{\frac{1}{p}}. \tag{4}$$

Zum Beweise erwähnen wir zunächst:

Ist $z(t) \in L_p(0, 1)$, so ist $|z(t)|^{p-1} \in L_q(0, 1)$. Es ist nämlich

$$(|z(t)|^{p-1})^q = |z(t)|^{(p-1)\frac{p}{p-1}} = |z(t)|^p$$

Daraus ergibt sich aber, daß $(|z(t)|^{p-1})^q$ eine integrable Funktion ist.

Wir untersuchen nun

$$\int_0^1 |x(t) + y(t)|^p\,dt.$$

Durch zweimalige Anwendung der HÖLDERschen Ungleichung auf die Funktionen $|x(t) + y(t)|^{p-1} \in L_q(0, 1)$ und $x(t) \in L_p(0, 1)$ bzw. $y(t) \in L_p(0, 1)$ erhalten wir

$$\begin{aligned}
&\int_0^1 |x(t) + y(t)|^p\,dt \\
&\leqq \int_0^1 |x(t) + y(t)|^{p-1}\,|x(t)|\,dt + \int_0^1 |x(t) + y(t)|^{p-1}\,|y(t)|\,dt \\
&\leqq \left(\int_0^1 |x(t) + y(t)|^{(p-1)q}\,dt\right)^{\frac{1}{q}}\left(\int_0^1 |x(t)|^p\,dt\right)^{\frac{1}{p}} \\
&+ \left(\int_0^1 |x(t) + y(t)|^{(p-1)q}\,dt\right)^{\frac{1}{q}}\left(\int_0^1 |y(t)|^p\,dt\right)^{\frac{1}{p}} \\
&= \left(\int_0^1 |x(t) + y(t)|^p\,dt\right)^{\frac{1}{q}}\left[\left(\int_0^1 |x(t)|^p\,dt\right)^{\frac{1}{p}} + \left(\int_0^1 |y(t)|^p\,dt\right)^{\frac{1}{p}}\right].
\end{aligned}$$

Wir dividieren beide Seiten durch

$$\left(\int_0^1 |x(t) + y(t)|^p \, dt\right)^{\frac{1}{q}}$$

und beachten, daß $1 - \frac{1}{q} = \frac{1}{p}$ ist. Damit haben wir die MINKOWSKIsche Ungleichung (4) für Integrale gefunden.

Nun seien $x = \{\xi_i\} \in l_p$ und $y = \{\eta_i\} \in l_p$. Wir beweisen

$$\left(\sum_{i=1}^{\infty} |\xi_i + \eta_i|^p\right)^{\frac{1}{p}} \leqq \left(\sum_{i=1}^{\infty} |\xi_i|^p\right)^{\frac{1}{p}} + \left(\sum_{i=1}^{\infty} |\eta_i|^p\right)^{\frac{1}{p}}. \tag{5}$$

Entsprechend wie im ersten Falle zeigen wir, daß aus $z = \{\zeta_i\} \in l_p$

$$z' = \{|\zeta_i|^{p-1}\} \in l_q$$

folgt.

Wir untersuchen $\sum_{i=1}^{\infty} |\xi_i + \eta_i|^p.$

Durch zweimalige Anwendung der HÖLDERschen Ungleichung auf die Folgen $\{|\xi_i + \eta_i|^{p-1}\} \in l_q$ und $\{\xi_i\} \in l_p$ bzw. $\{\eta_i\} \in l_p$ gewinnen wir

$$\sum_{i=1}^{\infty} |\xi_i + \eta_i|^p \leqq \sum_{i=1}^{\infty} |\xi_i + \eta_i|^{p-1} |\xi_i| + \sum_{i=1}^{\infty} |\xi_i + \eta_i|^{p-1} |\eta_i|$$

$$\leqq \left(\sum_{i=1}^{\infty} |\xi_i + \eta_i|^{(p-1)q}\right)^{\frac{1}{q}} \left[\left(\sum_{i=1}^{\infty} |\xi_i|^p\right)^{\frac{1}{p}} + \left(\sum_{i=1}^{\infty} |\eta_i|^p\right)^{\frac{1}{p}}\right]$$

$$= \left(\sum_{i=1}^{\infty} |\xi_i + \eta_i|^p\right)^{\frac{1}{q}} \left[\left(\sum_{i=1}^{\infty} |\xi_i|^p\right)^{\frac{1}{p}} + \left(\sum_{i=1}^{\infty} |\eta_i|^p\right)^{\frac{1}{p}}\right].$$

Wenn wir beide Seiten durch

$$\left(\sum_{i=1}^{\infty} |\xi_i + \eta_i|^p\right)^{\frac{1}{p}}$$

dividieren und beachten, daß $1 - \frac{1}{q} = \frac{1}{p}$ ist, finden wir die MINKOWSKIsche Ungleichung (5) für Summen.

Zum Abschluß bemerken wir, daß das Gleichheitszeichen in den Formeln (4) und (5) nur dann gilt, wenn fast überall auf [0, 1]

$$y(t) = k\,x(t) \quad \text{mit} \quad k > 0$$

bzw. wenn $\eta_i = k\xi_i$ mit $k > 0$ für $i = 1, 2, 3, \ldots$

ist. Wir wollen dies für (4) nachweisen (für (5) verläuft der Beweis analog).

Zunächst steht, wie schon erwähnt, in (1) nur dann das Gleichheitszeichen, wenn $\eta = \xi^\alpha$ ist. Folglich wird in (2) nur dann das Gleichheitszeichen stehen, wenn fast überall auf [0, 1] $|y(t)| = k\,|x(t)|^{p-1}$ ist, da man bei der Ableitung von (2) aus (1) an Stelle von $|y(t)|$ und $|x(t)|$ auch zu ihnen proportionale Größen nehmen kann. Es folgt nun aus der Ableitung von (4), daß das Gleichheitszeichen nur dann steht, wenn erstens

$$\operatorname{sign} x(t) = \operatorname{sign} y(t),$$

zweitens

$$|x(t) + y(t)| = k_1 |x(t)|$$

und

$$|x(t) + y(t)| = k_2 |y(t)|,$$

d. h.

$$|x(t)| = k\, |y(t)|$$

gilt. Dies bedeutet aber, daß fast überall

$$x(t) = k\, y(t) \quad \text{mit} \quad k > 0$$

ist, q. e. d.

II. Definitionen der n-ten Ableitung einer Funktion von reellen Variablen

Es gibt zwei Definitionen für die n-te Ableitung einer Funktion $\alpha(t)$ im Punkte t.

1. Wir führen die Bezeichnung

$$\Delta^n_{\Delta t}\alpha(t) = \sum_{k=0}^{n} (-1)^{n-k} \binom{n}{k} \alpha\left(t + \left(k - \frac{n}{2}\right)\Delta t\right)$$

ein und nennen $\Delta^n_{\Delta t}\alpha(t)$ eine *zentrale Differenz n-ter Ordnung* von $\alpha(t)$. Dann sei

$$\alpha^{[n]}(t) = \lim_{\Delta t \to 0} \frac{1}{(\Delta t)^n} \Delta^n_{\Delta t}\alpha(t)$$

unter der Voraussetzung, daß dieser Limes existiert.

Geht die rechte Seite dieser Gleichung auf dem Intervall $a \leqq t \leqq b$ gleichmäßig gegen $\alpha^{[n]}(t)$, so heißt $\alpha^{[n]}(t)$ *gleichmäßige Differenzenableitung n-ter Ordnung*.

2. Wir erklären nun die n-te Ableitung der Funktion $\alpha(t)$ und bezeichnen sie mit $\alpha^{(n)}(t)$. $\alpha^{(n)}(t)$ ist durch n-maliges sukzessives Differenzieren der Funktion $\alpha(t)$ definiert, vorausgesetzt, daß alle vorhergehenden Ableitungen $\alpha'(t)$, $\alpha''(t), \ldots, \alpha^{(n-1)}(t)$ in einer Umgebung des Punktes t existieren.

$\alpha^{(n)}(t)$ sei auf dem Intervall $a \leqq t \leqq b$ definiert und für diese t stetig. Dann existiert auch $\alpha^{[n]}(t)$, und es gilt

$$\alpha^{[n]}(t) = \alpha^{(n)}(t).$$

Beweis. Wie man sofort erkennt, ist

$$\frac{1}{(\Delta t)^n} \Delta^n_{\Delta t}\alpha(t) = \alpha^{(n)}(t + \vartheta\, \Delta t), \quad -\frac{1}{2} < \vartheta < \frac{1}{2}.$$

Da für $\Delta t \to 0$ die rechte Seite gleichmäßig gegen $\alpha^{(n)}(t)$ strebt, folgt

$$\alpha^{[n]}(t) = \lim_{\Delta t \to 0} \frac{1}{(\Delta t)^n} \Delta^n_{\Delta t}\alpha(t) = \alpha^{(n)}(t).$$

Man kann auch die Umkehrung zeigen:

Aus der Existenz der stetigen gleichmäßigen Differenzenableitung $\alpha^{[n]}(t)$ in einem abgeschlossenen Intervall folgt die Existenz der n-ten Ableitung $\alpha^{(n)}(t)$, und es gilt

$$\alpha^{(n)}(t) = \alpha^{[n]}(t).$$

Wir führen den Beweis für $n = 2$ durch. Die Funktion $\varphi(t)$ haben auf dem Intervall $[0, 1]$ eine stetige zweite Differenzenableitung $\varphi^{[2]}(t)$. Durch:

$$\psi(t) = \int_0^t \int_0^{\tau_1} \varphi^{[2]}(\tau)\, d\tau\, d\tau_1$$

führen wir eine Funktion $\psi(t)$ ein.

Die zweite Ableitung $\psi^{('')}(t)$ ist gleich dem Integranden $\varphi^{[2]}(t)$. Weil aber $\psi^{('')}(t) = \varphi^{[2]}(t)$ stetig ist, gilt nach dem Vorhergehenden

$$\psi^{('')}(t) = \psi^{[2]}(t).$$

Also ist
$$[\psi(t) - \varphi(t)]^{[2]} = 0.$$

Wir zeigen nun, daß die Differenz $\psi(t) - \varphi(t)$ nur linear in t sein kann:

$$\varphi(t) = \psi(t) + a + bt.$$

Hieraus folgt dann
$$\varphi^{('')}(t) = \psi^{('')}(t)$$

und
$$\varphi^{[2]}(t) = \psi^{[2]}(t),$$

und damit ergibt sich
$$\varphi^{('')}(t) = \varphi^{[2]}(t).$$

Für das Intervall $[0, 1]$ gelte also $\alpha^{[2]}(t) = 0$. Wir setzen

$$\alpha_1(t) = \alpha(t) - \{\alpha(0) + [\alpha(1) - \alpha(0)]t\}.$$

Nun haben wir

$$\alpha_1(0) = \alpha_1(1) = 0 \quad \text{und} \quad \alpha_1^{[2]}(t) = 0.$$

ε sei eine beliebige positive Zahl. Wir betrachten die Funktion

$$\beta(t) = \alpha_1(t) + \varepsilon t^2.$$

Wegen $(\varepsilon t^2)^{[2]} = 2\varepsilon > 0$ ist $\beta^{[2]}(t) = 2\varepsilon > 0$. Für $0 \leqq t \leqq 1$ ergibt sich $\beta(t) \leqq \varepsilon$. Wäre für ein $t \in [0, 1]$ doch $\beta(t) > \varepsilon$, so wäre das Maximum von $\beta(t)$ größer als ε. Da aber $\beta(0) = 0$ und $\beta(1) = \varepsilon$ ist, wird dieses Maximum für einen inneren Punkt t_0 von $[0, 1]$ angenommen. In t_0 ist die zweite zentrale Differenz

$$\Delta^2_{\Delta t}\beta(t_0) = \beta(t_0 + \Delta t) - 2\beta(t_0) + \beta(t_0 - \Delta t) \leqq 0,$$

weil
$$\beta(t_0) \geqq \beta(t_0 \pm \Delta t)$$

gilt. Hieraus folgt
$$\beta^{[2]}(t_0) = \lim_{\Delta t \to 0} \frac{\Delta^2_{\Delta t}\beta(t)}{(\Delta t)^2} \leqq 0,$$

und damit haben wir einen Widerspruch zu $\beta^{[2]}(t_0) > \varepsilon > 0$ erhalten.

Infolgedessen ist
$$\beta(t) \leqq \varepsilon \quad \text{für} \quad 0 \leqq t \leqq 1.$$

Dann ist für $0 \leqq t \leqq 1$ aber auch

$$\alpha_1(t) = \beta(t) - \varepsilon t^2 \leqq \beta(t) \leqq \varepsilon.$$

Analog beweist man die Gültigkeit der Ungleichung

$$\alpha_1(t) \geqq -\varepsilon.$$

Also erhalten wir für ein beliebiges $\varepsilon\,(\varepsilon > 0)$

$$-\varepsilon \leqq \alpha_1(t) \leqq \varepsilon.$$

Daraus folgt
$$\alpha_1(t) \equiv 0$$

und schließlich
$$\alpha(t) = \alpha(0) + [\alpha(1) - \alpha(0)]t = a + bt,$$

q. e. d.

Für eine Funktion $\varphi(t_1, \ldots, t_n)$ von n reellen Veränderlichen setzen wir

$$\overline{\Delta}^{(n)}_{t_{l_1}, \ldots, t_{l_r}; \Delta t}\, \varphi(t_i) = \sum_{i_1, \ldots, i_k} (-1)^{n-k} \varphi(t_i').$$

Dabei ist $(l_1, \ldots, l_r) \subseteq (1, 2, \ldots, n)$, und die Summation ist über alle Teilmengen $(i_1, \ldots, i_k) \subseteq (l_1, \ldots, l_r)$ zu erstrecken. Für die leere Teilmenge setzt man $k = 0$ und $t_i' = t_i$ $(i = 1, \ldots, n)$. Bei den übrigen Teilmengen ist $t_i' = t_i + \Delta t$ für $i = i_1, \ldots, i_k$ und $t_i' = t_i$ für $i \neq i_\varkappa$ $(\varkappa = 1, \ldots, k)$.

Zum Abschluß beweisen wir, daß dann die Gleichung

$$\overline{\Delta}^{(n)}_{t_1, t_2, \ldots, t_n; \Delta t}\, \varphi(t_1, t_2, \ldots, t_n) = (\Delta t)^n \left\{\frac{\partial}{\partial t_{k_1}}\left[\cdots \frac{\partial}{\partial t_{k_n}} \varphi(t_1 + \vartheta_1 \Delta t, \ldots, t_n + \vartheta_n \Delta t\right]\right\} \tag{6}$$

gilt. Die ϑ_i sind Zahlen zwischen 0 und 1.

Wir beweisen (6) durch Induktion. Für $n = 1$ führt (6) auf den Mittelwertsatz. Angenommen, (6) wäre richtig für partielle Differenzen $(n-1)$-ter Ordnung. Es gilt dann

$$\begin{aligned}\overline{\Delta}^{(n)}_{t_1, t_2, \ldots, t_n; \Delta t}\, \varphi(t_1, t_2, \ldots, t_n) &= \overline{\Delta}^{(n-1)}_{t_1, \ldots, t_{k_1-1}, t_{k_1+1}, \ldots, t_n; \Delta t}\, \varphi(t_1, \ldots, t_{k_1} + \Delta t, \ldots, t_n) \\ &\quad - \overline{\Delta}^{(n-1)}_{t_1, \ldots, t_{k_1-1}, t_{k_1+1}, \ldots, t_n; \Delta t}\, \varphi(t_1, \ldots, t_{k_1}, \ldots, t_n) \\ &= \Delta t \frac{\partial}{\partial t_{k_1}} [\overline{\Delta}^{(n-1)}_{t_1, \ldots, t_{k_1-1}, t_{k_1+1}, \ldots, t_n; \Delta t}\, \varphi(t_1, \ldots, t_{k_1} + \vartheta_{k_1} \Delta t, \ldots, t_n)]\end{aligned} \tag{7}$$

(dies gewinnt man durch Anwendung des Mittelwertsatzes). Auf Grund der Induktionsannahme ergibt sich aber

$$\begin{aligned}&\overline{\Delta}^{(n-1)}_{t_1, \ldots, t_{k_1-1}, t_{k_1+1}, \ldots, t_n; \Delta t}\, (t_1, \ldots, t_{k_1} + \vartheta_{k_1} \Delta t, \ldots, t_n) \\ &\quad = (\Delta t)^{n-1} \frac{\partial}{\partial t_{k_2}} \left\{\cdots \frac{\partial}{\partial t_{k_n}} \varphi(t_1 + \vartheta_1 \Delta t, t_2 + \vartheta_2 \Delta t, \ldots, t_n + \vartheta_n \Delta t)\right\}.\end{aligned}$$

Daraus und aus (7) folgt (6).

LITERATURVERZEICHNIS

Ergänzende Literatur über Funktionalanalysis und verwandte Gebiete

[1] Achieser, N. I.
Vorlesungen über Approximationstheorie. Akademie-Verlag, Berlin 1953. Übersetzung aus dem Russischen.

[2] Achieser, N. I., und Glasmann, I. M.
Theorie der linearen Operatoren im Hilbert-Raum. 3. Aufl., Akademie-Verlag, Berlin 1960.

[3] Achieser, N. I., und Krein, M. G. — Ахиезер, Н. И., и Крейн, М. Г.
Einige Probleme aus der Momententheorie. О некоторых вопросах теории моментов. DNTWU, 1938.

[4] Alexandrow, P. S. — Александров, П. С.
Einführung in die Mengenlehre und in die Theorie der reellen Funktionen. Введение в общую теорию множеств и функций. Gostechisdat, Moskau/Leningrad 1948.

[5] Banach, S.
Théorie des opérations linéaires. Warschau 1932.

[6] Ditkin, W. A. — Диткин, В. А.
Operatorenrechnung. Операционное исчисление. Uspechi mat. Nauk 2 (1947).

[7] Gelfand, I. M., Raikow, D. A., und Schilow, G. E. — Гельфанд, И. М., Райков, Д. А., и Шилов, Г. Е.
Kommutative normierte Ringe. Коммутативные нормированные кольца. Uspechi mat. Nauk 1 (1946).

[8] Kantorowitsch, L. W. — Канторович, Л. В.
Funktionalanalysis und angewandte Mathematik. Функциональный анализ и прикладная математика. Uspechi mat. Nauk 3 (1948).

[9] Kantorowitsch, L. W., Wulich, B. S., und Pinsker, A. G. — Канторович, Л. В., Вулих, Б. З., и Пинскер, А. Г.
Funktionalanalysis in halbgeordneten Räumen. Функциональный анализ в полуупорядоченных пространствах. Gostechisdat, Moskau/Leningrad 1950.

[10] Krein, M. G., und Rutman, M. A. — Крейн, М. Г., и Рутман, М. А.
Lineare Operatoren, die einen Kegel in einem Banachraum invariant lassen. Линейные операторы, оставляющие инвариантным конус в пространстве Банаха. Uspechi mat. Nauk 3 (1948).

[11] Lawrentjew, M. A., und Ljusternik, L. A. — Лаврентьев, М. А., и Люстерник, Л. А.
Grundzüge der Variationsrechnung. Band I, Kap. II. Основы вариационного исчисления. ONTI, 1935.

[12] Ljusternik, L. A. — Люстерник, Л. А.
Topologie der Funktionalräume und Variationsrechnung im Großen. Топология функциональных пространств и вариационное исчисление в целом. Arbeiten des Steklow-Institutes, Heft XIX, 1947.

[13] Nemyzkij, W. W. — Немыцкий, В. В.
Methode der Fixpunkte. Метод неподвижных точек в анализе. Uspechi mat. Nauk, Heft 1 (1936).

[14] Neumark, M. A. — Наймарк, М. А.
Ringe mit Involution. Кольца с инволюцией. Uspechi mat. Nauk 3 (1948).

[15] Neumark, M. A. — Наймарк, М. А.
Operatorenringe im Hilbert-Raum. Кольца операторов в гильбертовом пространстве. Uspechi mat. Nauk 4 (1949).

[16] Petrowski, I. G.
Vorlesungen über die Theorie der Integralgleichungen. Physica-Verlag, Würzburg 1953. Übersetzung aus dem Russischen.

[17] Plessner, A. I. — Плеснер, А. И.
Spektraltheorie linearer Operatoren I. Спектральная теория линейных операторов I. Uspechi mat. Nauk, Heft 9 (1941).

[18] Plessner, A. I., und Rochlin, W. A. — Плеснер, А. И., и Рохлин, В. А.
Spektraltheorie linearer Operatoren II. Спектральная теория линейных операторов II. Uspechi mat. Nauk 1 (1946).

[19] Pontrjagin, L. S. — Понтрягин, Л. С.
Stetige Gruppen. Непрерывные группы. Gostechisdat, Moskau/Leningrad 1938.

[20] Radon, J.
Über lineare Funktionaltransformationen und Funktionalgleichungen. Sitzber. Akad. Wiss. Wien 128 (1919).

[21] Riesz, F.
Über lineare Funktionalgleichungen. Acta math. 41 (1917).

[22] Riesz, F.
Über die linearen Transformationen des komplexen Hilbertschen Raumes. Acta Sci. Math. Szeged 5 (1930).

[23] Riesz, F.
Sur les fonctions des transformations hermitiennes dans l'espace de Hilbert. Acta Sci. Math. Szeged 7 (1935).

[24] Riesz, F., und Sz.-Nagy, B.
Vorlesungen über Funktionalanalysis. VEB Deutscher Verlag der Wissenschaften, Berlin 1956. Übersetzung aus dem Französischen.

[25] Sobolew, S. L. — Соболев, С. Л.
Einige Anwendungen der Funktionalanalysis in der mathematischen Physik. Некоторые применения функционального анализа в математической физике. Verlag der Leningrader Universität, Leningrad 1950.

[26] Smirnow, W. I.
Lehrgang der höheren Mathematik V. VEB Deutscher Verlag der Wissenschaften, Berlin 1961. Übersetzung aus dem Russischen.

Zitierte Literatur

[27] Akilow, G. P. — Акилов, Г. П.
Sitzungsberichte der Leningrader Shdanow-Universität. Сб. „Научная сессия Ленинградского гос. университета им. А. А. Жданова" 1950, 14—18.

[28] Artemenko, A. P. — Артеменко, А. П.
Allgemeine Form linearer Funktionale im Raum der Funktionen von beschränkter Schwankung. Общий вид линейного функционала в пространстве функций ограниченной вариации. Mat. Sbornik 6 (1939).

[29] Besicovitch, A. S.
Almost periodic functions. University Press, Cambridge 1932.

[30] Bohr, H.
Fastperiodische Funktionen. Springer, Berlin 1932.

[31] Fréchet, M.
Sur les opérations linéaires. Trans. Amer. Math. Soc. **5** (1904) und **6** (1905).

[32] Fréchet, M.
Sur quelques points du calcul fonctionnel. Rend. Cir. Mat. Palermo **22** (1906).

[33] Grosberg, J. I. — Гросберг, Ю. И.
Über lineare Funktionale auf dem Raum der Funktionen von beschränkter Schwankung. Про лiнiйни функцiонали на просторi функцiй обмеженоi варiацii. Wiss. Schriften des päd. Inst. Kiew **2** (1939).

[34] Hadamard, J.
Sur les opérations fonctionnelles, C. R. Acad. Sci. Paris **136** (1903).

[35] Hilbert, D.
Grundzüge einer allgemeinen Theorie der linearen Integralgleichungen. B. G. Teubner, Leipzig und Berlin 1924.

[36] Kolmogoroff, A. N.
Zur Normierbarkeit eines allgemeinen topologischen linearen Raumes. Studia math. **5** (1934).

[37] Krein, M. G.
Sur les opérations linéaires transformant un certain ensemble conique en lui-même. C. R. Acad. Sci. URSS (2) **23** (1939).

[38] Krein, M. G.
Propriétés fondamentales des ensembles coniques normaux dans l'espace de Banach. C. R. Acad. Sci. URSS (2) **28** (1940).

[39] Krein, M. G.
Sur la décomposition minimale d'une fonctionnelle linéaire en composantes positives. C. R. Acad. Sci. URSS (2) **28** (1940).

[40] Lappo-Danilewskij — Лаппо-Данилевский
Theorie der Funktionen von Matrizen und Systeme linearer Differentialgleichungen. Теория функций от матриц и системы линейных дифференциальных уравнений. Staatsverlag für techn.-theor. Literatur, Moskau/Leningrad 1934.

[41] Lewitan, B. — Левитан, Б.
Einige Fragen aus der Theorie der fastperiodischen Funktionen. Некоторые вопросы теории почти периодических функций. Uspechi mat. Nauk **2** — (1947).

[42] Ljusternik, L. A. — Люстерник, Л. А.
Grundbegriffe der Funktionalanalysis. Основные понятия функционального анализа. Uspechi mat. Nauk, Heft 1 (1936).

[43] Ljusternik, L. A.
Intersections dans les espaces localement linéaires. C. R. Acad. Sci. URSS (2) **27** (1940).

[44] Ljusternik, L. A.
Structure topologique d'une espace fonctionnel. C. R. Acad. Sci. URSS (2) **27** (1940).

[45] Ljusternik, L. A. — Люстерник, Л. А.
Über relative Extrema von Funktionalen. Об уссовных экстремумах функционалов. Mat. Sbornik 41 (1934).

[46] Markoff, A. A.
Sur l'existence d'une invariant intégral. C. R. Acad. Sci. URSS (2) 17 (1937).

[47] Markoff, A. A.
On mean values and exterior densities. Mat. Sbornik 4 (1938).

[48] Natanson, I. P.
Konstruktive Funktionentheorie. Akademie-Verlag, Berlin 1955. Übersetzung aus dem Russischen.

[49] Pontrjagin, L. S.
Über stetige algebraische Körper. Ann. Math. 33 (1932).

[50] Riesz, F.
Sur les opérations fonctionnelles linéaires. C R. Acad. Sci. Paris 149 (1909).

[51] Riesz, F.
Sur certains systèmes d'equations fonctionnelles et l'approximation des fonctions continues. C. R. Acad. Sci. Paris 150 (1910).

[52] Riesz, F.
Untersuchungen über Systeme integrierbarer Funktionen. Math. Ann. 69 (1910).

[53] Sigalow, A. G. — Сигалов, А. Г.
Die Existenz des absoluten Minimums von Doppelintegralen der Variationsrechnung in Parameterform. Doklady 70 (1950). Russisch.

[54] Suchomlinow, G. A. — Сухомлинов, Г. А.
Über Fortsetzung von linearen Funktionalen in linearen komplexen Räumen und linearen Quaternionenräumen. О продолжении линейных функционалов в комплексном и кватернионном линейном пространстве. Mat. Sbornik 3 (1938).

[55] Sz.-Nagy, B.
Spektraldarstellung linearer Transformationen des Hilbertschen Raumes. Springer, Berlin 1942.

[56] Volterra, V.
Sopra le funzioni che dipendono de altri funzioni. Rend. Acad. Lincei 6.

NAMEN- UND SACHVERZEICHNIS

Als Ergänzung zum Inhaltsverzeichnis geben wir eine Tabelle der Seiten an, auf denen die grundlegenden Eigenschaften einiger Funktionenräume betrachtet werden.

	E_n	$C[0,1]$	$M(0,1)$	m	c	s	$S(0,1)$	$L_p(0,1)$	l_p
Elemente und Metrik	7	7	8	9	10	11	12	13	14
Norm	72	73	—	73	—	73	73	73	73
Vollständigkeit	16	16	17	16	17	20	20	18	19
Separabilität	32	32	—	33	34	33	—	33	32
Allgemeine Form der linearen Funktionale	111	112	—	—	118	112	—	115	120
Regularität	126	126	—	—	—	—	—	126	126

Bei Fragen zur Produktsicherheit wenden Sie sich bitte an:
If you have any questions regarding product safety,
please contact:

Walter de Gruyter GmbH
Genthiner Straße 13
10785 Berlin
productsafety@degruyterbrill.com